管道完整性管理案例分析

刘新凌　主　编
李　强　黄文尧　梁菁嬿　王春雨　副主编

中国石化出版社

内 容 提 要

本书主要围绕管道完整性管理六步循环，分别从数据采集、数据分析与数据管理，高后果区识别与风险评价，管道检测与评价，腐蚀控制、第三方损伤控制、地质灾害控制，管道维修维护以及效能评价等六个方面，筛选出50多个经典案例来详细分析论述，探讨如何用创新思维解决实际工作中遇到的一些技术难题和挑战，通过有代表性的案例进行分析，并针对目前的技术现状、存在的技术壁垒和挑战，提出了展望和方向。

本书可作为各级管道管理与技术人员研究与学习用书，也可作为油气管道管理、运行、维护人员的培训教材，还可作为高等院校油气储运等专业本科生、研究生教学用书和广大石油科技工作者的参考书。

图书在版编目(CIP)数据

管道完整性管理案例分析 / 刘新凌主编 .—北京：中国石化出版社，2021.9
ISBN 978-7-5114-6400-2

Ⅰ. ①管… Ⅱ. ①刘… Ⅲ. ①管道工程-完整性-管理-案例 Ⅳ. ①U172

中国版本图书馆CIP数据核字(2021)第159261号

中国石化出版社出版发行
地址:北京市东城区安定门外大街58号
邮编:100011 电话:(010)57512500
发行部电话:(010)57512575
http://www.sinopec-press.com
E-mail:press@sinopec.com
北京富泰印刷有限责任公司印刷
全国各地新华书店经销
*
787×1092毫米16开本21印张523千字
2021年9月第1版 2021年9月第1次印刷
定价:108.00元

《管道完整性管理案例分析》
编审委员会

序

油气管道是当今社会重要的能源生命线，是实现安全、可靠、经济运输油气资源的主要基础设施，为满足管道全生命周期的长效安全运行，国家依据管道完整性管理先进理念，颁布了《油气输送管道完整性管理规范》，要求全行业执行。精准理解管道整体性管理科学理念是执行规范的先决条件，如何践行这一理念，如何理论联系实际以解决设计、施工和运营中遇到的实际问题，值得广大管道同仁们不断总结和探索。

《管道完整性管理案例分析》一书，是广东大鹏液化天然气公司15年来在管道完整性管理工作中的经验积累和创新实践的总结，其内容涵盖了管道完整性管理六步循环的各个方面，是一本很有价值的实用参考书。该书以通俗易懂的形式，对多年来遇到的一些管道完整性管理的实际案例进行了总结、分析和研究，具有很好的借鉴和参考价值。

《管道完整性管理案例分析》一书的出版，对于促进行业内的学习交流，具有积极的意义。此书不仅适合管道工程技术人员和管理人员阅读参考，还可作为高等院校油气储运等相关专业的教学参考书和企业培训教材。

广东大鹏液化天然气站线项目作为中国大陆第一个液化天然气接收站试点项目，为国家引进和开创了一个新兴产业。有一定油气管道背景的我有幸参与了项目若干工作，见证了大鹏公司的成长和进步。大鹏公司作为中国海洋石油集团有限公司管道完整性管理试点单位，多年来勇于尝试和创新，大胆实践，成果显著，许多管理成果已在系统内部推广应用。期待本书的出版，带动业内更广泛的交流和探索，为国内油气管道管理水平更上台阶作出积极贡献。

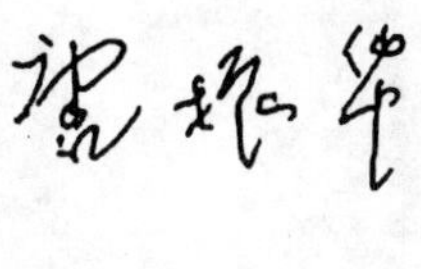

前　言

油气管道作为国民经济的能源动脉，在发展中起着非常重要的作用，油气介质的易燃、易爆特性决定了油气管道行业是高风险的产业。管道的安全问题，已经是社会公众、政府和企业关注的焦点，因此对管道的运营者来说，管道运营管理的核心是“安全和经济”。管道完整性管理的理念和目标就是用最经济的手段实现管道的安全运营，在管道的全生命周期内，通过科学合理的设计，运用新技术，通过监测、检测、测量等方式，获取管道完整性信息，以可靠性为中心，对可能造成管道失效的威胁因素进行管道完整性评价，指导维修工作，最大限度地降低事故发生率。

如何将完整性管理的理念贯穿并运用到实际工作中？如何用科学的技术手段解决管道运营过程中遇到的实际问题？如何运用创新思维应对前所未有的挑战和难题？从《管道完整性管理案例分析》中可以找到可参考的答案。本书主要从实践入手，结合实际运营和工作中遇到的问题，以案例的形式给出方法和思路，围绕管道完整性管理的六步循环，分别从数据采集、数据分析与数据管理，高后果区识别、风险评价，管道检测与完整性评价，腐蚀、第三方损伤及地质灾害的三大风险管控，管道维修维护和效能评价筛选出经典的案例进行分析。

《管道完整性管理案例分析》中的案例主要来源于广东大鹏液化天然气有限公司管道完整性管理实践和研究，编制的目的是满足管道企业完整性技术与管理的实际需求，兼顾油气管道技术人员培训和自我学习的需求，可以作为培训和学习讨论的教材。本书共收集整理了50多个经典案例，也是大鹏公司多年来的创新和研究成果，希望能为国内管道完整性管理的共同进步尽微薄之力。

《管道完整性管理案例分析》由刘新凌主编，李强、黄文尧、梁菁嬿、王春雨为副主编。特别感谢中国石油大学董绍华教授作为本书顾问给予的大力支持和帮助。

由于编者水平有限，错误和不足之处在所难免，恳请广大读者批评指正。

目　　录

第1章 概 述

2015年10月，国家强制标准《油气输送管道完整性管理规范》(GB 32167—2015)的发布实施，把管道完整性管理作为保障油气管道安全的重大举措，使管道完整性管理工作由企业的自发行为上升为强制要求，管道完整性管理工作有了国家层面的标准支持，并推动完整性管理在长输管道领域逐渐得到广泛的应用。

广东大鹏液化天然气有限公司(以下简称大鹏公司)于2005年引入了管道完整性管理理念并逐步实施，十多年来，不断摸索，积累了丰富的实践经验。

大鹏公司作为一家中外合资公司，是由中海油气电集团、英国石油(BP)、深圳燃气等11家股东组成。其股东构成详见图1-1。

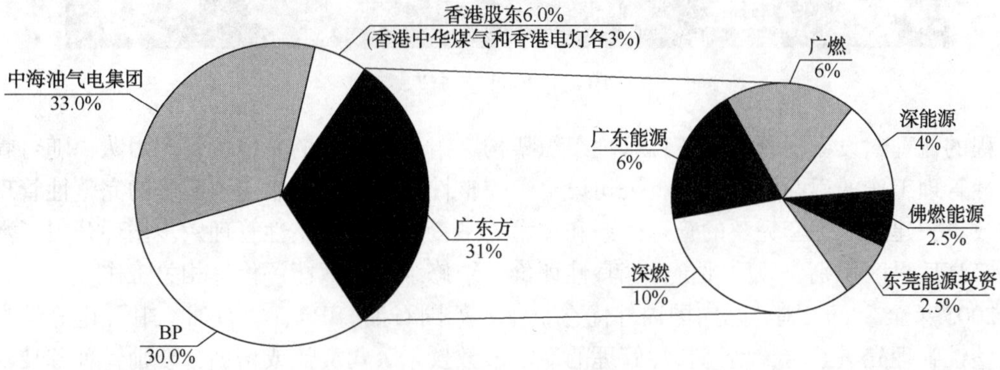

图1-1 大鹏公司股东构成

广东LNG接收站和输气干线项目由大鹏公司负责建设和经营，是中国内地的第一个液化天然气试点项目。1999年底国家正式批准工程立项，2006年6月28日正式投产，时任中、澳两国总理见证项目投产，见图1-2。站线项目总投资累计约90亿元，项目设计规模已由一期370万吨/年提高至680万吨/年，2020年全年外输LNG 822万吨。截至2020年12月31日，已成功卸载LNG 1167船，成为我国国内首个接卸突破1000船的接收站，单站累计进口量约7900万吨，位居全国首位。

大鹏公司所属输气管道总长度约为444km，东起深圳市秤头角LNG接收站，途经深圳、惠州、东莞、广州及佛山五个城市，途经地包括人口稠密的城区及山地、丘陵、水网等多种地形区。大鹏公司所属管道是目前粤港澳大湾区正在运行的重要骨干输气管网，需要为大湾区安全高效地提供清洁能源，担负着安全可靠供气的社会责任。在役管道的安全管理与大湾区经济高速发展的矛盾十分突出，如高铁、地铁、电网、公路、城市等基建项目的大规模建设与土地紧张、施工扰动、建构筑物占压或侵权影响、各种地下设施与管道交叉并行间距不足等矛盾，已成为社会公共安全问题，这给管道管理带来了新的课题和挑战。如何通过完整性管理的科学、技术和创新手段，提升管理水平，实现安全可靠供气，是大鹏公司完整性管理人员一直在不断探索和实践的课题。

大鹏公司自2005年引入管道完整性管理理念以来，完成了对管道完整性管理的各项业

图 1-2　项目投产仪式

务流程的梳理，设立了管道完整性管理组织架构，组建了专业的完整性管理团队，随着管道完整性管理工作的逐渐深入开展，公司设定了完整性管理目标，制定了明确的完整性管理方针和政策，建立了一套完整的管理体系和技术体系，并围绕完整性管理六步循环开展了数据收集、高后果区识别、风险评价、完整性评价、维修维护和效能评价等相关工作。

2005 年至今，大鹏公司向国内外优秀企业如英国石油(BP)、中石油、中石化等学习管道完整性管理先进经验，请完整性管理的专家、教授来公司交流或培训，鼓励管理和技术人员积极参加完整性管理的技术交流大会，不断地学习、探索并实践。同时大鹏公司为对标国内外同行业中的先进做法，取长补短，定期请第三方公司进行完整性管理效能评价。截至 2020 年，已经进行了四次完整性管理效能评价，其中 2012 年、2015 年、2017 年的三次由同一家公司采用同一个标准进行评价，得分从 60. 59 分(五级)提升至 75 分(七级)，如图 1-3 所示。2020 年，请行业的另外一家采用完整性管理量化审核评价的体系进行了全面评价，平均得分为 90. 72 分。评价的结果显示，大鹏公司管道完整性工作成效显著，完整性管理覆

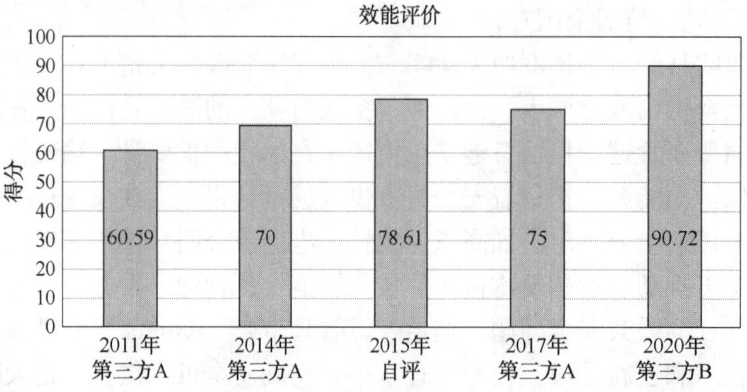

图 1-3　历年效能评价柱状图

盖全面，工作完整度高，多项指标得分处于国内优秀水平。其中，数据采集与整合、高后果区识别、完整性评价、维修维护、组织机构、系统平台等审核指标得分均位于领先地位（见图1-4），法规标准存在一定提升空间。

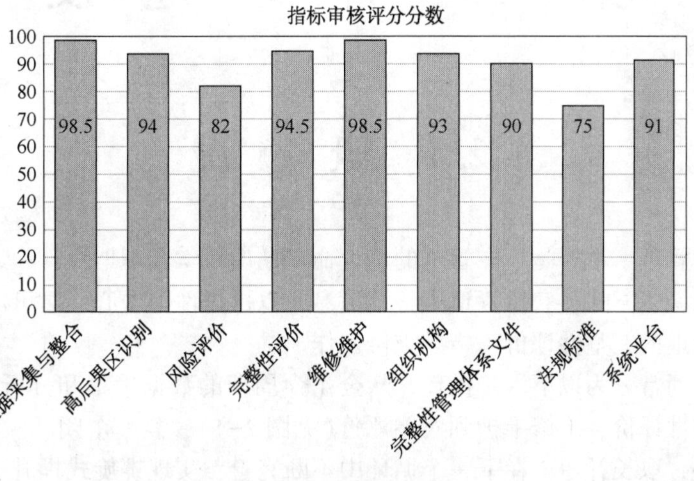

图1-4　2020年效能评价指标审核评分分数柱状图

大鹏公司管道完整性管理水平稳步提升，积累了丰富的实践经验，实践中的一些典型案例或做法，有较高的参考和借鉴价值。

本书的目的在于从完整性管理的六步循环着手，分享大鹏公司日常工作中遇到的典型问题和挑战，通过案例分析的形式，将完整性管理的理念与实际工作高效结合，从而找到问题的解决方法，通过技术创新和成果共享，为中国管道完整性管理水平的提升起到抛砖引玉的作用。

第2章 体系建设

2.1 概 况

管道完整性管理，主要是指在管道的全生命周期内科学合理地设计，运用新技术，通过监测、检测、测量等方式，获取管道完整性信息；以可靠性为中心，对可能造成管道失效的威胁因素进行管道的完整性评价，指导维修工作。

完整性管理通常分为以下六步循环，从全生命周期的数据采集和分析、高后果区识别、风险评价、完整性评价、维修维护到效能评价(见图2-1)，是一个闭环。经过效能评价后，找出优势、劣势，取长补短，在下一个循环中不断完善，实现螺旋式提升。

一般来说，管道完整性管理也类似我们人的身体健康的管理，从中医的理念中理解，养生有三步：未病先防；既病防变；愈后防复。预防胜于治疗，养生等于长寿(见图2-2)。

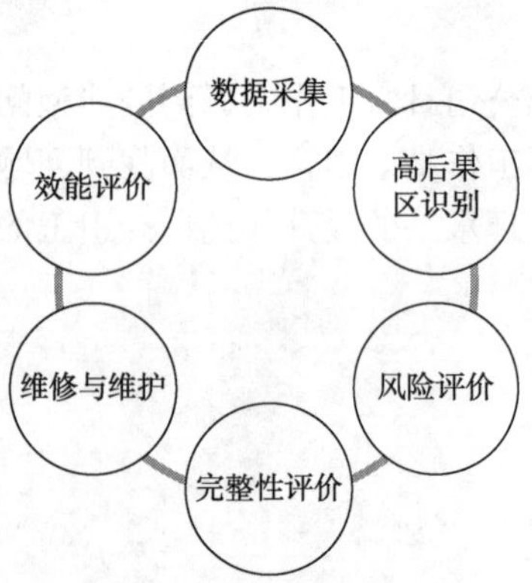

图2-1 完整性管理六步循环

图2-2 养生等于长寿

图2-3 本体安全

同理，对管道来说，一方面是管道本体安全，另一方面是管道外部安全。外部安全主要靠法律、法规、管理制度程序和人来约束；本体安全体现在四个字：防、检、评、修(见图2-3)。

要实现这一目标，必须靠一个专业的管理团队，包括各个专业的技术人才，在一个完善的体系下，按照既定的方法、流程，合理分工实施，高效运作。这是开展管道完整性管理的必要条件。

管道完整性管理的理念已引进国内多年，

国内的管道公司都结合自己的实际情况开展了一些实际工作。大鹏公司 2006 年 6 月开始投产试运营，公司从建设初期、路由选择、可行性研究、设计、施工、投运到现在，一直贯彻完整性管理这个理念，不断摸索学习，并尝试应用开展相关工作。

投产初期，便开展了内检测、外检测、管道保护、高后果区识别等工作，公司 2008 年成立完整性管理中心，2013 年人员配备达到 11 人。截至目前，已进行三轮内检测和三轮外检测，开展了三次风险评价和五次效能评价(四次外部，一次内部)，积累了较丰富实践经验和典型案例。

2.2 组织架构

为加快设备设施完整性管理工作，大鹏公司于 2015 年成立设备设施完整性管理组织机构，具体如下：

(1) 设备设施完整性管理委员会　设备设施完整性管理委员会组织架构如图 2-4 所示，其主要职责为：负责制定和批准公司设备设施完整性管理方针、政策和中长期目标，全面领导公司设备设施完整性管理工作；负责公司设备设施完整性管理实施规划、管理体系的审核与批准；负责指导与部署公司设备设施完整性管理工作，研究、讨论与决策公司设备设施完整性管理实施的重大事项；负责为公司设备设施完整性管理有效运行和持续改进提供资源保障。

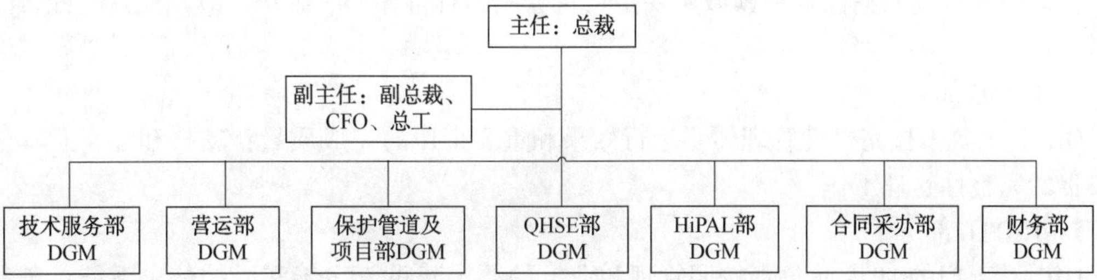

图 2-4　设备设施完整性管理委员会组织架构图

(2) 设备设施完整性管理办公室　设备设施完整性管理办公室为大鹏公司设备设施完整性管理委员会下设协调机构，其组织架构如图 2-5 所示。其主要职责为：负责协调公司设备设施完整性管理相关工作；负责审核公司设备设施完整性管理效能评价工作效果。

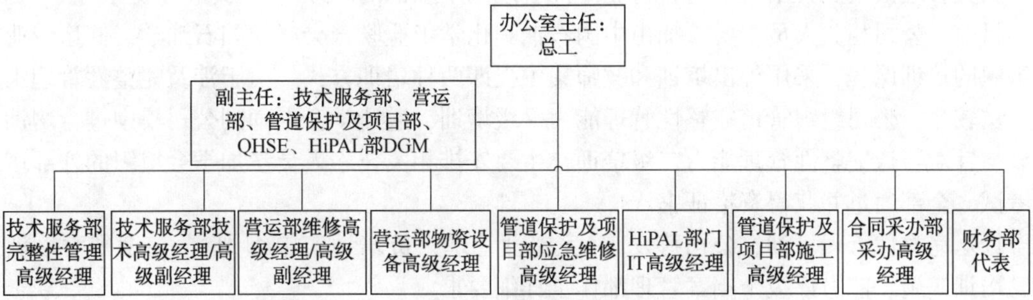

图 2-5　设备设施完整性管理办公室组织架构图

1. 职责划分

与公司设备设施完整性管理相关的主要部门有：技术服务部、管道保护及项目部、营运部、质量健康安全环保部（简称 QHSE 部）、人力资源行政部（简称 HIPAL 部）等。

1）技术服务部

技术服务部为公司完整性管理牵头部门和技术负责单位，并在下面设立了完整性管理中心。其在完整性管理领域主要职责为：负责建立和维护完整性管理体系；负责管理本体完整性工作，包含管道腐蚀控制、检测与完整性评价等；负责技术数据管理系统更新与维护；负责完整性管理技术研究、应用，提供技术支持、服务、协调和组织技术培训；负责管道维护维修所需要的地方政府许可工作；支持、配合其他部门所负责的完整性管理工作。技术服务部完整性管理中心主要负责管道完整性管理的体系建设、评价和本体安全，共 11 人，包括高级经理一名，下设三个组：数据组 4 人，腐蚀控制组 3 人，检测与评价组 3 人。

2）管道保护及项目部

管道保护及项目部作为管道保护和管道新建、改建项目的实施部门，主要职责包括：管道日常巡护、第三方施工管道保护、管道地质灾害防治、管线及附属设施维护（不含阴保设施）、管线应急抢险，数字化管线维护系统建设及维护；管线新建、改建项目建设管理。

公司专门成立管道保护及项目部负责管道的外部安全、防护以及项目建设，约 50 多人，下设安保、管道保护、应急响应、技术、施工、质量和行政共 7 个团队。

3）营运部

营运部在管线完整性管理领域主要是负责管线的日常操作、维护，以及支持、配合其他部门工作。

4）QHSE 部

QHSE 主要审核完整性管理体系运行效果和重要工作的完成质量；支持和配合及其他部门负责的完整性管理工作。

5）HIPAL 部

HIPAL 部门的 IT 团队负责按照管理和业务的要求建设、完善和维护信息系统；负责为业务数据导入和存储提供技术支持。

2. 人员培训及取证

为更好开展管道完整性管理相关工作，提升员工的基础技能、专业技能和核心技能，不断促进员工综合能力的提高，开展管道企业主要负责人、主管管道完整性管理工作的负责人、相关管理人员及技术人员对管道完整性管理基本知识的培训与学习。

目前，公司相关人员主要参加由中国石油和化学工业联合会或中国石油学会储运专业委员组织的培训课程，采用外出培训和教师集中授课两种培训方式。由于涉及完整性管理工作的人员较多，公司组织管道完整性管理能力一级培训，邀请学会老师到公司集中进行培训与考试。针对管道完整性管理能力二级培训，主要安排相关技术人员参加学会组织的外部培训与考试，全部通过并获得资格证书。

针对完整性管理培训，公司特发布《完整性管理人员培训实施细则》，该细则对培训大纲、培训实施、能力评级个档案管理都作了详细要求。

2.3 管 理 体 系

大鹏公司管道完整性管理体系文件适用于公司高压天然气长输管道系统，包括高压管道及附属设施。体系文件覆盖完整性管理六步循环的方方面面，具体见表 2-1 和表 2-2。

表 2-1　技术服务部管道完整性管理体系文件

<table>
<tr><td colspan="4">TS-IM-P1 文件(1 个)</td></tr>
<tr><td colspan="2">内控编号</td><td colspan="2">文件名称</td></tr>
<tr><td colspan="2">GDTS-IM-P1-001 Rev 1</td><td colspan="2">生产设施完整性管理制度</td></tr>
<tr><td colspan="4">TS-IM-P2 文件(3 个)</td></tr>
<tr><td colspan="2">内控编号</td><td colspan="2">文件名称</td></tr>
<tr><td colspan="2">GDTS-IM-P2-001 Rev. 0</td><td colspan="2">管道完整性管理办法</td></tr>
<tr><td colspan="2">GDTS-IM-P2-002 Rev. 0</td><td colspan="2">站场设备设施完整性管理办法</td></tr>
<tr><td colspan="2">GDTS-IM-P2-003 Rev. 0</td><td colspan="2">设备重要性等级管理办法</td></tr>
<tr><td colspan="4">TS-IM-P3 文件(18 个)</td></tr>
<tr><td>内控编号</td><td>文件名称</td><td>内控编号</td><td>文件名称</td></tr>
<tr><td>GDTS-IM-P3-002 Rev. 0</td><td>站场风险评价细则</td><td>GDTS-IM-P3-012 Rev. 1</td><td>位置数据管理细则</td></tr>
<tr><td>GDTS-IM-P3-003 Rev. 2</td><td>管道缺陷评估细则</td><td>GDTS-IM-P3-013 Rev. 1</td><td>长输管道长度及站场阀室名称管理细则</td></tr>
<tr><td>GDTS-IM-P3-005 Rev. 0</td><td>管道第三方活动技术风险控制细则</td><td>GDTS-IM-P3-014 Rev. 0</td><td>管道疑似缺陷点内检测开挖验证作业实施细则</td></tr>
<tr><td>GDTS-IM-P3-006 Rev. 2</td><td>管道内检测实施细则</td><td>GDTS-IM-P3-015 Rev. 0</td><td>接收站设备设施腐蚀控制管理实施细则</td></tr>
<tr><td>GDTS-IM-P3-007 Rev. 2</td><td>管道缺陷修复与处理细则</td><td>GDTS-IM-P3-016 Rev. 0</td><td>管道完整性管理效能评价实施细则</td></tr>
<tr><td>GDTS-IM-P3-008 Rev. 1</td><td>埋地管道外腐蚀检测细则</td><td>GDTS-IM-P3-017 Rev. 0</td><td>管道超声导波检测实施细则</td></tr>
<tr><td>GDTS-IM-P3-009 Rev. 1</td><td>管道完整性数据管理及数据库维护细则</td><td>GDTS-IM-P3-018 Rev. 0</td><td>管道外腐蚀检测疑似缺陷点开挖验证实施细则</td></tr>
<tr><td>GDTS-IM-P3-010 Rev. 3</td><td>标志桩设置与标识实施细则</td><td>GDTS-IM-P3-019 Rev. 0</td><td>管线阴极保护设施维修维护实施细则</td></tr>
<tr><td>GDTS-IM-P3-011 Rev. 1</td><td>管道完整性管理保密实施细则</td><td>GDTS-IM-P3-020 Rev. 0</td><td>阴极保护日常检测实施细则</td></tr>
</table>

表 2-2　管线保护体系文件

<table>
<tr><td colspan="2">TPP-ROW-P1 文件(1 个)</td></tr>
<tr><td>内控编号</td><td>文件名称</td></tr>
<tr><td>GDTPP-ROW-P1-001 Rev. 2</td><td>管线保护基本制度</td></tr>
</table>

续表

TPP-ROW-P2 文件(5 个)			
内控编号	文件名称	内控编号	文件名称
GDTPP-ROW-P2-001 Rev. 2	第三方施工管理办法	GDTPP-ROW-P2-002 Rev. 2	管线水土流失和地质灾害隐患管理办法
GDTPP-ROW-P2-003 Rev. 1	统一呼叫中心工作管理办法	GDTPP-ROW-P2-004 Rev. 1	第三方建设项目技术文件审核管理办法
GDTPP-ROW-P2-005 Rev. 0	应急装备操作和维护管理办法		
TPP-ROW-P3 文件(2 个)			
内控编号	文件名称	内控编号	文件名称
GDTPP-ROW-P3-001 Rev. 0	应急装备操作和维护实施细则	GDTPP-ROW-P3-002 Rev. 1	管线资料查询服务程序实施细则
TPP-ERC-P2 文件(2 个)			
内控编号	文件名称	内控编号	文件名称
GDTPP-ERC-P2-001 Rev. 1	天然气长输管线抢维修管理办法	GDTPP-ERC-P2-002 Rev. 2	抢修承包商管理办法
TS-ERC-P3 文件(17 个)			
内控编号	文件名称	内控编号	文件名称
GDTPP-ERC-P3-001 Rev. 0	管道耦合式堵漏夹具抢修实施细则	GDTPP-ERC-P3-002 Rev. 0	管道清管器卡堵抢修实施细则
GDTPP-ERC-P3-003 Rev. 0	管道冰堵抢修实施细则	GDTPP-ERC-P3-004 Rev. 0	管道悬空抢修实施细则
GDTPP-ERC-P3-005 Rev. 0	管道侧移抢修实施细则	GDTPP-ERC-P3-006 Rev. 0	管道漂管抢修实施细则
GDTPP-ERC-P3-007 Rev. 0	管道换管抢修实施细则	GDTPP-ERC-P3-008 Rev. 0	隧道内天然气管道破裂抢修实施细则
GDTPP-ERC-P3-009 Rev. 0	铁路穿越处天然气管道破裂抢修实施细则	GDTPP-ERC-P3-010 Rev. 0	阀室工艺管线恢复抢修实施细则
GDTPP-ERC-P3-011 Rev. 0	管体外防腐层损伤修复作业实施细则	GDTPP-ERC-P3-012 Rev. 0	复合材料补强修复作业实施细则(湿缠绕法)
GDTPP-ERC-P3-013 Rev. 0	复合材料补强修复作业实施细则(预成型法)	GDTPP-ERC-P3-014 Rev. 0	钢质环氧套筒补强作业实施细则
GDTPP-ERC-P3-015 Rev. 0	B 型套筒补强修复作业实施细则	GDTPP-ERC-P3-016 Rev. 0	水网地区天然气管道抢修进场实施细则
GDTPP-ERC-P3-017 Rev. 0	山区天然气管道进场实施细则		
GDTPP-STS-P3 文件(2 个)			
内控编号	文件名称	内控编号	文件名称
GDTPP-STS-P3-001 Rev. 0	GDTPP-STS-P3-001 Rev. 0 设备材料请购文件管理细则	GDTPP-STS-P3-002 Rev. 0	设计文件管理实施细则

续表

TPP-QAQC-P2 文件(5 个)			
内控编号	文件名称	内控编号	文件名称
GDTPP-QAQC-P2-001 Rev. 2	管线项目验收管理办法	GDTPP-QAQC-P2-002 Rev. 1	项目文档管理办法
GDTPP-QAQC-P2-003 Rev. 1	项目设备材料管理办法	GDTPP-QAQC-P2-004 Rev. 2	第三方施工文件归档管理办法
GDTPP-QAQC-P2-005 Rev. 0	应急储备钢管定期检验与维护管理办法		
TPP-QAQC-P3 文件(9 个)			
内控编号	文件名称	内控编号	文件名称
GDTPP-QAQC-P3-001 Rev. 3	管线项目工程交工验收实施细则	GDTPP-QAQC-P3-002 Rev. 2	管线项目竣工验收管理实施细则
GDTPP-QAQC-P3-003 Rev. 2	管线项目质量培训管理实施细则	GDTPP-QAQC-P3-004 Rev. 1	检查与检验管理实施细则
GDTPP-QAQC-P3-005 Rev. 1	竣工文件管理实施细则	GDTPP-QAQC-P3-006 Rev. 1	竣工档案移交实施细则
GDTPP-QAQC-P3-008 Rev. 0	秘密文件实施细则	GDTPP-QAQC-P3-009 Rev. 2	工程验收组织管理细则
GDTPP-QAQC-P3-010 Rev. 0	管线工程承压设备材料管理细则		
TPP-CON-P2 文件(3 个)			
内控编号	文件名称	内控编号	文件名称
GDTPP-CON-P2-001 Rev. 2	管线项目施工管理办法	GDTPP-CON-P2-002 Rev. 0	项目组织架构管理办法
GDTPP-CON-P2-004 Rev. 2	管线土建维保工程管理办法		
TPP-CON-P3 文件(3 个)			
内控编号	文件名称	内控编号	文件名称
GDTPP-CON-P3-001 Rev. 2	施工前开工审核管理细则	GDTPP-CON-P3-002 Rev. 0	仪表管件安装细则
GDTPP-CON-P3-003 Rev. 0	管线项目变更管理细则		
TPP-SEC-P2 文件(3 个)			
内控编号	文件名称	内控编号	文件名称
GDTPP-SEC-P2-001 Rev. 2	管线巡护保安管理办法	GDTPP-SEC-P2-002 Rev. 2	管线信息员管理办法
GDTPP-SEC-P2-003 Rev. 1	管线巡护微型无人机管理办法		

续表

TPP-SEC-P3 文件(8 个)			
内控编号	文件名称	内控编号	文件名称
GDTPP-SEC-P3-001 Rev. 2	管线外部隐患排查实施细则	GDTPP-SEC-P3-002 Rev. 2	管线巡护保安季度奖评定细则
GDTPP-SEC-P3-003 Rev. 1	管线运维作业许可证实施细则	GDTPP-SEC-P3-004 Rev. 2	管线工作证实施细则
GDTPP-SEC-P3-005 Rev. 2	管线安保加强措施实施细则	GDTPP-SEC-P3-006 Rev. 1	管线施工现场 HSE 管理实施细则
GDTPP-SEC-P3-007 Rev. 1	管线泄漏安保现场应急处置实施细则	GDTPP-SEC-P3-008 Rev. 2	管线巡护保安 HSSE 培训实施细则

2.4 技术体系

如何把运营的经验、教训跟外部的交流和学习成果、维修/维护和现场变更情况总结沉淀并传承下去，更及时准确地为日常运营提供技术依据和标准，需要逐步创建一套现场技术规定体系，可在原设计文件的基础上，一并考虑现场的实际应用和新情况，进行更新完善。首先，明确技术规定编制的组织架构和计划，以及文件清单，主要包括工艺、机械、设备、仪表、电气、土建、质量、储罐、投产等各专业；其次，按照文件使用的紧迫性和内容更新的情况，安排编制的优先顺序，使之满足日常运营的需要；第三，确定文件管理，科学合理编码以便高效查询并更新等。

一套完整、科学合理、切实可行的技术规定，一方面提高工作效率，减少错误或失误，另一方面保证现场安全和可靠。从技术上，为技术人员提供指导，为设计、采购和施工提供依据；从管理上，便于统一标准规范，避免因人而异，使一些科学、正确合理的经验得以沉淀和传承，并能持续改进，更上一层楼；从行业上，可供同行参考和借鉴，避免产生同样的错误，少走弯路。

第 3 章　数 据 管 理

3.1　概　　述

数据的采集、分析和管理是完整性管理的基石，管道基础数据在建设期应准确采集并及时归档管理，如管道中线、周边环境信息、穿跨越信息、辅助设施等。对于已建成投产的管道，由于各种历史原因导致基础数据不全或不准，给运营期的管道保护和管理带来很多困扰和隐患，如何对在役长输管道进行数据恢复，获得准确的管道特征，是运营期管道有效开展管道完整性管理的基础。另外，在开展管道完整性管理工作的过程中会产生大量的数据，对大量数据进行科学管理、合理整合、深入挖掘与分析的方法也在不断地进行探索与研究。

本章主要从数据采集、数据分析和数据应用三个方面，以大鹏公司开展的相关工作为案例进行说明。

3.2　数 据 采 集

3.2.1　定位技术在长输管道中的研究与应用案例

1. 背景

大鹏公司于 2012 年完成了管道坐标、标志桩更新及周边信息采集项目，成功获得了准确的管道数据集。公司管道位于珠三角经济发达地区，第三方活动频繁，管道沿线标志桩可能被移动或破坏，如果不能准确定位管线位置，或没有及时发现，管道容易被破坏。因此，由专业测量工程师负责管道定位、标志桩准确性抽查、管道本体及外防腐层缺陷点坐标测量等数据采集及技术支持工作，及时发现隐患，为管道安全营运提供位置数据支持。

主要工作如下：

(1) 每年抽查已埋设的标志桩，如发现桩损坏、移位等情况及时纠正；

(2) 测量管道缺陷点、裸露点等特征的位置信息，并利用这些信息持续修正管道中线坐标，提高管道中线准确度；

(3) 制定位置数据管理细则，规范高效的使用坐标数据。

2. 主要内容

1) 定位技术介绍

全球定位系统从广义来说是指整个卫星定位系统，从狭义来说可指所有能接收卫星信号的仪器设备。卫星定位的基本原理是：测量出已知位置的卫星到地面卫星接收器之间的距离，然后接收器通过至少 4 颗卫星通信，计算接收器与 4 颗卫星的距离，最后确定其在地球上的具体位置。但是受多种因素影响，卫星定位精度误差会高达 10m 及以上，主要影响因素如下：

(1) 大气层影响　大气层中的电离层和对流层对电磁波的折射效应，使卫星信号的传播速度发生变化，让卫星信号产生延迟，如图 3-1 所示。

（2）卫星星历影响　由星历计算得到的卫星的空间位置与实际位置之差。卫星星历用于确定太空飞行体时间、坐标、方位、速度等各项参数。在卫星定位时，计算某时刻卫星位置所需的卫星轨道参数是通过各种类型的星历提供的。但不论采用哪种类型的星历，由于卫星在运行过程中受到复杂外力作用，使得地面控制站和接收终端无法测定和掌握其相关规律，从而无法消除产生的误差，如图 3-2 所示。

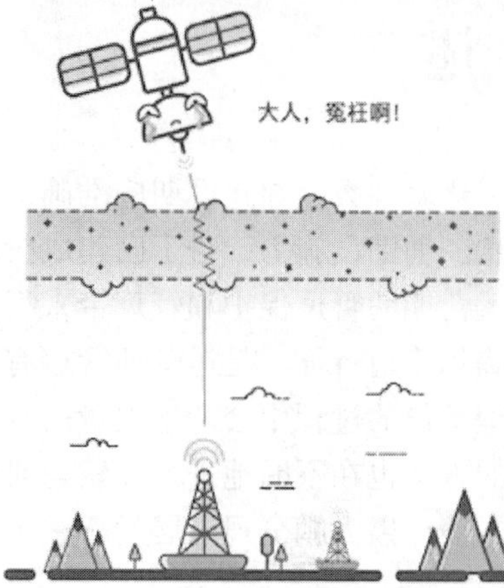

图 3-1　卫星信号受电离层和对流层影响

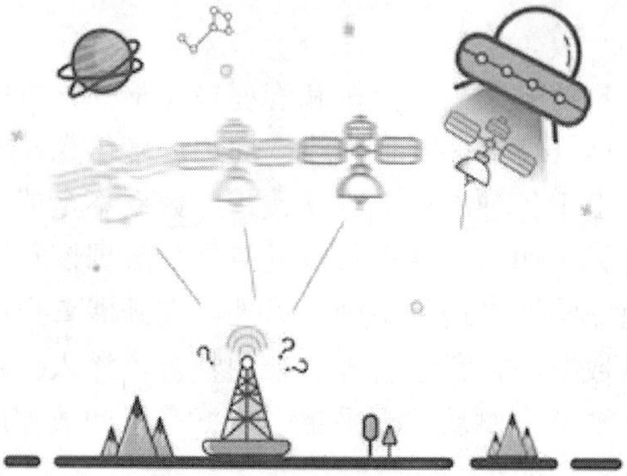

图 3-2　卫星星历误差

（3）卫星钟差　卫星时钟与标准时间的差别。由于卫星的位置是时间的函数，在卫星定位中，无论哪种观测方式，均要求卫星钟与接收机时钟始终保持严格的同步，尽管卫星均设有高精度的原子钟，但与理想值之间仍存在难以避免的偏差和漂移。这期间一旦有微小的定位误差或卫星星历的误差产生，就会影响接收器在定位计算时的准确性，如图 3-3 所示。

（4）多路径效应　由于接收终端周围环境的影响，卫星信号可能在不同的障碍物上反射后才被接收到。例如在高楼林立的楼群和山脉密林中，卫星信号收到折射和反射的概率非常大，如图 3-4 所示。

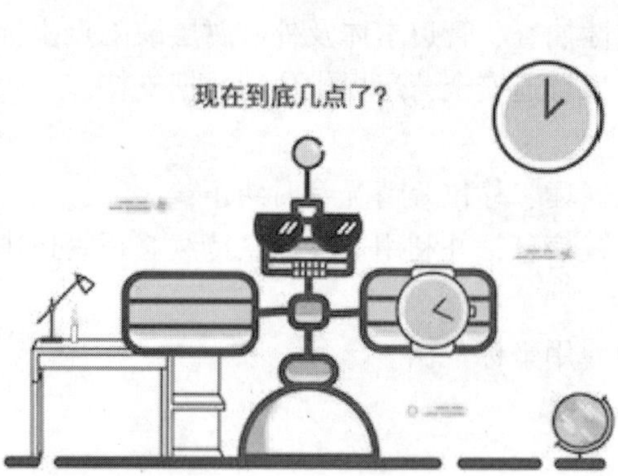

图 3-3　卫星钟差对定位精度的影响

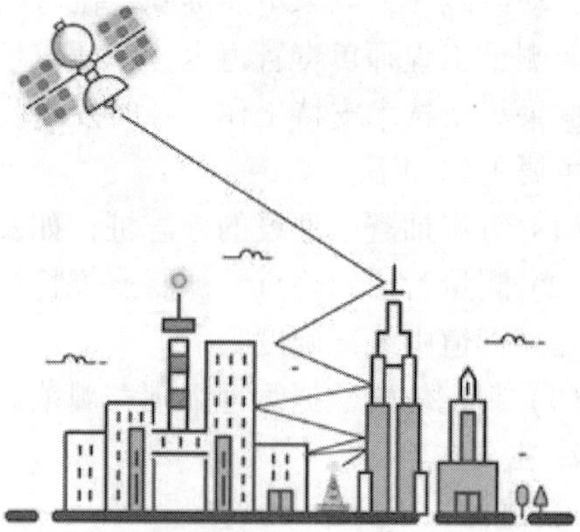

图 3-4　卫星信号受多路径效应影响

为在野外实时得到厘米级定位精度，出现了实时动态差分技术（RTK），这是一种新的常用的卫星定位测量方法，能实时解算进行数据处理，在短时间内得到高精度位置信息的技术。在 RTK 作业模式下，基站采集卫星数据，并通过数据链将其观测值和站点坐标信息一起传送给移动站，而移动站通过采集的卫星数据和接收到的数据链进行差分处理，得出厘米级的三维定位结果。

差分处理就是将卫星定位系统的误差想办法分离出去。在已知位置的参考点上安装移动基站，就知道定位信号的偏差，将这个偏差发送给需要定位的移动站，移动站就可以获得精准的位置信息，如图 3-5 所示。

图 3-5　差分原理

随着 RTK 发展，网络 RTK 应运而生，利用多基站网络 RTK 技术建立了连续运行卫星定位服务参考站（CORS）。CORS 是指由一个或若干个固定的、连续运行的全球导航卫星系统定位参考站，利用现代计算机、通信和互联网技术实时地给流动站传输修正数据，使用户得到较为精确的观测数据，克服了常规 RTK 的局限性，扩展了 RTK 的作业范围及提高导航定位精度、可靠性和高效性。随着大量 CORS 建设，基于 CORS 系统的网络 RTK 技术在测量工作中广泛应用，成为测量工作的主要手段。

2）大鹏公司采集坐标方式

（1）广东 CORS 和 RTK 测量仪器

广东 CORS 应用分布于全省的基准站对卫星进行连续观测，经地面控制中心数据处理后，将坐标修正值通过通信系统直接发给移动站，用户可实时获得厘米级的定位精度。测量仪器设置步骤如下：

① GNSS 联系设置。该设置是使测量仪器与广东 CORS 进行通信，其设置如图 3-6 所示，其中用户名和密码需要向测绘局申请，IP 地址和端口与省 CORS 一致。

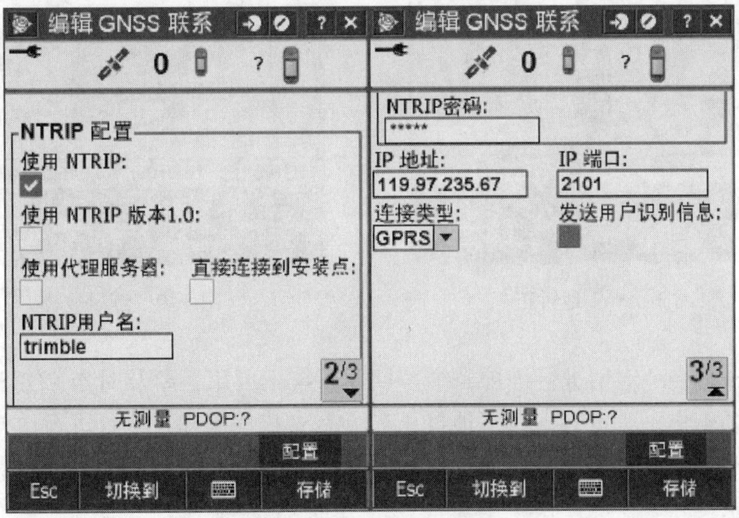

图 3-6　GNSS 联系设置

② 测量形式设置。该设置是使卫星定位仪器以网络 RTK 的形式进行工作，其中“GNSS 联系”选择步骤 1 的名称，如图 3-7 所示。

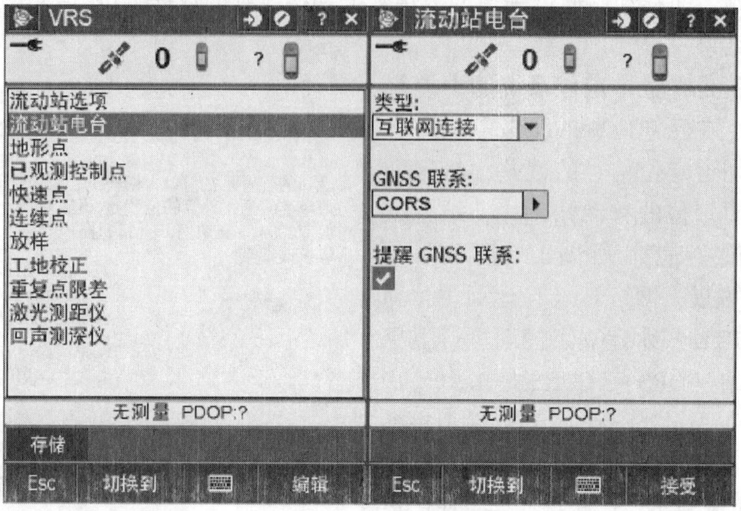

图 3-7　测量形式设置

③ 工地校正。该设置是使卫星定位仪器直接得到所需坐标系下的坐标，如图 3-8 所示。

④ 测量放样。以上设置好后，根据坐标数据进行放样或测量，如图 3-9 所示。

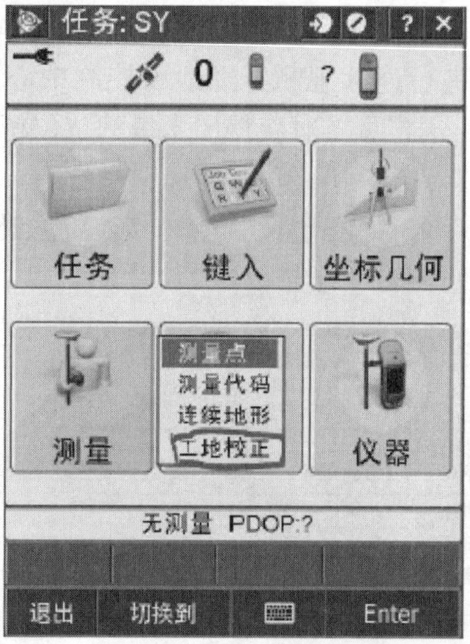

图 3-8　工地矫正

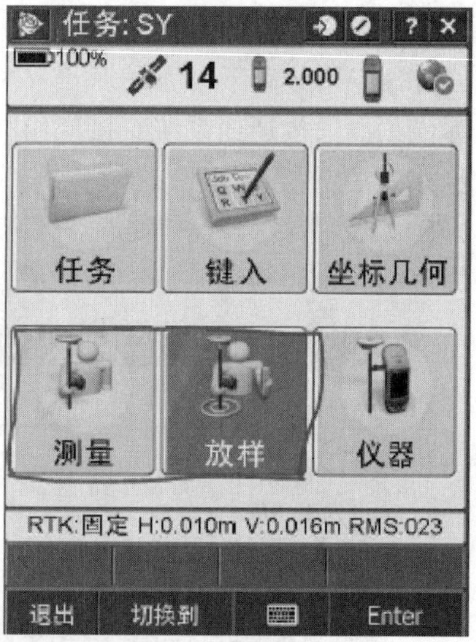

图 3-9　测量放样

广东 CORS 站会不定期进行维护，维护期间系统不可用，要及时与 CORS 管理中心保持联系，确保现场工作正常进行。在工地校正后，首先找一已知点位置进行放样验证，确保输入测量设备的参数正确，再进行现场工作。

（2）千寻系统和手持测量仪

公司现有测量终端天宝 RTK，但是该款仪器需要专业测量人员进行操作，并且体积相对比较大，不宜携带。考虑现场工作环境复杂、恶劣，对测量工作的时效性要求，最好能选择一种便携的、非专业测绘人员能直接操作的高精度测量设备，在外检测、缺陷开挖验证等工作开展时，现场工程师也能及时进行测量和放样。

目前，就测量终端而言，手持卫星定位设备体积小巧、携带方便、可独立使用，经过研究与测试，选择一款精度为厘米级平板终端加上千寻系统的组合，可满足现场测量要求。一方面操作简便，一键开机即用，“傻瓜式”操作，非专业测绘人员也能很容易上手；另一方面：设备非常小巧，便于携带，一个人随身携带就能开展工作。可在开阔地区的使用，该设备在大鹏公司外检测和开挖验证工作中已得到很好的应用。但在树木或其他遮挡区域，仍需其他专业测量设备。

3. 小结

管道完整性管理离不开测绘技术的支持，无论是管道地面标识还是管道本体缺陷和防腐层破损点的定位都离不开测绘，而及时、准确地采集数据坐标信息，为完整性管理多源数据整合与分析提供了良好基础。充分利用高德地图、百度地图和手持便携高精度卫星定位设备，可以为管道的日常管理保驾护航。

3.2.2 遥感影像在长输管道中的研究与应用案例

1. 背景

影像图是管道周边信息获取的高效来源，大鹏公司通过卫星影像、载人飞机航摄和无人机航摄等方式获取管道周边影像。目前，通过载人飞机航拍的方式不太适用于管道企业，不仅费用高而且空域申请困难且周期长，因此建议通过无人机航摄和卫星影像两种方式获取管道周边影像。针对大范围的管道区域通过卫星影像获取管道周边信息，现阶段，大鹏公司主要通过自主下载卫星影像对管道周边信息进行更新。针对小范围、施工频繁的管道局部区域使用无人机获取最新管道周边情况进行补充与完善。

2. 主要内容

1）无人机航摄

低空无人机航摄系统是集无人机驾驶飞行器、遥感及卫星导航定位等技术于一体建立起来的一种高机动性、低成本和小型化、专用化的遥感系统。无人机航测系统主要包括无人机飞行平台、飞行控制系统和非量测型面阵数码相机，以及地面站、远程无线通信装置、地面数据处理系统等辅助设施。

（1）技术路线

在飞行设计之前对航摄区域概况进行了解并收集相关资料，将航摄区域叠加到卫星影像，确定航摄区域的具体位置，如图 3-10 所示。主要技术路线如图 3-11 所示。

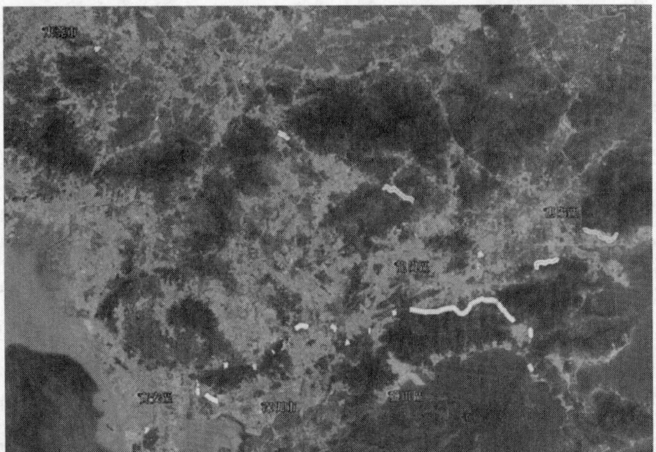

图 3-10 管道航摄区段分布图

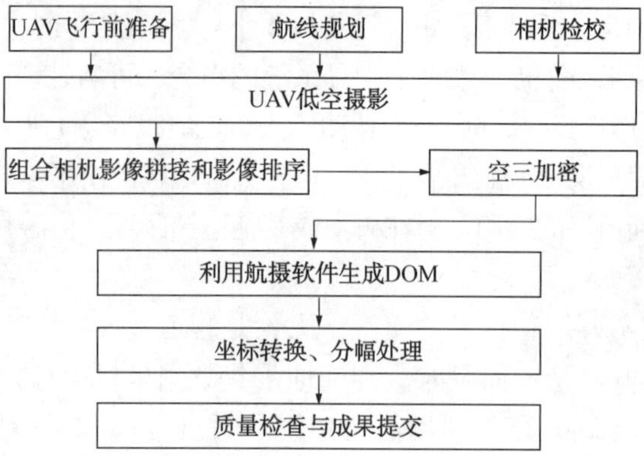

图 3-11 无人机低空航摄技术路线图

由于航摄区域分散，因此按区域分块敷设航线，要求如下：

① 以各区段管道中心线向两侧各扩展 400m 作为航摄范围线，各区段独立规划航线。

② 根据分辨率的要求，设计相对航高。

③ 测区范围多为城区与山地结合区域，为保证影像质量和精度，设计航向重叠度和旁向重叠度。

④ 在各测区附近选择学校足球场等空旷的场地作为起降点，设置单架次飞行时间上限为 30min，确保飞行安全。

⑤ 对于范围较大的区域，采取分段设计的策略，不同段选择不同的起降点，确保无人机在航摄过程中与调制解调器距离保持在有效范围内。

(2) 航拍成果

现场飞行任务完成后，使用航摄飞行软件的数据预处理模块，将影像与曝光点信息匹配，检查是否存在航摄漏洞，通过检查，在测区及时决定是否进行航摄补拍。

将像控点坐标导入后处理软件，通过人工交互方式在影像中定位这些点。使用后处理软件自动空三处理模块，自动识别特征点，对特征点和控制点进行加密解算，获取高精度的三维坐标，并输出空三处理的精度质量报告，包括区域平差精度、相机检校参数(内方位元素、外方位元素、畸变参数)、二维特征点与三维加密点数量及分布情况等内容。

通过后处理软件制作数字表面模型和数字正射影像。利用点云加密处理生成的像素级密集匹配点，经过粗差剔除、滤波等处理，构建数字高程模型。数字高程模型生成以后，主要通过数字微分纠正的方法生成数字正射影像，之后再通过正射影像镶嵌完成一幅正射影像的制作。通过专业软件对影像进行自动正射纠正，并自动寻找最佳镶嵌线，拼接为一幅正射影像，如图 3-12 所示。同时，对于拼接效果不理想的区域，可以人工勾画镶嵌线，避开高层建筑，使镶嵌线位于道路等投影变形小的区域，改善正射影像效果。

2) 卫星影像自主下载

卫星影像地图是在地球大气层以外的宇宙空间，以人造卫星、宇宙飞船等航天飞行器为平台获取的遥感影像。由于卫星轨道高达 910km 左右，可及时获取大范围数据资料，且卫星围绕地球运转，从而能及时获取所经地区的各种自然现象的最新资料，实现新旧资料的动态监测，这是人工实地测量和航空摄影测量无法比拟的。卫星影像的分辨率和精度达不到航空影像地图那么高，目前查到的商用卫星影像分辨率一般在 0.3～15m。大鹏公司曾经购买过管道两侧各 2.5km 的卫星影像。

图 3-12　无人机正射影像(东莞)

图 3-13 和图 3-14 拍摄的是大鹏公司管道在同一处不同来源不同时期的影像图，可以看出航空影像图(见图 3-13)为正射拍照，卫星影像图(见图 3-14)可以看出有明显倾斜角度。这是因为两种遥感平台的不同而导致的，航空是定制路线，一般前期会规划航线，而航天是卫星绕轨道路线，根据卫星运行到该处的角度，有可能正射也可以存在斜角，如有云层遮挡，则卫星影像图上会出现遮挡的云层。

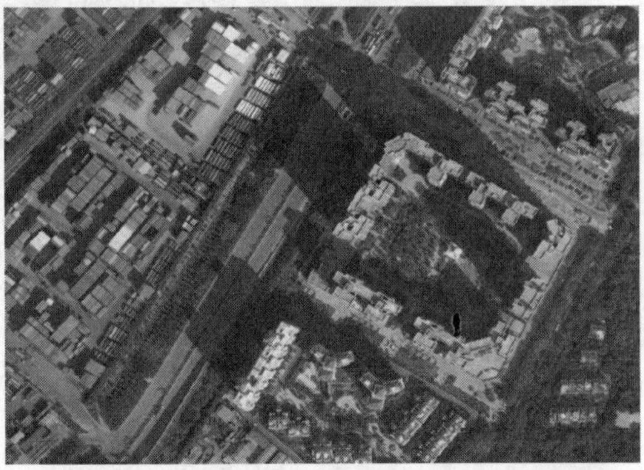

图 3-13　航空影像地图

图 3-14　卫星影像地图

图 3-13 航空影像图比图 3-14 卫星影像图清晰，但对于油气管道行业，影像图主要是为了方便管道周围信息的采集，卫星影像图的分辨率已经能满足日常工作需要，另外卫星影像一直在持续更新并免费提供给公众使用。应合理有效地利用这些资源实现降本增效，不需要一次性下载整个区域的卫星影像，只要关注管道区域影像更新的情况，下载最新的影像，实现管道周边信息的及时更新。

确定选择卫星影像作为数据源，后续选择了一款地图下载器进行影像下载，具体做法如下：

(1) 高清卫星影像下载

影像下载器中包含了多种地图源，可根据需求选择合适的地图源，包括卫星地图、天地图、百度地图、搜狗地图等，如图 3-15 所示。这里我们主要选择卫星地图(无偏移)作为主要地图源，在部分地区影像图不清晰时，可用其他地图源作为补充。选择卫星地图(无偏移)，查看影像图拍摄时间(见图 3-16)，然后选择合适的下载区域(见图 3-17)。这里可根据实际需要选择任意多边形、矩形，也可以导入外部的边界文件作为限定影像图下载的范围。

图 3-15　选择地图源

图 3-16　查看影像图拍摄时间

在选定下载区域后需要选择影像图的分辨率，卫星影像下载有 19 个级别，分辨率最高为 0. 5m，部分地区可达到 0. 25m，如图 3-17 和图 3-18 所示。分辨率越高，地图越清晰同时数据也越大，下载时间越长。可根据实际需要选择合适的级别下载相应的影像。目前，大鹏公司选择下载 18 级影像图就能满足工作需求。

图 3-17　选择地图下载区域

图 3-18　选择卫星影像的分辨率

(2) 将自有数据导入软件进行分析

目前，我们使用的空间数据格式主要有 shp 格式(ArcGIS 软件)、kml 格式(Google earth 格式)和 AutoCAD 格式。除了将影像图下载使用之外，我们也可以将现有的上述格式的数据直接导入到软件中(见图 3-19)，对数据进行二次编辑，新增、更改、删除及添加标注等(见图 3-20)。这种方式有助于简单分析和快速分析，可以及时利用最新影像数据，不用等待最新影像下载后再使用。

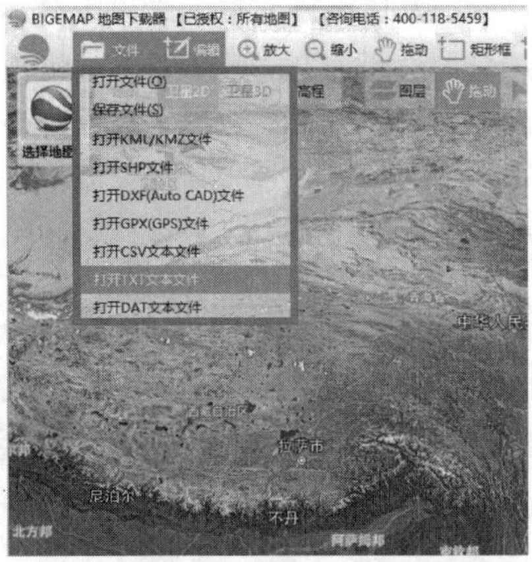

图 3-19　加载自有数据

图 3-20　启动编辑

（3）卫星影像的投影转换

卫星影像采用 WGS 84 坐标系，只能与同样坐标系的数据进行叠加使用，大鹏公司之前主要使用的是西安 80 坐标系，今后将转成 CGCS 2000 坐标系，因此下载的卫星影像为了能满足使用，必须要先进行投影转换才能使用。软件自带转换参数计算工具和投影转换功能，可利用该功能实现投影转换。影像从 WGS 84 坐标转成 CGCS 2000 坐标的过程如图 3-21 和 3-22 所示。

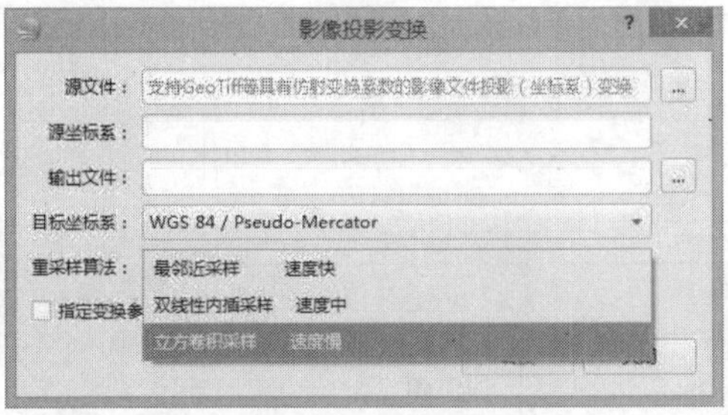

图 3-21　选择投影变换算法

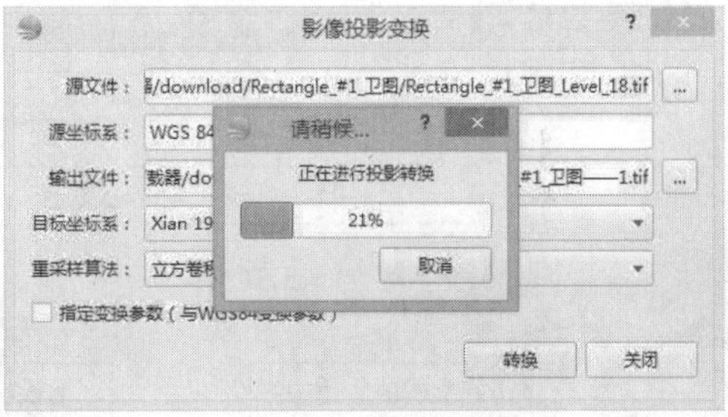

图 3-22　投影转换中

3. 小结

无人机具有轻便灵活、反应迅速、成本低廉等优点，该技术对于采集不连续分布的管道带状影像有明显优势，可以高效、快速、保质完成测量工作。大鹏公司现利用无人机技术开展高风险管段管理、应急演练等相关工作，进一步发展无人机航摄技术在长输管道中的应用。

针对管道全线连续的大面积带状影像，采用卫星影像的方式更有优势。推荐利用卫星影像和影像下载器实现实时自主下载。目前购买管道全线的卫星影像约为 150 万元，且每三年需要更新一次。自主下载不但可节省每次购买影像的费用，还可实现管道周边信息及时更新，其最大优势是只要地图源有更新，就能下载最新的影像。

3.2.3　在役管道中线修正与恢复案例

1. 背景

项目建设期间，应采集准确的管道中线坐标，否则会造成现有管道竣工资料中的管线坐标数据不准确，导致管线保护工作存在严重安全隐患。管道本体基础数据是管道安全运营的最基本保障，在地形情况复杂的珠三角地区，频繁的第三方活动是管线安全运营的最大威胁，如果不能准确定位管线位置，没有明确的管道地面标识，很容易造成严重的管道破坏事故。如果建设期的管道中线数据未能准确完整采集或归档，运营期很难重新开挖获取中线数据，只能采取一些综合技术手段，解决中线数据不全或者不准的问题。

大鹏公司在2011年开展“管道坐标、标志桩更新和周边信息采集(以下简称PCVR)”项目，创新性地提出通过加密测量磁力盒获取管道特征点坐标，并结合智能检测、工程测量、坐标修正、航空摄影、数据比对、地下管道探测等多种技术的综合使用得到准确管道中线的技术，有效地修正基于内检测的管道中线坐标，很大程度上填补了国内对此类管道坐标获取方面研究的空白与不足，进而推动了管道保护行业的发展和理论研究的进步。

2. 主要内容

管道坐标验证、标志桩更新及周边信息采集案例的技术路线如图3-23所示。

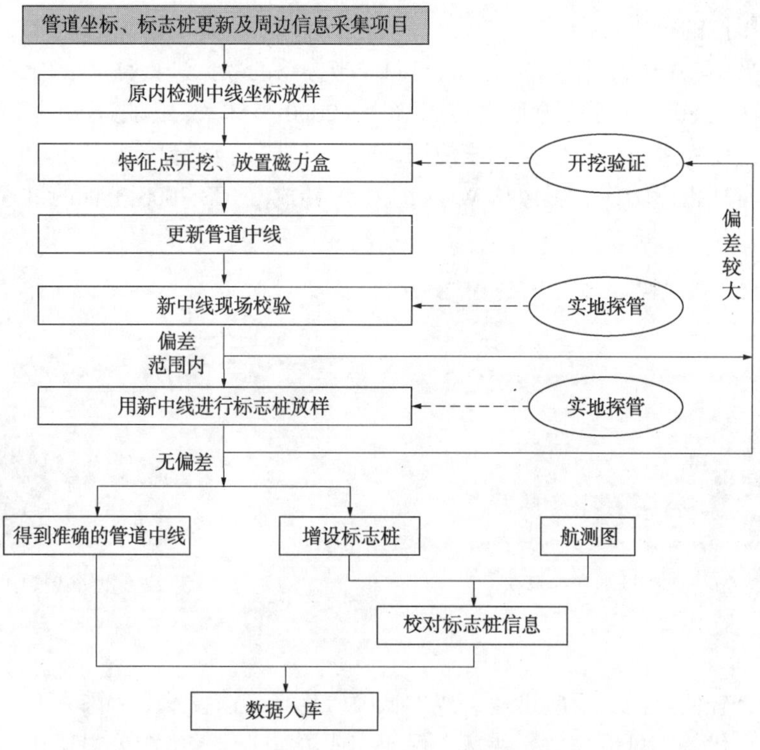

图3-23　PCVR项目技术路线

中线修正与恢复案例是以内检测测绘结果作为数据修正的基础，因此该方法适用于能开展内检测的管道。主要流程如下：

针对内检测记录为磁力盒的特征点进行坐标放样并开挖，如果开挖到磁力盒，重新测量磁力盒坐标，如果开挖未发现磁力盒，则将所挖管道的环焊缝找到并采集坐标，根据坐标分析磁力盒可能所在的位置，并再次进行开挖，直至挖到磁力盒并采集坐标。

磁力盒是缺陷定位的重要参考点，建议1km内埋设一个，最好放置在热煨弯头下游焊缝处，有助于修正内检测器在过弯头后导致记录偏移。

将准确采集的磁力盒坐标(1个/km)与内检测数据相结合，进行管道中线修正，获取更新后的管道中线，如果局部中线修正，可以采用线性拉升方法进行局部中线修正。最后结合雷迪探管对管道中线进行全线复核，并埋设标志桩。

1）内检测坐标获取

管道内检测技术是通过装有无损检测设备及数据采集、处理储存系统的智能检测器在管道中运行，完成对管体的逐级扫描，从而达到对管道定位及缺陷监测的目的。智能检测器能够有效地检测到管道的运行轨迹及特征点，再根据管道上的已知点坐标对管道坐标进行修正，从而得到粗略的管道中线坐标。

内检测理论上可以得到精度1m左右的管道中线，然而内检测器受到直角弯头、气流加速度等因素的影响，局部中线偏差有时会达到几十米。建议在管道本体上方埋设磁力盒，作为内检测中线数据的校正点，每公里一个，选取弯头下游焊缝处加装，最好在设计中体现，施工期安装到位。磁力盒及其安装如图3-24和图3-25所示。

图3-24　磁力盒

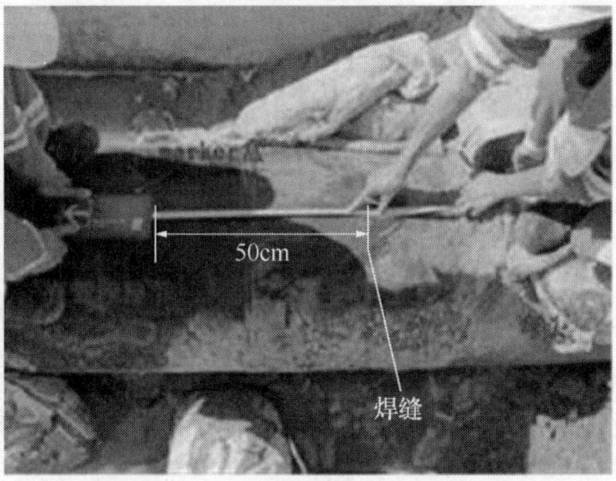

图3-25　磁力盒安装示意图

2）特征点开挖测量坐标获取

通过对大角度弯头处进行选点开挖测量，从而获取修正所需的坐标。在选点过程中，两个选点之间的距离应大于200m且小于1km，并尽量选取弯头的下游焊缝进行开挖。采用高精度RTK对所开挖的焊缝点进行测量，从而有效地获取修正内检测结果所需的坐标。

3）管道坐标修正

根据实测得到的管道特征点坐标，通过坐标修正软件的坐标转换技术，对内检测的中线坐标进行重新拟合修正，即将拟合点处的中线累计误差归零，并运用拟合点对求的坐标修正参数，通过旋转、平移、缩放等方法得到各个管段准确的管道中线坐标，使中线偏差在可接受的范围内。管道精确中线坐标获取流程如图3-26所示。

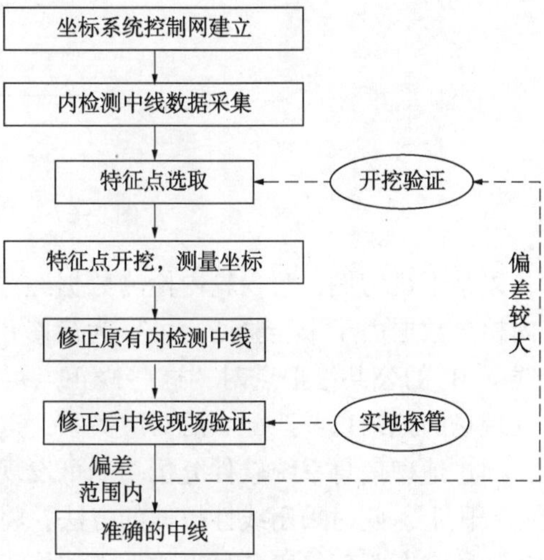

图3-26　管道精确中线坐标获取流程图

由于检测设备的里程轮存在打滑问题，故对于同一管道的同一特征点，每次检测的里程数据和坐标数据有偏差，不能为后期维修维护提供准确的定位坐标。为此，需要将两次内检测数据进行对齐并修正。中线数据修正技术由坐标转换法和线性拉伸法组成，流程如图 3-27 所示。

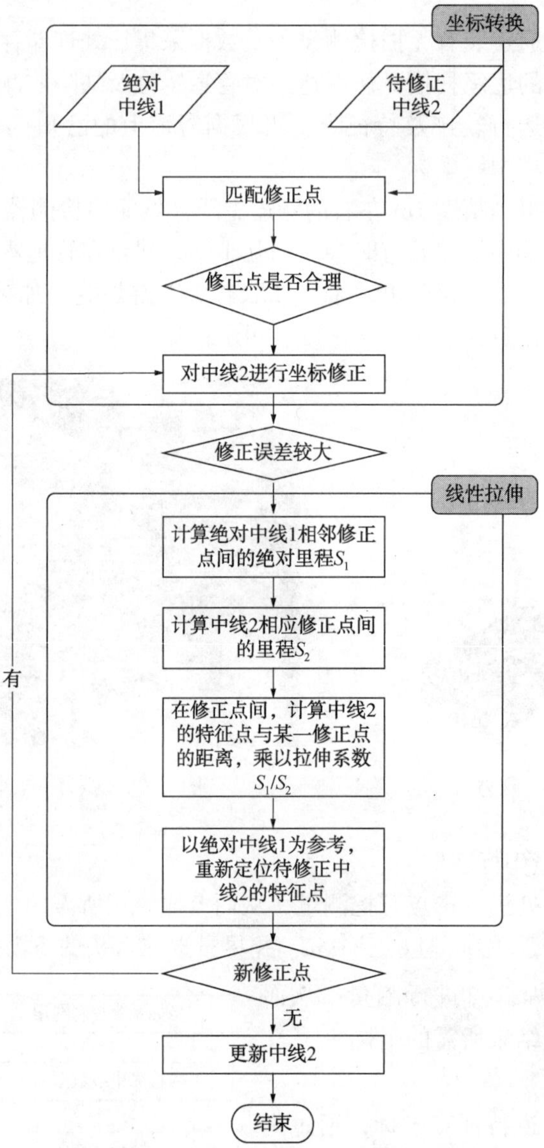

图 3-27　中线数据修正流程图

以某干线为例，第一轮内检测数据经过现场探勘及修正后可作为绝对中线 A_1B_1，第二轮内检测数据由于未经验证，可作为待修正中线 A_2B_2，见图 3-28；首先匹配中线 A_1B_1 和中线 A_2B_2 的公共修正点对，这些修正点可以是管道阀门、法兰、三通、焊缝、磁力盒等。根据现场的记录以及匹配点的对应关系，选择合适的匹配点作为参考点进行坐标转换。修正后，通过地理信息系统软件分析功能可发现修正误差大的区域，一般出现在修正点对间距较远的管段上，此时采用线性拉伸的方法，将里程轮误差归零。对于后期新加入的修正点对，将各特征点在距新修正点最近的上下游修正点间重新修正。最终可将第二轮内检测中线与第一轮内检测中线相匹配。

4）管道坐标复核及标志桩更新

经过修正的管道中线坐标，采用雷迪探管技术，对全线标志桩进行更新。在标志桩放样过程中，若发现因地下管道并行干扰或者埋深过大导致雷迪信号不稳定时，则进行开挖验证；若放样与雷迪探测管位吻合，则认为中线坐标准确，若不吻合，则在该处开挖验证，并对该段中线进行二次对齐拟合，直到符合精度要求。

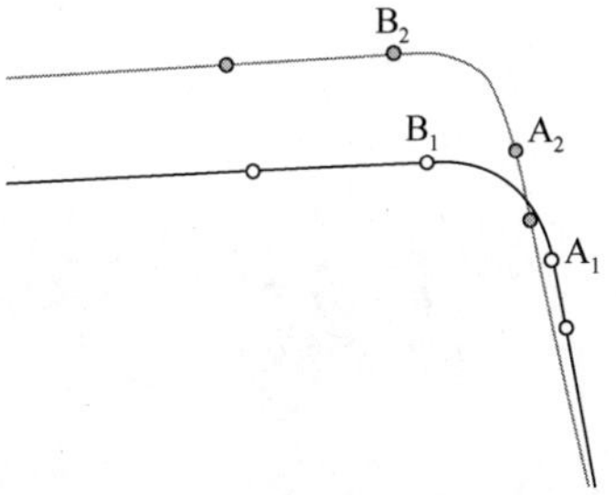

图 3-28　内检测坐标偏差示意图

同时根据最新的航测影像对标志桩进行信息提取，若发现桩位偏离中线的情况，则在实地进行校验和二次测量，从而保证桩位及所采及坐标的准确性。

5）与管线埋设施工竣工资料比对

对管线埋设施工时的竣工资料进行筛选，选取有用的资料(弯头的角度、数量及大型穿跨越等)和合理的方法与管道新中线数据进行比对，对于两者中存在偏差的地方进行现场核实确认。

利用 GIS 分析工具，检查数据的准确性，比如通过拓扑分析空间关系的正确性，包括相交、重叠等情况，见图 3-29；通过缓冲区分析检查标志桩与中线的距离分析，见图 3-30；通过线性参考检查里程排序，见图 3-31；通过叠加分析检查竣工资料中的弯头、穿越等位置与属性，见图 3-32。

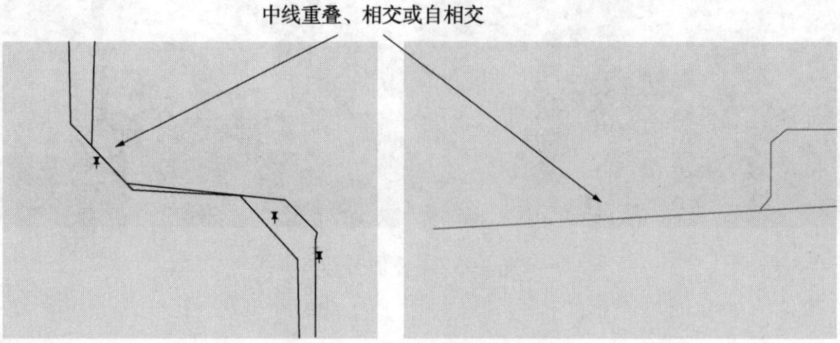

图 3-29　拓扑分析空间关系

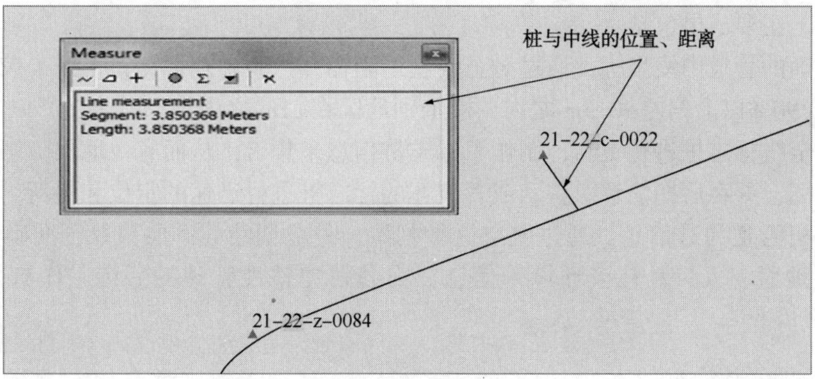

图 3-30　缓冲区分析

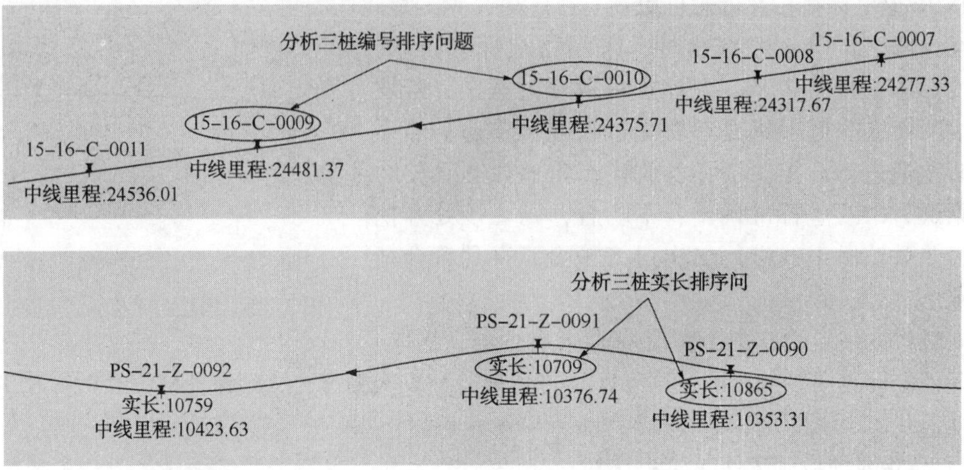

图 3-31　线性参考分析

图 3-32　叠加分析

3. 小结

通过加密测量磁力盒获取管道特征点坐标，并结合智能检测、工程测量、坐标修正、航空摄影、数据比对、地下管道探测等多种技术的综合使用，可得到准确的管道中线，并成功地实施应用。主要成果包括：

（1）精确的管道中线坐标。通过对全线管道坐标开挖验证及拟合，得到了较为精确的管道中线坐标(90%以上偏差±0. 5m 之内，极个别地区在±1m 之内)。

（2）对全线标志桩进行更新，制作了标志桩信息采集卡，从而有效地预防第三方施工造成的管道破坏，并在后期能够对移动或者破坏的标志桩进行迅速的定位和更新。

（3）采集管道周边信息，通过航空摄影测量、外业调绘等手段获取了准确的管道周边详细地形、地貌、人口及社会环境等信息，为公司完整性管理的后续工作打下了坚实的基础。

3.3 数据分析

3.3.1 基于内检测的管道多源数据综合分析案例

1. 背景

为了进一步挖掘数据的价值并提高数据的利用率，掌握管道本体缺陷的发展状况，在完成2次内检测后，大鹏公司开展了基于两轮内检测的数据比对分析工作。随着内检测数据比对工作的深入开展，逐渐意识到数据比对的重要价值，除了进行内检测数据之间的比对分析，进一步加入了外检测数据、阴极保护数据以及其他完整性管理数据进行综合数据分析。随着数据综合分析工作经验的不断积累，2015年大鹏公司主编行业标准SY/T 0087.5—2016《钢质管道及储罐腐蚀评价标准　第5部分：油气管道腐蚀数据综合分析》，并利用该标准中的方法与流程，自主开展基于内检测的管道数据综合分析工作。

2. 主要内容

1）方法与流程

数据综合分析主要包括数据收集、数据对齐及多源数据比对分析三个过程。通过管道数据综合分析，帮助管道运营公司了解管道当前本体完整性情况和内检测精度情况，确定未来修复和维护计划，实行科学管理，提高管道运行的安全性。其方法与流程如图3-33所示。

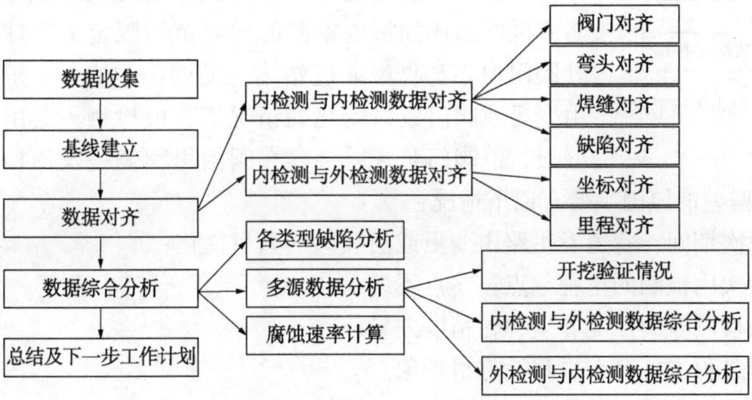

图3-33　管道数据综合分析的方法与流程图

2）数据收集

数据综合分析首先要进行数据收集与整理。一般包括以下内容：

(1) 管道竣工资料；

(2) 管道中心线数据及管道周边信息；

(3) 各轮次的内检测报告，包括Excel表和原始信号；

(4) 各轮次的外腐蚀直接评价报告；

(5) 合于使用评价报告；

(6) 管道标志桩信息，宜包括里程桩、加密桩、转角桩、里程桩、穿越桩、磁力盒桩等；

(7) 管道阴保设施的位置信息，宜包括阴保测试桩、排流器、阳极地床；

(8) 管道应变监测点位置信息及历史报警情况；

(9) 日常阴保检测报告及数据表；

(10) 管道相关的开挖验证报告和补强修复信息；

(11) 最近 2 次的管道沿线地区等级报告、高后果区识别报告；

(12) 管道途经河流、公路等穿越区域的管段；

(13) 第三方施工频繁区域、重车碾压频繁区域、易沉降区域和地质灾害易发段、穿越密闭空间的管段。

收集的数据类型不限于以上类型，根据管道自身的情况进行增减。收集的数据位置信息最终换算成统一的基线里程，以便数据对齐并方便数据分析。大鹏公司将第一轮内检测结果作为基线数据，其他数据的里程均转换成第一轮内检测的里程。

3）数据对齐

数据对齐是数据综合分析的前提条件，数据对齐的质量高低直接影响后续数据综合分析工作的准确性。数据对齐分为两部分：内检测与内检测数据对齐、内检测与外检测数据对齐。在完成数据对齐后，如有需要应及时对管道基线进行更新。

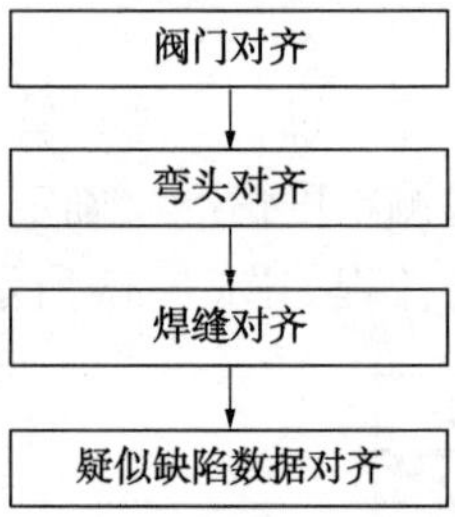

图 3-34 数据对齐流程图

多轮内检测数据对齐的目的是确定缺陷有无增长或新增，为了保证缺陷准确对齐，形成了一套内检测数据对齐流程，如图 3-34 所示。

(1) 阀门对齐

阀门对齐前需统计管道沿线主管道阀门数量，并统一数据对齐区间，比如将内检测的比对范围限定为发球端出站最后一处阀门中心至收球端进站第一处阀门中心。一般而言，在无路由变更或阀门数目变化的情况下，内检测不会出现阀门误报或漏报，但阀门对齐后会存在阀门里程偏差及内检测总里程偏差的情况。里程偏差的原因主要有以下情况：

① 不同轮次期间，管道发生路由变更或沿线阀门数目变化；

② 不同轮次内检测的里程起点、终点不统一；

③ 不同内检测器的性能、里程轮精度差异；

④ 内检测过程中，存在里程轮打滑现象。

(2) 弯头对齐

这里弯头对齐主要针对的是热煨弯头，一般以上下游邻近的主管道阀门为边界开展对齐。当发现无法对齐的热煨弯头时，需要分析原因，可能是以下情况：

① 不同轮次期间，管道发生路由变更；

② 内检测将冷弯误报为热煨弯头，或将热煨弯头误报为冷弯，一般热煨弯头除了上下游焊缝明显特征外，还有起弧和终弧处也存在明显的信号特征；

③ 两个连续弯头合并成一个弯头报告；

④ 弯头漏报。

(3) 环焊缝对齐

将管道最新一次内检测报告的环焊缝与管道基线对齐。一般以环焊缝上下游邻近的热煨弯头或主管道阀门为边界开展对齐，同时也可参考邻近磁力盒或应变计等明显特征点的位置。环焊缝对齐后应对对齐结果进行检查，可利用直焊缝与环焊缝交叉的时钟方位、管节长度或变壁厚点等判断对齐的准确性。每轮内检测报告的环焊缝数量可能存在差异性，主要原因有以下几种情况：

① 不同轮次期间，管道路由变更；

② 不同轮次检测承包商选取起点、终点位置的差异；

③ 不同轮次内检测公司对阀门、法兰、三通、支管等管件的环焊缝定义不一致，部分检测公司会将管件与环焊缝视作整体，仅报告管件，不报告管件自身的环焊缝，如图 3-35 所示；

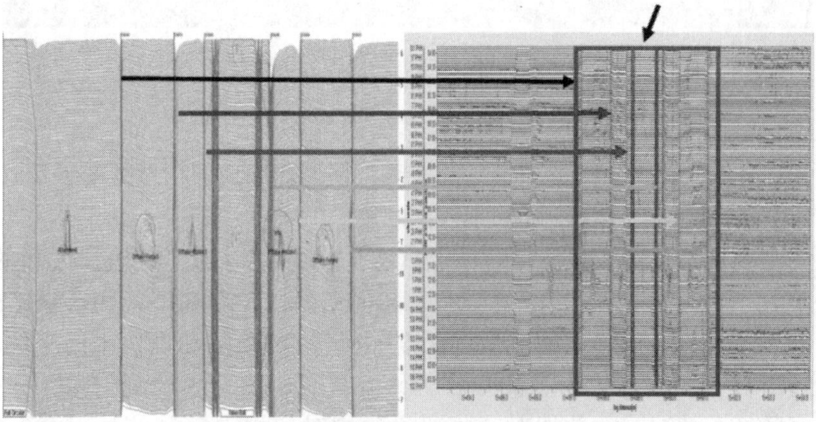

图 3-35　阀体环焊缝比对信号图

④ 内检测对距离较近的环焊缝漏报，如图 3-36 所示；

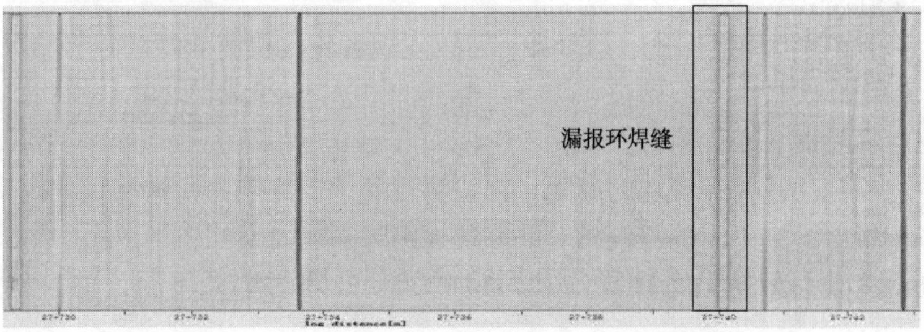

图 3-36　内检测对距离较近的环焊缝漏报

⑤ 内检测将热煨弯头起弧或终弧的位置报告为环焊缝，如图 3-37 所示；

图 3-37　内检测将热煨弯头起弧位置报告为环焊缝

⑥ 内检测对同一环焊缝重复报告，如图 3-38 所示。

图 3-38　内检测对同一环焊缝重复报告

（4）缺陷对齐

完成焊缝对齐后，将每轮内检测报告的缺陷根据与环焊缝的相对距离以及时钟方位进行对齐，并统计出新增缺陷、匹配缺陷和不匹配缺陷。

缺陷对齐主要针对≥10%wt(壁厚)的金属损失(含外部/内部金属损失和的外部/内部制造施工缺陷)、环焊缝异常、直焊缝异常、几何变形以及金属外接物等缺陷或其他异常特征进行对齐。如有需要，将内检测报告深度<10%wt 的缺陷和识别出的其他缺陷与异常选取部分进行对齐。根据各轮内检测报告的缺陷情况，结合内检测信号，分类、逐个确定多轮次数据的匹配情况。在数据对齐阶段必须同时依据内检测信号，而不仅仅是报告的缺陷。例如：某轮检测承包商没有报告该缺陷但是在基线同里程同时钟方位有信号异常，仍然可判断为存在缺陷，不能判成新增缺陷。另外，通过历史开挖修复缺陷点校验内检测的精度指标。

通过对多轮次内检测报告缺陷的对齐，可以发现各轮次检测对缺陷报告结果会有一定的差异，分析原因如下：

① 缺陷存在发展、变化的可能性；

② 多轮内检测之间存在一定的间隔，内检测设备的检测能力和缺陷量化模型精度进步；

③ 设备配置差异，不同配置设备对缺陷的探测识别能力不同；

④ 不同检测公司的缺陷量化模型和对检测信号处理的结果不同，如类型、尺寸的差异等；

⑤ 信号分析人员技能水平和经验的差异。

为提高缺陷量化模型的精度，可开展牵拉实验，以选用适合待检管道条件的检测设备。通过对不同内检测公司的检测设备实施牵拉实验可以发现：

① 对于同一缺陷或异常，不同内检测公司的报告结果可能存在类型或尺寸的差异，包括漏报现象；

② 对于同类特征，不同内检测公司的报告结果还可能存在总体数量上的差异。管道运营公司可根据牵拉实验结果开展内检测选商，并在合同中规范技术资质和人员资质。

腐蚀风险一直都是管道运营公司的管理重点，为了对存在腐蚀条件的外部金属损失实现有效管控，应开展基于内检测与外检测数据的对齐分析工作。将内检测报告的外部金属损失与管道外防腐层破损点、阴保不达标位置、杂散电流干扰区域及排流情况进行对齐和分析，以便发现存在腐蚀可能性的外部金属损失。

为了提高内外检测的对齐的准确性，建议在开展外检测工作时，采用精度在亚米及以上的测量仪器，获取准确的防腐层破损点坐标信息，坐标与基线里程进行关联，实现内外检测数据的对齐。

在完成内检测与内检测、内检测与外检测数据对齐工作之后，可形成数据综合分析总图（见图 3-39）。将各类数据按照里程分布在同一平面上进行叠加，清晰展示管道当前概况，便于分析管道主要风险点。

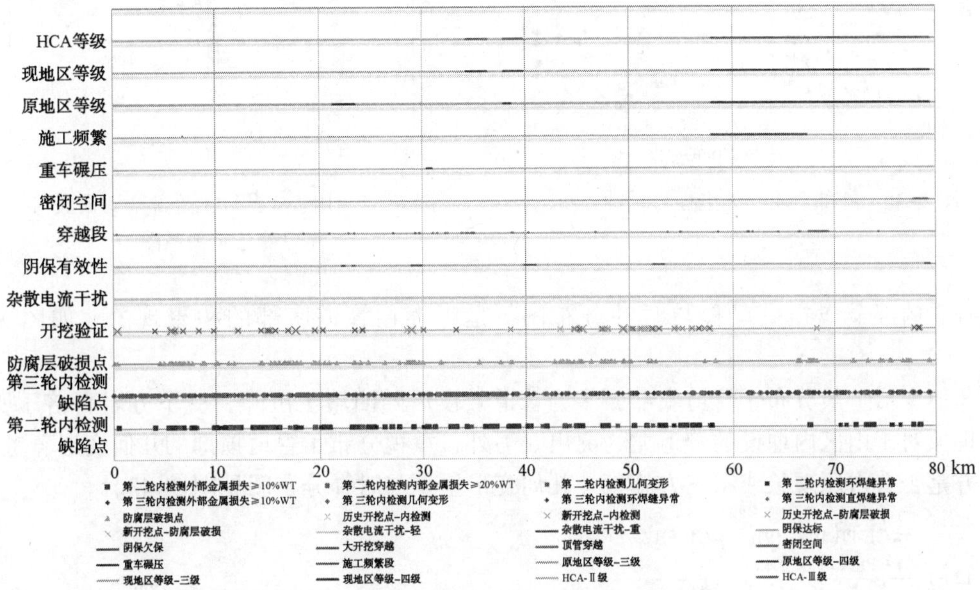

图 3-39　管道数据综合分析总图

4）多源数据比对分析

多源数据比对分析是在数据对齐的基础上，综合考虑数据收集过程中的风险因素，实现在全部管道数据维度上的评估。开展多源数据比对分析可以充分了解管道概况，判断缺陷腐蚀活性，计算活性缺陷的腐蚀增长率，针对未开挖的各类管道本体缺陷及外防腐层破损点建立关注等级，制定后续的管道维护策略和计划。

（1）管道本体缺陷分析

在管道本体缺陷分析中，考虑管道外部金属损失分布情况、内部金属损失分布情况、几何变形分布情况和环焊缝异常分布情况，并进行其原因分析，针对分析结果提出改进措施。

查看外部金属损失里程与时钟分布图和缺陷与环焊缝关系图，进行分析：

① 外部金属损失里程与时钟分布图：分析外部金属损失是否在某一里程区域或特定时钟方位存在积聚现象。当发现里程区域积聚时，应结合该区域的防腐层有效性和阴保状况展开分析，及时开展修复并调整区域内的腐蚀控制策略；当发现管体上方时钟方位金属损失缺陷积聚时，应查看相关位置的第三方施工情况及管道附近第三方设施情况，如图 3-40 所示。

② 缺陷与环焊缝关系图：查看管道焊缝及补口内的管道状况，如发现环焊缝附近的外部金属损失较密集，需通过开挖验证判断是否为补口失效导致腐蚀，或由环焊缝本身质量问题等原因导致，如图 3-41 所示。

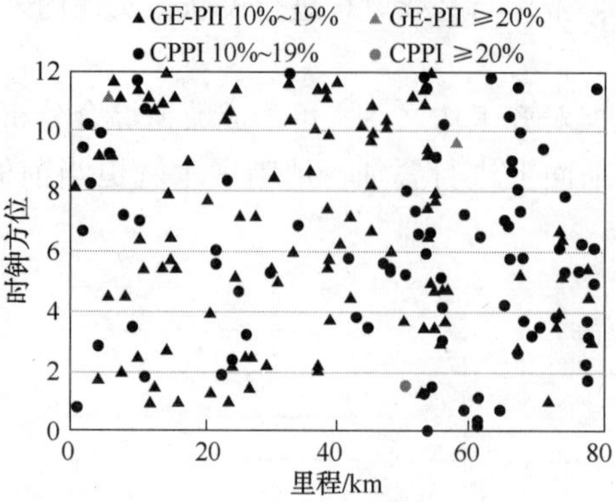

图 3-40　外部金属损失里程与时钟分布图

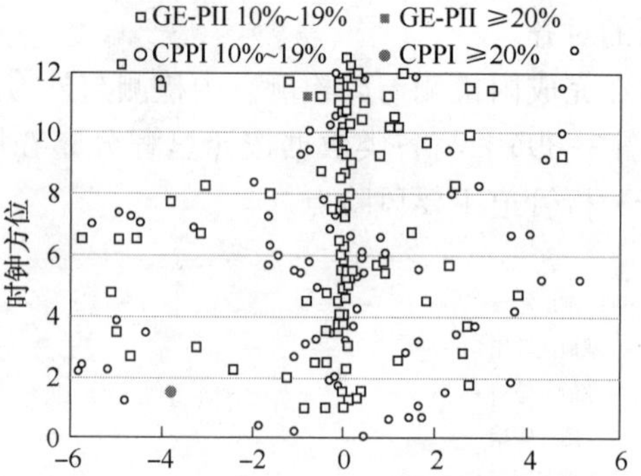

图 3-41　10%wt 及以上外部金属损失与环焊缝分布关系图

查看内部金属损失里程与时钟分布图，是否存在管道底部的积聚现象，如图 3-42 所示。

几何变形一般分布于管道底部，多为管道敷设后随回填土沉降，受下方岩石挤压所致，这一现象对于山区内埋设的管道尤为突出。另外，重视分布于管道顶部的几何变形，考虑管道上方是否有占压现象或第三方施工。几何变形里程与时钟分布图见图 3-43。

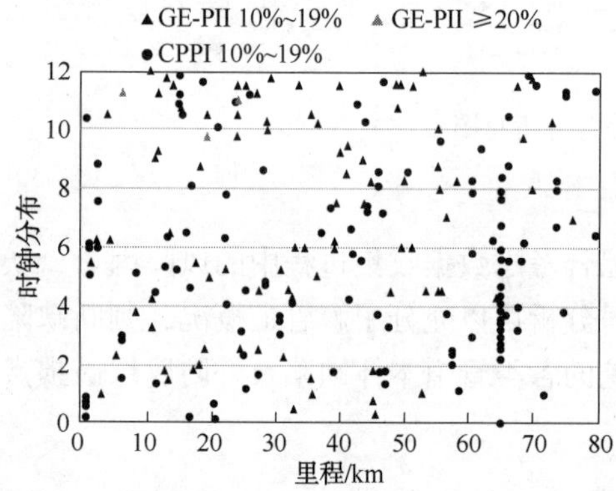

图 3-42　内部金属损失里程与时钟分布图

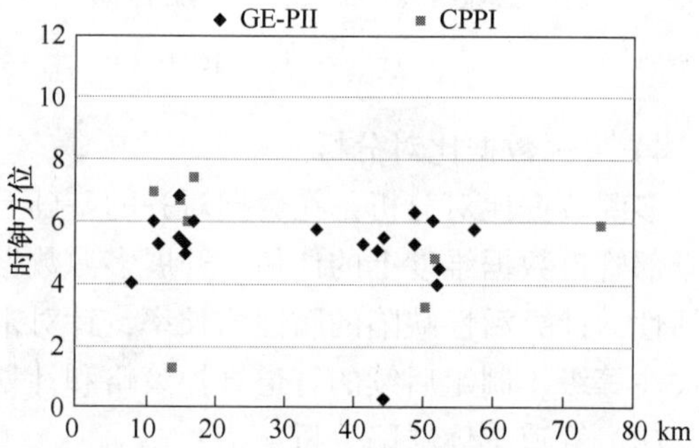

图 3-43　几何变形里程与时钟分布图

查看环焊缝异常里程与时钟分布图(见图 3-44)，若环焊缝异常在某里程区域或时钟方位出现积聚，应查阅竣工资料无损检测结果并结合地形地貌进行分析，重新对焊缝底片进行评价，选择严重的环焊缝进行开挖验证。

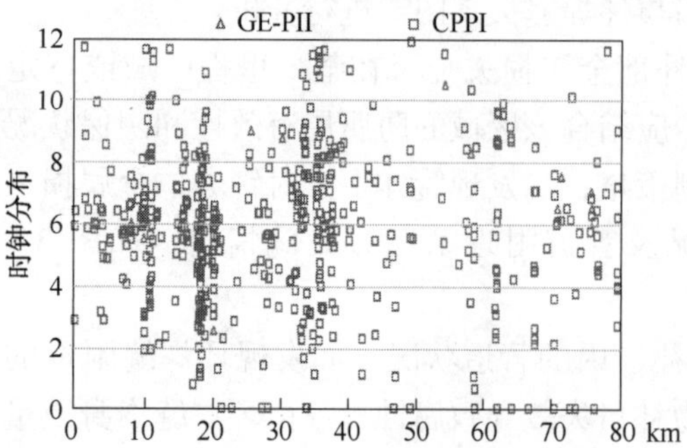

图 3-44　环焊缝异常分布图

（2）开挖验证点比对分析

通过开挖验证对内检测报告的缺陷漏检、误报和尺寸量化精度情况进行对比分析，检验内检测质量，修正内检测结果。

在内检测实施前已完成的管道开挖验证点，称为历史开挖验证点，可以作为检验下一次内检测精度的校验点，比如缺陷是否漏报，相关位置内检测信号是否存在异常，以及报告缺陷的类型和尺寸与缺陷真实情况是否相符等。如果历史开挖验证中各种类型的缺陷数量充足，则在最初获得内检测数据时便可通过历史开挖验证数据对内检测的质量进行初步判断，再结合本次内检测新开挖验证点对内检测精度进行统一验证。

由于城市发展等因素影响，管道开挖的困难越来越大，因此历史开挖验证数据对内检测精度的判断更显重要，必须将开挖验证数据准确全面记录归档。

(3) 多源数据比对分析

多源数据分析分为两个部分：一是以内检测报告缺陷为基础，综合考虑外检测、高后果区、地区等级等其他数据，进行分析判断；二是以外检测报告防腐层破损点为基础，综合考虑内检测信号、高后果区、地区等级等其他数据，进行分析判断。

应依照管道的运行参数、输送介质、区域环境概况以及腐蚀的可能性，按照风险因素对管道安全运行的影响程度进行设定，对各类缺陷结合多方面数据进行综合分析。

金属损失及几何变形的主要评估指标包括：缺陷是否位于处于直焊缝或环焊缝热影响区；缺陷位置处外防腐层是否有破损点、阴保有效性达标情况、是否存在直流杂散电流干扰、交流杂散电流干扰程度；连续两次地区等级情况是否升级、高后果区等级、管道泄漏半径内是否存在特定场所，管道上方是否存在第三方频繁施工、穿跨越、地质灾害易发、占压、重车碾压等情况。

环焊缝异常的主要评估指标包括：环焊缝是否属于金口、碰死口或返修口，是否为连接短节或热煨弯头；内检测在环焊缝热影响区内是否报告其他尚未开挖验证的缺陷；环焊缝异常是否位于环焊缝与直焊缝的交界位置；连续两次地区等级情况是否升级、高后果区等级、管道泄漏半径内是否存在特定场所，管道上方是否存在第三方频繁施工、穿跨越、地质灾害易发、占压、重车碾压等情况；环焊缝底片评价结果为Ⅲ级和Ⅳ级。

直焊缝异常的主要评估指标包括：直焊缝异常是否位于环焊缝热影响区内；直焊缝异常是否位于环焊缝与直焊缝的交界位置；连续两次地区等级情况是否升级、高后果区等级、管道泄漏半径内是否存在特定场所，管道上方是否存在第三方频繁施工、穿跨越、地质灾害易发、占压、重车碾压等情况。

外防腐层破损点的主要评估指标包括：在外防腐层破损点±1m 范围内，内检测是否报告了外部金属损失或几何变形；破损点位置是否位于环焊缝补口；破损点所在位置阴保达标情况、交/直流杂散电流干扰程度；地区等级升级情况、高后果区等级、管道泄漏影响半径内是否存在特定场所，管道上方是否存在第三方频繁施工、穿跨越、地质灾害易发、占压、重车碾压等情况。

对尚未开挖验证的各类缺陷根据评估指标设置关注等级，并划分为高、中、轻三个关注级别。关注等级划分的原则如下：

① 关注等级高　本体缺陷和防腐层破损点高度相关，情况较为严重，本体缺陷为新增或有增长，应尽可能优先开挖验证，如无法开挖验证应及早采取缓解措施降低风险。

② 关注等级中　本体缺陷和防腐层破损点的情况相对可控，在保证全部风险得到有效管控的情况下，可选点开挖验证。

③ 关注等级轻　本体缺陷和防腐层破损点较轻微，依照现行标准定期开展检测工作即可。

(4) 腐蚀增长率计算

通过一系列数据比对分析，掌握管道的腐蚀情况，判断金属损失是否存在增长，是否为活性腐蚀。

在管道腐蚀评价中，腐蚀增长率是描述管道腐蚀程度最直接的评价指标，行业内普遍采用内检测报告数据来计算腐蚀增长率。由于腐蚀发展是在一定周期内金属损失尺寸的变化程度，因此需要参考连续两轮次内检测的相应情况，对于首次运行内检测的管道从竣工时间开始计算同时假设管道竣工时无缺陷。

管道数据对齐后，基于开挖验证数据，进行腐蚀增长率的计算，API 1163《内检测系统资质》和 BS 7910《金属结构缺陷验收评定方法导则》等国内外标准给出了该计算公式：

$$g = \frac{h_2 - h_1}{t_2 - t_1} \tag{3-1}$$

式中　g——表示缺陷的腐蚀增长率，mm/a；

h_1，h_2——两轮内检测报告的缺陷峰值深度，mm；

t_1，t_1——相邻两轮内检测的完成时间，a。

由于不同轮次内检测之间精度差异以及量化模型的差异，当各轮次报告缺陷尺寸相对接近时，式(3-1)出现了局限性。在 API 1163 中介绍了计算腐蚀增长率的重叠系数法，SY/T 0087.5—2016《钢质管道及储罐腐蚀评价标准　第五部分：油气管道腐蚀数据综合分析》中也推荐了该方法。重叠系数可描述相邻两轮内检测报告缺陷深度的两个统计学分布的相似程度，判断缺陷是否发生增长，再由式(3-2)计算腐蚀增长率。重叠系数 ρ 的定义为：

$$\rho = \int_0^{\infty} \min\left[f_1(h), f_2(h)\right] \mathrm{d}h \tag{3-2}$$

式中　f_1，f_2——连续两轮次内检测报告缺陷深度所构成的两个分布的概率密度函数，分别服从正态分布 $N_1(h_1, \sigma_1^2)$ 和 $N_2(h_2, \sigma_2^2)$；

h——内检测缺陷真实深度分布的数值，mm。

对于匹配特征，若重叠系数小于 0.5，则认为缺陷具有腐蚀活性，发生了显著增长。对于新增或未匹配特征，仅存在一个分布，相应地将重叠系数定义为，

$$\rho = \int_{-\infty}^{0} p(h, h_1, \sigma w) \mathrm{d}h \tag{3-3}$$

式中　w——缺陷所在管节钢管工程壁厚，mm。

当重叠系数大于 0.5 时，认为增长显著；反之，认为未发生增长。

基于重叠系数法和开挖验证数据，大鹏公司开发了“腐蚀增长率的数据可靠性筛选模型”。通过应用模型判断金属损失存在腐蚀的可能性，可准确计算缺陷的腐蚀增长率，并真实可靠地反映管道的腐蚀情况，同时也避免不必要的开挖和过度修复。该模型的技术路线如图 3-45 所示。

3. 小结

通过数据综合分析，可以最大限度地挖掘数据的价值并加以利用，高效地控制削减风险，有的放矢地指导下一步工作。按照数据综合分析方法最终形成的管道数据综合分析报告包含内容如下：

(1) 特征点对齐结果。

(2) 对于检测结果和精度的评价和判定。

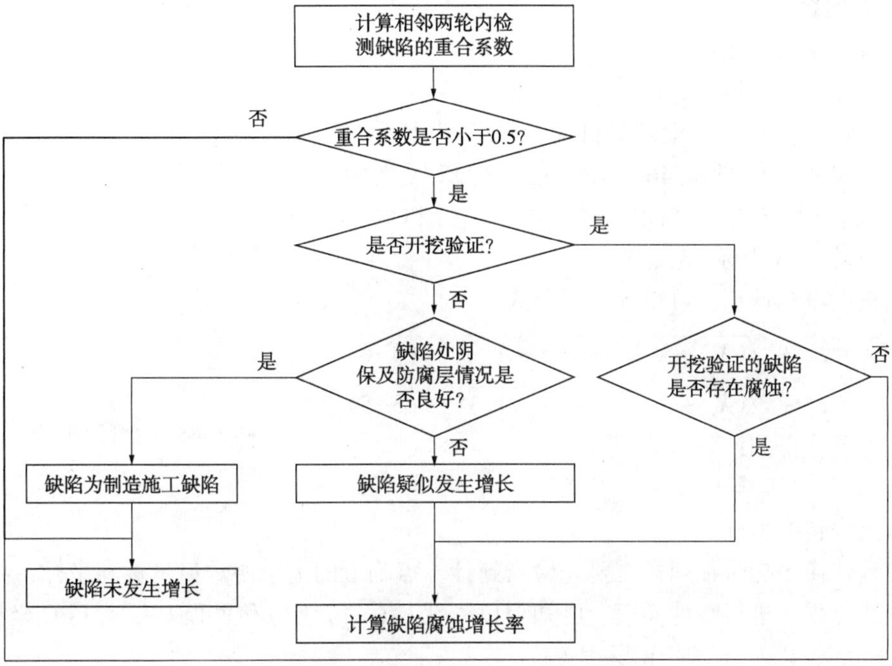

图 3-45 腐蚀增长率的数据可靠性筛选模型技术路线

(3) 更新管道基线，明确阀门、弯头、焊缝、磁力盒等明显特征点，并形成清单。

(4) 历次检测的管道本体缺陷和防腐层破损点清单，标明已开挖验证的缺陷，明确新增缺陷、匹配缺陷和不匹配缺陷。在数据对齐阶段必须同时依据内检测信号，而不仅仅是报告的缺陷。

(5) 管道本体缺陷与防腐层破损点对应情况，如果外检测破损点采用高精度测量设备采集位置时，一般认为两者距离在±1m 以内为重合点。

(6) 内外部金属损失、几何变形等缺陷在管道上的分布情况，并结合影像、阴保、第三方施工和开挖验证等情况进行原因分析。

(7) 针对环焊缝异常，除参考内检测报告的缺陷之外，建议对施工期环焊缝无损检测结果进行再分析，选出严重的点进行开挖再评价。

(8) 针对在综合分析中发现的问题提出改进意见或建议。

(9) 指出该段下一步需要开挖验证的点和需要关注的点。

3.3.2 管道中线坐标与里程转换模型研究与开发案例

1. 背景

长输管道每一段都是由一根根的钢管焊接而成，具体长度由 0 到 12m 不等，每个环焊缝都有一个里程值和坐标值。里程值的计算方法为从该焊缝至该段管线起始端的 BV 阀的管道长度。

在日常工作中，根据工作需要，一般选用里程或者坐标数据。例如，内检测提供里程数据，外检测采集现场防腐层破损点坐标，现场开挖验证则需要相应的参考点距离和坐标，因此在数据综合分析中，为便于比对，需要将数据统一成里程或者坐标。为了提高工作效率和数据的准确性，就对管道中线坐标和里程数据转换模型进行研究，并开发了管道中线坐标与里程转换软件，实现管道的西安 80 坐标和管道里程之间的相互转换。

2. 主要内容

1）直管段数据转换模型研究

（1）坐标转换里程

对于直管段，需要先检索到计算点临近的上下游焊口坐标和里程，如图 3-46 所示，已知焊口 A 坐标（X_a，Y_a）和里程 L_a，焊口 C 坐标（X_c，Y_c）和里程 L_c，以及计算点 B 坐标（X_b，Y_b）。

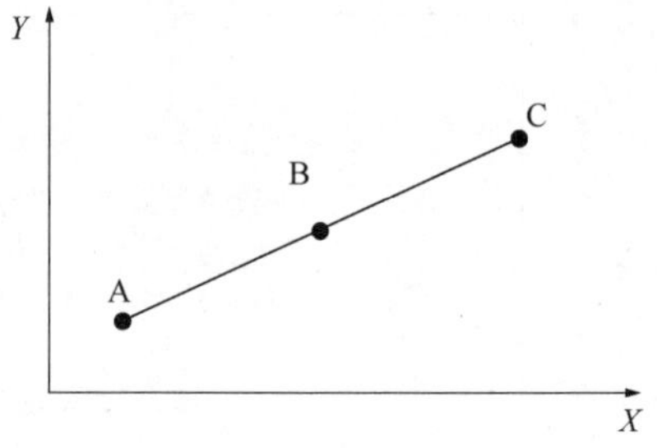

图 3-46　直管段几何模型

我们根据坐标计算，可得到如下公式：

$$L_{b1} = L_a + \sqrt{(X_b - X_a)^2 + (Y_b - Y_a)^2} \quad (3-4)$$

$$L_{b2} = L_c - \sqrt{(X_c - X_b)^2 + (Y_c - Y_b)^2} \quad (3-5)$$

取平均值，得到计算点 B 里程：

$$L_b = (L_{b1} + L_{b2})/2 \quad (3-6)$$

（2）里程转换坐标

将里程转换坐标时，同样需要先检索到计算点临近的上下游焊口坐标和坐标，再采用两点式的直线方程式进行线性插值。已知焊口 A 坐标（X_a，Y_a）和里程 L_a，焊口 C 坐标（X_c，Y_c）和里程 L_c，以及计算点 B 里程 L_b。

计算可得到式(3-7)所示计算点 B 坐标（X_b，Y_b）：

$$\begin{cases} X_b = X_a + (X_c - X_a) \cdot (L_b - L_a)/(L_c - L_a) \\ Y_b = Y_a + (Y_c - Y_a) \cdot (L_b - L_a)/(L_c - L_a) \end{cases} \quad (3-7)$$

2）弯头数据转换模型研究

（1）坐标转换里程

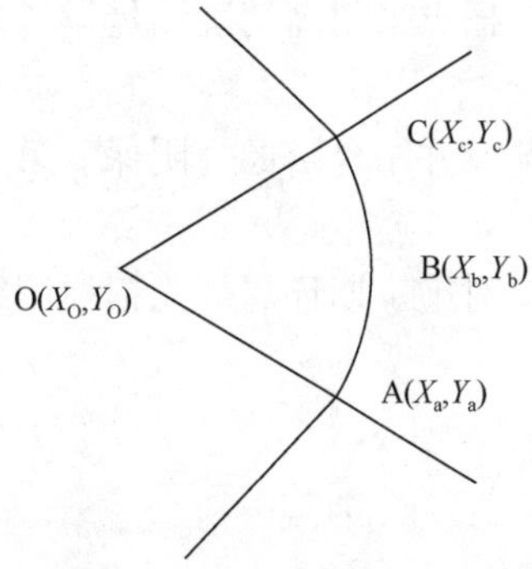

图 3-47　弯头几何模型

弯头处几何模型如图 3-47 所示。已知弯头半径为 R，起始焊口 A 坐标（X_a，Y_a）和里程 L_a，终止焊口 C 坐标（X_c，Y_c）和里程 L_c，以及计算点 B 坐标（X_b，Y_b）。

由 A、B 两点坐标，求得弦长

$$AB = \sqrt{(X_b - X_a)^2 + (Y_b - Y_a)^2} \quad (3-8)$$

从而可知圆心角

$$\theta = 2\arcsin(\sqrt{(X_b - X_a)^2 + (Y_b - Y_a)^2}/2R) \quad (3-9)$$

由弧长计算公式得到弧长

$$\overset{\frown}{AB} = \theta R = 2R \cdot \arcsin(\sqrt{(X_b - X_a)^2 + (Y_b - Y_a)^2}/2R) \quad (3-10)$$

因此计算点 B 里程为：

$$L_b = L_a + \overset{\frown}{AB} = L_a + 2R \cdot \arcsin(\sqrt{(X_b - X_a)^2 + (Y_b - Y_a)^2}/2R) \quad (3-11)$$

（2）里程转换坐标

已知弯头半径为 R，起始焊口 A 坐标（X_a，Y_a）和里程 L_a，终止焊口 C 坐标（X_c，Y_c）和里程 L_c，以及计算点 B 坐标 L_b。

利用复数与复平面上点一一对应，点又与向量一一对应的关系，用复数表示向量如下：

$$\overrightarrow{OA} = (X_a - X_o) + i(Y_a - Y_o) \quad (3-12)$$

$$\overrightarrow{OC}=(X_c-X_o)+i(Y_c-Y_o) \tag{3-13}$$

$$\overrightarrow{OB}=(X_b-X_o)+i(Y_b-Y_o) \tag{3-14}$$

弧 $\widehat{AB}$ 所对的圆心角

$$\eta=(L_b-L_a)/R \tag{3-15}$$

弧 $\widehat{AC}$ 所对的圆心角

$$\theta=(L_c-L_a)/R \tag{3-16}$$

此外，将向量进行旋转可得到：

$$\begin{aligned}\overrightarrow{OC}&=\overrightarrow{QA}\cdot(\cos\theta+i\sin\theta)\\&=(X_a-X_o)\cos\theta-(Y_a-Y_o)\sin\theta+i[(X_a-X_o)\sin\theta+(Y_a-Y_o)\cos\theta]\end{aligned} \tag{3-17}$$

$$\begin{aligned}\overrightarrow{OB}&=\overrightarrow{OA}\cdot(\cos\eta+i\sin\eta)\\&=(X_a-X_o)\cos\eta-(Y_a-Y_o)\sin\eta+i[(X_a-X_o)\sin\eta+(Y_a-Y_o)\cos\eta]\end{aligned} \tag{3-18}$$

由式(3-13)和式(3-17)可求得弯头圆心坐标：

$$\begin{cases}X_o=\dfrac{\sin\theta(Y_c-X_a\sin\theta+Y_a\cos\theta)-(1-\cos\theta)(X_c-X_a\cos\theta+Y_a\sin\theta)}{-\sin^2\theta-(1-\cos\theta)^2}\\[2ex]Y_o=\dfrac{-\sin\theta(X_c-X_a\cos\theta+Y_a\sin\theta)-(1-\cos\theta)(Y_c-X_a\sin\theta+Y_a\cos\theta)}{-\sin^2\theta-(1-\cos\theta)^2}\end{cases} \tag{3-19}$$

将式(3-15)、式(3-16)、式(3-19)代入式(3-14)和式(3-18)即可求得 B 点坐标：

$$\begin{cases}X_b=X_o+(X_a-X_o)\cos[(L_b-L_a)/R]-(Y_a-Y_o)\sin[(L_b-L_a)/R]\\Y_b=Y_o+(X_a-X_o)\sin[(L_b-L_a)/R]+(Y_a-Y_o)\sin[(L_b-L_a)/R]\end{cases} \tag{3-20}$$

3）管道中线坐标与里程转换软件开发及应用

管道中线坐标与里程转换软件采用 Visual Studio 2010 开发环境和 C#编程语言，实现了管道中线坐标和里程数据相互转换，如图 3-48 所示。功能上分为两个模块：坐标转换里程和里程转换坐标，每个模块可实现单点转换和批量转换，单点转换时会向用户提供计算点上下游焊缝坐标，批量转换时计算结果在界面显示的同时，储存到数据文件中。该软件在大鹏公司数据综合分析过程中有所应用，结果表明实用性强，计算精度能满足工作需求，如图 3-49~图 3-51 所示。

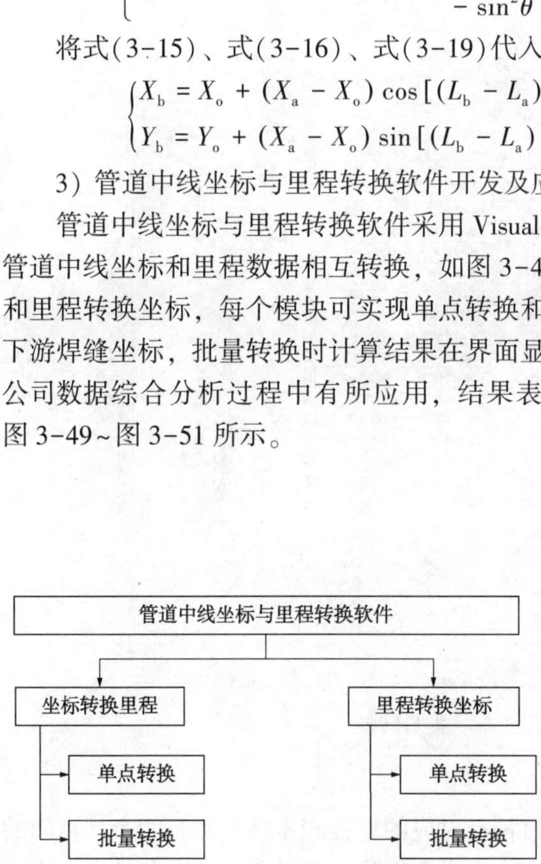

图 3-48　总体结构框图

图 3-49　软件主界面

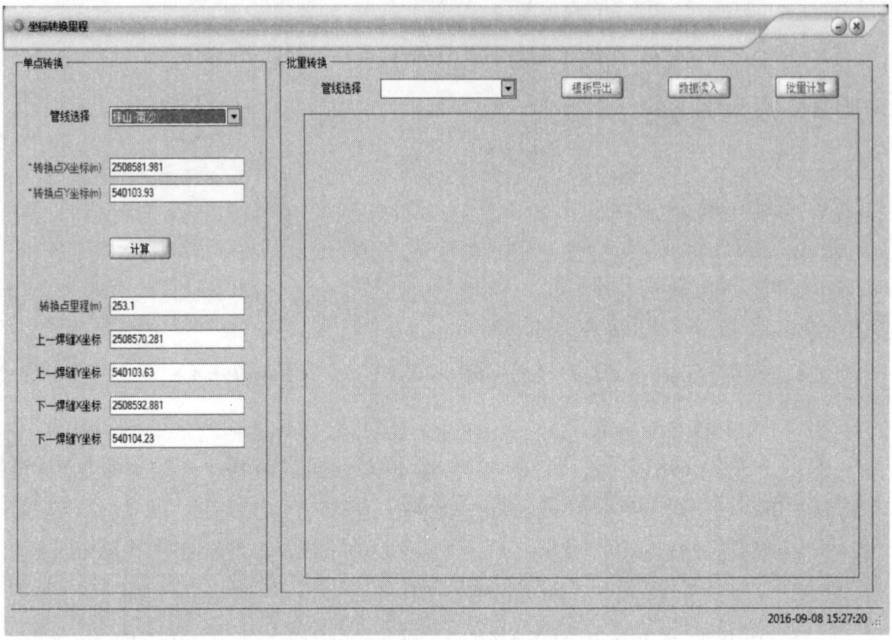

图 3-50　坐标转换里程——单点转换

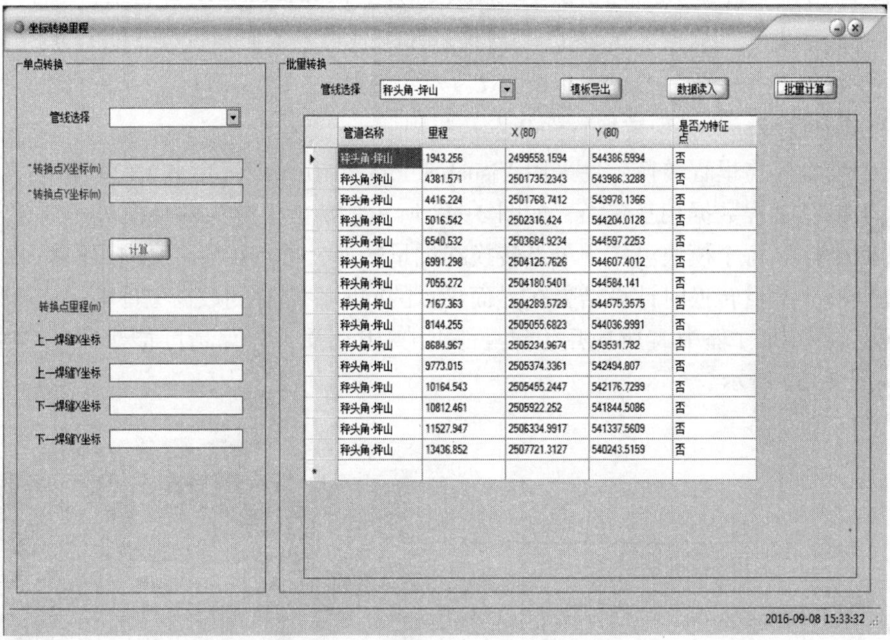

图 3-51　坐标转换里程——批量转换

3. 小结

结合公司现有数据管理情况，管道每个焊口都有对应的里程和坐标，但是两个焊口间的管道只有里程没有坐标，而现场采集的数据只有坐标没有里程，在日常的内业和外业工作中带来很多不便，“管道中线坐标与里程转换软件”作为数据桥梁和转换接口，能够实现管道中线的西安 80 坐标和管道里程之间单点和批量的相互转换，为数据放样、数据比对等工作提供了便利。其操作简单方便，既可以提高工作效率，又可保证数据的准确性。

3.3.3 管道多轮内检测数据对齐算法研究与应用案例

1. 背景

由于管道运行条件、管道周边环境状况及漏磁内检测对管道缺陷的识别存在着部分不确定因素，在不确定性和误差的影响下，使得一些检测结果与开挖结果存在偏差，个别甚至存在误报的可能。另外多轮内检测报告结果出现里程差异，检测缺陷类型的不匹配，缺陷数据的量化偏差、误报等差异。当多轮内检测中采用不同检测运营商或检测器，更会使之加剧。为了了解管道沿线缺陷分布状况，对管道缺陷严重程度科学准确排序，准确定位并开挖验证，及时对严重缺陷开展评价修复，确保管道本体处于安全状态，需要采用统一的方法、里程维度，使相关数据的里程对齐至管道基线。需对多轮内检测位置数据进行计算，因此需要一种可靠高效的算法来辅助浩繁的数据分析。

现对管道多轮内检测数据对齐算法展开研究，快速完成多轮内检测数据的准确对齐，以提高数据对齐工作效率。

2. 主要内容

根据内检测对球阀、弯头、焊缝、管件的报告结果，依次与基线数据对齐。一般而言，各轮内检测均能准确报告管道沿线全部球阀，以相邻两球阀为边界开展弯头的对齐。对于弯头的报告，因某轮内检测对弯头处焊缝的多报或漏报，会导致多轮内检测数据关于弯头数据存在差异。为此，在弯头对齐的同时，需配合弯头上下游焊缝的对齐来进行，并进而完成两弯头间全部焊缝的对齐。对于报告存在差异的焊缝，需结合内检测信号加以判断。由于多轮内检测对于球阀及诸如三通、法兰、支管等管件两侧焊缝的定义不同，导致内检测对管件及两侧焊缝的报告存在差异，因此需一一结合内检测信号进行判定，完成管件及两段焊缝的对齐。焊缝数据的对齐是内检测数据与基线数据对齐的关键，而一段管段全部焊缝对齐的重要判据之一是所有管节全部对齐。

某管段上下游环焊缝记作 A 和 B，其基线里程及管节长度构成的数组为($L_{0,\mathrm{a}}$，$L_{0,\mathrm{b}}$，d_0)，对应三轮内检测报告里程及管节长度构成的数组为($L_{i,\mathrm{a}}$，$L_{i,\mathrm{b}}$，d_i)(其中 $i=1$，2，3)，其差异如图 3-52 所示。

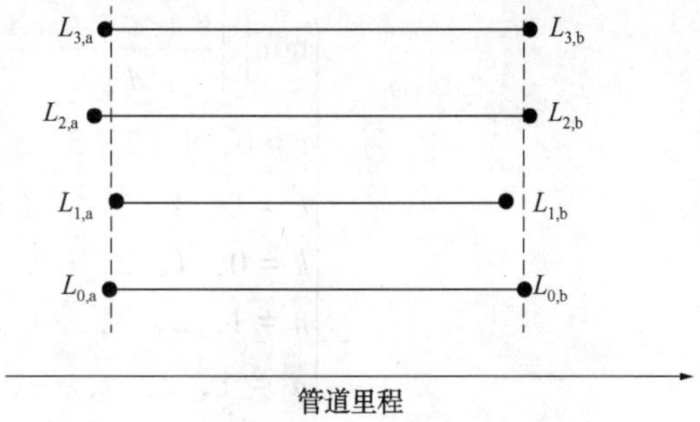

图 3-52 多轮内检测里程差异的示意图

对于两球阀间的一段管道，需对其间弯头和焊缝进行对齐。两球阀分别记为 VALVE 1 和 VALVE 2，其间各弯头沿管道里程方向记为 BEND j(其中 $j=1$，2，3……)。由于某轮内检测可能存在对某处弯头中间弯折位置处识别为环焊缝，或对某处连续两弯头中间环焊缝漏报，导致弯头的漏报，另外也存在基线对某处弯头未记录的情况，需对焊缝进行对齐。本案例将焊缝对齐分为两类情况，一类是球阀与相邻弯头间环焊缝的对齐，另一类是相邻两弯头间环焊缝的对齐。

1）球阀与相邻弯头间环焊缝的对齐

球阀附近管件较多，由于多轮内检测对管件两端环焊缝的定义不同，数量上会存在一定差异，因此球阀与相邻弯头段管道的对齐，采用从弯头至球阀的方向对齐。

（1）弯头对齐

进行弯头对齐，并判定多轮内检测与基线是否存在球阀相邻弯头的记录缺失。设其间共 K 条焊缝，第 k 与 k+1 条环焊缝所在的管节，其里程及管节长度构成的数组为($L_{i,k}$，$L_{i,k+1}$，$d_{i,k}$)(其中 i=0，1，2，3，k=0，1，2，3……)。若存在 d_i，k≤11m，并将管节长度记作 $d_{i,\ k}^n$，则将此类管节的数量进行累计为 N。判定三轮内检测与基线不存在对球阀相邻弯头的记录缺失的判别式见式(3-21)，或不满足式(3-22)时遍历全部 K 条焊缝且全部 K 个管节满足式(3-22)。

$$\begin{cases} N \geqslant 5 \\ d_{i,\ k}^n \leqslant 11 \\ 0.9 \leqslant \dfrac{d_{i',\ k}^n}{d_{i,\ k}^n} \leqslant 1.1 \\ i = 0,\ 1,\ 2,\ 3 \\ i' = 0,\ 1,\ 2,\ 3 \\ i' \neq i \\ k = 0,\ 1,\ 2,\ \cdots,\ K \\ n = 1,\ 2,\ 3,\ \cdots,\ N \end{cases} \tag{3-21}$$

或

$$\begin{cases} N < 5 \\ d_{i,\ k}^n \leqslant 11 \\ d_{i',\ k}^{n'} > 11 \\ 0.9 \leqslant \dfrac{d_{i',\ k}^n}{d_{i,\ k}^n} \leqslant 1.1 \\ \min\left(\left|\dfrac{d_{i',\ k}^{n'} - d_{i,\ k}^{n'}}{d_{i,\ k}^{n'}}\right|,\ \dfrac{d_{i',\ k}^{n'} - 11}{d_{i,\ k}^{n'}}\right) \leqslant 0.5 \\ i = 0,\ 1,\ 2,\ 3 \\ i' = 0,\ 1,\ 2,\ 3\ (\text{其中}\ i' \neq i) \\ k = 0,\ 1,\ 2,\ \cdots,\ K \\ n = 1,\ 2,\ 3,\ \cdots,\ N \\ n' = 1,\ 2,\ 3,\ \cdots,\ N'(\text{其中}\ N + N' = K) \end{cases} \tag{3-22}$$

（2）焊缝对齐

弯头对齐后，遍历全部 K 条焊缝且全部 K 个管节满足式(3-22)，则完成球阀与相邻弯头间环焊缝的对齐。

2）相邻两弯头间环焊缝的对齐

相邻两弯头间环焊缝的对齐，采用沿管道里程递增的方向对齐，对齐方法和球阀与相邻弯头间环焊缝的对齐方法一致。

3）内检测报告缺陷的对齐算法

完成焊缝对齐后，由于多轮内检测报告里程的不一致，需首先将球阀、焊缝与基线里程对齐。针对分布在管节的管道缺陷，虽然内检测报告了管节长度和缺陷与上游焊缝的距离，但在多轮数据中存在着一定的差异，在开挖验证过程中也经常因这一差异导致开挖位置偏离缺陷位置。将缺陷的位置记作 C，假设该缺陷三轮均报告，且在基线中记录，里程为 $L_{i,c}$(其中 $i=1$，2，3)，其多次内检测报告里程与基线里程情况如图 3-53 所示。即使完成焊缝对齐，将多轮内检测环焊缝里程修正至基线，各点里程记作 $L^0_{i,\ a}$、$L^0_{i,\ b}$（其中 $i=1$，2，3），且 $L^0_{i,\ a}=L_{0,\ a}$、$L^0_{i,\ b}=L_{0,\ b}$，相对于上下游环焊缝 C 点修正里程为 $L^a_{i,\ c}$、$L^b_{i,\ c}$，如图 3-54 所示，$L^a_{i,\ c}$ 与 $L^b_{i,\ c}$ 在同一轮内检测中存在一定偏差，且在多轮内检测及基线中的里程均有差异。为消除存在于某一管节的报告偏差，考虑到里程轮数据采集频次为 0.2mm/次和内检测器在单条管节中运行的累积误差，需将单条管节的报告长度伸/缩至该管节在基线中上下游焊缝之间的长度，并使用线性插值将报告缺陷的位置转换至基线，其转换模型见式(3-23)。

$$\begin{cases} L^0_{i,\ c}=L_{0,\ c}+(L_{i,\ b}-L_{i,\ a})\cdot(L_{0,\ c}-L_{0,\ a})/(L_{0,\ b}-L_{0,\ a}) \\ i=1,\ 2,\ 3 \end{cases} \tag{3-23}$$

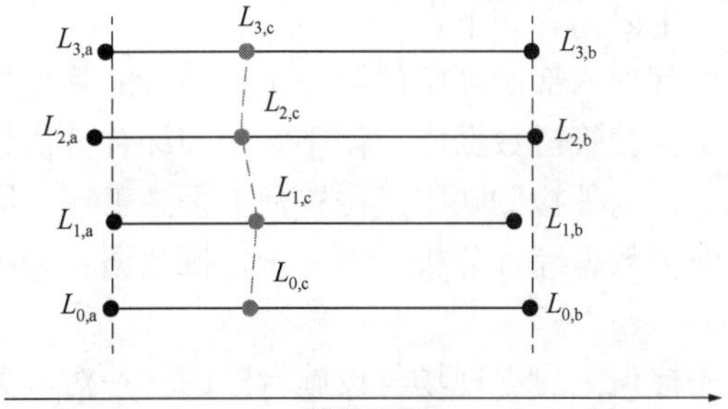

图 3-53　缺陷点 C 在各轮内检测中的位置

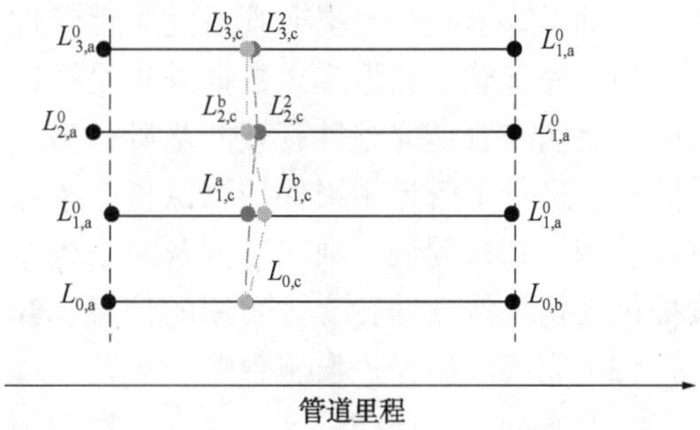

图 3-54　环焊缝对齐后缺陷点 C 在各轮内检测中的位置

通过将管节伸/缩转换模型应用于管道内检测数据对齐工作，多轮内检测报告缺陷 C 的位置偏差不超过 0.1m，如图 3-55 所示。

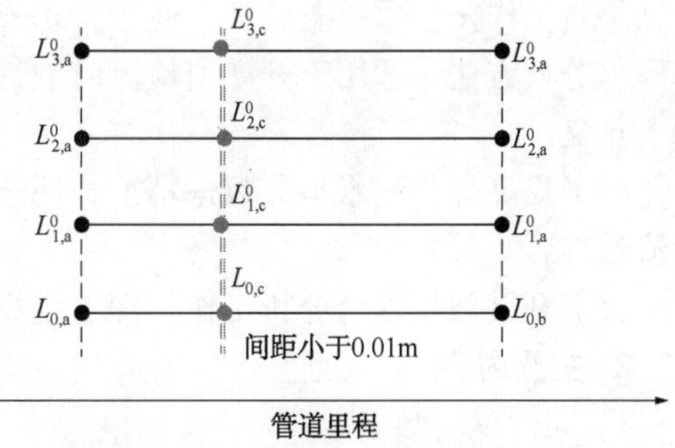

图 3-55　管节拉伸后缺陷点 C 在各轮内检测中相对位置

完成缺陷里程对齐后，进一步判断报告缺陷的时钟方位是否一致，并对比多轮内检测报告的缺陷尺寸和信号情况。

由于各轮内检测的开展周期较长，十余年的技术进步使得内检测设备对缺陷的识别能力大幅增强，使得最新内检测报告缺陷数据量可能超过历史数据，另外内检测对缺陷可能存在漏报，需结合内检测信号核实多轮内检测在该里程处的同一时钟方向附近是否存在异常信号，确定多轮内检测缺陷的匹配情况。则某一缺陷在多轮内检测未全部报告时，采用式(3-24)转换缺陷 C 里程。

$$\begin{cases} L^0_{i,\ c}=L_{0,\ c}+(L_{0,\ b}-L_{0,\ a})\cdot(L_{i,\ c}-L_{i,\ a})/(L_{i,\ b}-L_{i,\ a}) \\ i=1,\ 2,\ 3 \end{cases} \tag{3-24}$$

3. 小结

作为内检测数据综合分析的基础，需要优先完成内检测数据对齐。本案例开展管道多轮内检测数据对齐算法研究，使对齐结果与基线偏差精确至 0.01m，实现缺陷点在基线中的精确定位，为数据比对、定点现场放样、开挖验证及缺陷修复等工作提供了便利。对齐算法简化了浩繁的数据分析工作，同时保证了获得结果的可靠性和高效性，将全部管道本体信息统一展示在管道基线上，为数据的综合分析和深入挖掘奠定了基础。

3.4 数据应用

3.4.1 管道完整性数据管理方法研究与应用案例

1. 背景

大鹏公司已经实现了完整性管理的闭环管理，开展了较多完整性管理工作，对管道本体从防、检、数据综合分析管理三个方面严格把控，提前发现并降低管道风险，具体问题专项治理，确保管道安全，提升管道完整性管理水平。主要内容如下：

(1) 完善管道数据库。数据采集是管道完整性管理六部循环中的第一步，完善的管道数据库也是实施管道完整性管理的基础。为了进一步完善管道数据库，便于管理和综合分析管道数据，进行了管道阴极保护测试桩、水保设施，及内外检测缺陷点位置数据采集工作，同时将检测、开挖验证、缺陷数据及时录入系统，便于数据综合分析，进一步挖掘数据，为决策提供支持，将数据转变为有用的信息和知识。

(2) 完善阴极保护设施台账、规范接线、统一标识。建立现场与设施台账的一一对应关系，方便查询、维修和管理，提高工作效率，降低误操作。

(3) 提高外检测水平，高效利用24h监测技术，使检测数据更精准，便于发现问题、分析问题并解决问题，尤其为杂散电流治理奠定基础。

(4) 数据挖掘，对多种检测和相关数据进行综合分析，使有限数据利用最大化，根据分析结果将工作按轻重缓急分类，便于合理安排，为决策提供支持。数据综合分析的具体操作流程与分析方法，适用于开展内检测的油气管道，对于不能开展内检测的管道也具有一定的参考意义。

(5) 提高外检测水平，数据精准，便于发现问题、分析问题并解决问题，重点针对杂散电流治理。

(6) 开展数据综合分析工作，深度挖掘数据，提高数据利用率，加强管道管理。

2. 主要内容

1) 完善现场数据

数据采集是管道完整性管理六部循环中的第一步，完善的管道数据库也是实施管道完整性管理的基础。大鹏公司自2006年投产运营以来，产生了大量的管道保护数据，虽然每项工作都会以竣工资料的形式存档，却因缺乏统一的数据模型，无法进行综合分析。公司在2011~2012年进行了“管道坐标、标志桩更新及周边信息采集项目”，成功地获取了管道中线、标志桩及周边影像信息，并于2013年建立了地理信息管理系统对这些数据进行管理和综合分析。为了更加完善管道数据库，便于管理和综合分析管道数据，又进行了管道阴极保护测试桩、水保设施，及内外检测缺陷点位置数据采集工作。

(1) 数据采集。

现场测量采用RTK-CORS为主、全站仪测量为辅的方法。利用公司之前建立的坐标控制网，计算坐标转换参数，然后用RTK连接广东CORS基准站的方法进行现场测量，在管道上方有遮挡，其他 RTK 无法接收基准站信号或基准站信号无法固定的区域，采用全站仪引点的方式采集坐标。

(2) 阴极保护测试桩及水保设施采集。

阴极保护测试桩及水保设施的位置数据采用现场走线，全面覆盖，逐个排查，确保无遗漏的采集方式。另外，水保设施需要在起点和终点各采集一个坐标，在遇到转角的地方，需要增加测量点，当水保设施宽度超过 1m 时，则需要记录宽度，以保证采集数据与现场实际情况相一致。

(3) 缺陷点位置采集。

为保证安全运营，需要定期进行管道内外检测，了解管道运营状况及缺陷情况。对于内外检测的检出缺陷点需要根据修复计划并定期关注，然而从检测至修复往往会经历相对较长的时间，检出缺陷点的地面标识较难长期保存。为保证缺陷修复时开挖的位置准确性和对检测数据准确性的有效评价，我们采用检测和测量相结合的方法，对检测的缺陷点标识及时进行坐标采集，并对开挖修复的缺陷点也进行坐标采集，在保证准确开挖的同时验证检测数据的准确性。

(4) 完善管道数据库。

为了保障现场采集数据的集中管理和综合分析，需要对所采集的数据整理为标准的数据格式，录入地理信息管理系统，缺陷位置信息则要作为缺陷信息记录表的一部分进入系统。从而实现对系统中的数据定期更新，为管道完整性管理提供可靠的数据基础。

2) 完善阴极保护设施台账

阴极保护设施种类、数目繁多，测试桩等处线缆冗杂，为此，阴极保护设施的科学管理，现场管理与设施台账的结合、统一显得尤为重要。通过建立台账及维护工单记录，掌握现场设备基本情况，包括设备的使用寿命、耐用性，为以后产品的采购、选型提供依据；在阴极保护数据异常(尤其在实时监控数据时)，到达现场进行调查前，有更充分的基础数据支持来分析故障原因，为现场检查、解决问题做更充分的准备；为外检测工作的预评价、检测方案制定提供支持。

另外，在极端情况下，设备丢失、严重损毁后，现场无法辨识原设备品牌、参数，便可通过查询台账记录来确认，因此准确无误的记录显得尤为重要。同时，采用统一的接线规则、标签标识，可降低误操作并提高工作效率。

具体内容如下：

(1) 依照现场要求，统一线缆、接线方式。

所有接线均通过测试桩接线柱连接，不得直接与管道焊接；所有接线端子均采用标签标示所连接设备名称、极性等，一般采用机打油性标签，有条件的建议采用不锈钢刻制标签；正负极(或电流流入、流出端)线缆颜色固定，一般正极采用红色，负极采用黑色；线缆已经安装不便更换的，亦可采用彩色热缩套管对线缆和接线端子连接处进行包裹，标记颜色的同时使接线更整齐规范。

(2) 完善阴保设施台账。

通过信息系统建立设施台账，将基本信息，包括但不限于型号、参数、厂家、生产日期、投用日期、安装位置、照片以及库存等信息录入准确、完整。

(3) 维护、变更管理。

设施损坏及丢失的维护、升级换代、安装位置迁移等以工单的形式在信息系统中及时登记，同时在台账信息中更新相关信息。

3）管道外检测

在前期检测工作中发现部分管道受杂散电流干扰严重，管道腐蚀形势严峻。为全面检测和评估管道外腐蚀状况，需定期开展外检测工作，主要工作包括外防腐层完整性检测、阴极保护有效性检测、杂散电流干扰检测及排流效果评估以及防腐层破损点开挖验证。

（1）基于腐蚀风险，将全线外检测分为两阶段进行。

大鹏公司已分别于2009年和2012年共开展两轮全线管道外检测工作。日常检测结果发现部分管段(约203km，见图3-56)受杂散电流干扰严重，腐蚀风险高。因此，基于腐蚀风险，第三轮外检测工作将管道外检测分为两阶段，第一阶段对受杂散电流干扰较严重的203km进行检测，第二阶段开展剩余238km管道外检测工作。

图3-56　杂散电流干扰严重管段分布图

（2）24h电位监测评价管道阴极保护状况，测试和评价更准确。

由于管线受到杂散电流干扰，为检测管道阴极保护状况，采取极化试片法24h监测阴极保护通电电位和断电电位。典型的监测曲线如图3-57所示。

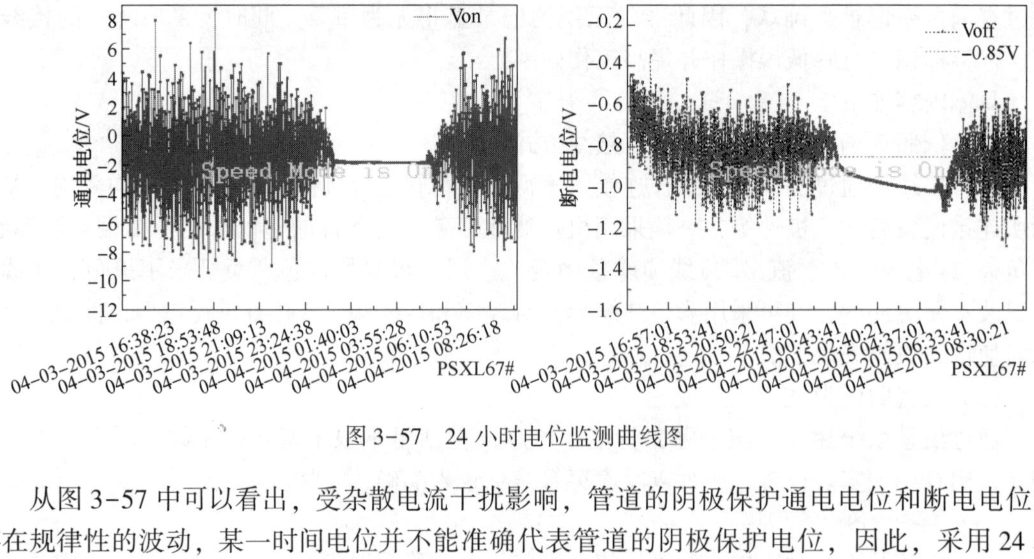

图3-57　24小时电位监测曲线图

从图3-57中可以看出，受杂散电流干扰影响，管道的阴极保护通电电位和断电电位均存在规律性的波动，某一时间电位并不能准确代表管道的阴极保护电位，因此，采用24小时电位监测来评价管道阴极保护状况将更加准确。

(3) 及时采集防腐层疑似缺陷点的坐标，有利于缺陷点的管理。

在管道防腐层检测完成后，对于检测出的防腐层疑似缺陷点，立即采集精确坐标，坐标的采集精度可达到厘米级，并将防腐层缺陷点位置数据录入系统，以便在开展数据对齐工作时，提高对齐准确度。

4) 数据综合分析

2013 年大鹏公司成功完成管道两轮内检测数据比对工作，同时还结合了第一次外检测数据进行分析，这是管道数据综合分析的雏形。2014 年研究长输管道内检测数据比对国内外现状及发展趋势，形成了一种基于管道内检测的数据综合分析方法与流程，在继续深入研究管道数据综合分析方法时，发现通过开展数据综合分析对提升管道本体管理和管道公司的运营管理水平都有极大助益，因此将数据综合分析提升为行业标准 SY/T 0087. 5—2016《钢质管道及储罐腐蚀评价标准　第 5 部分：油气管道腐蚀数据综合分析》和企业标准《在役陆上天然气长输管道完整性管理数据整合及综合分析评价导则》。

数据综合分析的主要目的包括但不限于以下内容：

(1) 加强工程师对完整性数据的理解和掌握。

(2) 校验数据的准确性与有效性，方便下一步工作开展。

(3) 评判承包商的工作质量，提高管道公司的管理水平。

(4) 深度数据挖掘，提高数据的利用率，提高完整性管理水平。

(5) 量化管道的腐蚀增长率。

(6) 确认阴极保护系统有效性。

(7) 管道风险评估和剩余寿命计算。

(8) 针对具体问题提出改进建议。

通过管道完整性管理数据综合分析，把独立的多源数据整合在一起，不仅提高数据利用率，还能够进一步了解管道的本体状况和管道已有缺陷的发展状况，以及管道防腐层状况和阴极保护状态，加强对管道的腐蚀防护控制，提升管道本质的安全管理水平，降低管道的安全运行风险。

3. 小结

通过夯实基础工作，加强管理，数据、信息和台账是完整性管理和风险分析评价的基础，准确完善的数据才能科学地进行风险分析和治理。

位置数据准确，方可进行内外检测数据综合分析，才能重点排查并解决问题；完善的台账可获得正确检测数据并查找隐患和管理盲区；科学合理的外检测方法可获得真实准确的检测数据，便于分析和查找存在的问题。该项工作实施后，在缺陷修复、数据管理和综合分析中起到了良好的应用效果。

(1) 综合分析管道数据，提升管道完整性管理水平。通过将所有的现场采集数据录入系统，能够实现内外检测及其他管道保护相关数据的综合比对分析，实现基于风险的缺陷点管理，从而制定更为合理的缺陷点修复计划，对内外检测皆检出的缺陷点，且多发生水土流失的地点优先修复，同时能够避免多轮检出点的重复修复工作，有效提升了管道完整性管理水平，降低了事故发生的概率。

(2) 降低缺陷点开挖风险和费用，提高工作效率。因缺陷点现场定位准确，能够有效避免开挖时无法找准缺陷点情况，有效地减少了缺陷修复的开挖工作量，从而降低了开挖作业风险。同时避免了因缺陷点标识被破坏而进行重复检测的费用，在降低费用的同时有效提高了工作效率。

(3) 完善的台账和准确规范的接线可获得正确检测数据并查找隐患和管理盲区，提高工作效率，降低风险。

(4) 外检测从腐蚀控制角度考虑，发现管道重点关注管段，并探测出管道存在的真实问题，专项治理，降低管道腐蚀风险；杂散电流干扰的治理，可大大降低腐蚀风险，将腐蚀速率控制在可接受水平。

(5) 数据综合分析从全局考虑，将有限的资源进行合理的整合，获取最大的数据利用率，分析并将结果进行轻重缓急排列，为下一步合理安排工作提供支持。

以上几个方面不仅体现在技术上的改进，在管道完整性管理方面也有很大提升，使完整性管理各项工作更加合理和全面，将有限资源用在最需要的地方，同时还能达到比以前更好的降低管道腐蚀风险的效果。

3.4.2 在役管道数字化信息管理系统建设与应用案例

1. 背景

高压天然气管道从建设阶段进入生产运营阶段，会不断产生海量的信息数据，如何将大量的信息数据和复杂的数据关系科学、有序地分析、展示和运用？可通过综合应用地理信息技术、定位技术、线性参考系、管道数据模型、二/三维图形等信息技术功能，建设在役管道数字化管理信息系统，全面提高管道安全管理信息共享程度，及时反映管理和环境变化的时效性，有机整合管线和相关设施的信息，提高应急、应对能力。通过在役管道数字化管理信息系统，科学有序地实施管道安全管理工作，分析管道中存在的风险因素、风险活动，评价管道的安全状况，将信息、文档、数据、业务协同以及数据获取等工作统一在管理信息平台上实现。

2. 主要内容

1) 系统设计原则

(1) 以实际业务为核心

信息系统最终的目标是使用信息化的技术和手段，为实际的业务活动提供支持。信息系统的建设必须是围绕实际业务展开，这是建设信息系统的意义。国内行业公司管道安全因其实际管理业务内容随地理位置、区域环境、政府管理方式和运营模式的不同而存在着较大的差异，目前业内尚未开发出通用、成熟商业软件用于管道运行管理，所以建设数字化管道管理系统，必须以业务的实际需求为核心，密切联系管道完整性管理相关的各个用户群体，由用户来提出系统的设计和建设的需求以确保数字化管理系统的业务逻辑、工作流程、功能、数据结构等能够支持实际业务。

(2) 互连接性和互操作性

在系统设计时尽可能采用调用服务或互传数据的方式，在操作和数据层面实现系统间的互联互通。由于管道管理相关联的业务和数据非常多，而且相关联业务有些已经建设了相应的功能模块或数据系统，因此要避免重复建设相关的功能模块，降低系统建设的成本、减少数据的冗余和流程的不一致性以及保持业务流程完整性。

(3) 采用行业公共技术和标准

信息系统底层设计时，有些公司及开发商注重系统实际功能、进度、成本及便利性，通常采用私有或小众的标准和技术开发系统来构建数据库。但由于小众或私有模式缺乏广泛应用基础和用户，系统兼容性弱，数据传输或共享服务时接口的开发复杂、维护困难，后续系统扩展和需求的优化可能引起大的系统改造或者重做系统。所以信息管理系统建设初期应采用具有广泛的应用基础、兼容性强以及具有成熟升级解决方案的行业公共技术和标准，更有利于保护公司投资、延长系统生命周期、降低技术风险。

(4) 遵从国家保密法律法规

国家相关法律法规规定：存有秘密信息的系统不能与互联网或公司办公网有物理连接。数字化信息管理系统所需要的管道地理信息、管道本体及附属设施基础数据等数据，部分内容属于国家秘密信息。要确保在不违反法律法规的前提下，实现管道数字化管理信息系统与公司内外部网络的信息系统相连接，有效支持管道管理的业务作用，是系统建设的关注重点。

2) 系统架构

在役管道管理的实际业务涉及巡线、路权、阴保、防腐、检测、抢维修等多个领域，各个业务领域的实际工作模式和内容都差异很大，建立数字化管理系统的目的就是要最大化各领域间的相互协作和数据分享，因此信息系统内部各个业务模块的互操作性和数据的互连接性是系统功能构建的根本原则。基于这一原则，在系统的设计和开发时，通过细分各个领域的业务过程，将各个业务过程的操作和数据流转的通性整理出来，并形成系统标准功能和数据组件，再以各个组件为基础搭建各个业务功能模块。系统架构如图 3-58 所示。

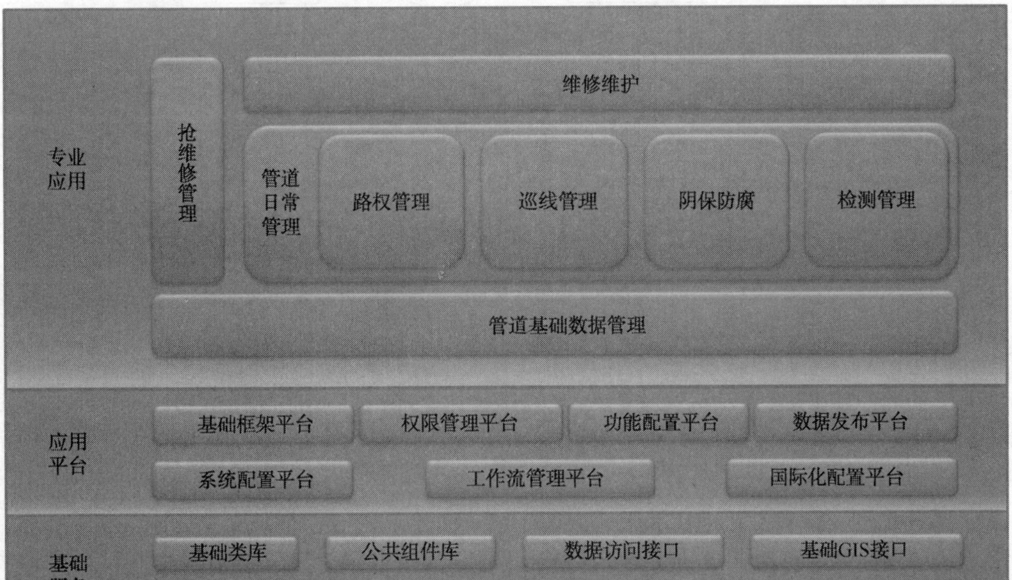

图 3-58　在役管道数字化信息管理系统结构图

3) 系统应用

在役管道数字化管理系统全面数字化了大鹏公司运营管线的基本信息和管线所处区域的地理信息，实现了巡线管理、路权保护、阴保防腐管理、抢维修管理、内检测管理等管线管理主要业务的数字化和流程电子化。

(1) 基础数据

管线基础数据信息包含钢管、焊口、弯头、弯管、外防腐、穿越、套管、三桩、水工保护、地下障碍物、管涵、磁力标志盒、射线检测、超声检测、渗透检测、智能检测。通过系统，不但随时可以查阅、调用这些信息和相应位置，并且由于管线管理的日常工作也在系统中流转，因此如果工作中变更了某些信息，系统中会自动更新。

（2）路权管理

路权管理的主要业务是维护三桩、穿跨越、管涵、航标等17000多处管线附属设施，监控斜坡、崩塌、滑坡、崩塌等地质灾害情况，管理事件、隐患、管线损伤等管道风险信息，组织管理管道安全宣传、第三方沟通、施工现场作业证管理等管道防护工作。路权管理主要业务流程如图3-59所示。

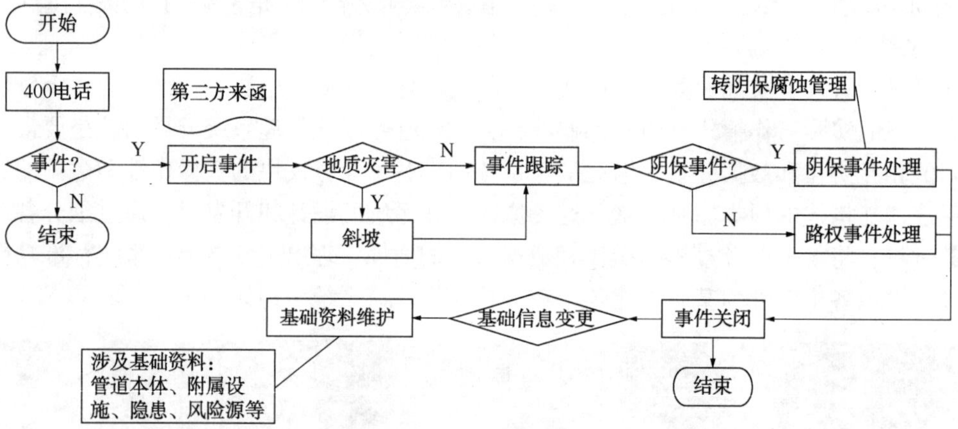

图3-59　路权管理业务流程

路权管理业务模块实现的主要功能为：

① 待办管理：结合业务工作流与人员权限，提示用户当天待处理的电话记录、事件记录等。

② 基础资料管理：三桩、穿跨越、管涵、航标等随管道周边环境或事件发生变化后，路权工程师更新系统中相关信息。

③ 电话管理：调度人员接收巡线人员或第三方人员电话报告信息，在系统中建立电话信息并通知巡线工程师、路权工程师进行现场巡查，得到巡查结果后由调度负责关闭电话或由路权工程师开启事件。

④ 事件管理：事件(穿越、水土流失水、侵权、露管、气体泄漏、其他等)开启后，派发给相关人员对事进行跟踪处理并填写处理记录，直到事件关闭。水工保护、桩、管涵、航标等附属设施维护过程在公司资产管理系统中管理。

⑤ 地质灾害管理：路权工程师对地质灾害(斜坡、崩塌、滑坡、地面塌陷等)组织定期巡查维护，并更新信息，在发生水土流失时启动事件管理流程处理。

⑥ 管道防护管理：组织人员对外进行管道保护宣传工作和培训等以及管理现场操作许可，在系统中表现为记录和文档管理。

⑦ 隐患管理：制定隐患进行巡查计划，跟踪记录不能消除的隐患，处理隐患消除事件。

⑧ 报表管理：通过日报、周报、月报等报表对事件状态、第三方施工情况、隐患、三穿、管线损伤等进行统计分析。

⑨ 第三方函件管理：跟踪记录第三方函件的处理情况。

⑩ 深圳市勘察钻孔情况监控：从深圳市住建局开发的勘察设计管理系统中实时读取市

内的勘探孔坐标信息，与大鹏公司的管道中线坐标比对，如有冲突则在系统中发出预警信号，由协调工程师和施工单位联系进行协调。

(3) 巡线管理

巡线管理的主要业务实现了监控管理情况、制定和执行巡线计划、考核巡线员绩效。图 3-60为巡线管理业务功能图。

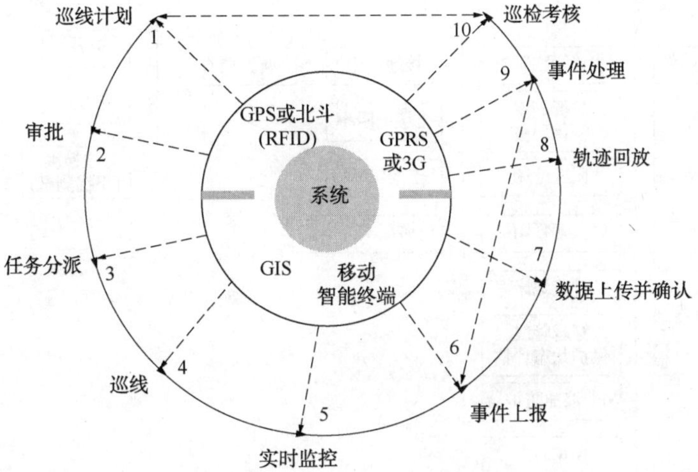

图 3-60　巡线管理业务功能图

巡线管理业务模块实现的主要功能为：

① 巡线任务管理：制定巡线计划、规划巡线人员的巡线通道、设置巡线必经点、配置巡线任务。

② 在线监控管理：实时监控巡线情况、处理违规事项、查询历史巡线情况、考核巡线人员。

③ 报表管理：通过巡线日报、周报、月报等报表对巡线情况进行统计分析。

(4) 阴极保护管理

阴极保护管理的主要业务是管理阴极保护测试桩、牺牲阳极组、排流地床、极化探头、防雷装置等阴极保护设施，采集和分析阴极保护测试数据、土壤环境等防腐数据。通过系统，可以随时调看各类阴极保护设施的情况和阴保的状态。图 3-61 为阴保管理内容。

阴极保护管理业务模块实现的主要功能为：

① 阴极保护设备管理：建立设备台账，维护设备信息。

② 测试数据管理：采集、录入、分析测试数据。在系统中设定保护标准，在数据导入时自动判断是否到达保护。

③ 阴极保护状态分析功能：对设备变更、测试曲线、阴极保护状态、阴保保护趋势等进行分析，并以图表的形式展示。

④ 阴极保护事件管理：开启、跟踪、处理阴极保护事件，更新相关数据。阴极保护设施的维护在公司的资产管理系统中管理。

(5) 抢维修管理

抢维修管理的主要业务实现了找出风险源并制定抢维修措施、管理抢维修物资和设备、管理抢维修资源、实施抢维修计划、跟踪记录抢维修过程。

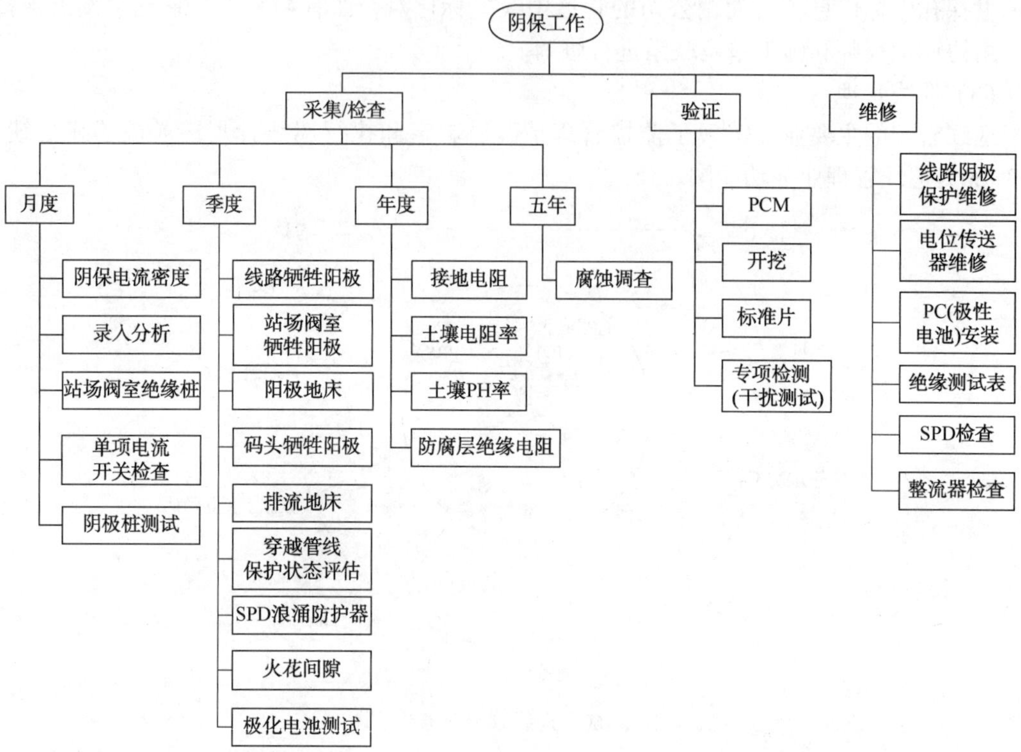

图 3-61　阴保管理内容

抢维修管理业务模块实现的主要功能为：

① 抢维修信息维护：录入、更新抢维修的资源、设备、人员、方案等信息。

② 教学和推演：通过虚拟现实的方式对用户进行应急操作、关键维修技术的培训以及进行应急预推演。

③ 抢维修方案制作：判定风险源类型→选取应急机构与人员→选取应急装备物资→选取应急周边环境信息→选取应急救援力量→规划路径→选取应急修复程序、工艺→生成抢维修方案。

（6）内检测管理

内检测管理业务的主要业务实现了管理内检测审批过程、记录和管理内检测结果、跟踪记录缺陷点处理过程、管理开挖验证的审批过程。图 3-62 为内检测管理工作流程。

内检测业务模块实现的主要功能为：

① 内检测实施过程管理：审批内检测、培训施工人员、分析二级风险、跟踪实施进度、采集检测数据。

② 内检测结果管理：对内检测结果、特征点、缺陷点等进行记录管理，并能展示在地图上。

③ 开挖验证管理：审批开外验证、分析风险、实施开外验证、采集数据。

④ 缺陷点修复：审批修复申请、评估缺陷、评估方案、跟踪实施进度、验收。缺陷修复的过程在公司资产管理系统中进行。

（7）系统审计管理

审计管理的功能实现了记录用户操作过程和用户登录状态，通过记录可以查看用户当前

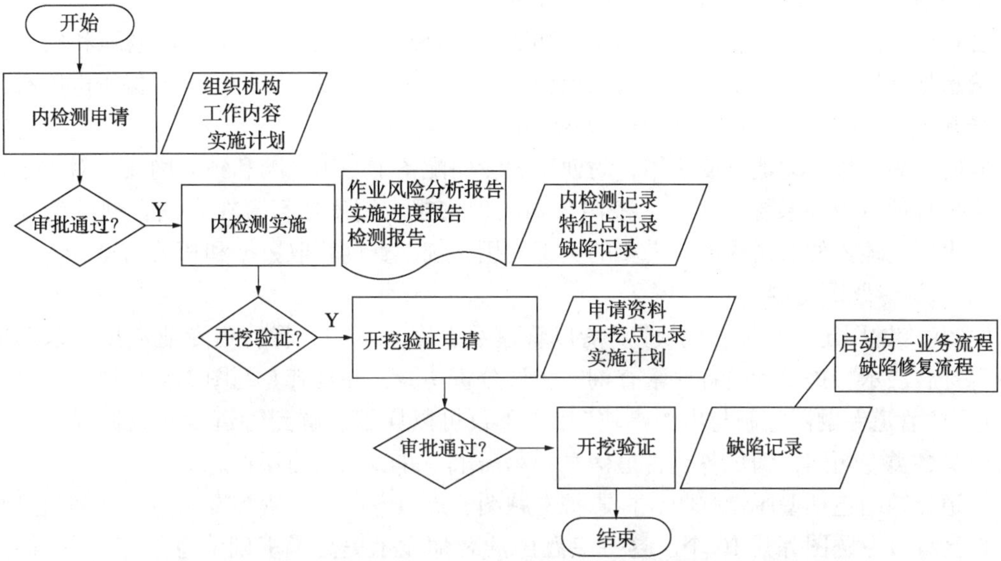

图 3-62　内检测管理工作流程

的状态和操作过的内容。在系统出现问题时，可以据此来查找问题和恢复数据。

3. 小结

在役管道数字化管理系统的投入使用，优化、固化了管道管理的业务流程，使得业务流转的过程清晰可见，为管道维护业务的设计和数据采集提供了模板。对管道基础数据的采集和运营维护管理具有一定的指导意义。管道信息系统实现了管道运行环境的内、外部信息网络化、流程化、可扩展化，为管道管理者及时预警、跟进处置、维护维修和延缓管道寿命提供了有效的信息技术手段。在管道信息管理和提高工作效率方面，成效显著，保证了管道安全平稳运行，提高了管道运行综合管理水平，为智慧化管道的管理奠定了基础。

3.4.3　管道地理信息系统建设与应用案例

1. 背景

为了正确反映管道的真实走向、加强管道运营管理，公司之前进行了管道专业数据对比复核和数据入库，最终形成了“广东大鹏 LNG 管道专业数据空间数据库”。同时开展“航空摄影测量工作”，采集道路、河流、居民地等管道周边信息，并建立关联关系，最终形成了“广东大鹏 LNG 管道基础地理信息数据库”。在两个数据库成果基础上，建立公司统一的地理信息管理系统，将各类数据成果服务于公司各业务部门，实现管道的“管道专题图更新维护”“高后果区识别与管理”“风险管理”“缺陷管理”等功能，最大化管道数据的使用价值，从而进一步提高企业信息化水平，同时满足国家关于测绘成果安全应用的相关法律、法规的要求，建立安全机制，通过建立专网专线实现对系统中涉密数据、图文资料的保密安全控制和管理。

2. 主要内容

1）系统安全

长输管道安全关系到人民群众的切身利益，也直接关系到国民经济发展和国家能源安全，所以管道信息化建设应特别注意加强数据安全保密工作。管道地理信息管理系统定位为涉密系统，需满足国家关于测绘成果安全应用的相关法律法规的要求，建立安全机制，实现对系统中涉密数据、图文资料的安全保密控制。

公司建立保密机房，安装了门禁系统和24小时监控系统，配备了保密电脑和独立打印机。管道地理信息管理系统是在专门的保密服务器上进行研发和维护，每台保密电脑有独立的账号和系统权限，并配备独立的保密网线端口。

同时，为了最大化地方便使用，为使用者专门配备了专用电脑和独立网线。对于申请使用管道地理信息管理系统的用户，按照公司的保密规章制度执行。在合法合规的前提条件下，最大限度地方便公司内部有需要的员工利用系统，查询获取数据和相关信息。

2）管道专题图定制

“管道专题图定制与出图模块”功能以管道数据库为基础，将管道专业数据、基础地理数据等综合展示，提供管道各要素查询、统计分析功能，并具有专题图查询功能。

通过“管道专题图定制与出图模块”用户不仅可以详细了解到管道专业数据详情，还可以自定义各类专题图，满足各类管道信息展示需求，并实现图档互查。

管道专题图包括壁厚专题图、标志桩专题图、焊口专题图、弯头专题图、缺陷信息专题图、地区等级专题图等共10个。这些专题图的叠加显示提高了基础信息的综合分析功能，如图3-63所示。

图3-63　叠加显示的焊口专题图、弯头专题图以及壁厚专题图

3）基础信息录入与维护

该模块提供对系统的管理功能，主要包括基础配置及权限配置两大方面，用户可以在该模块中对该系统的用户、图层、单位、菜单等方面进行查询、统计、浏览结果等管理工作。

（1）管道层级结构构建及维护：可以构建基于APDM库模型的管道标段及站列划分信息，并可以设置管道所处于的阶段(设计、施工、运营等)。

（2）数据录入：根据APDM数据模型和广东大鹏公司管道专业数据字典(包括管道专业数据、周边环境数据等信息)，建立数据录入、审核、更新模块。

（3）数据管理：提供管线坐标和里程的线性关系，生成离线要素在线位置功能；支持按站列计算或管线里程计算。对于多源化的数据进行管理，支持多元化数据格式的导入导出工作，提供新旧图幅查询、已有数据索引等数据管理功能。建立数据审核管理机制、审计跟踪功能和版本控制管理功能。

4）缺陷管理

管道完整性管理的主要目的就是保障管道安全可靠性，而对管道安全可靠运行造成威胁的最大因素之一就是本体缺陷，因此，管道本体安全管理的关键之一就是缺陷管理。如何及时发现缺陷并处理或遏制其发展是重中之重。

缺陷管理主要是对管道本体的缺陷点进行管理，包括对缺陷发现方式、是否开挖、缺陷实际尺寸等内容进行记录，并把每处缺陷点都定位到影像图中，直观地展示缺陷点在管道上的位置以及周围的地理环境。

缺陷信息管理模块实现了对缺陷点的查看、编辑、删除、定位等功能，按照规定的缺陷信息模板批量导入或新增缺陷点可以将现场记录的缺陷点信息录入到系统中并且在地图上显示出来。通过缺陷点专题图可以查阅管道上所有的缺陷点，并且用不同的图标可以区分缺陷是否开挖，鼠标单击缺陷图标可以查看该缺陷点的重要信息。

5）风险管理

风险管理是在半定量风险分析成果基础上，将识别到的高、中、低风险管段录入到系统中，实现查看、编辑、删除、定位、录入等功能，并按照风险管段的风险值生成风险管段专题图，用不同的颜色标示不同的风险值，可以在地图上直观地展示高风险管段、中风险管段以及低风险管段，便于管道保护与管理。

风险管理的主要功能为：

（1）风险管段信息浏览：提供风险管段分布及管道基本信息浏览功能。

（2）风险管段管理：提供数据录入、更新、维护模块。

（3）风险管段数据展示：风险评估管段在系统中标识展示。

（4）统计报表：根据半定量风险分析数据库，提供风险管段统计报表、风险管段分布图。

（5）风险文档管理：提供风险评价相关文档目录查阅及下载功能。

6）管道路由及纵断面

为了提高现有数据的利用率，结合管道现有的影像数据和基础信息综合生成管道路由及纵断面图。管道路由及纵断面图已在保密服务器上生成，每公里1张，可以在系统的页面上直接选择所需要查看的纵断面图进行下载或查看。管道纵断面图见图3-64，包含内容如下：

（1）图面信息：包括管道沿线正射影像线路走向图、线路周边信息专题图及管道中心线。

（2）纵断信息栏：包括地表纵断线。

（3）设计信息栏：包括桩信息、水平连续里程、地面标高、管底标高、埋深、地形、地貌、植被、地质描述、钢管防腐形式、地区等级（原竣工图地区等级）、钢管特性（包括管径、材质、壁厚及长度等）、阀门及管件、管线防护、管线套管、穿越、阴极保护。

（4）桩类型：包括转角桩、里程桩、穿越桩，磁力盒桩。

（5）线路里程：线路里程为管道水平里程。

（6）管线防护：包含水保及套管信息。

（7）阴极保护：包含类型及属性信息。

3. 小结

建立管道地理信息管理系统，可以在以下四个方面提供支持和服务：第一，提供准确的管道基础信息，将基础信息整合在一起，彼此相互关联，为第三方保护提供支持，降低本体

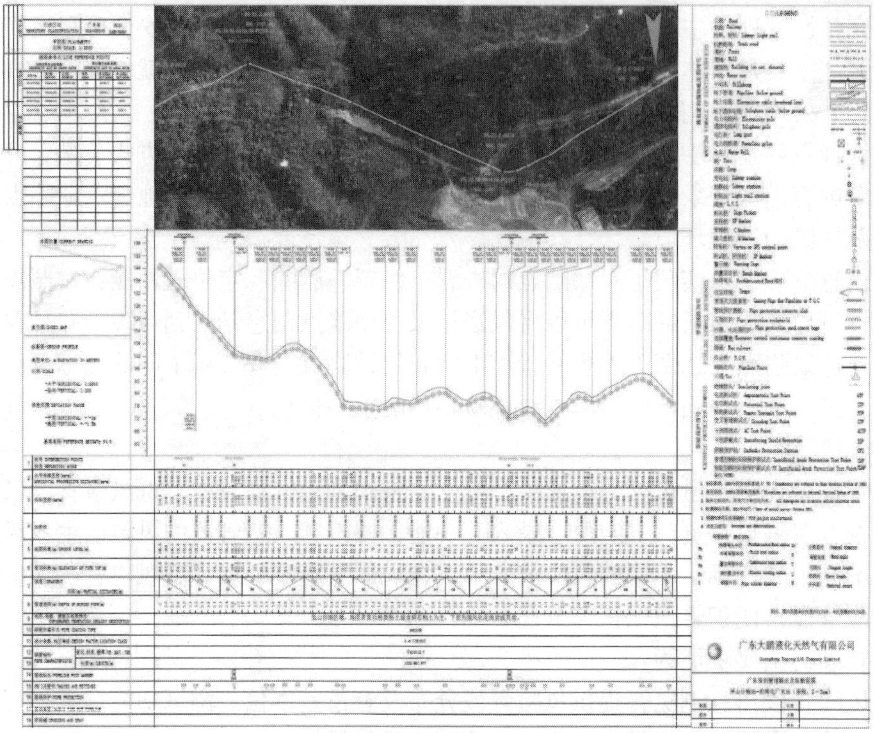

图 3-64　管道路由及纵断面图

失效和第三方施工风险；第二，提供管道的风险评价结果，突显管道的高风险管段，加强对高风险管段的管道管理；第三，提供缺陷点管理，重点关注管道缺陷的位置以及修复情况，提高对管道本体安全的监控；第四，为管道应急准确定位，从时间和空间上节省成本，降低管道事故后果。

另外，建立管道地理信息管理系统，采用物理隔离(专网专线)管理管道基础地理信息数据库，既满足管道基础数据的应用，又满足国家关于测绘成果安全应用的相关法律、法规的要求，保证了公司数据资产的安全可靠性。

3.4.4　街景技术在管道系统中的应用案例

1. 背景

长输管道上方或周围的环境、影像信息一般可通过航拍、无人机拍摄等方式获得，但是在桥洞、涵洞、密林等有遮挡物地区，航拍图无法获取管道上方的详细情况。另外，珠三角地区的施工频繁，对管道高风险点的监控是管道保护的重点，航拍的成本高，更新周期慢，并且存在航拍盲点，因此，可对航拍盲点以及管道高风险点开展 360° 全景图像采集工作，并在地理信息管理系统上实现街景模式浏览，实现街景与二维地图的匹配，高亮显示有街景数据的区域，实现街景的可视、可读、可写功能，直观反映现场真实场景，消除视角死区。

2. 主要内容

1) 作业整体安排

首先对需要采集数据的区域进行踏勘，根据现场地形地况，对该作业地段的采集方式作出判断。对于路段宽敞、地形平坦的地区，使用车载扫描仪进行采集；对于路段狭窄、车辆无法进入的地区，采用地面站扫描仪进行数据采集。

根据作业地段的地理位置，进行整体外业作业的线路规划，合理安排时间和人员，做到行程最短、耗时最少，保证整个采集过程的高质高效。

2）外业数据采集

（1）车载设备

车载移动测量集全球定位系统、惯性测量单元、激光雷达扫描、CCD 相机等多种传感器同步集成于一体，在高速行驶状态下实时获取道路以及道路两侧的建筑、树木等街景地物的表面数据，广泛应用于地形图更新、GIS 建库、城市勘测规划、智能交通、环保、矿山测量、公安、城市管理等领域，具有机动灵活、短周期、高精度、高分辨率、实时多源三维空间数据高效采集等特点。

一体化三维移动测量系统将三维激光扫描设备(以下简称 iScan)、卫星定位模块、惯性导航装置、里程计(车轮编码器)、全景相机、总成控制模块和高性能板卡计算机高度集成、封装在刚性平台之中，可方便安装于汽车、船舶或其他移动载体上，在载体高速移动过程中，快速获取高精度定位定姿数据、高密度三维点云和高清连续全景影像数据，通过系统配备的数据加工处理、海量数据管理和应用服务软件，完成矢量地图数据建库、三维地理数据制作和街景数据生产，如图 3-65 所示。

图 3-65　街景车

（2）采集流程

数据采集前首先完成基站架设，建立基站与扫描仪的联系。在进行正式数据采集前，必须进行一次数据预采集。通过数据预采集，确保所有设备能够正常工作，采集的点云数据正常，相机曝光参数正确。在数据预采集完成，确保采集到的数据没有问题之后，可开始进行数据采集作业。根据预先规划好的采集线路及采集顺序，进行数据采集。

3）内业数据处理

（1）通过点云预处理软件对原始数据进行融合处理，得到带坐标的点云以及和点云匹配好的全景影像(影像点云)，在根据需求，对点云进行着色、分类、滤波等预处理。

（2）数据生产需要对车载轨迹进行编辑、三维面片提取、隐私处理和全景切片等处理操作。三维成果部署发布主要完成实景三维数据的有效管理并对外提供相应的发布服务。提供接口服务，实现在客户端能快速实现街景相关应用实例。三维数据处理流程如图 3-66所示。

4）与现有系统对接

将实景三维数据集成到平台业务中，与现有二维矢量数据进行融合，构成集二维和实景三维为一体的实景地图模式。

在系统对接时，还需要考虑坐标系匹配问题，如果街景数据与系统数据的坐标系不一致，需要在对接前进行数据转换。如现有系统数据基于 1980 西安坐标系，街景数据基于 WGS 84 坐标系，两者需要经过坐标系的转换，才能保持坐标信息的统一，进行正常的联动和跳转功能，如图 3-67 和图 3-68 所示。

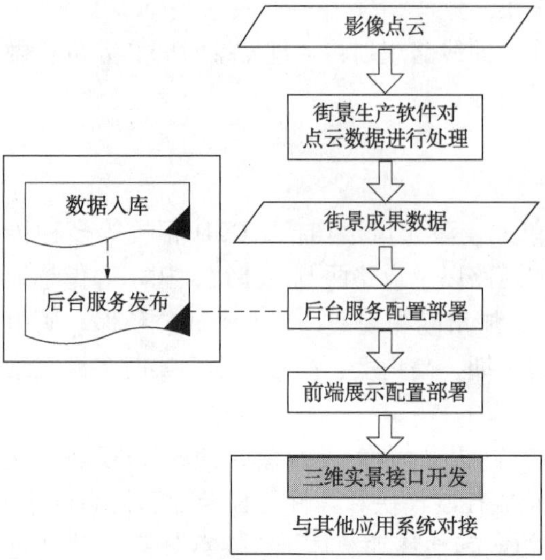

图 3-66　街景三维数据处理流程

图 3-67　系统对接后的三维街景

图 3-68　在系统中对街景进行编辑

3. 小结

360 度全景影像图包含了沿街所有建筑物乃至细小地物的高分辨率近景影像，仅按地物数量统计，其信息量至少为传统地图的 20 倍以上，能直观、全方位地浏览航拍盲区的管道周边情况，在室内可直接了解现场的情况，对卫星影像无法采集到的区域进行补充，全面了解管道周边环境情况，为管道应急处置和日常保护提供有力支持和帮助。

3.4.5 互联网地图在管道系统中的应用案例

1. 背景

在日常开展的管道保护工作中，数字化管线维护系统发挥了巨大的作用，而该系统中构建的第三方施工管理、巡线管理、地质灾害管理、隐患管理、应急预案管理等功能模块都需要使用准确和精密的电子地形图和卫星影像地图。

数字化管线维护系统中使用的带精确坐标的地图，可从国家权威部门购买，基本每 1~2 年更新一次，有时只能买到一年前的地图。针对经济发达地区，基础设施建设频繁，地形地貌变化迅速的情况，使用 1~2 年前的地图无法及时反映管道周边环境信息，也不能完全满足日常的管道保护工作需求。

与此同时，按照国家相关法律法规要求，带有精确坐标的地图不能在公开网络环境中使用，为此公司每年还需要将购买的地图和管道相关数据递交到相关政府部门进行脱密处理后，再将地图应用到数字化管线维护系统中，不但费用高，而且长达半年的脱密过程使得信息更加滞后。

另一方面，由于公司的站场、阀室多位于偏僻的地方，位置信息并未全部纳入互联网导航系统中，因此无法充分利用日益发达的互联网导航功能，只能依靠纸质地图和管道保护工作人员的记忆才能顺利到达。

为获取最新的地图、地形和地貌，并且可以随时在公网中查找公司管道信息然后进行导航，用于管道的日常管理和保护等各项工作，开展了互联网商用地图在管道行业应用的技术研究。

经过多方测试，发现经过保密处理的公司的管线和三桩数据能够在高德地图中叠加使用，利用高德地图拥有优质的电子地图数据库、每年四次信息更新、丰富的路网信息，为管道保护提供丰富的管道周边信息资源。最后以高德地图作为基础地图和影像地图，并结合公司脱密后的管线、场站阀室以及标志桩数据，在电脑端的数字化管线维护系统和手机端的管道保护系统中进行应用。

2. 主要内容

1）功能介绍

高德地图应用模块中实现了包括基础地图、影像地图、我的位置、搜索地名、搜索桩号和场站阀室、实时导航、离线地图下载、管线数据更新等功能。

（1）基础地图和影像地图

高德基础地图和高德影像地图之间可以随时切换，地图上始终显示管线路由和站场位置，管线以黑色线显示，站场以图标显示，图标参考数字化管线维护系统中地图站场图标，如图 3-69 和图 3-70 所示。

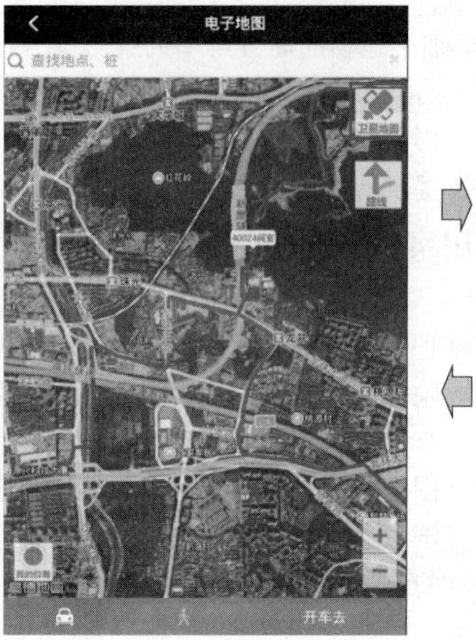

图 3-69　高德影像地图

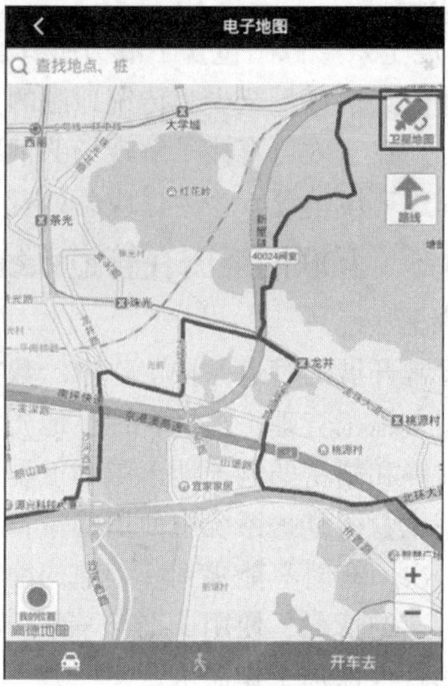

图 3-70　高德基础地图

(2) 搜索

① 网页端的地名搜索和桩搜索是两个功能模块，并支持模糊搜索，如图 3-71 所示。

② 手机端的地名搜索和桩搜索两个功能模块合并了，根据输入项动态搜索，优先模糊匹配站场名称和桩号，匹配不成功，则继续模糊匹配高德地图中已收录的地名，根据匹配结果定位，如图 3-72 所示。

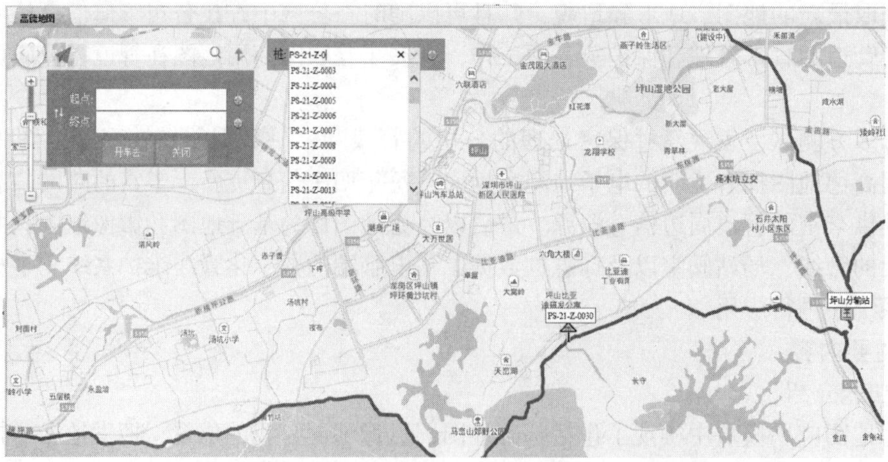

图 3-71　网页端搜索界面

(3) 导航

① 网页端可以选择导航的起始位置和终止位置，支持地图选位置和手输地名，手输地名需有输入提示，如输入时代，自动显示时代金融中心、时代广场等供选择，地图选址放在每个输入框最后面，有图片和文字。

② 手机端默认当前位置为起始地点，导航至任意指定地点。

导航结果页面，默认先显示地图线路，点开始导航后才开始导航。

图 3-72　手机端搜索界面

(4) 离线地图下载和数据更新

手机端地图支持在线访问。考虑到有时会出现手机网络信号不佳的情况，提供广东省广州市、深圳市、惠州市、东莞市、佛山市五个城市的离线地图包供用户在有网络时下载，以便用户在无网络时正常使用地图，下载界面如图 3-73 所示。

图 3-73　手机端地图下载界面

2) 基础应用上的拓展功能

(1) 管道保护工作向手机端转移

在高德地图应用功能上线之前，手机端开发的管道保护移动应用系统功能仅限于电话和事件的新增和跟踪功能，现在有了这种轻量级地图的部署，为管道保护工作进行移动端的转移奠定了非常良好的基础。截至目前，已在手机端上增加移动巡检监控功能、阴保桩搜索和定位等功能。

(2) 为应急提供更可靠的路网信息

定期制定应急预案和抢维修预案，根据预设场景规划如何调动周边的应急资源，规划如何到达预设的地点，这些对于地图的准确性都有着极高的要求。现在，更新频率高的互联网地图不仅为应急或抢维修提供了更可靠的地理信息，同时，互联网成熟的导航功能也为应急抢修路径规划提供了极具参考价值的信息。

3. 小结

利用高德地图服务信息量大、路网丰富、覆盖地域广、时效性强、导航准确等优势，节约了用于地图数据及影像数据的定期更新费用，降低了运维成本；利用高德脱密地图作为背景，仅需对管线及相关设施脱密，大大降低了脱密数据的工作量。

及时更新的地图信息使到管道保护人员能够迅速了解管道周边地形地貌的变化，及时跟踪第三方施工、地质灾害和各种隐患的发展情况。

由于站场、阀室多位于偏僻的地方，以往多依靠老司机或老员工的记忆才能顺利到达。现在通过高德地图的准确导航，即使是新入职员工也可以迅速到达管线的任意地方。

第三方施工单位提交与管道相关的施工方案供公司审核时，管道保护和项目部负责审核的技术工程师可以在准确的地图上了解管线和施工现场之间的相互关系，以及周边的地形地貌，确定适当的管道保护措施。

路权工程师和安保工程师可以通过手机端直接搜索、定位到桩，确定最优行车路线，准确导航。

一旦出现紧急事故，抢维修工程师能通过手机或平板电脑等便携的移动设备，直接定位到管线故障位置，了解附近应急资源，制定抢维修预案。

3.4.6 管道安防数据可视化研究与应用案例

1. 背景

国内外油气长输管道事故表明，第三方破坏是管道安防的重中之重。大鹏公司管道因地处经济高速发展的大湾区，城镇化水平、人口密度及土地开发强度逐年提高，影响管道运行安全的第三方施工作业活动近几年始终处于高位状态。为了保护这条区域级能源地下输送动脉的安全，大鹏公司 2012 年就建立了数字化管道维护系统(DPMS)，其中的多个模块从不同的角度较为详细地记录了管道保护及控制范围内的第三方施工作业动态及其影响管道安全的风险管控情况，累计数据超过 10000 条。如此庞大的数据对管道安防人员来说犹如一处可以提高第三方作业预警深度的“信息宝藏”，倘若能借助一定的工具与分析方法，智能化地揭示出管道第三方作业活动的潜在规律及其对管道运营安全的交互影响程度或趋势，必将对探索当前管道安防策略的优化途径及提高管道安防工作的可靠性，起到良好的支撑作用。

依托大鹏公司管道系统有关管道保护工作的记录，展开满足管道安防业务需求的数据挖掘、整理与精简，建立一个能反映第三方在管道保护及控制范围内所从事作业活动的时空分布、风险等级及安保预警预控状态的数据源表，借助数据可视化工具将第三方作业活动以图标的形式实时映射在管道路由图上，进而揭示第三方作业活动的潜在规律和变化趋势，以便有针对性地优化管道安防策略及措施，挖掘管道安防人力资源的潜能，提高管道安防的实效性和可靠性。

2. 主要内容

1）数据整理与精简

全面、准确地收集管道保护及控制范围内的第三方作业活动信息数据，是做好管道巡防工作并进行策略优化的基础。因大鹏公司 DPMS 系统初建时所考虑的角度不同，大量涉及第三方作业活动的数据被分别记录和储存到众多模块中，这就需要按照一定的格式、维度或属性对其进行数据整理和精简，从而为相应数据的可视化工作创造前提条件。

第三方作业活动是否会影响到管道运行安全，最直观的判断就是二者的距离和第三方活动行为的时空分布状态。因此，首先可以基于大鹏公司 DPMS 系统“管道保护”模块下的“电话管理”所记录的数据，结合管道安防业务流程，创建一个包括序号、日期、时间、管理区、市、区、镇/街办、村/社区、管线区间、起始桩号、终止桩号、作业对象、作业项目、作业类型、作业活动、所用机具、实施状态、相对位置、相对距离、风险等级、处置结果、汇报人身份、汇报人姓名等子项的数据源表。其次，利用数据关联规则将有内在联系的数据按照其属性进行智能化筛选和归类，如将“电话管理”下“电话描述”中含有“计划”“准备”“将”“可能”等表述第三方作业实施状态的文本信息统一转换到数据源表中“实施状态”项下的“计划”字段，让不同来源、不同格式和不同特点的数据在逻辑上或物理上得到精简、整合和集中。最后，对数据源中不完整的数据、错误的数据和重复的数据进行再梳理或再审核（亦称数据清洗），达到整理和精简管道第三方作业事件数据的目的。

2）数据可视化分析

管道第三方作业事件数据可视化是在相应数据得到整理和精简的基础上，运用大数据分析工具（TABLEAU 软件）将可能影响公司管道运行安全的第三方作业活动数据，转化为易被管道保护人员所感知和识别的图形、符号、视频或动画，这种数据的视觉表现形式与其发生地理位置（管道地面标识编号）间的映射重叠，不仅可以直观地反映第三方作业的属地活跃程度，而且还可以便捷有效地展示第三方作业的风险等级和变化趋势，便于管道保护人员分析现行安防策略中的问题或不足，从而采取更具针对性和实效性的改进措施，在防控第三方破坏管道的预警工作上，由被动变为主动。

（1）第三方作业属地活跃度的可视化

大鹏公司的高压天然气长输管道依次穿越珠三角五个城市的 20 个区、56 个镇/街办和 217 个行政村/社区，利用 TABLEAU 软件的气泡图功能，就能对数据源表中 6453 条数据进行“村/社区”级分布展示（见图 3-74），填充气泡图形状的大小表示记录次数值的大小，每个气泡内的字体（亦称标签）可以快速显示某个维度字段的名称、数值或其他需要展示的信息。

在此基础上，利用数据间的关联性，还可以就第三方作业属地活跃度较高的行政村/社区展开深度分析，例如通过利用 TABLEAU 的线性图，在仪表板里分析图 3-74 中任一行政村/社区或其他涉及地理范围的字段（如镇/街办、区、市及管理区等）三年间的第三方作业活跃度的逐月变化趋势（见图 3-75）。

由于村/社区、镇/街办、区和市之间具有行政隶属关系，我们可以利用该变量的分层钻取功能，快速地在同一仪表盘中展现市、区、镇/街办等辖区内的管道第三方作业活跃程度，让各区、各责任段的管道保护人员从中发现能指导自己工作的有价值的信息。从图 3-75 可以看出，广佛区的坑头村、庙头社区、里仁洞村、樟边村、海傍村、金山村、钟三村，东莞区的温塘村，惠州区的黄渔涌村、南坑村内近三年第三方作业活跃度很高；就其中的坑头村而言，2015 年为近三年中活跃度最高的年份，尽管各年逐月变化的趋势不尽相同，但每年的 3 月、4 月及 8 月、9 月份基本达到当年峰值，呈现出明显的活跃期。图 3-75 的可视化及分析结果，有助于管道安防人员在特定时期，通过增加相应时段的管道巡查频率、加强管道保护宣传和外事协调来预警和管控第三方违规作业活动。

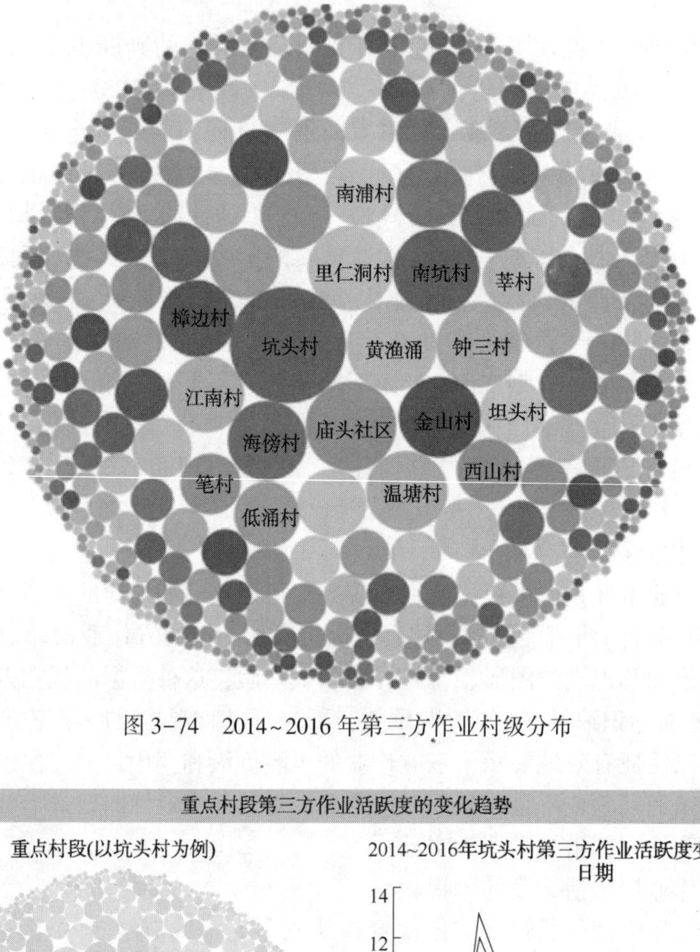

图 3-74　2014~2016 年第三方作业村级分布

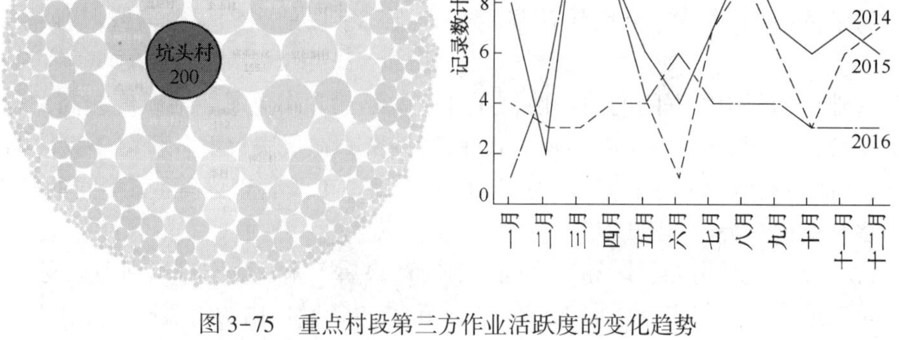

图 3-75　重点村段第三方作业活跃度的变化趋势

（2）第三方作业时间的可视化

运用数据可视化软件的“树地图”功能，在连接数据源后，依次双击字段“记录数”和“时间”，再单击“智能显示”下拉菜单选项中的“树地图”，然后将“时间”字段拖曳到标记“颜色”框中，即可实现第三方作业时间的可视化(见图 3-76)。图中颜色深浅和方块顺序(自上而下，自左至右)分别表示同一作业时间所包含事件记录的多少。

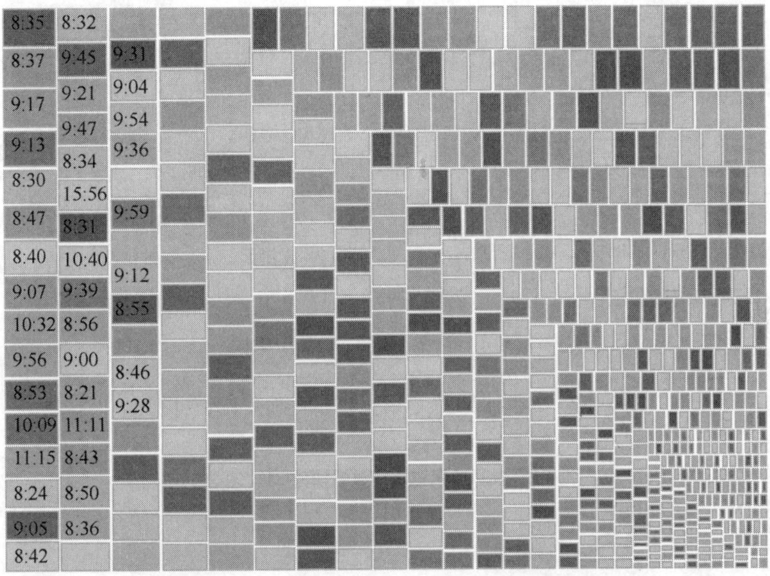

图 3-76　2014~2016 年第三方作业开始时间点的分布

图 3-76 揭示出第三方进场开始作业时间段大都位于每日的上午 8 时 20 分与 11 时 20 分之间，较符合人为活动的时间规律，这就要求管道安防人员将自己当班 8 个小时的工作重点或强度宜放到当日的上午，从而提高第三方违规作业活动的预警针对性。

（3）第三方作业地理位置可视化

人类行为的时空属性决定了任何可能危害管道安全的第三方作业活动，均可以借助赋予有地理坐标编码的管道地面标识桩号进行位置界定。以第三方作业临近管道的最近桩号作为基准点，将 DPMS 系统中脱密后的管道标识桩位数据表与 2014~2016 年管道第三方作业数据表在 TABLEAU 软件中进行关联，将脱密后的“X 坐标”及“Y 坐标”分别转换为“地理角色”中的纬度和经度，并将其从数据源显示框中的“度量”栏拖曳到“维度”栏，再分别双击“X 坐标”及“Y 坐标”，2014~2016 年第三方作业的点位便呈现在 TABLEAU 自带地图上。如果将此时的背景地图切换成 DPMS 系统当前所应用的高德地图，即可实现第三方作业地理位置可视化(见图 3-77)。

在上述图 3-77 的基础上，利用 TABLEAU 的筛选器和标记面板框，对第三方作业数据维度中“风险等级”“所用机具”等想要可视化的字段进行拖放，可以在管道路由图上实现第三方作业风险等级及其所用机具分布范围的快速展示(见图 3-78)。管道安防人员利用此分析结果，不仅能够适时、有针对性地调整安防力量的现场布控，而且还能够向属地政府相关部门精准传达或展示管道安保管理的现状，提高管道安防内外沟通和协调的效能。

图 3-77　2014~2016 年第三方作业地理位置可视化

高风险第三方作业活动分布区

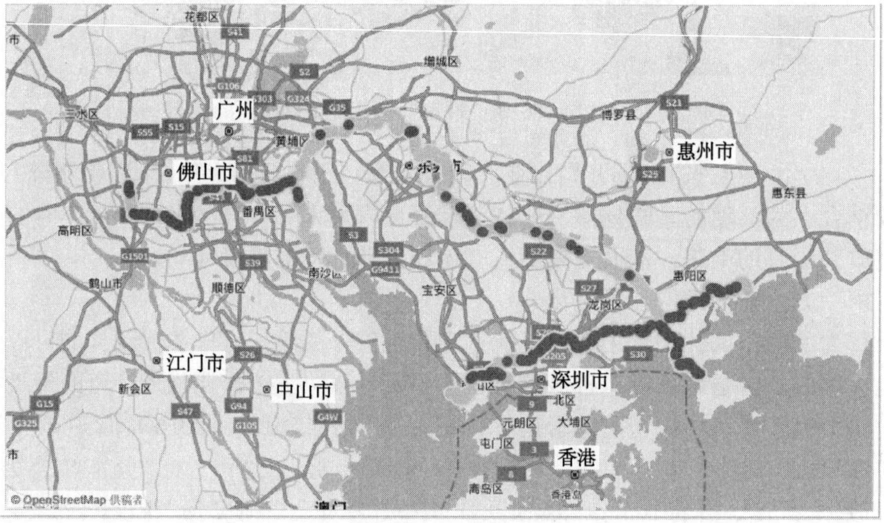

图 3-78　2014~2016 年高风险第三方作业分布图

3）管道安防策略优化

通过前面有关第三方作业事件数据可视化分析，我们不难看出，同一管道地区等级内，因属地自然、经济和人文环境的不同，第三方作业属地活跃程度、发展趋势和影响管道安全的风险等级也存在较大差异。为提高日常巡查的针对性和防止第三方破坏管道的预警深度，在原来基于管道地区等级设置巡查频率和监护重点的基础上，依照该项目分析所获得的结论，大鹏公司对安防策略及措施进行了以下四项优化：

（1）依照属地第三方作业活跃度，适当调整管道巡查频率。

基于原来"管道一、二级地区日巡查频率不少于 2 次，管道三、四级地区日巡查频率不少于 4 次"的量化巡防标准，可选取近三年电话事件记录数累计占三、四级地区总量 80%的村/社区所辖的管道作为安防的重点区段(见图3-79)，将巡防频率从日巡查4次提高到5~6次，将剩余三、四级地区管道的日巡防频率从原来的4次降低到2~3次。通过数据比对和测算，日巡线频率为5~6次的管道长度约为308km，所用人员为102人，日巡查频率为2~3次的管道长度约为132km，所用人员为42人，两类优化合计的人数比原来平均设置日巡线频率为4次及2次的人数减少3人(其中，东莞区减少2人，惠州区减少1人)，这样，不仅节约了人力资源，同时也增强了管道安防的针对性和实效性，较好地体现了安防数据可视化研究所创造的经济价值。

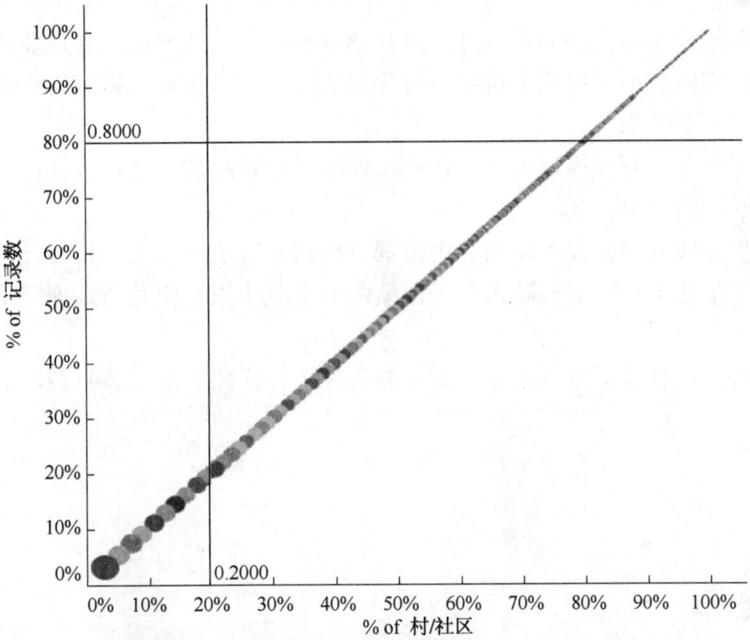

图3-79 管道第三方作业村/社区分布帕累托图

(2) 在管道敏感点加装无线视频监控系统，弥补人防短板。

基于第三方在管道敏感点周边实施灵活机动的机械挖掘、地勘钻探和定向穿越等影响管道安全高危作业的地域分布数据可视化分析，在原来单靠经验而派驻看护人员进行“守株待兔”式的被动防守区段，加装无线视频监控系统。这一措施，不仅能够起到快速增加管道敏感点内巡查频率的作用，而且还能够帮助管道安防人员在非工作时间，通过智能手机等终端便捷高效地查看管道保护范围内是否存在第三方高危施工作业活动，弥补了过去单纯依赖实地派人进行被动盯防的短板。

(3) 聚焦管道保护基层宣传的重点，持续壮大管道保护联防力量。

第三方作业属地活跃度和作业时间的数据可视化，让管道巡防人员能够更为全面、及时地掌握第三方可能实施危及管道安全的施工作业动态，从而可以更加轻松地找准发展管线信息员和管道保护宣传进社区的重点。例如，在第三方作业活跃度高的地段，管道保护宣传和联防的优化方向是：既要持续壮大基层个体管线信息员队伍，又要和属地社区居委会及村行政组织建立起管道保护联防关系，编织一张“上下互通、合纵连横”的管道安防预警信息沟通网。

(4) 基于管道安防工作强度调整巡防人员的薪酬结构。

大鹏公司管道巡防采用基层人力资源外包业务模式，防范第三方损伤管道的首要任务就是要调动一线管道安防人员工作的积极性和主动性，公平、合理的薪酬结构是保证员工稳定和可持续发展的基础。基于管道安防人员所属责任段内管控第三方作业活动的次数和质量，增设安防工作强度指标，通过在 TABLEAU 中创建新字段的方式即可实现不同时间段(如季度、半年度及年度等)内所有安防人员工作强度排序的可视化。在原来基本薪酬分级设定的基础上，在季度及年终评定时，将量化后的个人安防工作强度指标纳入绩效考核范畴，丰富了绩效考核的内容，改善了绩效考核的结构，让管道安防人员的绩效管理更趋公平与合理。

3. 小结

管道安防数据可视化分析，可挖掘系统内多年来收集、储存的管道外部风险数据的价值，是发现具有较大不确定性的第三方作业活动规律及主动预警第三方作业活动的一次有效探索。依据管道安防数据可视化分析结果所优化的管道安防策略及措施，在后续6个月的实施过程中取得了以下效果：

(1) 确定了近三年管道周边第三方作业属地活跃度较高的行政村或社区，明确了管道保护基层宣传和联防的对象；

(2) 聚焦了无线视频监控系统的应用范围，提高了管道安防人、技互补的针对性；

(3) 增加了量化考核管道安防人员工作绩效的参照依据，使其绩效评定工作更趋合理与公平；

(4) 在保持管道日常巡查基本频率不变的条件下，优化巡线并节省费用。

第 4 章　高后果区识别和风险评价

4.1　概　　述

4.1.1　高后果区识别

高后果区识别工作是完整性管理的关键环节之一，按照国标要求，高后果区识别间隔不超过 18 个月。首次开展此项工作时，可请专业公司也可自行开展，后续定期更新时，管道公司可结合日常管道保护和巡线的情况进行，尤其对于经济发展较快的地区，在日常的管道保护和巡线过程中，需及时收集、记录管道沿线、周边地区的变化情况。

开展专项高后果区识别时，采集的信息应包括环境信息、应急信息和周边隐患信息，可一并进行地区等级升级和并行管道信息的收集和分析工作。包括但不限于图 4-1 中内容。

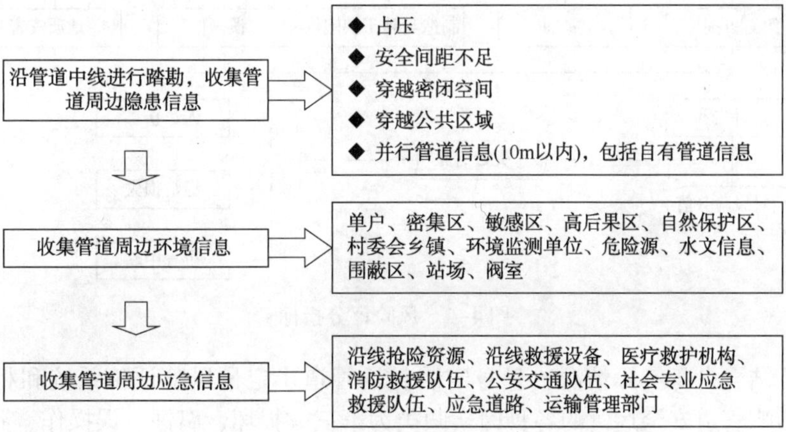

图 4-1　高后果区识别采集信息

信息采集完成后，整理分析形成高后果区识别报告。

为最大限度地分析利用这些信息，尤其是并行管道和地区等级更新，可一并形成地区等级调查复核报告和并行管道安全分析报告。作为管道管理者，并行管道如何齐抓共管，共享资源和高效协调，是工作中需要不断摸索的问题。

高后果区识别时，首次可全面地进行详细的信息采集，结合影像数据和日常的巡线信息，一并采集并行管道的信息、应急联系的信息，按照地域或行政区形成独立的报告，便于查询和管理，对于特殊的高后果区，形成一区一案的专项管理；如果大部分区域已经是高后果区，18 个月后再次更新时，可仅对剩余的区域进行重点排查和识别，利用影像图的变化进行自动识别加人工干预复核的形式，大大提高工作效率；日常巡检时，一旦周围环境发生变化，可在系统里按照关键字规范记录。

采用影像变化自动识别进行高后果区的识别和更新工作目前正在探索实施。

案例详见4.2.1，包括了高后果区识别、地区等级升级和并行管道数据的采集、识别和分析。

4.1.2 风险评价

风险评价有多种形式和方法，如头脑风暴、BOW-TIE(蝴蝶结法)、专项风险评价、综合风险评价、定性、半定量和定量风险评价等，目的都是识别出主要的风险和应对措施，并将风险按照高低正确排序，按照轻重缓急编制实施计划，实施后，重新评价风险，同时将历次风险评价进行对比分析和再评价等。按照国标要求，风险评价间隔一般不超过三年，管道改线或周边环境发生较大变化时，应及时开展风险评价。风险评价的人员应具备一定的能力。

专项风险评价一般指针对某一项风险进行评价，如地质灾害、第三方、腐蚀、制造与施工、误操作等。综合风险评价可将这些专项评价的结果综合评分后，再评价。风险评价的目的之一是将风险按照高低正确排序，定量分析需要大量的统计数据作支持，可实施性比较低，因此，根据管道的实际情况，采用半定量的方法可实施性比较高。

半定量评价方法可从风险的失效可能性和风险失效的后果两个维度进行考量，失效可能性原因有五种：第三方损坏、地质灾害、腐蚀、制造与施工、误操作；失效后果有三种：人员伤亡、经济损失和供气中断。具体如图4-2所示。

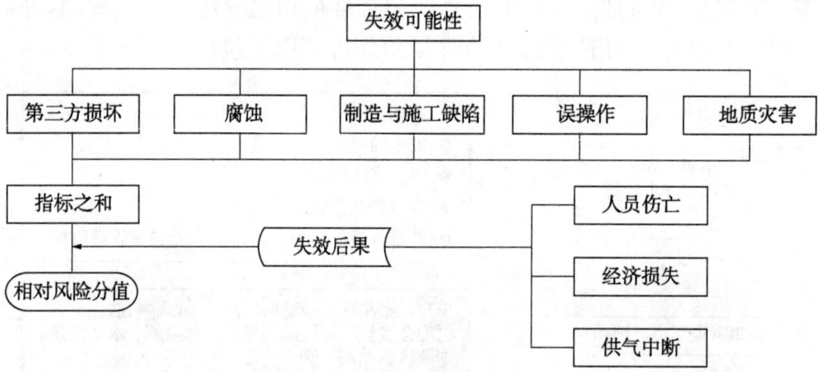

图4-2 风险评分指标

各公司可结合自身实际情况，量身定制长输管道半定量风险评价系统和相应的评价方法，将所有影响管道安全运营的各种因素归类为第三方损坏、腐蚀、误操作、制造与施工缺陷、地质灾害以及泄漏后果影响等六个方面的指标，并对每个指标进行赋值评分，综合分析其引起管道泄漏的可能性及泄漏后的事故严重程度，最终得到管道沿线的风险大小。

管道风险计算参考公式如下：

$$R = (1.35 \cdot L_1 + 1.35 \cdot L_2 + 0.9 \cdot L_3 + 0.5 \cdot L_4 + 0.9 \cdot L_5) \cdot C \tag{4-1}$$

式中 R——相对风险值；

L_1——第三方损坏分值；

L_2——腐蚀分值；

L_3——地质灾害分值；

L_4——误操作分值；

L_5——制造与施工缺陷分值；

C——失效后果分值。

C代表失效模式下的后果得分，与泄漏量、受体、扩散系数、产品危害有关；失效可能性的得分值越大表示越危险，后果得分值越大表示后果越严重；风险值越大表示风险越大。

风险模型如图4-3所示，评价流程如图4-4所示。

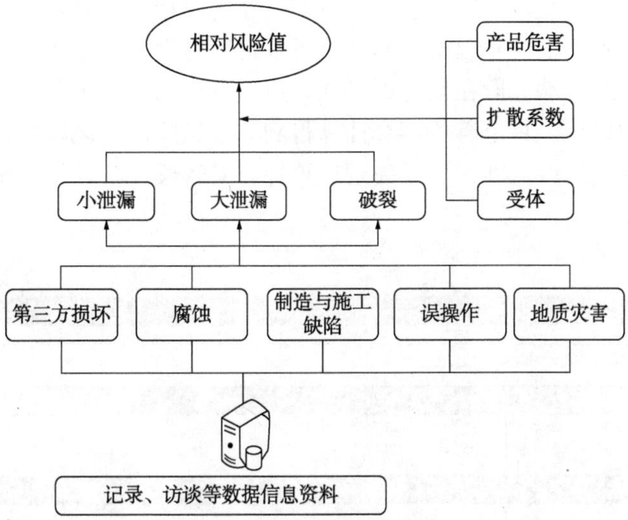

图4-3　风险模型

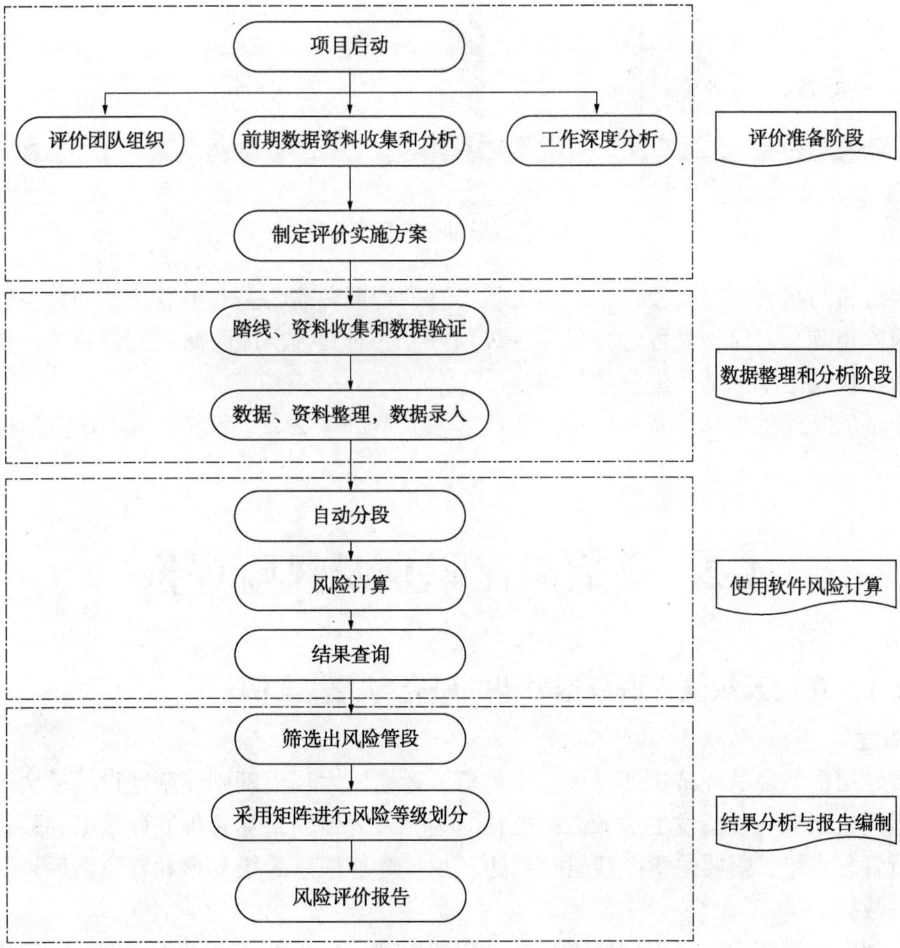

图4-4　评价模型

软件风险计算阶段需要完成管道的自动分段和风险计算，得到管道风险折线图、失效可能性折线图、失效后果折线图，实现管段的风险排序。自动分段是指按照一个属性值变化即划分一个新管段的原则，根据管道所有属性值可以将管道划分为多个管段，从而保证相邻管段的属性值不同。动态自动分段在软件中自动完成，分段的原理示意图见图 4-5。管段将作为最后风险值比较的单元，每个管段都会计算得到一个风险值，风险的排序也是针对各管段进行。风险计算包括失效可能性计算、失效后果计算、管段风险计算三个步骤，全部在软件中完成。

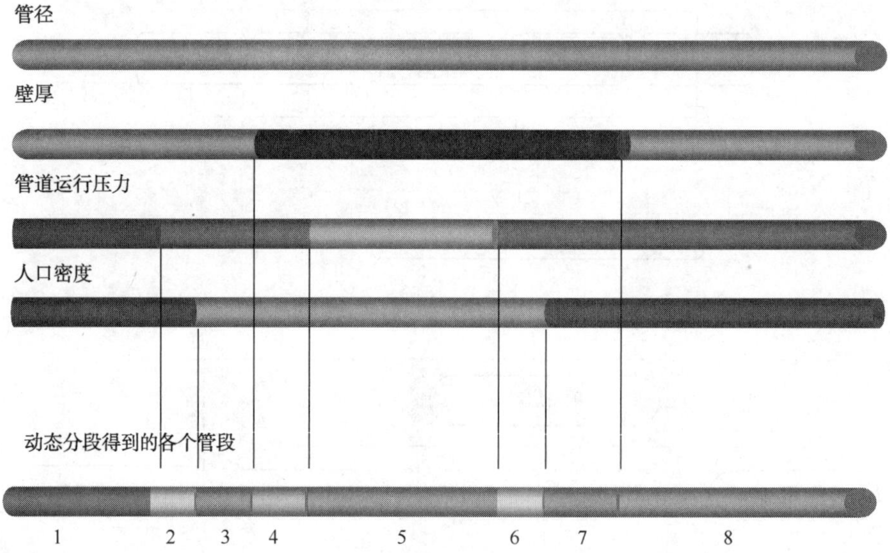

图 4-5　管道动态分段示意图

结果分析与报告编制阶段，首先需要找出管道管理者需要关心的管段，即风险管段，然后采用风险矩阵，对风险管段进行风险等级划分，并对其提出风险减缓建议措施。最后，对分析评价工作及结果总结，编写评价报告。

半定量风险评价指标体系和评价方法流程参见案例 4. 2. 2，半定量风险评价指标参见案例 4. 2. 3。

4. 2　高后果区识别及风险评价

4. 2. 1　在役天然气管道数据采集的研究与实践案例

1. 概述

随着管道沿线地区经济快速发展、土地资源稀缺、大规模基础设施建设等社会因素的影响，管道周边区域环境已发生了较大的变化，为完善管道完整性管理基础数据和强化与提升管道运行管理水平，需要采集全线管道周边环境、管道地区等级复核和管道高后果区识别等基础信息数据。

如何制定管道高后果区识别所需数据采集的原则、采集种类、采集范围、采集流程和采集方法？本案例通过实践和管控，全面、客观、详实地采集管道全线周边基础数据，整合研究信息数据成果，提出具有针对性的管道运行管理建议以及信息数据应用展望。

2. 主要内容

1）分析数据采集需求

管道高后果区识别数据的采集原则必须以满足管道运行管理实际应用为出发点，以国家安全监管总局办公厅《关于报送油气输送管道有关信息的通知》为导向，以《中华人民共和国安全生产法》《中华人民共和国石油天然气管道保护法》《中华人民共和国土地管理法》《中华人民共和国水土保持法》《危险化学品安全管理条例》《关于规范公路桥梁与石油天然气管道交叉工程管理的通知》《石油天然气长输管道隐患分级参考标准》等法律法规为遵循原则，按照《输气管道工程设计规范》(GB 50251—2015)、《油气输送管道完整性管理规范》(GB 32167—2015)、《油气管道并行敷设技术规范》(Q/SY 1358—2010)的条文规定与解读，借鉴了中国石油管道工程有限公司的《并行管道间距及安全措施研究》课题成果，结合公司已采集完成的管道中线坐标、标志桩、内检测、带状线路图、管道纵断面图等数据信息成果，明确了必须采集的管道周边环境信息、隐患信息和应急信息等的范围、类别。

2）制定数据采集原则

参照《油气输送管道完整性管理规范》规定和条文解读，强调重点需解决的是高后果区管理、地区等级升级管理、风险评价、完整性管理评价和效能评估等问题。保障上述问题管控的基础是信息数据采集的全面性，既要充分结合实际需求又要充分考虑管道安全可能出现的风险、危害及可能产生的后果和事故发生的可能因素。

制定数据采集的原则是：

(1) 完整、真实、准确、统一。

(2) 为管道风险评价和完整性评价提供基础数据信息。

(3) 确定和收集能反映某一管段状况和可能存在危害的必要数据和信息。

(4) 管道外部环境、识别具体位置上影响管道完整性的危害以及了解事故对公众、环境和操作造成的后果的数据和信息。

3）界定数据采集范围

(1) 输气管道地区等级复核数据采集

① 全段管线及附属设施等周边环境现状数据信息。

② 参照《输气管道工程设计规范》关于地区等级划分规定，采集不小于管道中心线两侧各 200m 带宽范围内的数据。

③ 分段应包括起、始点桩号及里程、坐标(西安 80 坐标系)。

④ 各段地区详尽照片、地形地貌及主要建构筑物的描述等说明性信息。

⑤ 对照管线原设计地区等级及管道壁厚数据，编制管道现状区段地区等级对照表，管道及管道附属设施(分输站、末站、阀室、阀井)与其他设施之间的防火间距为重要关注点。

⑥ 各区域地区等级变化因素分析。

⑦ 现有管道和其他设施满足国家现行规范标准规定符合性分析评价。

⑧ 对地区等级发生变化的区域提出解决措施、建议，形成专项报告。

(2) 输气管道高后果区识别、划分数据采集

① 因管道泄漏后严重危及公众安全和(或)可能造成环境较大破坏的区域——高后果区(HCAs)为重要关注点，严格依据《油气输送管道完整性管理规范》采集管道高后果区数据信息，并进行管道高后果区识别和分级。

② 识别、划分全线天然气管道的高后果区(HACs)成果统计需包括：起始桩号、里程、现状照片列表统计。

③ 高后果区(HACs)按行政区域登记，最小行政级别统计至行政村或社区。

④ 编制高后果区识别报告，针对性提出采取的工程措施或管理措施建议。

(3) 管道周边环境信息数据采集

① 参考《油气输送管道完整性管理规范》对于高后果区影响范围，制定管道周边现状环境信息采集范围，按管径划分，管道管径 ϕ914mm 和 ϕ762mm 采集管道中心线两侧各 300m 带宽；管道管径 ϕ610mm、ϕ457mm 和 ϕ323.9mm 采集管道中心线两侧各 200m 带宽。

② 管道附属设施(分输站、末站)以围墙为界 500m 范围内为采集范围；阀室按照所经过的管道规格确定采集范围。

③ 按行政区域登记采集，最小行政级别统计至行政村或社区。

④ 采集表统计包括起、始桩号及里程、采集日期和采集人。

4) 明晰数据采集内容

数据采集的内容既要满足相关标准规范的要求，也要满足国家管道信息收集的要求，同时需满足公司管道运行管理的需求，经研讨、实践，再研讨、再实践、修改、补充和完善，确定数据采集内容子项和确定周边环境信息、管道隐患信息以及应急信息收集内容统计表(见表 4-1~表 4-3)。

表 4-1　周边环境信息

管道周边环境信息	单户居民	照片编号、采集日期、采集人、栋数、楼层数、户数、与管道的距离
	密集居民区	照片及编号、采集日期、采集人小区、栋数、楼层数、与管道的距离
	高后果区	高后果区编号、管线起始桩号、高后果区类别、地区等级、主体单位、主体单位电话、周边信息描述、危险等级、后果趋势分析、应急处置描述、应急资源信息等、与管道的距离
	敏感目标	名称行政隶属、性质、联系电话、照片及编号、与管道的距离
	自然保护区	单位名称、行政隶属、照片及编号、与管道的距离
	村委会、乡镇政府所在地	行政村名称、联系方式、行政隶属、照片及编号
	环境监测单位	单位名称、联系方式、监测类型、行政隶属、照片及编号
	危险源	名称、联系方式、危险源类型(属于重大危险源需注明)、危险源名称、危险源数量、负责人、负责人职务、行政隶属、照片及编号、与管道的距离
管道周边环境信息	水文信息	名称、年平均流速、最大速度、最小速度、最高水位、最低水位、流向、长度(m)、是否为饮用水源、是否为季节性河流、高风险月份、管理单位、联系电话、行政隶属、照片及编号
	管线围蔽区	编号、管线起始桩号、围蔽类型、围蔽长度及情况说明、主体单位、主体单位电话、照片及编号

表 4-2　管道隐患信息

管道隐患信息	占压	隐患名称、隐患所处位置、占压物类型、占压物产权情况、占压物常滞留人数、占压物与管道先后关系、隐患等级、占压管线长度(m)、占压物面积(m^2)、隐患治理情况、问题描述、照片编号、采集日期、采集人

续表

管道隐患信息	安全距离不足	隐患名称、隐患所处位置、建(构)筑物类型、建(构)筑物产权情况、建(构)筑物常滞留人数、建(构)筑物与管道先后关系、隐患等级、隐患治理情况、问题描述、照片编号、采集日期、采集人
	穿越密闭空间	隐患名称、所属企业、隐患所处位置、隐患类型、穿越情况、管道建设年限、隐患等级、隐患治理情况、问题描述、照片编号、采集日期、采集人
	穿越公共区域	隐患名称、所属企业、隐患所处位置、隐患类型、公共区域名称、公共区域类别、隐患等级、隐患治理情况、问题描述、照片编号、采集日期、采集人
	并行油气管道	并行油气管道名称、所属企业、管道规格、运行压力、与公司管线并行间距及并行长度、照片编号、采集日期、采集人

表 4-3　应急信息

应急信息	沿线抢险资源	单位名称、手机号码、座机号码、资源名称、资源数量、资源收费标准、负责人、负责人职务、行政隶属、采集日期、采集人
	应急救援装备	名称、应急能力、数量、使用方法、负责人、负责人电话、采集日期、采集人
	医疗救护机构	名称、手机号码、座机号码、医院资质等级、可容纳伤员、床位数量、医生数量、护士数量、救护车数量、负责人、负责人职务、行政隶属、照片编号、采集日期、采集人
	消防救援队伍	名称、手机号码、座机号码、消防员人数、消防车数量、负责人、负责人职务、行政隶属、照片编号、采集日期、采集人
	公安交通队伍	名称、手机号码、座机号码、警察人数、负责人、负责人职务、行政隶属、照片编号、采集日期、采集人
	社会专业应急救援队伍	名称、手机号码、座机号码、主要救援对象、救援人数、负责人、负责人职务、行政隶属、照片编号、采集日期、采集人
	应急道路	名称、道路宽度(米)、车道数量、路况、道路等级、照片编号、采集日期、采集人
	运输管理部门	管道周边高速公路、铁路、地铁公司管理单位、手机号码、座机号码、所处管道位置、里程、桩号、采集日期、采集人

5) 制定数据采集流程(见图 4-6)

根据表 4-1~表 4-3 的管道信息采集内容，按照采集的信息进行分类，采取分段实地踏勘现状管道的策略，规定每次走线采集不同的信息，并分类统计再汇总。

6) 明确数据采集方法

针对大量的采集数据，采用外业实地踏勘和内业数据处理相结合的方法。

(1) 外业

① 根据三遍管道实地踏勘和走访，分类采集管道数据，并在现场进行信息记录，录入现场信息收集表格。

② 经内业数据与外业数据比对，若所采集的数据有遗漏或对准确性有疑问时，再次到现场进行确认及数据补采。

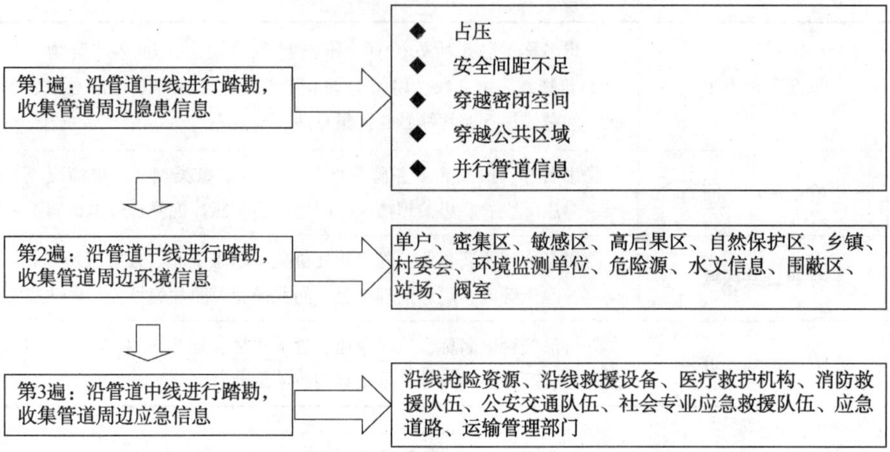

图 4-6　数据采集流程

③ 管道采集当天完成采集数据的整理，分段汇总、整理采集信息并提交各段的数据采集信息表。

④ 实施重点数据全检和非重点分层抽检相结合的方式进行成果验收。对于提交的信息收集成果中的重点信息进行实地全检；对于非重点信息进行现场抽样检查。

（2）内业

① 利用卫星地图、航拍图和管道中线坐标在地图确定管道位置和中线。

② 根据管道信息和界定的采集范围在地图中确定不同管道规格的采集范围界限。

③ 初步在地图中收集管道有关信息并整理、汇总。

7）编制现场信息收集表格研究成果介绍

2016 年公司按照研究制定的管道数据采集流程和方法，启动了《输气管道地区等级复核、高后果区识别及信息收集项目》，历时 9 个月，覆盖了全线管道、场站、阀室等周边基础信息数据，通过业主、现场巡线人员和采集方三方抽样检查、共同验证的过程管控制度，采取了局部全检、部分抽验的内业检查和外业检验相结合的方式，组织了多次、多项检验联合验收所采集信息数据的符合性和准确性。

（1）整合

结合《油气输送管道完整性管理规范》要求和已完成采集的管道数据信息，根据管道状态摸查、应急管理和管道安全影响分析，编制了管道全线地区等级复核、高后果区识别和并行管道安全影响分析三份有价值的报告。

其中，地区等级复核报告应提出针对性的管理措施和技术措施建议；高后果区识别报告提出管理措施建议；并行管道安全影响分析专项报告在建立通报机制、预防第三方破坏、预防地质灾害阴极保护之间的相互干扰、自身管道失效等方面提出管理措施建议。

（2）管道周边信息数据成果

管道信息类别、种类的统计信息见表 4-4。

（3）地区等级复核结果

依据《输气管道设计规范》（GB 50251—2015）的有关规定，复核公司 441km 管道的地区等级现状，识别出地区等级升级的区段。

表 4-4 统计信息

信息类别	信息种类	主干线	支干线	支线	用户专线
环境信息	1 单户、2 密集区、3 高后果区、4 敏感区、5 自然保护区、6 村镇、7 环境监测单位、8 危险源、9 水文信息、10 围蔽区				
隐患信息	1 占压、2 安全间距不足、3 穿越密闭空间、4 穿越公共区域、5 并行管道信息				
应急信息	1 沿线抢险资源、2 应急救援装备、3 医疗救护机构、4 消防救援队伍、5 公安交通队伍、6 社会专业救援队伍、7 应急道路、8 运输管理部门				
站场阀室信息	1 阀室信息、2 站场信息				
总计(项)					

(4) 高后果区识别

根据规范《油气输送管道完整性管理规范》(GB 32147—2015)的条款规定，梳理高后果区识别的流程，识别公司 441km 管道高后果区分布和特定场所。

(5) 并行管道安全影响分析专项报告

采集 441km 管道沿线两侧各 10m 和 6m 范围内并行的油气管道信息，并依据收集的信息，进行并行管道事故状态对公司管道安全影响分析，形成专项报告。

(6) 专家评审及应用建议

公司对管道数据采集的实践及报告等成果组织了专家评审，与会专家一致认为本次实践属于国内天然气管道行业首次全面采集管道信息的有益尝试，具有开创性和示范性，为企业提升管道管理水平奠定了基础。并提出了以下措施：

① 加强政企合作，强化源头管控，防止新高后果区的产生，推动属地政府制定人口密集区与已建管道保护距离规定。

② 建立统一数据库，尽快完成信息收集成果数据录入，并安排专人负责管理。

③ 针对已识别的高后果区，提升高后果区管理的认知度，从组织上、资源上提供保障，并结合重点区段，进一步落实管控方案，形成对高后果区的风险缓解措施体系。

④ 进一步研究和开展地区等级升级区段的风险评价方法。

⑤ 依据项目研究成果，结合公司管道管理实际，完善企业管道完整性管理标准。

⑥ 对项目采集管道综合数据，结合管理需求归纳分类、深化应用。

⑦ 考虑并行管道复杂性，将其纳入企业管道环境管理范畴。

3. 小结

通过实践制定了管道数据采集的研究方案，全面、客观、详实地采集了管道全线周边基础数据，形成了地区等级复核报告、高后果区识别报告、并行管道安全影响分析专项报告，为公司管道保护、第三方施工管控、高后果区监管、应急管理提供了决策支持依据，夯实了公司管道完整性管理基础。数据采集的内容以及同时开展地区等级复核、并行管道安全影响分析的工作思路，并同时形成的三份报告模板，可供行业参考借鉴。

同时，积极响应了国家安全监管总局办公厅关于报送油气输送管道有关信息的通知精神和中国海洋石油总公司、中海石油气电集团有限公司的有关要求，作为国内首次全面采集管道信息的有益尝试，具有开创性和示范性意义，为国家构建全国油气输送管道地图系统提供了有力支持。

4.2.2　管道半定量风险评价方法应用研究案例

1. 背景

为更好地实施基于风险的管道完整性管理，保证管道安全可靠运行，按照管道完整性六步循环实现闭环管理，需要根据管道的实际情况，因地制宜地开展风险评价工作。可参考国内、外相关标准建立一套更适用的在役埋地输气管道半定量风险评价评分指标，通过数字化模型开展管道半定量风险评价，将管道风险按照高、中、低合理排序，科学高效地削减和管控风险。

风险评价可分为定性评价、定量评价、半定量评价三种。其中定性评价存在较多的主观因素，与评价人员的经验、素质等存在较大关系，不同的人员存在较大的评价偏差；定量评价数据收集周期较长，缺少定量的数据库及分析模型，尚无广泛认可的整体思路和计算方法；国内外普遍较认可的为半定量风险评价，因此大鹏公司充分调研、综合分析、学习国内外同行的做法后，确定结合国标、行标、KENT 法和珠三角地区周围环境的实际情况，量身定制一套半定量风险评价指标体系，其中评分指标可以在风险评价过程中不断地调整与优化。

2. 主要内容

1）风险评价的理论

半定量风险评价是指针对影响管道的各种危险因素，根据管道属性及其对风险的贡献大小建立指标体系，对各个管段失效可能性和失效后果进行评分，然后利用综合分值表示各个管段风险相对大小的管道风险评价方法。

对一个管道运营公司而言，影响事故发生频率的因素包括第三方损坏、腐蚀、制造与施工缺陷、误操作、地质灾害等五个方面，在进行五个方面造成管道失效可能性的评价时，需要明确如下基本原理。

（1）明确风险评价的任务

风险评价是以增加管线的可靠性、确保安全质量为前提，采取的一项效益最大化、花费最小化为目的的管理方式，其主要任务为：明确风险源；事故发生可能性；事故的后果；如何降低事故发生的概率。管道总体维护成本与风险的关系曲线如图 4-7 所示。

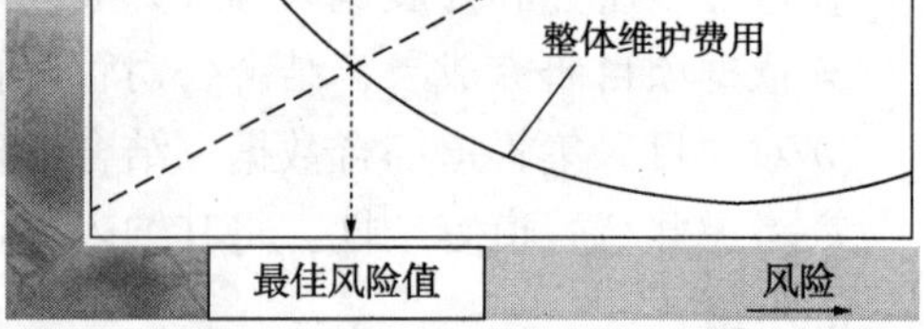

图 4-7　理论成本最优风险点

（2）管道事故的危险源分析

造成管道失效的主要原因是管道泄漏和管道破裂。根据国内外管道事故案例分析，导致管道泄漏的主要因素为内外腐蚀、施工损伤、焊接缺陷等，导致管道破裂的主要因素为腐蚀、第三方损坏、地质灾害、误操作等。同时，大部分管道事故是由多种因素联合作用的结果。因此，在进行管道风险评价时，将造成管道失效的可能性分为：第三方损坏、腐蚀、制造与施工缺陷、误操作、地质灾害。

（3）失效可能性分析

引起管道失效的可能性中，制造与施工缺陷是在管道建成后就已存在的，属于先天固有的风险因素，在管道投运初期容易诱发事故，通过对缺陷进行识别并修复的及时性等方面进行评价；腐蚀引起的失效可能性会随着管道运营时间的延长而不断增长，因此将管道的腐蚀速率、日常监测、对已发现缺陷的维修计划作为评价的主要因素；误操作具有很强的随机性，与操作人员的素质及操作规章制度有很大关系；第三方损坏和地质灾害与当地的社会地质环境有较大关系，主要从监督管理和已发现风险点的管理制度方面进行评价。

(4) 失效后果分析

估计运营管段失效所造成的后果是风险评价中的重要环节，一般从人身安全、财产损失、停输影响、声誉影响四个方面进行分析。财产损失包括计算管道沿线的建筑物、其他财产、输送介质的流失及维抢修费用等；人身安全包括造成管道沿线人员伤亡的数量及救治损失等；停输影响主要包含下游客户对气源的依赖性等方面；声誉影响需要对社会、政治和经济等多方面因素综合分析进行评定。

2) 评价方法建立

(1) 评分指标建立

管道风险评价的评分指标是以诱发管道事故的各种因素为依据，以影响因素发展成为危险事故为可能性，以事故造成的后果建立评分指标，并以失效可能性与失效后果得分的乘积作为管段的风险值。其中各个评分项，参考 Kent 法、SY/T 6891. 1—2012 和 GB/T 27512—2011，结合天然气和粤港澳大湾区的实际情况，进行适当的修正和完善。

① 第三方损坏：是除管道业主、使用管理维护方法之外的其他人员对管道造成的破坏。在珠三角地区，第三方活动频发，是造成管道失效的主要原因之一。大鹏公司第三方损坏指标中评分项分为埋深、巡线、管道标识、上方活动水平、地面侵权活动、响应机制、信息收集及管理情况、宣传沟通等方面。

相比行业标准，考虑到大湾区经济高速发展，第三方施工频繁，首先提高了第三方损坏在管道失效可能性中的整体权重值；巡线项分为三个子项，分别从巡线频率、效果、质量三个方面进行考虑；将宣传与政府或公众保护态度挂钩，在政府或公众保护态度积极的区域，则宣传工作默认为满分；结合珠三角地区的施工活动及圈占情况，增加信息收集、管道地面侵权的评分项。

② 腐蚀：主要指运营管段由于腐蚀产生的金属损失。腐蚀主要分为大气腐蚀、内腐蚀、地下腐蚀三种。结合珠三角地区的环境情况及天然气本身的特性，本评分指标中主要通过地下腐蚀的评分来进行腐蚀评价。包括土壤腐蚀性、阴极保护、杂散电流、防腐层质量及维护管理、内检测等方面。

根据公司内外检测及腐蚀评价的实际情况，提高交/直流干扰评分占比和外防腐层维护管理评分项。

③ 制造与施工缺陷：指管道在设计施工阶段，由于制造、施工、设计等造成的管道失效可能性。包含运行安全裕量、疲劳、压力试验、焊缝缺陷、管体缺陷、缺陷修复及内检测等评分项。

④ 误操作：指在管道运行和维护过程中相关人员因操作失误而导致管道失效的可能性。包括操作过程中的风险管理、规程及作业指导、机械失误防护、安全保护系统、操作细则、员工培训等内容。

⑤ 地质灾害：管道沿线的自然灾害严重影响着管道的安全性。大鹏公司沿线地质灾害的类型主要为地面塌陷、边坡滑塌，水土流失等几个方面。地质灾害的评分项主要从已识别

灾害点和未识别灾害点进行区别考虑。已识别的自然灾害点主要从灾害发生的可能性、危害程度、治理情况进行评分；对于非地质灾害点的地方从地形地貌、土体类型、降雨敏感性、管道敷设方式等方面考虑其发生地质灾害的可能性。

⑥ 失效后果：指发生管道失效后，造成的人员伤亡及经济损失等不利影响程度的大小。由于 SY/T 6891.1—2012 对失效后果指标的保密性，在建立失效后果模型时，参考 GB/T 27512—2011 进行建立。评分项包括介质危害性、沿线人口密度、财产密度、供气中断影响范围及泄漏量评分等。

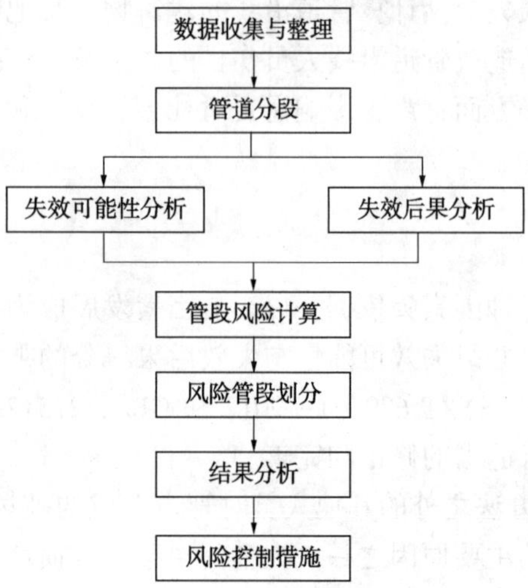

图 4-8　管道风险评价流程

(2) 管道风险评价流程

管道风险评价是一个循环往复、不断改进的过程，单次风险评价的流程如图 4-8 所示。

(3) 资料收集

管道半定量风险评价是对运营管道所面临风险值的总体评价，需要收集管道设计、施工、操作、运营期间的各种数据。一般需要收集的资料如下：

① 管道基本参数，如管道的运行年限、管径、壁厚、管材等级及执行标准、输送介质、设计压力、防腐层类型、补口形式、管段敷设方式、里程桩及管道里程等；

② 管道穿跨越、阀室等设施；

③ 施工记录；

④ 管道内外检测报告，内容应包括内、外检测及结果情况；

⑤ 管道泄漏事故历史；

⑥ 管道高后果区统计，管道周围人口分布；

⑦ 管道输量、管道运行压力报表；

⑧ 阴保电位报表以及每年的断电电位测试结果；

⑨ 管道更新改造工程资料，含管道改线、管体缺陷修复、防腐层大修等；

⑩ 第三方交叉施工信息表及相关规章制度，如管道响应机制；

⑪ 管道地质灾害调查/识别，以及危险性评估报告；

⑫ 管输介质的来源和性质、气质分析报告；

⑬ 管道清管杂质情况；

⑭ 管道初步设计报告及竣工资料；

⑮ 管道安全隐患识别清单；

⑯ 管道环境影响评价报告；

⑰ 管道安全评价有关的报告；

⑱ 管道维抢修情况及应急预案；

⑲ 是否安装有泄漏监测系统、安全预警系统等情况；

⑳ 其他相关信息。

(4) 管道分段

管道风险计算以管段为单元，也可采用关键属性分段或全部属性分段等方式。管段划分方式应优先选用全部属性分段。

① 关键属性分段。考虑高后果区、管径、压力、杂散电流干扰、防腐层类型、第三方活动水平、地形地貌、站场位置等管道的关键属性数据，比较一致时划分为一个管段。以各管段为单元收集整理管道属性数据，进行风险计算。

② 全部属性分段。收集所有管道属性数据后，当任何一个管道属性沿管道里程发生变化时，插入一个分段点，将管道划分为多个管段，针对每个管段进行风险计算。

③ 根据里程区间分段。按里程值进行分段，对里程进行等分，一段为一个分值。

可根据公司管道的具体情况，如果管道沿线地形地貌变化较大，所面临的施工环境比较复杂，在做半定量风险评价时，建议采用全属性分段。

(5) 风险计算

对每个管段计算失效可能性分值和失效后果分值，历经完善、优化和修正，考虑腐蚀风险日益增强，第三方风险依然存在，在失效后果中一并考虑应急资源等因素，同时考虑可能性和后果，最新的计算方法如下：

$$\text{风险值}=(1.35\times\text{第三方损坏分值}+1.35\times\text{腐蚀分值}+0.9\times\text{地质灾害分值}+0.5\times\text{误操作分值}+0.9\times\text{制造与施工缺陷分值})\times\text{后果分值} \tag{4-2}$$

当采用修正模型进行管道风险值评分时，应针对所评价管道，结合当地实际情况，采用如下公式：

$$\text{风险值}=(A1\times\text{第三方损坏分值}+A2\times\text{腐蚀分值}+A3\times\text{制造与施工缺陷分值}+A4\times\text{误操作分值}+A5\times\text{地质灾害分值})\times\text{后果分值} \tag{4-3}$$

$$\text{失效可能性分值}=A1\times\text{第三方损坏分值}+A2\times\text{腐蚀分值}+A3\times\text{制造与施工缺陷分值}+A4\times\text{误操作分值}+A5\times\text{地质灾害分值} \tag{4-4}$$

其中 A 代表各种失效可能性的权重值的修正系数，$A1+A2+A3+A4+A5=5$。

评分时应注意：

① 采用最坏假设，一些未知的情况应给予较差的评分；

② 应保持评分的一致性；

③ 必要时添加备注，进行情况说明，增加评分结果的可追溯性。

完成各管段评分及风险值计算后，可参照表 4-5 进行计算结果汇总。

表 4-5　风险管段汇总表格

管道名称	起始里程/km	终止里程/km	管段长度/km	风险值	风险等级	主要威胁因素	是否为高后果区	管段风险描述	风险控制措施分类	风险控制措施描述	是否立项治理

(6) 结果分析

应按照各个管段的风险值进行排序，并分析高风险管段的影响因素，必要时也可按各个管段的失效可能性和失效后果进行排序。管段风险值大小的划分依据如图 4-9 所示。

其中管段风险值越低，表示管段面临的风险越小，管道越安全；管段风险值越高，表示管段面临风险越大。

其中管段失效可能性分值越低，表示管道面临的失效可能性越小，失效后果分值越低，失效后果损失越小，即管道越安全；管段失效可能性分值越高，管段面临的失效可能性越高，失效后果分值越高，表示失效后果损失越严重，即管段风险越高。

高	10人以上死亡	直接经济损失1000万元以上	造成严重事务影响	全国或国际性影响	中	中	高	高	高
	3-9人死亡	直接经济损失300-1000万元	严重影响上下游；造成重大影响	大型城市范围内影响	低	中	中	高	高
	1-2人死亡	直接经济损失100-300万元	超过了允许停输时间；关联影响上下	中级城市范围内影响	低	低	中	中	高
	重伤	经济损失10-100万元	可能超过停输时间；严重影响生产	村镇范围内影响	低	低	中	中	高
低	无人员伤亡或轻伤	无破坏或经济损失10万元以下	允许停输时间范围内；轻微影响生产	无影响或轻微影响	低	低	低	中	中
	人员伤亡	财产损失	停输影响	声誉影响	行业内未发生或本地区10年内未发生(极不可能)	行业内首发生或本地区10年内可能发生(很少可能)	国内首发生或本地区5年内可能发生(有可能)	公司内首发生或本地区3年内可能发生(很有可能)	本段管道首发生或本地区年内可能发生(极有可能)
					低 → 高				
后果					可能性(/年)				

图 4-9　管道风险矩阵

3）数字化模型建立

（1）建立数字化模型的目标

总体目标为根据评分指标和评价方法，建立高质量的半定量风险评价数字化模型。具体目标如下：

① 新建或打开管道评价项目进行管道风险评价；

② 实现新建管道属性录入，并依据评分指标对所录入属性进行分值分配；能够对属性值进行 excel 格式的导出和导入；

③ 实现对所录入属性进行自动分段、按里程分段以及按分值区间分段，在分段完成后完成风险计算，得出失效可能性和后果可能性值；

④ 实现风险计算结果查询功能，能够查阅筛选各失效类别的风险分值及后果分值；支持导出 .xls 格式的风险管段汇总数据；对结果数据支持以折线图、柱状图、饼状图方式显示统计图；

⑤ 支持高风险因素分析，即对计算出点各个管段的风险值进行查询、排序和导出，并显示高风险管段的影响的属性值得分情况；同时，以表、柱状图或饼状图方式显示各风险值的失效可能性及后果的具体属性值；

⑥ 实现计算分析模块，完成气体泄漏速度、气体泄漏量、潜在影响半径的计算模块、压力值单位换算、长度值单位换算、温度值单位换算、重量单位换算实用工具；

⑦ 提供属性数据录入模板、评估报告模板的下载；

⑧ 实现对评估系统模块的授权和更新功能。

模型能够支持三种分段模式，对计算得到的风险点直接生成直方图和饼状图，并具有系统授权和更新功能，可以更方便风险评价单位结合自身情况进行模型的调整。

（2）模型总体架构

模型的架构设计是模型能否正确使用的前提和基础，是数字化模型的骨架，架构建设的好坏直接决定着模型的可用性。大鹏公司半定量风险评价数字化模型的总体架构如图 4-10 所示。

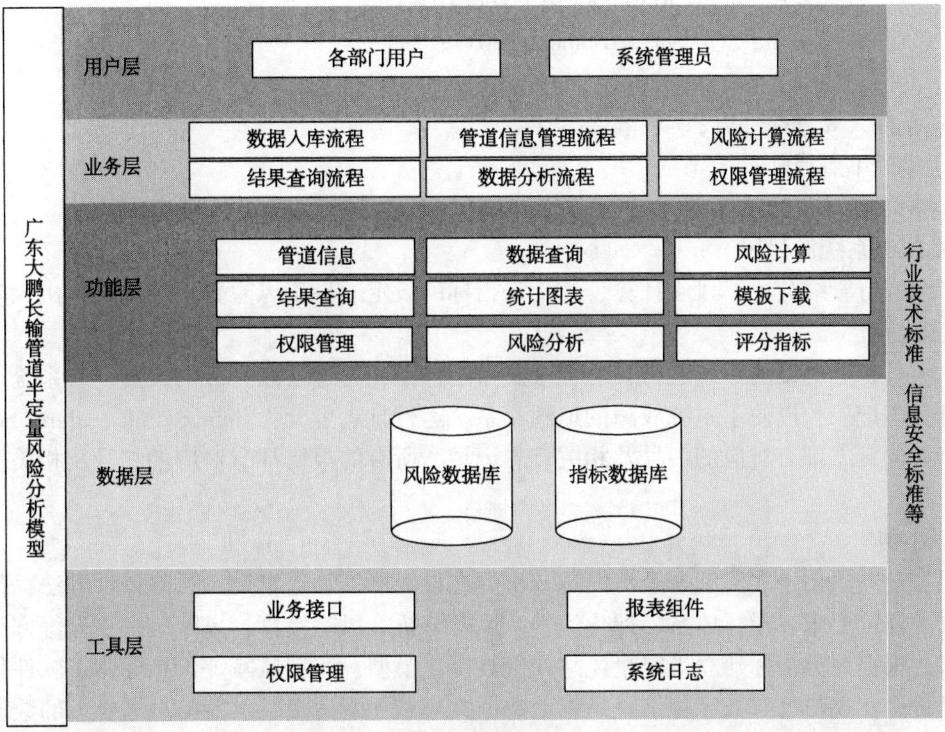

图 4-10　系统总体架构

（3）模型功能架构

模型的功能架构决定着所建立数字化模型的功能结构，很大程度影响着模型使用的便捷性，符合常人逻辑思维模式的功能结构能够使使用者更快熟悉，从而提高工作效率。该数字化模型的功能架构如图 4-11 所示。

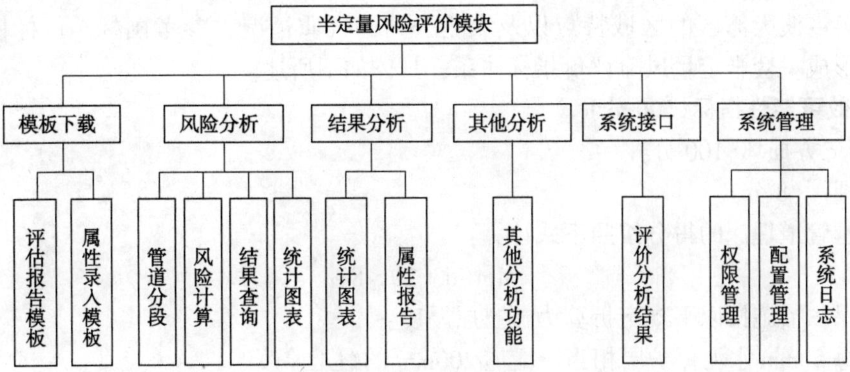

图 4-11　系统功能架构

(4) 模型的开发升级和优化

为更高效、智能地开展管道风险评价工作，实现与其他系统的数据共享，管道半定量风险评价系统应与现有系统的数据实现自动交互和风险评价的自动化。模型开发及服务器版总体要求如下：

① 系统支持多种浏览器，支持 IE 11、edge、谷歌浏览器 CHROME、360 浏览器；

② 必须遵从 GDLNG 服务器命名规范、数据库命名规范等技术规范；

③ 操作系统采用 Microsoft Windows Server 2016 英文企业版；

④ 数据库采用 MS SQL Server Standard 2017；

⑤ 支持 Microsoft OFFICE 2019；

⑥ 支持天翼云端部署；

⑦ 集成单点登陆；

⑧ 集成统一身份认证系统；

⑨ 提供系统源代码。

可以进行管线分段、风险计算、评价法指标的设定、导出风险分析结果、给出风险控制措施等。

系统具备分等级的系统运行日志记录及管理体系，通过不同等级的设置，对系统运行状况进行日志记录，以便于系统故障的追溯，系统运行日志可分为 debug、info、alert、warning 等；所有的日志都有对应的编号及相关日志记录，所有的报错都有对应的编号及相关报错的原因。

3. 小结

(1) 建立适用于大湾区或经济发达城市的在役天然气管道半定量风险评价方法，包含适用范围、评价要求、指标体系、评价流程、风险分析、风险计算、风险结果划分等方面。

(2) 根据评分指标建立半定量风险评价数字化模型，实现风险评价指标体系软件化、自动化评价。实现与已有数字化信息系统地数据共享和无障碍交互。能够根据录入的数据自动计算运营管段面临的风险值，能够导出 excel 统计表，并用折线图、直方图、饼状图进行显示。

(3) 能够自主进行管道半定量风险评价，提高风险评价效率并节省费用。

(4) 数字化模型能够根据自身需要灵活调整，包括评分项及其权重值，从而降低了软件的维护和升级成本，并使软件具有更好的推广性。

4.2.3 半定量评价法指标

结合粤港澳大湾区的区域特点以及大鹏公司的气质情况，参考国标、行标以及 KENT 法，完善形成一套半定量风险评价指标体系，具体如下所述。

1. 失效可能性指标(500 分)

1) 第三方损坏(100 分)

(1) 埋深(8 分)

非穿越管道埋深的得分按照下式计算：

$$\text{Min}(d3/20,\ 8) \tag{4-5}$$

各种保护措施按以下规定折算为覆土层厚度：

——每 50mm 水泥保护层相当于增加 200mm 的覆土厚度

——每 100mm 水泥保护层相当于增加 300mm 的覆土厚度

——管道套管相当于增加 600mm 的覆土厚度
——加强水泥盖板相当于增加 600mm 的覆土厚度
——警告标志带相当于增加 150mm 覆土厚度
——网栏围住相当于增加 460mm 覆土厚度
穿越管道埋深的得分按照非水下穿越管道埋深与水下穿越管道埋深分开评分。
① 非水下穿越管道埋深的评分
如果是埋地段，则按照下式计算非水下穿越管道埋深的得分：

$$\mathrm{Min}(d3/20,\ 8) \tag{4-6}$$

各种保护措施按以下规定折算为覆土层厚度：
——每 50mm 水泥保护层相当于增加 200mm 的覆土厚度
——每 100mm 水泥保护层相当于增加 300mm 的覆土厚度
——管道套管相当于增加 600mm 的覆土厚度
——加强水泥盖板相当于增加 600mm 的覆土厚度
——警告标志带相当于增加 150mm 覆土厚度
——网栏围住相当于增加 460mm 覆土厚度
② 水下穿越管道埋深的评分
水下穿越管道埋深的得分为以下各项得分之和。
a. 可通航河道河底土壤表面(河床表面)与航船底面距离或未通航河道的水深
——上述距离或深度≥2.0m，3 分
——上述距离或深度∈[1.5~2.0m)，2 分
——上述距离或深度∈[1.0~1.5m)，1 分
——上述距离或深度∈[0.5~1.0m)，0.5 分
——上述距离或深度∈[0~0.5m)，0 分
b. 在河底的土壤埋深
——埋深≥2.0m，3 分
——埋深∈[1.5~2.0m)，2 分
——埋深∈[1.0~1.5m)，1 分
——埋深∈[0.5~1.0m)，0.5 分
——埋深∈[0~0.5m)，0 分
c. 保护措施
——采用 30mm 以上水泥保护层或其他能达到同样加固效果的措施，2 分
——采用石笼稳管、加设固定墩等稳管措施，1 分
——无保护措施，0 分
(2) 巡线(12 分)
巡线的得分为以下各项得分之和。
① 巡线频率
——聘有随时报告员，3 分
——巡线频率∈(每日 1 次，每日 4 次]，2 分
——巡线频率∈(每两日 1 次，每日 1 次]，1.5 分
——巡线频率∈(每周 1 次，每两日 1 次]，1 分

——巡线频率∈(每月2次，每周1次]，0分

② 巡线条件

巡线条件的得分为以下各项得分之和。

a. 巡线系统

——具有巡线管理系统，1分

——不具有巡线管理系统的管段，0分

b. 隔断或围蔽区

——管道无隔断或围蔽区，1分

——管道有隔断或围蔽区，但经过沟通处理后可以巡线，0.5分

——管道有隔断或围蔽区，无法巡线，0分

③ 巡线方式

——沿管道区段徒步巡线，1分

——沿管道区段非徒步巡线，0分

④ 巡线人员的培训与考核

——巡线人员考核结果为优，1.5分

——巡线人员考核结果为良，1分

——巡线人员考核结果为中，0.5分

——巡线人员考核结果为差，0分

——巡线人员未有培训与考核，0分

⑤ 人员流失率的评分

——管段巡线人员流失率为0%，1.5分

——管段巡线人员流失率为(0%，50%)，1分

——管段巡线人员流失率为(50%，100%)，0.5分

——管段巡线人员流失率为100%，0分

⑥ 巡线质量管控的评分

——管段巡线人员未偏离管道巡线即定路线，1分

——管段巡线人员部分偏离管道巡线即定路线，0.5分

——管段巡线人员完全偏离管道巡线即定路线，0分

⑦ 信息员密度的评分

——管道巡线工能与随时报告管道沿线情况的信息员有固定、可靠的联系，2分

——随时报告管道沿线情况的信息员密度∈(1人/5km，1人/1km]，1.5分

——随时报告管道沿线情况的信息员密度∈(1人/10km，1人/5km]，1分

——随时报告管道沿线情况的信息员密度∈(0，1人/10km]，0.5分

——没有人随时向管道操作员报告管道沿线的破坏行为，0分

(3) 管道通行带与标识(9分)

管道地面标识包括三桩一牌、磁力盒桩、水域中的航标，管道地面标识情况的得分为以下各项得分之和。

① 标识准确性

——管道区段上方标志桩与管道实际路由相符(偏差≤0.5m)，3分

——管道区段上方标志桩与管道实际路由存在不相符的现象(0.5m <偏差< 3m)，2分

——管道区段上方标志桩与管道实际路由不相符(偏差≥3m)，0分

② 标识密集

——管道区段上方标志桩间距小于或等于25m，2分

——管道区段上方标志桩间距大于25m，小于或等于50m，1分

——管道区段上方标志桩间距大于50m，0分

③ 标识通视性

——通视距离≥200m，2分

——通视距离∈[100m，200m)，1.5分

——通视距离∈[50m，100m)，1分

——通视距离∈[25m，50m)，0.5分

——通视距离≤25m，0分

④ 标识维护率的评分

——一年内管道地面标识的维护率为100%，2分

——一年内管道地面标识的维护率为(50%，100%)，1分

——一年内管道地面标识的维护率为(0%，50%)，0.5分

——一年内管道地面标识的维护率为0%，0分

(4) 管道上方活动水平(9分)

根据管道周围或上方，采用机械开挖施工活动的频繁程度及施工规范程度进行评分。地面活动水平的得分为以下各项得分之和。

① 地区等级评分

——如果管段是一级地区，1.5分

——如果管段是二级地区，1分

——如果管段是三级地区，0.5分

——如果管段是四级地区，0分

② 地面活动频繁程度评分

地面活动频繁程度的得分为以下各项得分之和。

a. 建设活动

建设活动的得分，为以下各项得分之和。

i) 建设活动频繁程度

——如果管道区段位于没有建设活动的地区，2分

——如果管道区段位于周边50m范围内有清理水沟、修围墙等维护活动的地区，1.5分

——如果管道区段位于经常对周围地下设施进行维护的地区，1分

——如果管道区段位于在建的经济技术开发区，0.5分

——如果管道区段位于矿藏开发及重工业生产地区，0分

ii) 对建设活动施工单位的技术交底

——进行现场交底，1分

——进行图纸交底，0.5分

——未交底，0分

b. 交通繁忙程度

——如果管道区段附近(管道中心两侧100m)几乎没有车辆通行，1.5分

——如果管道区段附近(管道中心两侧 100m)有公路交通线、乡村公路、机耕道，1 分
——如果管道区段附近(管道中心两侧 100m)有公路交通干线，0.5 分
——如果管道区段附近(管道中心两侧 100m)有铁路、公路交通主干线，0 分
c. 农业生产活动
——如果在管道区段上无农业生产活动，2 分
——如果在管道区段上有少量挖掘深度小于 500mm 的浅土层农作物，1 分
——如果在管道区段上方进行大型机械化耕种、打苕沟、犁地等较深挖掘，0 分
③ 特定场所
——管段有特定场所，1 分
——管段无特定场所，0 分
(5) 管道沿线施工活动管理(9 分)
第三方施工管控的得分，为以下各项得分之和。
① 签发告知函的评分
——施工前，管道企业向第三方施工单位签发告知函，2 分
——施工前，管道企业未向第三方施工单位签发告知函，0 分
② 方案审查的评分
——施工前，管道企业对第三方施工单位的施工方案进行审查，1 分
——施工前，管道企业未对第三方施工单位的施工方案进行审查，0 分
③ 签订安全防护协议的评分
——施工前，管道企业与第三方施工单位签订安全防护协议，1 分
——施工前，管道企业未与第三方施工单位签订安全防护协议，0 分
④ 安全培训的评分
——施工前，管道企业对第三方施工单位安全培训，2 分
——施工前，管道企业未对第三方施工单位安全培训，0 分
⑤ 施工申请的评分
——第三方施工单位依法向属地管道保护主管部门提出施工申请，1 分
——第三方施工单位未依法向属地管道保护主管部门提出施工申请，0 分
⑥ 现场监控的评分
——第三方施工现场安排监控措施(人工或视频)，2 分
——第三方施工现场未安排监控措施(人工或视频)，0 分
(6) 管道地面侵权(9 分)
占压的得分，为以下各项得分之和。
① 大型物料或设备堆场占压
——如果管道区段上无占压现象，2 分(GB/T 34346)
——如果管道区段上存在占压管道的现象，构成一般隐患的，1 分
——如果管道区段上存在占压管道的现象，构成较大隐患的，0.5 分
——如果管道区段上存在占压管道的现象，构成重大隐患的，0 分
② 深根植物占压
——如果管道区段上无占压现象，2 分(GB/T 34346)
——如果管道区段上存在占压管道的现象，构成一般隐患的，1 分

——如果管道区段上存在占压管道的现象，构成较大隐患的，0.5分

——如果管道区段上存在占压管道的现象，构成重大隐患的，0分

③ 建(构)筑物占压

a. 建筑物占压

——如果管道区段上无占压现象，3分(GB/T 34346)

——如果管道区段上存在占压管道的现象，构成一般隐患的，2分

——如果管道区段上存在占压管道的现象，构成较大隐患的，1分

——如果管道区段上存在占压管道的现象，构成重大隐患的，0分

b. 构筑物占压

——如果管道区段上无占压现象，2分

——如果管道区段上存在占压管道的现象(1~4处)，1分

——如果管道区段上占压现象严重(5处以上)，0分

(7) 管道响应机制(8分)

管道响应机制指公司内部对所发现第三方活动的响应时间及质量，得分为以下各项评分之和。

——管道定位准确，2分

——第三方活动响应及时，2分

——有地图和信息系统，2分

——有经证实的有效记录，2分

——无，0分

其中，“管道定位准确”指管道的准确位置标识很明确，或有方法和技术手段，能准确知道管道的位置，并在需要时能告知相关方；“第三方响应及时”指发现管道上方的施工活动，管道保护人员能够及时响应，当日与施工方进行沟通，并采取有效的保护管道的措施；“地图和信息系统”指具有完整准确的管道数据及周边信息，能在内业明确管道的具体位置和走向；“有效记录”指对第三方活动的有效记录，并具有相关处理流程的文件规定。

(8) 辅助渠道信息收集(6分)

辅助渠道指公司除利益相关方(巡线保安、承包商)之外人员对附近第三方施工活动的响应情况。采用施工联系电话与信息收集情况系数的乘积评分。

① 施工联系电话(6)

——具有统一施工联系电话，并能对电话迅速作出反应，6分

——无统一联系电话，2分

——无联系电话，0分

② 信息收集情况：根据辅助渠道对所发现的第三方活动或异常情况汇报记录进行考虑，按照以下系数评分。

——非高后果区，1

——高后果区，通过辅助渠道能及时收集周围20%以上的第三方活动信息，1

——高后果区，通过辅助渠道能及时收集周围15%~20%的第三方活动信息，0.6

——高后果区，通过辅助渠道能及时收集周围10%~15%的第三方活动信息，0.3

——高后果区，通过辅助渠道能及时收集周围10%以下的第三方活动信息，0

(9) 公众宣传效果(7分)

公众宣传的得分为以下各项得分之和。
① 公众宣传年度计划的评分
——如果制定公众宣传年度计划，1 分
——如果未制定公众宣传年度计划，0 分
② 公众宣传资源匹配的评分
——如果公众宣传资源匹配，1 分
——如果公众宣传资源不匹配，0 分
③ 与管道沿线建设、设计、施工单位联系机制的评分
——如果与管道沿线建设、设计、施工单位建立联系机制，1 分
——如果未与管道沿线建设、设计、施工单位建立联系机制，0 分
④ 向当地可能的作业方和作业者发放宣传资料的评分
——如果发放了资料，1 分
——如果未发放资料，0 分
⑤ 与相邻企业和沿线村镇签订管道保护联防协议的评分
——如果签定了协议，1 分
——如果未签定协议，0 分
⑥ 给沿线公众发放宣传资料的评分
——如果发放了资料，1 分
——如果未发放资料，0 分
⑦ 管道保护广告投放的评分
——如果进行了投放，1 分
——如果未投放，0 分
(10) 政府沟通效果(5 分)
政府沟通效果得分为与地方相关部门沟通得分与政府态度系数的乘积。若政府态度积极，则沟通效果自动为 5 分。
① 与地方相关部门沟通，是否建立流畅的沟通渠道，按以下评分。
——经常沟通，5 分
——偶尔沟通，3 分
——从不沟通，0 分
② 政府态度，根据沿线政府机关配合管道保护的积极性，按以下系数评分。
——积极，1
——无所谓，0.5
——抵触，0
(11) 公众教育(4 分)
公众教育的得分为以下各项得分之和。
① 公众教育计划的评分
——如果制定公众教育计划，1 分
——如果未制定公众教育计划，0 分
② 培训教材
——如果有针对性培训教材，1 分

——如果无培训教材或培训教材无针对性，0 分

③ 讲师的评分

——如果有专门的讲师，0.5 分

——如果无专门的讲师，0 分

④ 培训对象的评分

a. 对社会团体进行定期教育的评分

——如果进行了教育，0.5 分

——如果未进行教育，0 分

b. 对管道沿线物权人教育的评分

——如果进行了教育，0.5 分

——如果未进行教育，0 分

c. 当地政府的配合情况的评分

——如果管道区段沿线当地政府积极配合管道公司的工作，0.5 分

——如果管道区段沿线当地政府的配合被动，不得力，0 分

——如果管道区段沿线当地政府对破坏管道行为不积极制止和惩罚，0 分

(12) 管道地下通过权(8 分)

如果管道企业取得管道地下通过权，便利于管道企业对管道进行巡护、检测、维修等作业。管道地下通过权的得分为以下各项得分之和。

① 土地征用、租赁合同

——管道企业有合同，1 分

——管道企业无合同，0 分

② 土地征用、租赁期限

——管道土地征用、租赁期限大于或等于 25 年，1 分

——管道土地征用、租赁期限小于 25 年，0 分

③ 管道用地使用范围

——管道企业在管道中心线两侧 5.0m 范围内取得管道地下通过权，4 分

——管道企业在管道中心线两侧 2.5m 范围内取得管道地下通过权，3 分

——管道企业在管道中心线两侧 1.5m 范围内取得管道地下通过权，2 分

——管道企业在管道中心线两侧 1m 范围内取得管道地下通过权，1 分

——管道企业未取得管道地下通过权，0 分

(13) 在 5m 内并行、交叉油气管道评分(6 分)

管道中心线两侧 5m 内并行、交叉油气管道的得分，为以下各项得分之和。

① 与并行管道权属方签订安全联控联防协议的评分

——与并行管道权属方签订安全联控联防协议，2 分

——未与并行管道权属方签订安全联控联防协议，0 分

② 并行管道年度维修计划的评分

——有并行管道年度维修计划，2 分

——未有并行管道年度维修计划，0 分

③ 其他管道的地面标识的评分

——其他管道的地面标识清晰，2 分

——其他管道的地面标识不清晰，0 分

2）腐蚀(100 分)

(1) 介质腐蚀性(3 分)

介质腐蚀性按以下评分。

——无腐蚀性，5 分

——特定情况下具有腐蚀性，4 分

——中等腐蚀性，2 分

——强腐蚀性，0 分

其中，“无腐蚀性”指管输产品基本不存在对管道造成腐蚀的可能性；“特定情况下具有腐蚀性”指介质没有腐蚀性，但曾阶段性引入腐蚀性组分；“中等腐蚀性”指管输产品腐蚀性不明可归为此类；“强腐蚀性”指管输产品含有大量的杂质，如盐溶液、硫化氢等杂质，对管道会造成严重的腐蚀。

(2) 管道内壁防护(3 分)

该评分项可多选，为以下各项评分之和。

——本质安全，3 分

——处理措施，2 分

——无防护，0 分

其中，“本质安全”指管输产品与管壁之间不存在任何腐蚀的可能性；“处理措施”指包括介质成分监测、内涂层、缓蚀剂、清管等；“无防护”指无任何内腐蚀防护措施。

(3) 土壤腐蚀性(4 分)

土壤腐蚀性由土壤电阻率得到，土壤腐蚀性与电阻率关系取自 SY/T 0053—2004，按以下评分。

——低腐蚀性，一般为山区，土壤电阻率>50Ω · m，4 分

——中等腐蚀性，一般为农田，20Ω · m<土壤电阻率<50Ω · m，3 分

——高腐蚀性，土壤电阻率<20Ω · m，1 分

(4) 阴保电位检测和监测(8 分)

分为有阴保电位远程监测和现场检测两部分，按以下评分。

——具有阴保电位远程实时监测和控制，8 分

——无阴保电位远程监测，每季度 1 次断电点位检测，每年 4 次，6 分

——无阴保电位远程监测，每年 1 次断电电位检测，3 分

——无阴保电位检测，0 分

(5) 外腐蚀直接评价(10 分)

根据系统的外检测与直接评价情况，按以下评分。

——新建管道 3 年内完成首次检测，已有管道检测间隔不大于 6 年，10 分

——新建管道 3 年后完成首次检测，已有管道检测间隔大于 6 年，5 分

——未进行，0 分

(6) 防腐层质量(8 分)

指钢管防腐层及补口处防腐层的质量，依据外检测防腐层质量评估结果进行判定，按以下评分。

——好，8 分

——一般，5 分
——差，2 分
——无防腐层，0 分

该项评分根据最新 ECDA 报告结果，“好”指外检测没有防腐层缺陷，或已修复；“一般”表示外检测防腐层缺陷为低并且未修复；“差”表示外检测防腐层缺陷为严重或中的地方，尚未修复；“无防腐层”即没有任何外防腐层。

(7) 阴极保护系统(12 分)
——系统完整有效，12 分
——辅助设备损坏失效，8 分
——关键设备损坏失效，5 分
——无阴保系统或阴保屏蔽(如金属套管)，0 分

该项评分根据最新季度检测、维修报告，“系统完整有效”指季度检测未发现问题，或报告的问题已处理；“辅助设备”指远程监控设备、测试桩、极化探头等；“关键设备”指阴保站、排流器、排流地床等。

(8) 阴极保护电位(15 分)

根据最近一年内季度检测或 ECDA 报告的断电电位数据为准，按以下评分。
——4 次满足 GB/T 21448 或 AS 2382.1 要求，15 分
——3 次满足 GB/T 21448 或 AS 2382.1 要求，10 分
——2 次满足 GB/T 21448 或 AS 2382.1 要求，5 分
——1 次满足 GB/T 21448 或 AS 2382.1 要求，3 分
——0 次满足 GB/T 21448 或 AS 2382.1 要求，0 分

(9) 直流杂散电流干扰(8 分)

根据季度检测报告结果评分。如周边没有受到任何直流电流以及屏蔽的影响，或无需排流，无直流干扰，得分为 8 分；如存在直流干扰，则按照杂散电流治理评价报告和阴极保护维修报告，按以下评分。
——直流干扰已防护且排流效果满足标准要求，7 分
——直流干扰已防护，但排流效果评定未达标，3 分
——直流干扰未防护，或未进行干扰源调查测试，0 分

其中，“直流干扰已防护”指发现了干扰，进行了检测，采取了防护措施，并定期检测效果；“直流干扰已防护，但排流效果未达标”指需要进行排流保护的进一步调整。

(10) 交流杂散电流干扰(8 分)

按照 GB/T 50698 确定其干扰程度，并按以下评分。
——无，8 分
——交流干扰已防护且效果满足标准要求，7 分
——交流干扰防护效果未达标，或未按期进行检测，3 分
——未进行交流干扰源调查测试，或交流干扰未防护，0 分

其中，“无”指周边没有受到任何交流电流以及屏蔽的影响，或交流干扰电压不高于 4V，无需防护；“交流干扰已防护且效果满足标准要求”指发现了干扰，进行了检测，采取了防护措施且防护效果良好，在土壤电阻率≤25Ω · m 的地方，管道交流干扰电压低于 4V；在土壤电阻率>25Ω · m 的地方，交流电流密度小于 60A/m^2，并定期检测；“交流干扰防护

效果未达标”指交流干扰电压或交流电流密度超限，或者没有定期检测干扰防护设施。

(11) 腐蚀情况(15 分)

——无腐蚀，15 分

——腐蚀得到有效控制不再发展，10 分

——腐蚀正在进行，0 分

此评分项根据 ER 探头监测数据、开挖验证和综合分析报告的结果，其中，“无腐蚀”指无明显腐蚀坑；“腐蚀得到有效控制不再发展”指数据综合分析报告结果为非活性腐蚀点或腐蚀速率小于 0.01mm/a；“腐蚀正在进行”指数据综合分析报告结果为活性腐蚀点或 ER 探头显示腐蚀速率大于 0.01mm/a。

(12) 大电流的影响(3 分)

根据大电流发生对管道伤害的可能性，按照 ECDA 报告结果判断。

——管道与高压输电线路杆(塔)垂直距离≥20m，3 分

——管道与高压输电线路杆(塔)垂直距离<20m：

如管道无破损点或有预防措施，2 分

如管道有破损点且无预防措施，0 分

(13) 雷击(3 分)

根据管道周围 500m 范围内雷击伤害可能性打分。

——无≥50kA 雷击记录，3 分

——有≥50kA 雷击记录：

如管道无破损点或有预防措施，2 分

如管道有破损点且无预防措施，0 分

3) 制造与施工缺陷(100 分)

(1) 运行安全裕量(10 分)

此项评分时可按如下公式计算：

$$\text{运行安全裕量评分} = (\text{设计压力}/\text{最大正常运行压力} - 1) \times 20 \tag{4-7}$$

(2) 设计系数(15 分)

根据与地区等级对应管道的设计系数，按以下评分。

——0.4，15 分

——0.5，12 分

——0.6，10 分

——0.72，8 分

(3) 疲劳(5 分)

根据比较大的压力波动次数，指大于 10%*MAOP* 的压力波动，按以下评分。

——<1 次/周，5 分

——1~13 次/周，4 分

——13~26 次/周，3 分

——26~52 次/周，2 分

——>52 次/周，0 分

(4) 压力试验系数(5 分)

压力试验系数指水压试验/打压的压力与设计压力的比值，按以下评分。

——>1.50，10分
——>1.40且≤1.50，8分
——>1.25且≤1.40，6分
——>1.11且≤1.25，4分
——≤1.11，2分
——未进行压力试验，0分
(5) 管道使用年数(2分)
根据管道投产后使用年数，按以下评分。
——5~25年之间，不含5年和25年，2分
——≤5年或≥25，0分
(6) 检测周期(2分)
——≤6年，2分
——>6年，但满足完整性评价周期，1分
——>6年且不满足完整性评价周期，或未进行检测，0分
其中，内检测与超声导波检测满足任意一项即可。
(7) 轴向焊缝缺陷(2分)
根据运营历史记录，按以下评分。
——无，2分
——有轴向焊缝缺陷，不影响正常运行，1分
——有严重轴向焊缝缺陷，0分
对于钢管在制管厂产生的缺陷，如果没有历史和内检测数据表明存在问题，则填无即可。
(8) 环向焊缝缺陷(8分)
根据运营历史记录，按以下评分。
——无，8分
——有环向焊缝缺陷，焊缝无损检测评价合格，不影响正常运行，6分
——严重环向焊缝缺陷，焊缝无损检测评价不合格，0分
如果没有事故发生历史和内检测数据表明存在问题，则填无即可。
(9) 开挖验证(4分)
根据开挖验证计划和执行情况，按以下评分。
——有开挖验证计划，且按计划执行，4分
——有开挖验证计划，但未按计划执行，1分
——无开挖验证计划，0分
(10) 开挖验证效果(10分)
根据缺陷真实尺寸与报告尺寸比对情况，按以下评分。
——真实尺寸与报告尺寸偏差≤5%，10分
——真实尺寸与报告尺寸偏差∈(5%，10%]，6分
——真实尺寸与报告尺寸偏差>10%，0分
(11) 管体缺陷(10分)
根据所发现管体缺陷情况，按以下评分(其中，*OD*表示管径)。

——无缺陷，或未发现缺陷，10 分

——轻微缺陷：管体存在小于 2%*OD* 且光滑无腐蚀凹坑缺陷或壁厚损失小于 10%的金属损失缺陷，6 分

——中度缺陷：管体存在小于 6%*OD* 且大于 2%*OD* 的光滑凹坑或壁厚损失大于 10%且小于 20%的金属损失缺陷，4 分

——严重缺陷：管体存在大于 6%*OD* 凹坑缺陷、曲折凹坑或焊缝处凹坑缺陷或金属损失大于 20%的金属损失缺陷，0 分

(12) 管体缺陷处理(15 分)

指管体各种缺陷的修复情况，按以下评分。

——不需要修复，15 分

——按计划及时修复，12 分

——未及时修复，4 分

——未修复，0 分

其中，“不需要修复”指检测未发现缺陷或者缺陷不需修复；“按计划及时修复”指针对检测结果，制定修复计划，及时进行修复；“未及时修复”指针对检测结果，未能及时完成修复。

(13) 管道数据综合分析(2 分)

根据管道数据综合分析是否在管道内检测现场工作完成后一年内开展情况，按以下评分。

——是，2 分

——否，0 分

(14) 管道数据综合分析结果(10 分)

根据管道数据综合分析结果，按以下评分。

——无关注点，10 分

——存在关注为轻的点，8 分

——存在关注为中的点，7 分

——存在关注为高的点，列入开挖计划，且具备开挖条件，5 分

——存在关注为高的点，且不具备开挖条件，0 分

4) 误操作(100 分)

(1) 线路阀检验(30 分)

定期开展线路阀的检查和功能测试等工作，线路阀检验的得分，为以下各项得分之和。

① 线路阀检验周期的评分

——检验周期满足公司“月度/半年度/年度/两年度”规定的要求，5 分

——检验周期不满足公司“月度/半年度/年度/两年度”规定的要求，2 分

——线路阀不检验，0 分

② 线路阀内、外漏检测结果

根据线路阀内、外漏检测结果，合适则勾选。内、外漏检测结果各选一项，最大分值为 15。

——外漏检测结果为“无外漏”，9 分

——外漏检测结果为“微漏”，6 分

——外漏检测结果为“小型泄漏”，1 分

——外漏检测结果为“泄漏”，0 分

——内漏检测结果为“无内漏”，6 分

——内漏检测结果为“轻微内漏”，3 分

——内漏检测结果为“严重内漏”，1 分

——如果线路阀未经检测，0 分

需要说明的是，外漏检测结果以 GDTP-GEN-PCS-SPEC-0001 Rev. 0《工艺物料泄漏技术规定》中的规定泄漏量为准则；内漏检测结果以营运部最近一次线路阀门维护时的内漏检测结果为准。

③ 线路阀的 PM(包含月度/半年度/年度/两年度)检验结果的评分

——线路阀检验结果表明各项测试结果均正常，10 分

——线路阀检验结果表明“远程关断功能”和“破管保护功能”正常，其余功能存在异常的，8 分

——线路阀检验结果表明“远程关断功能”或“破管保护功能”异常，2 分

——线路阀不检验，0 分

(2) 达到设计压力的可能性(6 分)

根据管道运行过程中运行压力达到设计压力的可能性情况，按以下评分。

——不可能，6 分

——极小可能，4 分

——可能性小，2 分

——可能性大，0 分

其中，“不可能”指不存在造成管道超压的压力源；“极小可能”指理论上存在出现超压的可能性(有足够的压力源)，然而仅是通过包括失误、疏忽和多于两级的安全保护装置失灵等一系列事件才能发生，且这些事件大部分每一件都不太可能发生；“可能性小”指可能由于工艺规程错误或疏忽以及安全装置(至少两级安全保护)的失灵联合造成系统超压，例如阀门的意外关闭、泵以“空载”状况运行，且两级安全系统(第一级和冗余的安全系统)失灵使得管道超压；“可能性大”指正常操作允许系统达到设计压力，只能通过工艺规程或者安全保护装置进行预防。

(3) 安全保护系统(10 分)

尽量区分出各个站场阀室的差异，按以下评分。

——本质安全，10 分

——两级或两级以上就地保护，8 分

——远程监控，7 分

——仅有单级就地保护，6 分

——远程监测或超压报警，5 分

——无，0 分

其中，“本质安全”指任何可能出现的事件均不可能使管道压力达到 *MAOP*，包括操作人员误操作、断电、设备失灵故障等各种情况，因此管道系统是十分安全的；“两级或两级以上就地保护”指设置了一级以上的就地安全保护装置，每个装置必须是独立设置的，并且拥有独立的电源，这样每套安全装置都可成为一级独立的系统，因为配置了冗余的安全装置，

明显降低了风险，故应赋予更高的分值；“远程监控”指在这种情况下，可远程监测到压力信号，且能实现远程遥控；“仅有单级就地保护”指在这种情况下，有一套独立的就地安全装置提供超压保护，安装位置应该在管道或者在压力源上，能关闭阀门的压力开关就是一个例子，另一个实例就是在管道上设置一个安全阀；“远程监测或超压报警”指在这种情况下，可远程监测到压力信号，实现超压报警，但不能实现遥控，无法实现超压自动保护。

(4) SCADA 通信与控制(10 分)

根据现场与中控间的沟通核对工作方式及 SCADA 系统维护的结果评分。多选，最大分值为 10，为以下各项评分之和。

——执行相关控制时“有沟通核对”，3 分

——按 SCADA 系统维护细则定期进行维护，3 分

——维护结果为“OK”，4 分

——无，0 分

其中，“有沟通核对”指控制中心通过 SCADA 获取信息后，与现场核对或有第二套信息获取途径验证后才执行相关控制(如泵的启停、阀门的开关)；“无沟通核对”指控制中心只通过 SCADA 获取信息，不与现场核对就执行相关控制(如泵的启停、阀门的开关)。

(5) 机械失误的防护(15 分)

机械失误防护指能自动防止人员误操作的硬件保护措施。其得分为以下各项评分之和。

——关键操作远程控制程序软件可自动防止误操作，5 分

——关键操作的硬件逻辑控制、关键设备操作的醒目标志、锁定装置，5 分

——连锁旁通阀，5 分

——无，0 分

其中，“关键操作的计算机远程控制”指采用计算机上的软件程序来实施远程控制，且软件程序可以自动地防止误操作；“连锁旁通阀”指一个进口，两个出口，如果一个关闭，另外一个会自动打开，保证管路的畅通；“关键操作的硬件逻辑控制”举例如下，如果操作规程要求操作人员先按下 A 按钮，才能按下 B 按钮，这时系统已经设计为如果不按下 A 按钮，则 B 按钮不能动作，则此功能为一逻辑控制。

(6) 操作细则(10 分)

操作细则：检查是否在关键的操作环节和维护维修活动上制定了全面、符合实际的操作细则/说明，并得到有效的执行，包括管道的维护维修、站场设备关键部件的启停、阀门操作、流量参数的变化、仪器仪表的停用等，以及阀门维检修、仪表安全装置的测试与校准、关键设备(泵、压缩机、炉等)的维护等。

根据操作细则及执行情况，按以下评分。

——受控，10 分

——基本受控，8 分

——未受控，4 分

——无相关记录，0 分

其中，“受控”指操作细则/说明保持最新，并按细则/说明认真、严格执行；“基本受控”指有操作细则/说明，大部分能够及时更新并执行良好，一年内存在未及时更新操作细则/说明或未按细则/说明执行记录；“未受控”指有操作细则/说明，但多数没有及时更新，或存在多版本共存，或没有认真执行。

(7) 数据与资料管理(6分)

是否有一套数据管理系统，可以用于保存、查找和调阅管道和设备设施的基础资料、历次的维护维修情况、故障失效情况及其他有用信息。这些数据分析后可用来调整优化管道和设备设施的维护措施。根据保存管道和设备设施的资料数据管理系统情况，按以下评分。

——完善，6分

——较完善4分

——有，2分

——无，0分

其中，“完善”指有一套数据管理系统，管道及设备设施数据录入全面，能够通过关键字进行查询及统计分析，且应用良好；“较完善”指有一套数据管理系统，管道及设备设施数据录入较全面，但数据格式或标准不统一，分析困难；“有”指有数据管理系统，但没有将所有数据纳入其中，而是分散储存，或数据没有及时更新，或部分数据丢失；“无”指无此数据管理系统，或数据分散存储，极其杂乱，或大量数据已经丢失。

(8) 健康检查(3分)

对员工进行健康检查，以免部分员工因身体原因而执行了误操作，按以下评分。

——有，3分

——无，0分

其中，“有”指体检和职业健康检查记录齐全；“无”指无相应记录，另外如果有醉酒上岗的历史，应选择本项。

(9) 员工培训(10分)

制定了有针对性的培训计划，且培训内容合适则勾选。多选，最大分值为10，为以下各项评分之和。

——通用科目-产品特性，1分

——通用科目-维修维护，2分

——应急演练，2分

——通用科目-控制和操作，2分

——通用科目-管道腐蚀，1分

——定期再培训，1分

——完整性管理培训，1分

——无，0分

5) 地质灾害(100分)

根据是否有定期进行斜坡登记和地质灾害隐患点调查评判已识别灾害点和未识别灾害点。

(1) 已识别灾害点(100分)

已识别灾害点评分为以下三项得分的乘积。

① 已识别灾害点-易发性

已识别的潜在点发生地质灾害的可能性，如滑坡应考虑发生滑动的可能性，水土流失应考虑造成露管的可能性，按以下评分。

——低，10分

——较低，9分

——中，8分

——较高，7分
——高，6分
其中，“低”指无发生地质灾害历史记录；“较低”指有发生地质灾害历史记录，现已稳定；“中”指三年内发生过一次地质灾害，现处于观察阶段；“较高”指三年内有重复发生记录，且在一定时期内有较大可能性继续发生；“高”指随时可能发生地质灾害。
② 已识别灾害点-管道失效可能性
灾害发生后造成管道泄漏的可能性，按以下评分。
——低，10分
——较低，9分
——中，8分
——较高，7分
——高，6分
③ 已识别灾害点-治理情况
按以下评分。
——没有必要，100%
——防治工程合理有效，95%
——防治工程轻微破损，90%
——已有工程受损，但仍能正常起到保护作用，70%
——已有工程严重受损，或者存在设计缺陷，无法满足管道保护要求，50%
——无防治工程(包括保护措施，以下同)或防治工程完全毁损，30%
(2) 未识别灾害点(100分)
对于未识别灾害点或无地质灾害发生的区域，采用以下七项得分之和进行评分。
① 地形地貌(7分)
按以下评分。
——平原，7分
——中低山、丘陵，0分
② 降雨敏感性(20分)
根据降水导致的地质灾害的可能性，与管道上方植被覆盖状况及管道敷设方式有关，按以下评分。
——低，20分
——中，10分
——高，0分
其中，“低”指不易发生降水导致的地质灾害；“中”指降水导致的地质灾害发生可能性一般；“高”指易发降水导致的地质灾害。
③ 土体类型(15分)
按以下评分。
——完整基岩，15分
——厚覆盖层(土层厚度大于等于2m)，15分
——薄覆盖层(土层厚度小于2m)，7分
——破碎基岩，7分

其中，完整基岩、破碎基岩基本在山区，根据管道所经过山体的风化程度判断；厚覆盖层、薄覆盖层指管道经过非山区的区域，根据管道埋深进行判断。

④ 管道敷设方式(25 分)

按以下评分。

——无特殊敷设，25 分

——沿山脊敷设，22 分

——爬坡纵坡敷设，18 分

——切坡敷设，与伴行路平行，15 分

——穿越或短距离在季节性河床内敷设，15 分

——在季节性河流河床内沿河敷设，10 分

⑤ 人类工程活动(20 分)

根据人类工程对地质灾害的诱发性，按以下评分。

——无，20 分

——农田，15 分

——堆渣，12 分

——水利工程、清淤、挖砂活动，8 分

——取土采石，8 分

——线路工程建设，8 分

⑥ 管道保护状况(5 分)

按以下评分。

——有硬覆盖、稳管等保护措施，或无需额外保护，5 分

——管道状况监测，4 分

——无额外保护措施，0 分

其中，“管道状况监测”指有管道应力检测、滑坡位移监测、汛期巡检等监测措施。

⑦ 地震(8 分)

——管道区段不位于地震断裂带，不需要防震，8 分

——管道区段位于地震断裂带，设防烈度大于地震基本烈度，4 分

——管道区段位于地震断裂带，设防烈度小于地震基本烈度，但采取防震措施，2 分

——管道区段位于地震断裂带，地震烈度大于等于地震基本烈度且未采取防震措施，或未对地震基本烈度进行评价，0 分

2. 后果指标(100 分)

1）介质危害性(14 分)

介质危害性为以下两项评分之和。

(1) 介质毒性

按以下评分。

——如果介质无毒性，0 分

——如果介质有轻度危害毒性，1 分

——如果介质有高度危害毒性，3 分

(2) 最高工作压力

按以下评分。

——内压大于0MPa小于3.5MPa，1分

——内压大于3.5MPa小于13MPa，2分

——内压大于13MPa，3分

(3) 扩散性评分

根据可能泄漏地点的地形进行评分。

——可能泄漏地点地形闭塞或密闭空间，5分

——可能泄漏地点地形开阔，0分

(4) 介质燃烧性评分

按以下评分。

——如果介质不可燃，0分

——如果介质可燃，介质闪点>93℃，1分

——如果介质可燃，介质闪点∈(38℃，93℃]，1.5分

——如果介质可燃，介质闪点≤38℃并且介质沸点≤38℃，2分

——如果介质可燃，介质闪点≤23℃并且介质沸点≤38℃，3分

2) 影响对象(31分)

输气管道的影响对象得分为以下两项评分之和。

(1) 人口密度(18分)

按以下评分。

——如果可能的泄漏处是荒无人烟地区，0分

——如果可能的泄漏处2km长度范围内，管道区段两侧各200m的范围内，人口数量∈[1，100)，6分

——如果可能的泄漏处2km长度范围内，管道区段两侧各200m的范围内，人口数量∈[100，300)，8分

——如果可能的泄漏处2km长度范围内，管道区段两侧各200m的范围内，人口数量∈[300，500]，12分

——如果可能的泄漏处2km长度范围内，管道区段两侧各200m的范围内，人口数量>500，或存在医院、学校、监狱等特殊场所，18分

(2) 沿线环境(财产密度)(13分)

按以下评分。

——如果可能的泄漏处是荒无人烟地区，0分

——管道区段两侧各200m的范围内，大多为农业生产区，4分

——管道区段两侧各200m的范围内，大多为住宅、宾馆、娱乐休闲地，或者周围有其他油气管道并行或交叉，6分

——管道区段两侧各200m的范围内，大多为商业区，或者与省道、国道并行或交叉，8分

——管道区段两侧各200m的范围内，存在易燃易爆仓库、码头、车站等，或者与铁路、高速公路并行或交叉，10分

——管线两侧各200m的范围内，大多为工业生产区，13分

3) 供气中断影响范围和程度(26分)

供气中断对下游用户影响的得分，为维抢修难易程度、中断影响范围和程度、用户对输

送介质依赖性的评分之和。

(1) 维抢修难易程度(8分)

——易，交通便利，维抢修不影响周围居民出行，1分

——中等，交通不便，难以进入或者隔离疏散难度大，5分

——困难，定向钻、盾构等难以修复区域，8分

(2) 中断影响范围和程度(12分)

——如果无重要用户，供应中断对其他单位影响一般，3分

——如果供应中断影响小城市、小城镇的工业用燃料，6分

——如果供应中断影响小企业、小城市生活，8分

——如果供应中断影响一般的工业生产、中型城市生活，10分

——如果供应中断影响国家重要大型企业、大型中心城市的生产、生活，12分

(3) 用户对管道所输送介质的依赖性评分(6分)

——如果有替代介质可用，0分

——如果供应中断的影响很小，3分

——如果用户对管道所输送介质绝对依赖，6分

4) 气体的最大泄漏量的评分(15分)

——如果可能的介质最大泄漏量≤450kg，1分

——如果可能的介质最大泄漏量∈(450kg，4500kg]，4分

——如果可能的介质最大泄漏量∈(4500kg，45000kg]，8分

——如果可能的介质最大泄漏量∈(45000kg，450000kg]，12分

——如果可能的介质最大泄漏量>450000kg，15分

5) 应急管理的评分(14分)

输气管道事故应急管理得分为单位联系人、应急组织机构、应急预案与演练、应急抢修队伍、应急抢修设备、应急抢修记录、物资保障的评分之和。

(1) 单位联系人

——有紧急事件单位联系人信息表，0分

——无紧急事件单位联系人信息表，1分

(2) 应急响应体系

——有完善的应急组织机构与体系文件，0分

——无应急组织机构与体系文件，1分

(3) 应急预案与演练

——如果有应急预案，并定期进行演练，0分

——如果有应急预案，但不定期进行演练，1分

——如果有应急预案，无演练，2分

——如果无应急预案，3分

(4) 应急抢修队伍

——有专业的抢修队伍，0分

——无专业的抢修队伍，3分

(5) 应急抢修装备

——应急抢修装备齐全，0分

——应急抢修装备不齐全，2 分
——应急抢修装备欠缺，3 分
（6）物资保障
——如果企业自身应急资源完备，同时得到社会与属地政府的协助，0 分
——如果企业自身应急资源完备，但得到属地政府的协助，0.5 分
——如果企业自身应急资源完备，但未得到属地政府的协助，1 分
——如果企业自身未备全应急资源，1.5 分
——如果无相关应急资源，2 分
（7）评估总结
——有应急响应事后评估总结，0 分
——无应急响应事后评估总结，1 分

3. 评分指标汇总(见表 4-6)

表 4-6　评分指标汇总

编号	属性名称	最大分值	编号	属性名称	最大分值
A1.1	第三方损坏				
A1.1.1	埋深	8	A1.1.8	辅助渠道信息收集	6
A1.1.2	巡线	12	A1.1.9	公众宣传效果	7
A1.1.3	管道通行带与标识	9	A1.1.10	政府沟通效果	5
A1.1.4	管道上方活动水平	9	A1.1.11	公众教育	4
A1.1.5	管道沿线施工活动管理	9	A1.1.12	管道地下通过权	8
A1.1.6	管道地面侵权	9	A1.1.13	在 5m 内并行、交叉油气管道评分	6
A1.1.7	管道响应机制	8			
注 1：第三方损坏得分=100-(A.1.1.1+A.1.1.2+A.1.1.3+A.1.1.4+A.1.1.5+A.1.1.6+A.1.1.7+A.1.1.8+A.1.1.9+A1.1.10+A1.1.11+A1.1.12+A1.1.13)					
A1.2	腐蚀				
A1.2.1	介质腐蚀性	3	A1.2.8	阴极保护电位	15
A1.2.2	管道内壁防护	3	A1.2.9	直流杂散电流干扰	8
A1.2.3	土壤腐蚀性	4	A1.2.10	交流杂散电流干扰	8
A1.2.4	阴保电位检测和监测	8	A1.2.11	腐蚀情况	15
A1.2.5	外腐蚀直接评价	10	A1.2.12	大电流的影响	3
A1.2.6	防腐层质量	8	A1.2.13	雷击	3
A1.2.7	阴极保护系统	12			
注 2：腐蚀得分=100-(A.1.2.1+A.1.2.2+A.1.2.3+A.1.2.4+A.1.2.5+A.1.2.6+A.1.2.7+A.1.2.8+A.1.2.9+A.1.2.10+A.1.2.11+A.1.2.12+A.1.2.13)					
A1.3	制造与施工缺陷				
A1.3.1	运行安全裕量	10	A1.3.8	环向焊缝缺陷	8
A1.3.2	设计系数	15	A1.3.9	开挖验证	4
A1.3.3	疲劳	5	A1.3.10	开挖验证效果	10
A1.3.4	压力试验系数	5	A1.3.11	管体缺陷	10

续表

编号	属性名称	最大分值	编号	属性名称	最大分值
A1.3.5	管道使用年数	2	A1.3.12	管体缺陷处理	15
A1.3.6	检测周期	2	A1.3.13	管道数据综合分析	2
A1.3.7	轴向焊缝缺陷	2	A1.3.14	管道数据综合分析结果	10
注3：制造与施工缺陷得分=100-(A.1.3.1+A.1.3.2+A.1.3.3+A.1.3.4+A.1.3.5+A.1.3.6+A1.3.7+A.1.3.8+A.1.3.9+A.1.3.10+A.1.3.11+A.1.3.12+A.1.3.13+A.1.3.14)					
A1.4	误操作				
A1.4.1	线路阀检验	30	A1.4.6	操作细则	10
A1.4.2	达到设计压力的可能性	6	A1.4.7	数据与资料管理	6
A1.4.3	安全保护系统	10	A1.4.8	健康检查	3
A1.4.4	SCADA 通信与控制	10	A1.4.9	员工培训	10
A1.4.5	机械失误的防护	15			
注4：误操作得分=100-(A.1.4.1+A.1.4.2+A.1.4.3+A.1.4.4+A.1.4.5+A.1.4.6+A.1.4.7+A.1.4.8+A.1.4.9)					
A1.5	地质灾害				
A1.5.1	已识别灾害点	100	A1.5.2	未识别灾害点	100
1)	已识别灾害点-易发性	10	1)	地形地貌	7
2)	已识别灾害点-管道失效可能性	10	2)	降雨敏感性	20
3)	已识别灾害点-治理情况	100%	3)	土体类型	15
			4)	管道敷设方式	25
			5)	人类工程活动	20
			6)	管道保护状况	5
			7)	地震	8
注5：地质灾害得分=100-Min(A.1.5.1，A1.5.2)					
A2	后果指标				
A2.1	介质危害性	14	A2.4	气体的最大泄漏量的评分	15
A2.2	影响对象	31	A2.5	应急管理的评分	14
A2.3	供气中断影响范围和程度	26			
注6：后果指标=A2.1+A2.2+A2.3+A2.4+A2.5					

4. 计算公式汇总

1）第三方破坏

$$第三方损坏得分=100-(A1.1.1+A1.1.2+A1.1.3+A1.1.4+A1.1.5+A1.1.6+A1.1.7+A1.1.8+A1.1.9+A1.1.10+A1.1.11+A1.1.12+A1.1.13) \quad (4-8)$$

2）腐蚀

$$腐蚀得分=100-(A1.2.1+A1.2.2+A1.2.3+A1.2.4+A1.2.5+A1.2.6+A1.2.7+A1.2.8+A1.2.9+A1.2.10+A1.2.11+A1.2.12+A1.2.13) \quad (4-9)$$

3）制造与施工缺陷

制造与施工缺陷得分=100-(A1.3.1+A1.3.2+A1.3.3+A1.3.4+A1.3.5+A1.3.6+A1.3.7+

A1.3.8+A1.3.9+A1.3.10+A1.3.11+A1.3.12+A1.3.13+A1.3.14）　（4-10）

4）误操作

误操作得分=100-（A1.4.1+A1.4.2+A1.4.3+A1.4.4+A1.4.5+A1.4.6+A1.4.7+A1.4.8+A1.4.9）　（4-11）

5）地质灾害

地质灾害得分=100-Min（A1.5.1，A1.5.2）　（4-12）

注：Min（x1，x2，…，xn）表示从x1，x2，…，xn中找出最小值。

6）后果指标

后果指标=A2.1+A2.2+A2.3+A2.4+A2.5　（4-13）

第 5 章　完整性评价

作为管道完整性管理六步循环的核心要素之一，完整性评价开展的深度及水平如何，直接影响着完整性管理效果。

完整性评价是一种通过采取适用的检测/测试技术，获取管道本体状况信息，结合材料与结构可靠性等分析，对管道的安全状态进行全面评价，从而确定管道适用性的过程。常用的完整性评价方法有：基于管道内检测数据的适用性评价、压力试验和直接评价等。

本章主要对油气管道行业应用较为广泛的管道内检测、管道外腐蚀直接评价、水下管道检测、管道超声导波检测评价、管道应变监测评价等技术进行阐述和讨论。

5.1　管道完整性检测

5.1.1　管道完整性检测概述

按照 GB 32167—2015 的规定，油气管道宜优先选择基于内检测数据的适用性评价方法进行完整性评价。如管段不具备内检测条件，宜改造管道使其具备内检测条件。对不能改造或不能清管的管道，可采用压力试验或直接评价等其他完整性评价方法。

管道内检测技术根据检测目的不同主要有几何测径、漏磁检测和电磁超声检测 EMAT、传统超声检测四种。漏磁检测技术又细分为轴向漏磁 MFL、环向漏磁检测技术 CMFL 或 TFI 和螺旋漏磁检测技术。几何测径、漏磁检测和电磁超声检测均可携带管道中线数据测量系统。

漏磁检测是目前应用范围最广、检测效果最好的油气管道缺陷检测技术。早在 1868 年，漏磁技术就被英国的海军建筑师协会应用。那时缺陷的磁化现象在大炮的炮管上用罗盘发现。1918 年，Hoke 偶然发现钢铁中的缺陷附近磁通会发生扰动，但是由于磁化技术的限制以及缺乏适用的实验材料，直到 1930 年 Watts 才第一次应用漏磁技术来检测钢管焊缝的质量。随后该方法开始在工业中得到实际应用。

Zuschlug 于 1933 年首先提出应用磁敏传感器测量漏磁场的思想，但直至 1947 年 Hasting S. 设计了第一套漏磁检测系统，漏磁检测才开始受到普遍的承认。从 20 世纪 50 年代开始，随着油气管道的大量使用和传输介质压力的不断提高，在役油气管道质量问题受到了越来越多的关注，与此相关的检测技术也得到了重视。

20 世纪 50 年代，西德 Forster 研制出产品化的漏磁探伤装置。由美国 Tuboscope 公司研制出的 LINALOG®漏磁型检测装置于 1965 年投入使用，该设备是第一台商业在线管道检测设备。尽管此举属于定性检测，但却具有突破性的意义，同时其又开发了 Wellcheck 井口探测系统，能可靠地探测到管材内外径上的腐蚀坑、横向伤痕和其他类型的缺陷，用于检测油气管道腐蚀缺陷。但该系统只能检测小于 30 英里的管道，而且只能针对被认为是腐蚀高发区的管道下半部分进行腐蚀缺陷检测。1973 年，英国天然气公司采用漏磁法对其所管辖的一条直径为 600mm 的天然气管道的管壁腐蚀减薄状况进行了在役检测，首次引入了定量分析方法，并对天然气管道的材料特性和失效机理进行了分析。ICO 公司的 EMI 漏磁探伤系统通过漏磁来检测管体的横向和纵向缺陷，并结合漏磁通测量壁厚，提供完整的现场探伤。但是由于存在如低信噪比等一些技术问题，限制了其发展和大规模应用。BG(英国燃气，PII 的前身)于 1977 年研发了世界上第一台高清漏磁检测器。

直到 1980 年，内检测技术取得了“复兴式”的发展，可以识别出壁厚损失在 30%以下、30%~60%、60%以上的异常。20 世纪 90 年代，新的和更多、更小的传感器添加到检测器上，使得检测和量化精度得到了很大的改善，并且出现了双管径的内检测器。在此期间，随着计算机技术的发展，内检测的原始数据也开始采用计算机进行分析，使得原来只能有 3 挡的异常尺寸发展为 5 挡(ML < 20% wt、20% ~ 30% wt、30% ~ 40% wt、40% ~ 60% wt、>60%wt)。而且出现了基于超声压缩波和剪切波、环向漏磁技术的内检测器，使得更多的管道异常可以被检测到。进入 2000 年，组合的传感器被引入到检测器上，使得用不同技术、不同能力的传感器能够同时应用安装到一个检测器上，提升了图像质量，使检测人员能更好地分析和量化异常。

经过几十年的研究，国外已开发完成了多种腐蚀缺陷内检测器和裂纹超声检测器。目前国际上漏磁检测技术研究工作走在前列的有德国、英国、美国、中国等。

大鹏公司从 2007 年至 2020 年已基本完成了 3 轮管道内检测，并率先实施了基于轴向磁化的智能检测及环向磁化的智能检测，取得了良好的检测实施效果。

5.1.2 变内径管道漏磁检测模拟测试案例

1. 背景

长输管道可能存在由多种原因导致的管道内径不一致，如果偏差较大形成台阶，内检测作业时，就容易造成卡球或设备损坏，导致内检测失败，是安全运营的一大风险。为降低作业和运营风险，确认内检测器的通过性，帮助正确决策，在对存在较大台阶的变内径特殊管道实施内检测前，需对内检测器进行改造并进行牵拉实验，完成检测器通过性测试。

2. 主要内容

(1) 变内径管道台阶及阀门开位确认

通过复核设计和管道、阀门资料，计算内检测管道可能存在的内径的差异和台阶的尺寸；利用工业内窥镜进行阀门的开位检查。观察球阀与短节连接处有明显的台阶，例如图 5-1所示，台阶高度为 27mm，远大于允许的内径偏差(一般 4mm 左右)。需特殊设计并考虑通过性。

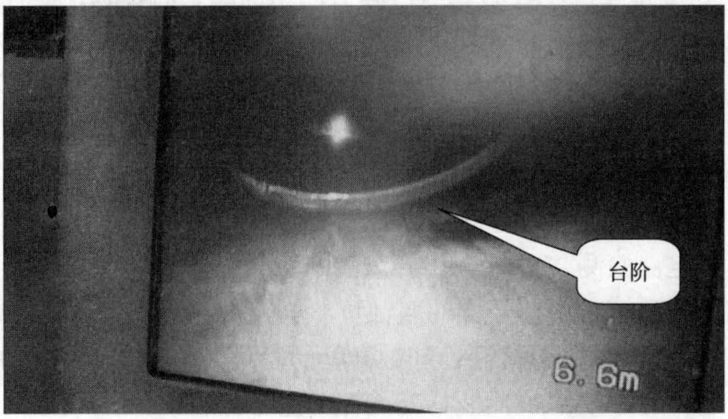

图 5-1 球阀与短节连接处台阶示意

（2）检测器重新设计

对检测器进行设计整改，重新设计结构件使检测器可更顺利地通过球阀和短节台阶。

（3）模拟测试设施的设计建造策略

为避免检测器在台阶处卡阻，在发送漏磁检测器前，通过模拟测试验证通过性能，降低风险。

在模拟测试中，由于此处管道为主管道，外径为36in，所需专业设施(至少40t牵拉力)及场地要求较高，在对现场运行条件的模拟方面国内外无成熟设施可利用，也没有成熟的经验供参考。该段管道漏磁检测风险高，最好由拥有专业设施和场地且经验丰富的检测公司完成模拟测试。经国内外询价，由于模拟测试所需的牵拉力要求较高、测试周期长或报价昂贵等因素，未能达成一致。

因此，在寻找外部模拟测试场地和设施的同时，也在思考能否利用公司现有场地条件，自主完成该模拟测试。要完成该模拟测试，需要克服以下难点：

① 模拟测试需要巨大的牵拉力；

② 在模拟测试过程中，牵拉力应保持稳定，以便检查器平稳地运行；

③ 寻找合适的材料，精确设计与制造模拟测试设施，以模拟现场发球段实际情况，确保模拟测试效果；

④ 模拟测试过程中，需要对牵拉力和检测器实施精确的控制，防止设备损坏，确保测试安全。

（4）模拟测试球筒的设计、制造

结合主线发球筒现场检查结果、设计资料及甲方反馈的信息，因地制宜，非常巧妙地构思将模拟测试所需的牵拉力由常规的机械牵拉改为水力推动，充分利用公司接收站消防水管网提供压力源，破解模拟测试所需要的巨大牵拉力和牵拉力控制难题。同时通过独立设计，既模拟了发球段的实际情况，又保证了检测器模拟测试的安全性。具体如图5-2所示。

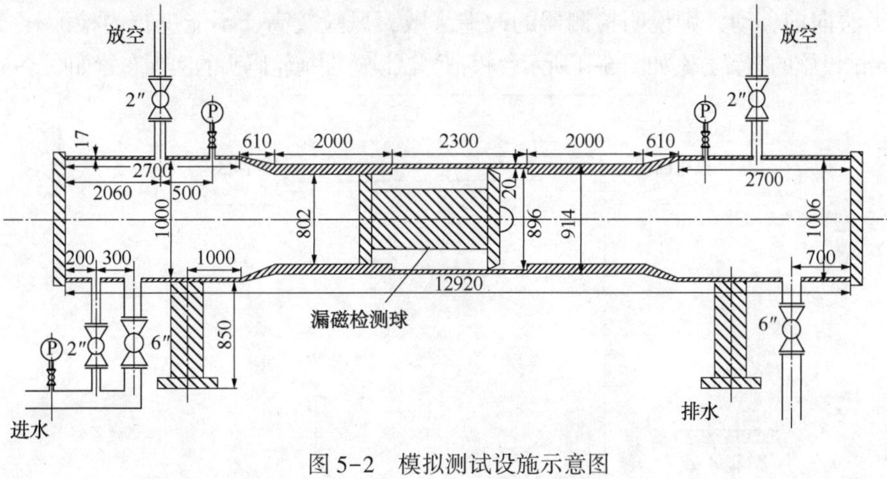

图5-2　模拟测试设施示意图

在公司的大力支持下，自主进行设计、采购和模拟测试。由于市场上只能采购到壁厚为56mm和30mm的钢板，且采购到的钢板圆整度等尺寸和供货尺寸也存在一定偏差，无法模拟主线发球筒的真实情况，按此尺寸加工模拟结果将失去实际意义。因此，该项目人员灵活采取了先按尺寸制造和焊接，主体连接完成后，再对台阶处进行打磨的策略，最终保证台阶在360°范围内高度均为27mm。漏磁检测模拟测试球筒如图5-3所示。

图 5-3　漏磁检测模拟测试球筒示意图

测试设施通过两轮验收后，对台阶尺寸进行最终确认。利用叉车将改造后的漏磁检测器推进了模拟设施内合适位置，并运至模拟测试场地，完成与动力水源管网的连接，调试合格后，准备进行模拟测试。

(5) 模拟测试方案的设计

经计算，充分利用接收站已有的有利条件，创新性地提出：利用消防水管网以及接收站拖轮码头的便利，改变电动牵拉试验方式为水力推动检测器通过模拟台阶的试验方式，以接收站消防水管网作为推动检测器向前运行的动力源。一方面，消防水系统为淡水，对检测器不会带来腐蚀影响；另一方面，消防水系统可以保持 1.1MPa 的压力，且流量很高。漏磁检测器通过模拟测试设施压差应小于 0.9MPa，如果模拟球筒中的检测器中在 0.9MPa 的情况下，仍然无法向前移动，则说明检测器的改造失败，风险较高，不能进行内检测。

模拟测试设施的布置方案如图 5-4 所示。模拟测试设施在拖轮码头的实际布置如图 5-5 所示。

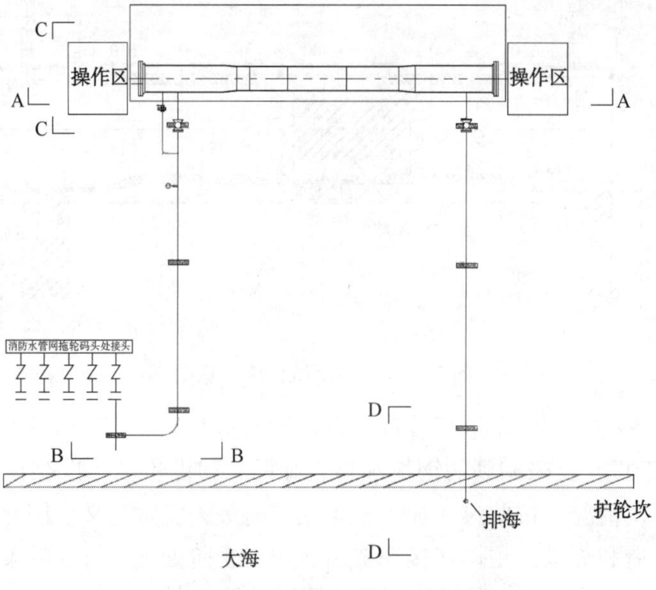

图 5-4　模拟测试设施在现场的布置图

图 5-5　模拟测试设施在测试现场的实际情况

(6) 模拟测试方案的实施

在确定利用最高压力 1.1MPa 的消防水作为动力源后，首先进行了风险分析，一方面，漏磁检测器在较大的水压推动下，可能会撞击球筒盲板，造成检测器的损伤及安全风险；另一方面，由于现场的持续高温，球筒内的温度可能超出检测器的承受能力，造成检测器的电子元件损伤。进一步计算分析并采取措施后，风险可控。由于检测器两端是密封的，在现场用细水管将检测器至收球筒方向的空间充满水，使得检测器的前端始终有水的缓冲作用，避免撞击盲板，同时由于水的存在，也大大降低了球筒内高温对检测器造成损伤。

最终的模拟测试方案如下：

① 测试前注水

在对检测器至收球端空间注水期间，为保持检测器在球筒内不反向移动，注水直到出水口出水为止即可，同时监控。

② 开始测试

a. 在检测器开始运行前，需要保持其前后压力平衡，以精准确定检测器通过台阶时的压差。压力平衡的主要操作步骤为：首先关闭收球筒段的阀门，缓慢开启发球端 6″阀门，消防水进入发球端，随着水量的增加，此时会听见检测器向收球筒段轻微移动，然后注意观察检测器两段压力表读数。

b. 缓慢开启 6″出水阀门，出口段压力下降，与进口段形成压差，靠水压推动检测器前进。同时观察检测器两端的压力表。如压力快速上升，意味着其已至壁厚变化台阶处，保持进水口继续给水，缓慢加大排水阀门开度，确保检测器到达收球端，然后停止给水。

c. 若压差升至 0.9MPa，漏磁检测器仍无法通过，则说明漏磁检测器的改造失败，需重新改进漏磁检测器。

d. 若漏磁检测器顺利通过，记录其通过的最大压差。关闭发球段的 6″入口阀门，通过收球段 2″放空阀门和出口 6″球阀排出模拟测试设施内的水，确认水排空后，打开收球侧法兰盲板，利用倒链及叉车将检测器缓慢拖出。

③ 完成现场测试

清理漏磁检测器，准备正式检测作业。

(7) 模拟测试方案的成果

在消防水压力推动下，漏磁检测器顺利通过发球筒台阶，通过时压差为 0.3MPa，上游压力约为 0.9MPa，下游压力约为 0.6MPa。取出检测器后，检测器完好无损。这也标志着国内第一次由管道运营公司主导的复杂情况下大口径管道模拟测试圆满成功，为保障生产运营管道的漏磁检测的安全奠定了坚实的基础。

3. 小结

对于变内径管道，如果台阶较大，应针对性地对漏磁检测器进行改造并实施通过性测试，成功后，方可进行正式的内检测作业，避免卡球的风险，确保管道运营的安全。

管道方充分发挥自己的技术优势，结合管道的实际情况，建造并实施模拟装置；因地制宜，利用现场消防水资源，非常巧妙地将电动牵拉改为水力推动检测器方式，成功完成模拟测试。

5.1.3 内检测收发球筒法兰垫片标准优化案例

1. 背景

某管道 2015 年因法兰垫片变形严重，垫片内环向管道内壁凸起，检测器通过时垫片内环脱落，影响检测工作的顺利进行。

2. 主要内容

以某管道为例，阀门的通径是 438mm，与球阀相连的法兰内径采用的是 410mm 的内径，这样两个法兰间就形成了 14mm 的台阶。

在内检测实施过程中，2 个法兰金属缠绕垫片损坏，垫片内环脱落(见图 5-6)，1 个垫片内环被清管器带出，另一个卡在球阀内。不仅对检测工期造成了影响，损坏了球阀的密封性，也加大了检测的风险。

图 5-6　某管道清管期间垫片内环脱落照片

现场重新安装垫片后，发现金属缠绕垫片变形严重，垫片内环内径变小，内环凸出法兰内表面。当检测器通过时，由于检测器的皮碗是过盈设计，凸起的内环会阻碍检测器的通过。当检测器前后的压差增大到一定程度时，检测器通过法兰，但由于摩擦力较大，造成内环脱落。对该管道使用的垫片经安装后拆卸下来测量，发现内径由438mm变成422mm，内径缩小16mm。如此大的变形量已经超出了现场安装可接受的范围。因此，该品牌的垫片无法继续使用。通过协调公司内外部资源，临时找到了一些进口的垫片，及时进行安装检查，发现虽然垫片也发生了一定的变形，但是变形量较小，垫片内环凸出法兰内表面1~2mm，在可接受范围内，问题得到解决，随后的检测工作得以顺利完成，获取了完整的合格数据。

建议后续检测工作中，涉及临时收发球设施安装的工作时，在垫片的选型及安装过程中一定要考虑垫片安装后的变形量，应要求厂家出具相关试验数据，并在现场安装试验进行检查确认，保证垫片的变形在可接受的范围内，不影响检测器的通过。

3. 小结

管道内检测是一项高投入高风险的作业，检测前，如涉及临时收发球筒的安装，垫片的内径选择和安装后的变形量需一并考虑，原则上，压紧后的垫片内径应与法兰内径一致，不宜存在较大偏差，避免卡球或垫片及密封损坏。

5.1.4 内检测开挖验证技术标准研究案例

1. 背景

内检测完成后，如何科学高效、有的放矢地开展开挖验证工作？经调研，目前国内尚无专项的管道内检测开挖验证行业标准或国家标准，对内检测开挖验证过程中涉及的具体技术问题，例如如何选择内检测开挖验证点、在开挖验证前需要做哪些准备、对开挖验证的结果如何进行评价等，目前国内尚无专项的国家标准、行业标准等进行规范。

在GB 27699—2011《钢质管道内检测技术规范》中，只略微提到验证点数量及验证报告的格式及内容要求，对管道内检测开挖验证实际指导作用有限。

国外管道运营商论坛POF（Pipeline Operators Forum）有一份推荐的内检测开挖验证程序Guidance on Field Verification Procedures for In-Line-Inspection。虽然这份标准对人员、设备、开挖过程、缺陷测量及记录等细节进行了规定，但在开挖验证选点原则、开挖结果的处理、开挖验证结果与内检测要求是否一致的符合性评价等方面均未进行规定，限制了这份标准的广泛使用。

为提高管道内检测及开挖验证管理水平，充分吸取国内外先进经验和理念，加强对管道缺陷的管理，编制形成了《陆上埋地钢质天然气管道内检测开挖验证技术规程》，实现将管道内检测开挖验证工作体系化、标准化，进一步提高管道的本质安全管理水平，保障管道的安全运行。

2. 主要内容

1）完成对国内外内检测开挖验证标准的调研

（1）国内相关标准调研结果

经调研，目前国内尚无专项的管道内检测开挖验证行业标准或国家标准，具体情况如表5-1所示。

表 5-1 国内外内检测开挖验证标准的调研

标 准	相关开挖验证内容
GB/T 27699—2011《钢质管道内检测技术规范》	略微提到验证点数量不少于 5 个及验证报告的格式及内容要求
GB 32167—2015《油气输送管道完整性管理规范》	原则性提到应通过开挖验证，判断检测结果是否达到了合同中所约定的检测精度
SY/T 6889—2012《管道内检测》	原则性提到检测服务方应利用反馈的现场检测结果，持续改进数据分析的有效性和精度
SY/T 6825—2011《管道内检测系统的鉴定》	从内检测服务方角度规定了用于评价内检测系统指标的方法

（2）国外相关标准调研结果

经调研，国外管道运营商论坛 POF（Pipeline Operators Forum）有一份推荐的内检测开挖验证程序 Guidance on Field Verification Procedures for In-Line-Inspection。

① 该方法对人员、设备、开挖过程、缺陷测量及记录等细节进行了部分规定。

② 但在开挖验证选点原则、开挖结果的处理、开挖验证结果与内检测要求是否一致的符合性评价等均未进行规定。

（3）标准条款对比

公司目前现场执行的具体要求与 POF 标准条款对比情况如表 5-2 所示。

表 5-2 公司执行的标准与 POF 推荐的开挖验证程序对比分析

序号	对比项	GDLNG	POF	差异分析
1	遵守的标准规范	有要求	有要求	保持一致
2	开挖验证人员要求	有要求	有要求	较 POF 要求更高
3	开挖验证点的选择原则	作出明确规定	未作出规定	较 POF 要求更详细
4	编制开挖验证方案	有要求	有要求	较 POF 要求更详细
5	开挖验证风险评估	有要求	有要求	较 POF 要求更严格
6	缺陷的现场定位	有要求	有要求	基本一致
7	开挖验证的现场记录	有要求	有要求	基本一致，POF 推荐的程序更先进，准确性更高
8	开挖验证结果的处理	作出明确规定	未作出规定	较 POF 要求更详细

2）开展管道内检测开挖验证技术标准研究

（1）内检测开挖验证工作原则要求

首先要对开展管道内检测开挖验证工作确定几点原则，具体如下：

① 遵循所属企业的 QHSE 管理规定要求，识别并管控开挖验证过程中的风险；

② 以验证内检测成果和确认管道缺陷，提供管道本体缺陷维修维护的依据为目的；

③ 与管道内检测周期一致，并在收到内检测报告后尽快开展；

④ 充分利用已知管道特征及缺陷数据；

⑤ 实地收集现场开挖验证数据；

⑥ 对缺陷产生原因进行分析。

（2）内检测开挖验证的前期准备工作

总体来说，前期准备包括数据收集及分析、开挖验证点初选、现场踏勘、开挖计划编制四个关键步骤。

开挖验证前应收集管道的基础数据，建议包括管径、壁厚、材质、施工单位、焊接方式、设计压力、操作压力、建设期无损检测报告及射线底片、管道检测及修复记录、管道路由、管道航拍图、腐蚀直接评价数据、高后果区、地质灾害高风险段等，制定了具体格式要求。

对于具备开挖条件的异常点，应视作业基坑开挖的风险情况进行作业风险分析。开挖前应办理作业许可证。

对于不具备开挖条件的异常点，应分析外腐蚀直接评价数据、外部环境数据及其他数据，综合判断该异常点是否存在防腐层破损、腐蚀状态是否为活性。

① 若防腐层未破损，非活性腐蚀，管道疲劳风险较低，且经完整性评价满足强度要求，可暂不开挖，关注处理；

② 若防腐层已破损，非活性腐蚀，阴极保护及杂散电流排流措施满足标准要求，经完整性评价满足强度要求，可暂不开挖，持续关注；

③ 若防腐层已破损，且为活性腐蚀，应调整阴保系统，使阴保达标，条件具备时尽快完成开挖验证。

(3) 异常点定位及开挖

若有管道中线坐标数据，按以下步骤进行：

① 定位异常点的参考环焊缝；

② 确认直焊缝或螺旋焊缝与环焊缝的交点时钟方向或单根管节长度，核实是否与内检测报告一致；

③ 依据异常点相对参考环焊缝的轴向距离对异常点进行精确定位；

④ 对于电阻焊管的直焊缝现场无法直接识别，可通过测厚仪测厚，或采用4%的硝酸酒精溶液腐蚀管道表面，或采用便携式硬度计沿着管道的环向测量硬度等方法，找出变化明显的区域，准确识别直焊缝。

若无管道中线坐标数据，按以下步骤进行：

① 现场定位距离异常点最近的参考点及弯头、三通、短节等特征点；

② 依据内检测提供的与异常点之间的相对距离进行测量定位、开挖，测量时应考虑管道走向及地表环境对测量结果的影响；

③ 确认直焊缝或螺旋焊缝与环焊缝的交点时钟方向，核实是否与内检测报告一致；

④ 依据异常点相对参考环焊缝的轴向距离对异常点进行精确定位。

现场无法定位异常点时，应重新分析数据，或寻求内检测服务方等的协助。

(4) 开挖验证点的符合性评价

① 单个开挖验证点的符合性评价

若开挖验证点的现场测量值与内检测报告值之差的绝对值小于总测量误差，则该点与内检测系统性能指标一致；否则判断该开挖验证点不符合内检测系统性能指标。具体计算如式(5-1)所示：

$$|(d/t)_{\mathrm{ILI}}-(d/t)_{\mathrm{Field}}|<\sqrt{\{\Delta(d/t)_{\mathrm{ILI}}{}^2+\Delta(d/t)_{\mathrm{Field}}{}^2} \tag{5-1}$$

式中 d——缺陷绝对深度，mm；

t——管道壁厚，mm；

d/t——缺陷相对深度；

$(d/t)_{\mathrm{ILI}}$——开挖验证点的内检测报告值；

$(d/t)_{Field}$——开挖验证点的现场测量值；

$\Delta(d/t)_{ILI}$——内检测系统测量误差，如±10%wt；

$\Delta(d/t)_{Field}$——测量仪器的现场误差，如5%wt。

② 同类开挖验证点的符合性评价

若N处开挖验证点中满足内检测性能指标的开挖验证点数量不小于表5-3中X值，本次内检测器结果符合约定的内检测器性能指标，本次内检测结果可接受。表5-3的具体计算方法如下：

若X处开挖验证点满足内检测性能指标的累积概率密度值$F(X)$小于第一类误差，则内检测器结果不符合约定的内检测器性能指标，本次管道内检测应被拒绝。

X处开挖验证点满足内检测性能指标的累积概率密度值$F(X)$的计算过程如公式(5-2)所示：

$$F(X) = \sum_{i=0}^{X} P(i) = P(0) + P(1) + \cdots + P(X) \tag{5-2}$$

式中 $P(X)$——为X处开挖验证点均满足内检测性能指标概率密度值，$P(X) = C_X^N P^N (1-P)^{N-X}$；

N——为开挖验证点总数，如10、20或25等；

X——为满足内检测性能指标的开挖验证点数量，如1、2、10等，且$X \leqslant N$；

P——为内检测系统可靠性，如80%。

当所用内检测系统的可信度和置信水平与表5-3不一致时，应按照式(5-2)重新计算获取。

表5-3 性能指标验证一致对应表(可信度80%，置信水平95%)

N	X	N	X	N	X
5	2	21	14	37	25
6	3	22	14	38	26
7	4	23	15	39	27
8	4	24	16	40	28
9	5	25	17	41	28
10	6	26	17	42	29
11	6	27	18	43	30
12	7	28	19	44	31
13	8	29	20	45	31
14	9	30	20	46	32
15	9	31	21	47	33
16	10	32	22	48	34
17	11	33	22	49	34
18	11	34	23	50	35
19	12	35	24	51	36
20	13	36	25	52	37

3. 小结

管道运营公司可结合自身的实际情况，制定相应的开挖验证选点准则来开展工作，可参考本案例的内容和原则，按照轻重缓急制定计划并实施，以便将严重的缺陷优先处理，降低管道风险，提升管道本体安全。

5.1.5 管道内检测信号分析技术与实践案例

1. 背景

长输管道需要定期开展内检测工作，如何对内检测报告以及数据、信号进行审核、分析，及时发现问题、预判风险，是管道运营公司完整性管理技术人员应具备的能力。通过一系列内检测相关工作的开展，凸显出运营公司对内检测技术和数据信号理解和掌握的重要性。培养自己的内检测信号分析人员，提升此项能力，不仅对检测承包商提出更高要求，提高内检测成果质量，降低管道本体风险，同时还可节省内检测数据分析费用。

2. 主要内容

1）规范内检测报告

（1）明确统一的内检测里程起点、止点。

（2）缺陷报告阈值设为：金属损失≥5%壁厚、凹坑≥2%外径的缺陷。

（3）为了提高管道缺陷的量化精度，对于新的内检测设备，在内检测前，尽量安排做牵拉试验。

2）编制内检测信号分析手册

通过熟练掌握现有内检测承包商的用户化软件，对特征点的内检测信号进行分析和总结，并归纳成内检测信号分析手册，为以后内检测信号的分析提供参考，从而实现看到内检测信号就能判别出是什么特征或异常(见图 5-7～图 5-12)。

3）内检测球速对信号的影响分析

结合软件中的球速、磁化水平等数据，分析在条件超出要求范围的内检测信号的可用性。

按照内检测相关标准规定，球速过快会造成数据降级，因此，应加强对球速超标段的内检测信号复查，以判断是否存在缺陷(见图 5-13 和图 5-14)。

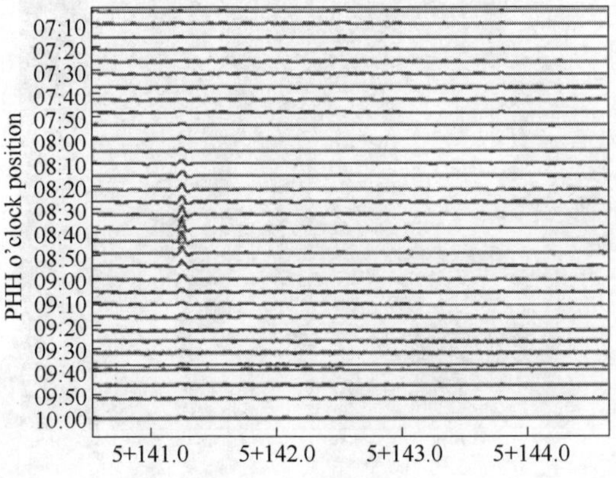

图 5-7　外部腐蚀

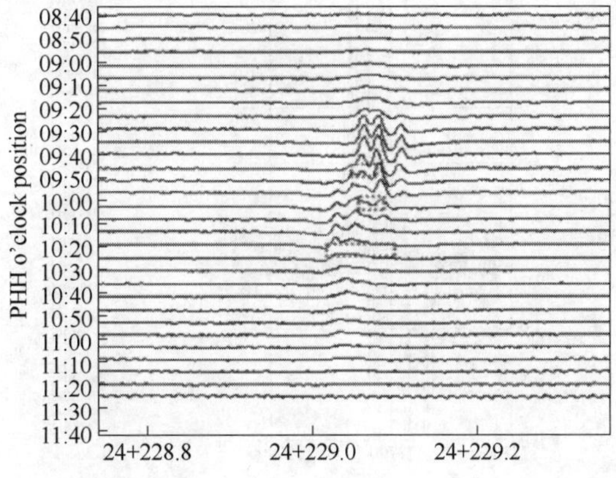

图 5-8　外部腐蚀

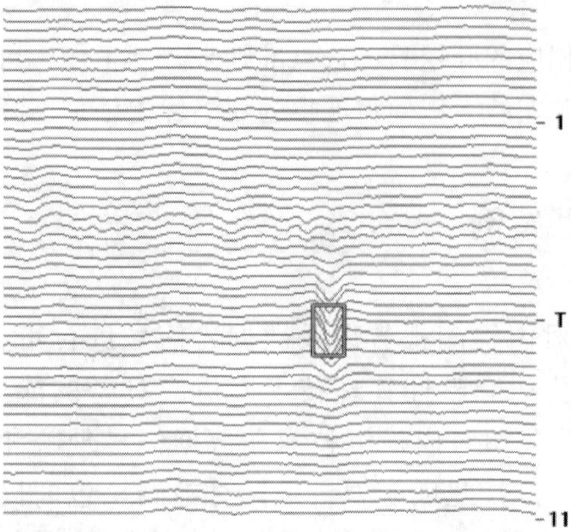

图 5-9　外部金属损失

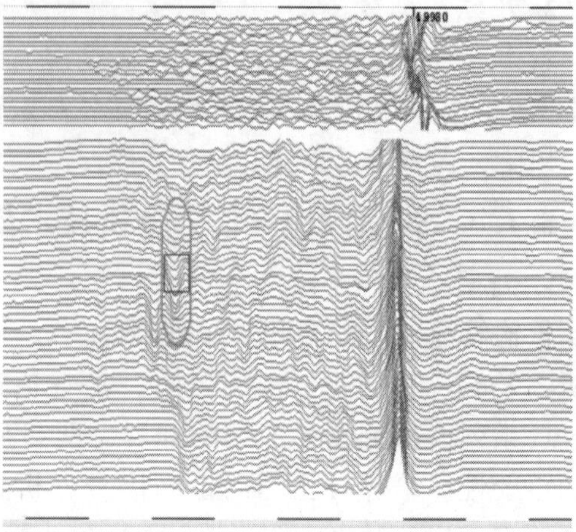

图 5-10　内部金属损失

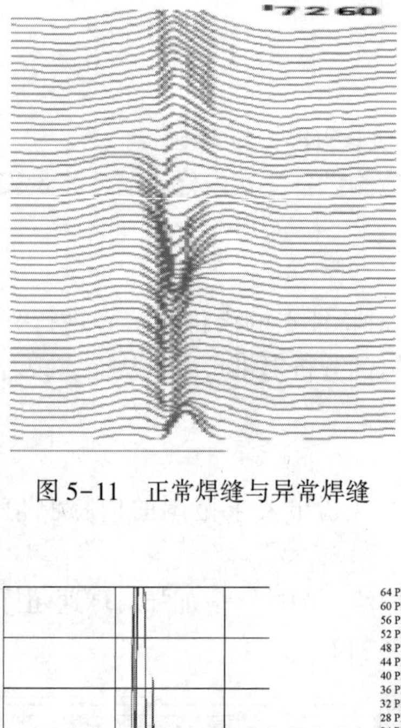

图 5-11　正常焊缝与异常焊缝

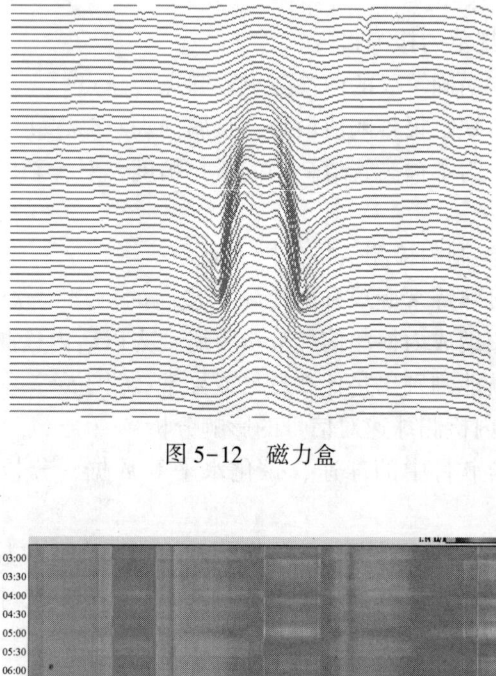

图 5-12　磁力盒

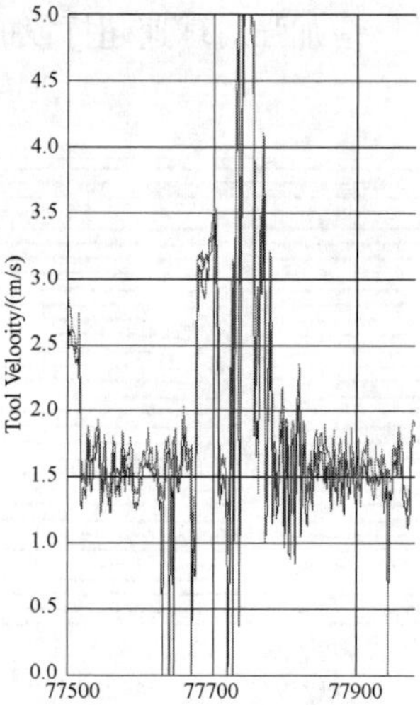

图 5-13　球速过快

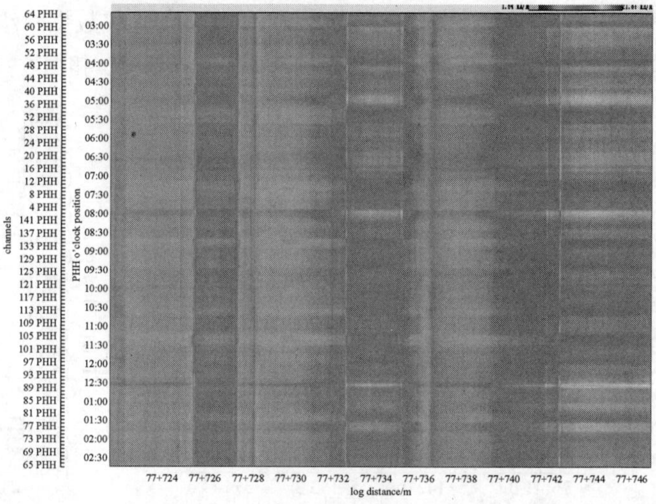

图 5-14　没有发现异常点

4）判断缺陷是否增长

结合两轮内检测的数据，判断是新增缺陷、增长性缺陷还是与时间无关缺陷（如制造和施工缺陷等）。详见第一轮检测图 5-15 和第二轮检测图 5-16。

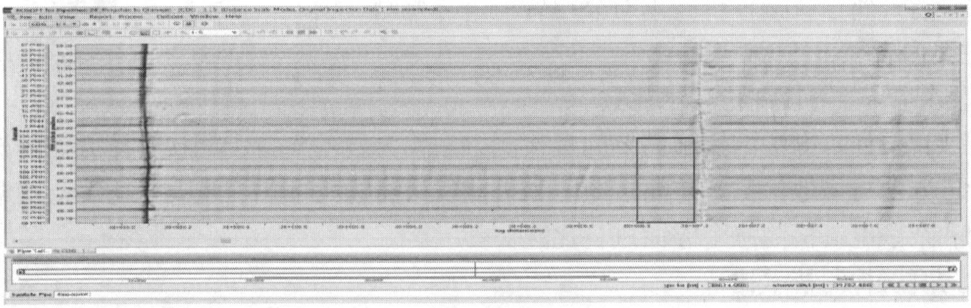

图 5-15　第一轮检测信号

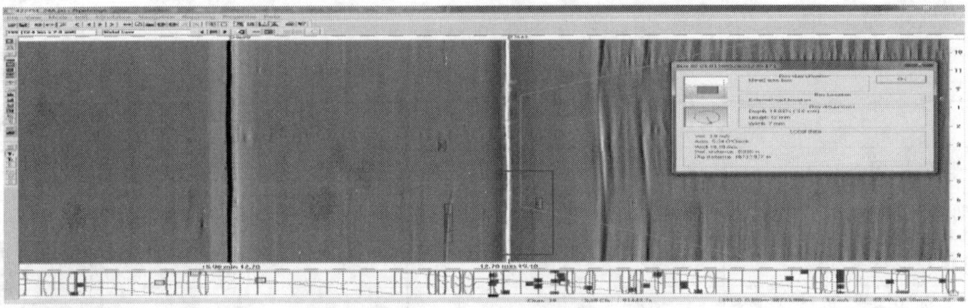

图 5-16　第二轮检测信号

在图 5-15 中黑框标识的缺陷在第一轮检测中并没有报告，但是在第二轮检测图 5-16 中被报告，但是还不能判断该缺陷是新增缺陷，同时看缺陷的位置在 9 点到 12 点钟方向，再结合两次检测出的缺陷的形状，初定此缺陷为施工时期造成的沟槽缺陷且不存在扩展。

5）在要新修管涵的管道区域检查内检测信号和报告

如有疑似缺陷点，则进行开挖验证。避免将来需要维修时，无法开挖。

6）对每条内检测管道的速度过快段进行审查，查看检测信号是否清晰

通过审查，发现球速过快段一般分布在发球端和收球端，从检测信号上看，特征点的信号还是比较清晰，但噪声干扰相对于其他地方会多一些。

3. 小结

培养内部工程师具备对检测承包商提供的现场报告、初版报告、终版报告（含检测信号）进行专业审核的能力，不仅可以提高承包商检测报告质量，同时也可提升自身技术水平，对于保证管道安全运行具有十分重要的意义。

5.1.6　管道外腐蚀直接评价技术探索应用案例

1. 背景

为检测管道外腐蚀状况，需采用目前国际上流行的管道外腐蚀直接评价技术（External Corrosion Direct Assessment，简称 ECDA）。ECDA 是结合当前各种埋地管道检测工具（通常是电磁检测工具），基于检测结果准确地定位外腐蚀、评价并降低外腐蚀对管道完整性的影响，从而提高管道安全状况的方法。

大鹏公司所属埋地管道受高速发展的地铁、轻轨、高铁、高压输电线路等影响，遭受较

强的杂散电流干扰。杂散电流是一种电磁污染，必然会对 ECDA 中的电磁检测技术产生影响。然而，杂散电流将对 ECDA 检测工具产生何种影响，又如何在杂散电流干扰情况下开展 ECDA 工作，目前国内外尚无成功应用案例的报道。因此，需要重新探索适合于杂散电流干扰区域的管道外腐蚀直接评价技术对公司管道进行检测。

2. 主要内容

1）管道外腐蚀直接评价技术比选

外腐蚀直接评价方法的实施需要间接检测方法作为技术支持，间接检测方法的选择原则是能沿管道方向可靠地检测到防腐层缺陷和可能发生腐蚀的部位，主要从防腐层检测、阴极保护检测和杂散电流检测三个方面进行比选。

（1）防腐层检测技术比选

常用的防腐层检测技术有密间隔电位法（CIPS）、交流电位梯度法（ACVG）、直流电压梯度（DCVG）、交流电流衰减法（PCM）和皮尔逊法（Pearson），这 5 种检测技术的适用环境列入表 5-4 中。

表 5-4　防腐层检测技术适用环境

环　境	CIPS	ACVG	DCVG	Pearson	PCM
防腐层漏点	2	1，2	1，2	2	1，2
裸管的阳极区	2	3	3	3	3
近河流点或水下穿越	2	3	3	3	2
冻土下	3	3	3	3	1，2
杂散电流	2	1，2	3	2	1，2
屏蔽的腐蚀活性	3	3	3	3	3
相邻金属构筑物	2	1，2	1，2	3	1，2
附近平行管线	3	1，2	1，2	3	1，2
高压交流输电线下	2	1，2	1，2	2	3
短套管	2	2	2	2	2
铺砌路面下	3	3	3	3	1，2
无套管穿越	2	1，2	1，2	2	1，2
带套管管线	3	3	3	3	3
深埋区	2	2	2	2	2
湿地区	2	1，2	1，2	2	1，2
岩石区	3	3	3	3	2

备注：“1”表示可适用于小的防腐层漏点（孤立的，面积一般小于 600mm^2）和正常条件下不会引起阴极保护电位波动的环境；“2”表示可适用于大面积的防腐层漏点（孤立或连续）和在正常条件下会引起阴极保护电位波动的环境；“3”表示不适用或者经工程实践证明不可用。

比较表 5-4 中可以看出，CIPS 和 Pearson 在杂散电流干扰区域、附近有平行管道等环境中不适用或者仅适用于检测较大的防腐层缺陷点，而 ACVG、DCVG 和 PCM 可适用于大多数环境的管道防腐层检测。另外，相对于 ACVG 和 DCVG，PCM 在近河流点（或水下穿越）、铺砌路面下以及无套管穿越环境中更合适，而在高压交流输电线路下不适用。

公司管道既受到直流杂散电流干扰，又受到交流杂散电流干扰。因此，结合防腐层检测技术的适用环境，将采用 PCM 对穿越段管道的防腐层进行检测(包括铺砌路面下、定向钻穿越(HDD)段、顶管穿越段、河流穿越段管道的防腐层检测)，并采用 ACVG 检测的方式对穿越段以外的管道的防腐层进行检测。

(2) 阴极保护检测技术比选

在外腐蚀直接评价中，通常采用密间隔电位法(CIPS)来检测管道的阴极保护状况，而 CIPS 在杂散电流干扰区域检测效果又如何呢?

在杂散电流区域，现场采用 ACVG 检测出管道防腐层缺陷点之后，在防腐层缺陷点处采集 CIPS 数据(管道对地电位)，并将数据随时间变化的曲线列入图 5-17 中。

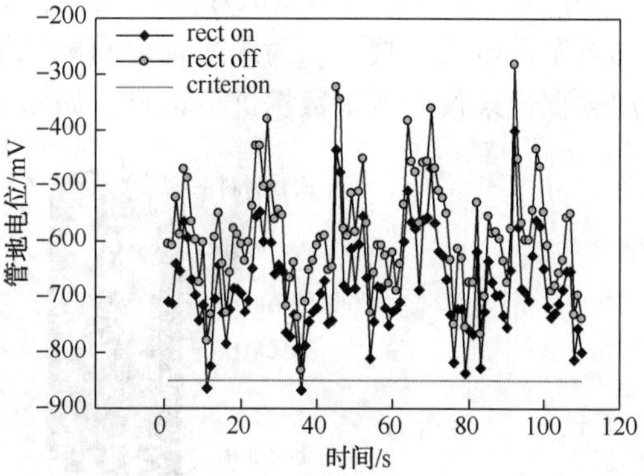

图 5-17　防腐层缺陷点处 CIPS 数据随时间变化曲线图

从图 5-17 中可以看出，防腐层缺陷点处的 CIPS 数据无论是通电电位还是断电电位均随时间的变化而波动，通电电位波动范围为-323~-832mV，断电电位波动范围为-401~-867mV。由于受到杂散电流干扰，通过 CIPS 方法测量管道阴极保护电位时，可以瞬间中断阴极保护电源的电流，却并不能中断杂散电流，也就是说不能同时中断所有电流源，所测的阴极保护通电电位和断电电位均包含电流流过土壤时产生的误差(*IR* 降)，而杂散电流是动态的，其大小和方向随时间的变化而变化，因此，无论是通电电位还是断电电位均随时间波动。另外，由于 CIPS 所测的阴极保护断电电位中包含误差，也就不能准确反映管道的阴极保护状况。

文献报道可以采用修正的方法对杂散电流区域的 CIPS 数据进行修正，以较为准确地反映管道的阴极保护状况。为此，按照上述文献中的方法，在防腐层破损点处附近的测试桩安装数据记录仪，同步记录防腐层破损点处和测试桩处阴极保护通电电位和断电电位，然后将测试桩处记录的通电电位和断电电位分别取平均值，某时刻的通电电位或断电电位的数据减去平均值即为测试桩处通电电位或断电电位的 *IR* 降，用该 *IR* 降数值修正防腐层破损点处的 CIPS 数据，该防腐层破损点处修正后的 CIPS 数据随时间的变化曲线如图 5-18 所示。

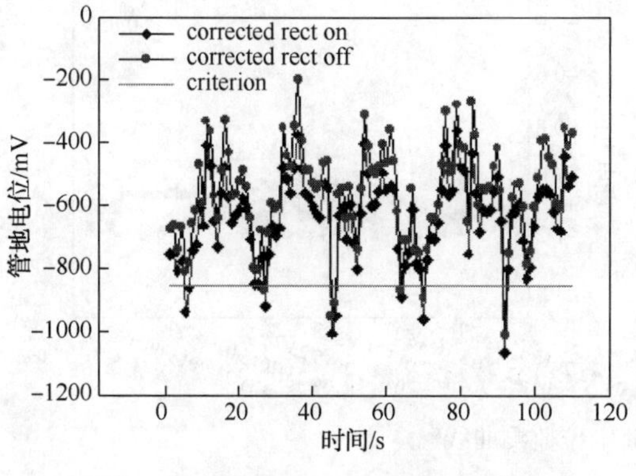

图 5-18　防腐层缺陷点处修正后的 CIPS 数据随时间变化曲线图

从图 5-18 中可以看出，修正后的防腐层缺陷点处的 CIPS 数据无论是通电电位还是断电电位依然随时间的变化而波动，通电电位波动范围为-361~-1065mV，断电电位波动范围为-198~-1008mV。这可能是因为一方面采用修正技术并不能完全消除杂散电流对 CIPS 数据产生的误差(*IR* 降)，通电电位和断电电位测量并不准确，另一方面由于动态的杂散电流在某一处防腐层破损点产生的管道阴极保护通电电位和断电电位本身就随时间变化而变化。

因此，即使采用数据修正，CIPS 数据在杂散电流干扰区域也并不能准确反映管道阴极保护状况。也就是说，在杂散电流干扰区域，不能采用 CIPS 数据来检测管道阴极保护状况。那么应该采用什么技术来检测呢？

极化探头法(或土壤管法)是一种能有效地消除由于存在土壤 *IR* 降、杂散电流等因素所引起的电位误差，从而达到精确测量管道阴极保护极化电位的方法。极化探头由极化试片、自腐蚀试片、参比电极、连接电缆组成，其测量示意图如图 5-19(a)所示。极化试片通过电缆与管道相连，受到阴极保护电流的保护，当瞬时断开极化试片和管道的连接时，测得的试片与参比电极之间的电位(试片断电电位)可代表管道的断电电位和管道的阴极保护状况。在动态杂散电流干扰下，为跟踪管道阴极保护通电电位和断电电位随时间变化的情况，需要采用数据记录仪对测量数据进行记录，如图 5-19(b)所示。

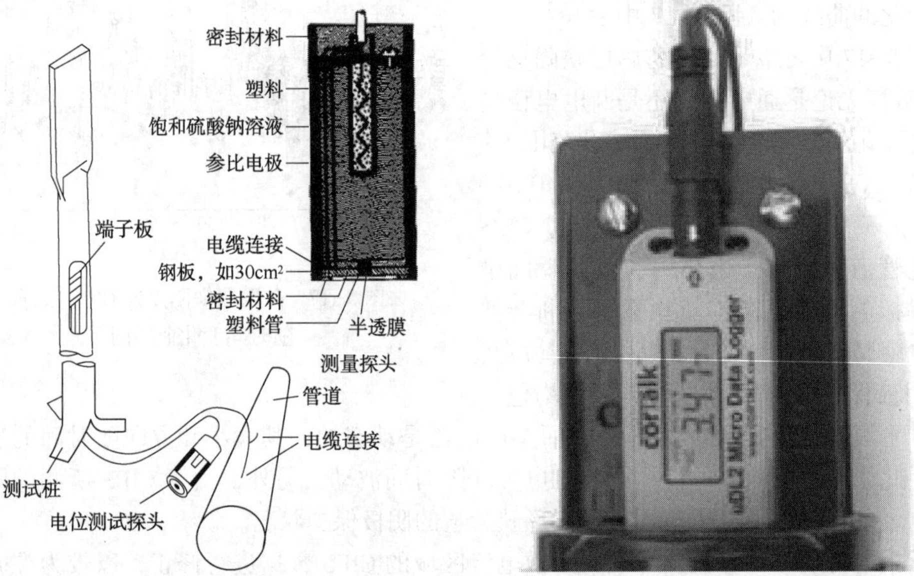

(a)测量示意图　　　　(b)数据记录仪

图 5-19　法测量管道阴极保护示意图

在某阴保桩处，采用极化探头采集 24h 阴极保护通电电位和断电电位，将记录的数据绘制成曲线，如图 5-20 所示。

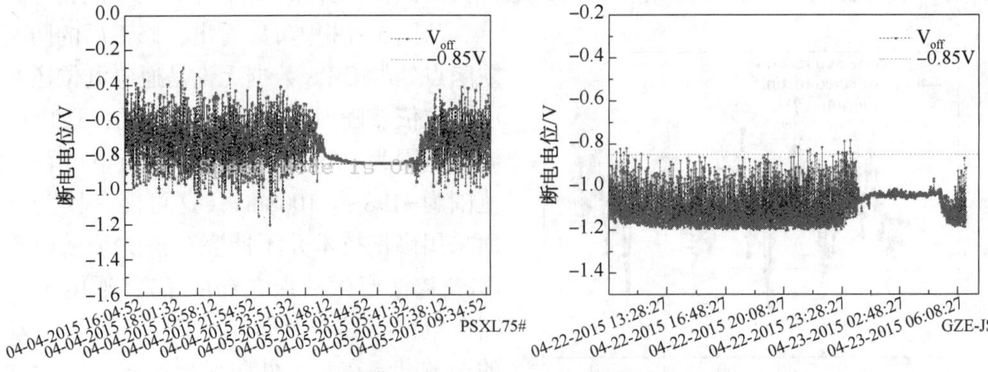

图 5-20　探头 24h 电位监测曲线

从图 5-20 中可以看出，极化探头的阴极保护通电电位和断电电位均随时间的变化而波动，这与 CIPS 测量是一致的，但由于极化探头在测量断电电位时，参比电极与极化试片之间的距离非常近，从而可以极大地降低甚至消除杂散电流引起的 *IR* 降给测量带来的误差，测得的断电电位能准确代表管道的阴极保护状况。

从图 5-20 中还可以看出，在杂散电流干扰区域，管道的阴极保护电位是随时间而变化的，并不是一个固定值，也就是说某一时刻测得的阴极保护电位并不能准确判定该处管道的阴极保护状况，因此，在澳大利亚标准 AS 2832. 1《Cathodic protection of metals-Part 1：Pipes and cables》中指出了动态杂散电流干扰下管道阴极保护状况的评价指标，具体如下：

① 电位正于保护准则的时间不应超过测试时间的 5%；

② 电位正于保护准则+50mV（对钢铁构筑物电位为-800mV）的时间不应超过测试时间的 2%；

③ 电位应正于保护准则+100mV（对钢铁构筑物电位为-750mV）的时间不应超过测试时间的 1%；

④ 电位正于保护准则+850mV（对钢铁构筑物电位为 0mV）的时间不应超过测试时间的 0. 2%。

图 5-20 中所测得的断电电位数据按照澳大利亚标准 AS 2832. 1 进行评价，将统计结果列入表 5-5 中。

表 5-5　阴保桩处极化探头 24 小时断电电位监测数据统计

测试桩编号	断电电位				阴极保护状况
	正于-850mV 比例/%	正于-800mV 比例/%	正于-750mV 比例/%	正于 0mV 比例/%	
PS. XL-75	89%	58%	47%	0%	欠保护
GZE. JS-05	0. 47%	0. 04%	0%	0%	正常保护

综上所述，在杂散电流区域，采用极化探头法检测并采用 AS 2832. 1 评价管道阴极保护状况的方法是可行而且是比较准确的。

直流电位梯度法（DCVG）通常用来检测防腐层破损点以及破损点的腐蚀活性，适用于无杂散电流干扰或稳态干扰的管道区域。那么在动态杂散电流干扰区域，DCVG 的表现又如何呢？DCVG 现场检测信号的示意图如图 5-21 所示。

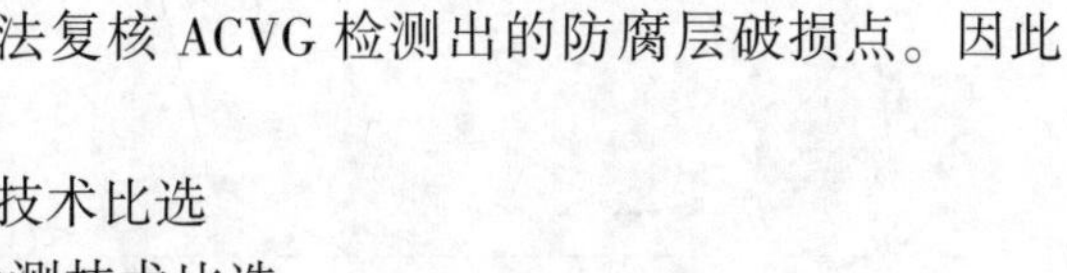

图 5-21　杂散电流干扰区域 DCVG 现场检测信号示意图

现场检测发现，DCVG 的信号也随着时间的变化而变化，无法用 DCVG 来确定防腐层破损点的腐蚀活性，亦无法复核 ACVG 检测出的防腐层破损点。因此，该方法不适用于动态杂散电流干扰区域。

（3）杂散电流检测技术比选

① 直流杂散电流检测技术比选

直流杂散电流的检测通常有电位法和地电位梯度法两种。电位法测量管道阴极保护电位，在阴极保护未投运前，杂散电流引起的管道对地电位相对于管道自然电位的正向或负向偏移大于 20mV 即可判定受到直流杂散电流干扰，电位偏移量的大小可代表干扰的大小，当管道对地电位正向偏移量大于或等于 100mV 时，应及时采取干扰防护措施。在阴极保护投运后，杂散电流干扰引起的管道阴极保护电位不满足阴极保护准则时，应当及时采取干扰防护措施。地电位梯度法即测量土壤中的地电位梯度，当地电位梯度大于 0.5mV/m 时，可判定存在直流杂散电流干扰，当地电位梯度大于 2.5mV/m 时，应当采取干扰防护措施。

对于直流杂散电流排流后的效果，通常采用排流后是否符合阴极保护准则来评价，可采用澳大利亚标准 AS 2832.1 来进行评价。

公司管道的阴极保护已投运，也采取了一些杂散电流排流措施。比较电位法和地电位梯度法可知，在检测管道阴极保护状况时，监测管道对地电位就可以判定是否存在直流杂散电流干扰，电位与自然电位的偏移(或电位波动范围大小)可以判断干扰程度的大小，而地电位梯度法可在进行专项测试或者重点测试时进行，直流杂散电流干扰排流后可采用 AS 2832.1 标准来评价排流效果。因此，选择以下方法来检测和评价管道直流杂散电流干扰：

a. 电位法检测管道是否受到直流杂散电流干扰及干扰程度；

b. 采用澳大利亚标准 AS 2832.1 评价直流杂散电流干扰排流后的效果。

② 交流杂散电流检测技术比选

在交流干扰和混合干扰环境下，主要通过交流感应电压和交流电流密度来评价交流干扰程度。根据 GB/T 50698—2011《埋地钢质管道交流干扰防护技术标准》中 3.0.5 规定："当管道上的交流干扰电压不高于 4V 时，可不采用交流干扰防护措施。高于 4V 时，应采用交流电流密度进行评估，交流电流密度可按 $J_{AC}=\dfrac{8V}{\rho\pi d}$ 计算，其中 J_{AC} 为交评估的流电流密度(A/m^2)；V 为交流干扰电压的有效值的平均值(V)；ρ 为土壤电阻率($\Omega\cdot m$)，应取交流干扰电压测试时，测试点处与管道埋深相同的土壤电阻率实测值；d 为破损点直径(m)，按发生交流腐蚀最严重考虑，取 0.0113。"

但当在土壤电阻率较低时，Na^+、K^+ 离子含量较高(如黏土)，当管道存在破损点且阴极保护电位偏负时，由于破损点处电化学作用，导致破损点处的土壤电阻率 ρ' 值显著下降，且该 ρ' 值现场不易测得，仍使用国标公式计算，交流电流密度数据与现场实测值差异较大，影响对管道真实腐蚀情况的判断。因此，不能采用公式计算，需采用试片实测法进行。

另外，研究发现，过正或过负的阴极保护电位对交流干扰腐蚀均有促进作用，其关系如图 5-22 所示。

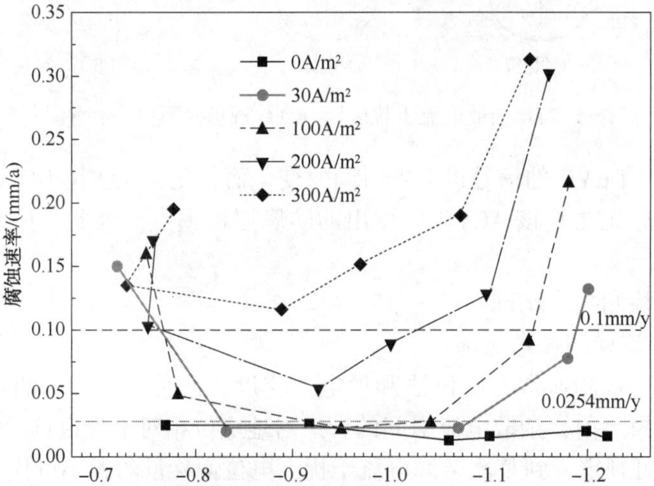

图 5-22　交、直流混合干扰下保护电位与腐蚀速率关系

应按照 SY/T 0087.6《钢质管道及储罐腐蚀评价标准　第6部分：埋地钢质管道交流干扰腐蚀评价》的规定：交流腐蚀评价宜基于长期埋设的交流腐蚀试片测试数据。综合考虑交流电流密度指标(J_{ac})和阴极保护水平(J_{dc}或 EIR-free)指标，当满足表5-6中任一指标时，交流腐蚀等级可评价为“低”。

表5-6　交流腐蚀等级综合评价指标

指标名称	指标限值
交流电流密度指标	$J_{ac}\leqslant 30A/m^2$
交直流综合指标	当 $30A/m^2<J_{ac}<100A/m^2$ 时，则应满足： (1) $J_{dc}\leqslant 1A/m^2$，或 (2) $-1.15V_{CSE}\leqslant EIR\text{-free}\leqslant -0.90V_{CSE}$

2）管道外腐蚀直接评价技术应用

以2015年完成的203km管道为例来说明管道外腐蚀直接评价技术的应用。

(1) 预评价

① 资料收集

按照杂散电流干扰风险程度，本次检测共约203km，管线路由如图5-23所示。

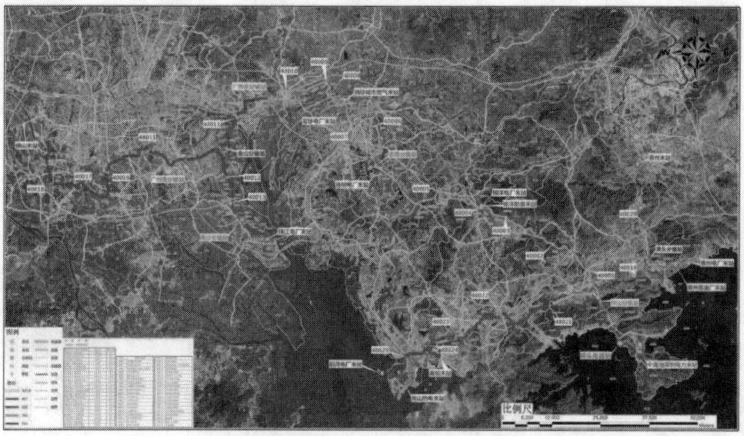

图5-23　管线路由图

管线设计压力为9.2MPa，管道材质为X65焊接钢管，定向钻穿越采用混凝土套管。直管段管道采用3LPE防腐层、热缩套补口或液体环氧补口，弯管采用FBE防腐层。该区域强制电流阴保站6台，每公里装有1处阴保桩，牺牲阳极排流地床和极化探头100余处；前湾隧道、珠江隧道采用镯式牺牲阳极保护；进出站场、阀室均设置绝缘接头，并采用极化电池保护；每个站场阀室均设有电位传送器传送管线管地电位到接收站的SCADA系统，并安装管道阴极保护远程监测系统对站场、阀室以及管线重点关注位置(7处)的阴极保护状况进行远程监测。

② ECDA可行性分析

公司的管道路径均可到达，无岩石、礁石等直接检测工具无法检测的区域，定向钻采用混凝土套管直接检测工具也可检测，防腐层屏蔽状况未知。从管道的物理参数、所处的地理环境和前两轮管道外腐蚀直接评价的情况来看，管道的ECDA是可行的。

③ 间接检测工具选择

间接检测工具选择就是选择合适的检测工具和检测方法对管道的外腐蚀情况进行检测和评价。

依据管道的路由、管径和投产时间，将 203km 管道分为 6 个 ECDA 管段。

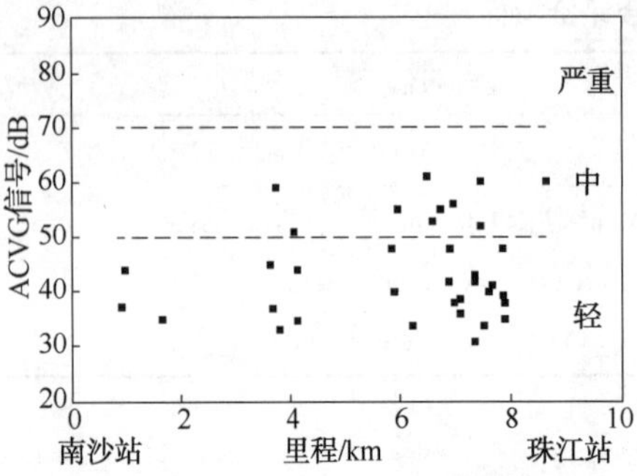

图 5-24　ECDA 5 防腐层疑似缺陷点的分布及 ACVG 信号分级

(2) 间接检测

① 防腐层检测

全线共检测出防腐层疑似缺陷点多处。根据国内以往的经验，按照 ACVG 检测的信号(dB 值)大小将防腐层疑似缺陷点划分为三类：dB 值小于 50，评价为“轻”；dB 值在 50~70 之间，评价为“中”；dB 值大于 70，评价为“严重”。以 ECDA 5(珠江支线)为例，ACVG 检测发现的防腐层疑似缺陷点分布及分级如图 5-24 所示。

从图 5-24 中可以看出，共检出防腐层疑似缺陷点 38 处，主要分布在 1~2km、3~4km 和 6~8km 之间，按 ACVG 信号分类，划分为“严重”类的点有 0 处，划分为“中”类的点有 10 处(占 26.3%)，划分为“轻”类的点有 28 处(占 73.7%)。同时，将各 ECDA 分区防腐层疑似缺陷点的数量及按 ACVG 信号分类统计列入表 5-7 中。

表 5-7　各 ECDA 区防腐层疑似缺陷点数量及按 ACVG 信号分类

ECDA 分区	防腐层疑似缺陷点分类/处				分布密度/(处/公里)
	严重	中	轻	合计	
ECDA 1	20	109	21	150	1.9
ECDA 2	1	6	2	9	1.6
ECDA 3	0	0	2	2	4.5
ECDA 4	16	38	25	79	1.8
ECDA 5	6	28	4	38	4.4
ECDA 6	20	59	53	132	2
合计	63	240	107	410	-

穿越段管道防腐层采用交流电流衰减法(PCM)进行检测，并依据电流衰减率 Y 值(dB/km)对防腐层进行分级，如经穿越后电流衰减不明显(Y 值较小)，表明穿越段管道防腐层的质量较好，如经穿越后的电流衰减严重(Y 值较大)，表明穿越段防腐层破损严重，电流损失比较严重。分级评价准则如表 5-8 所示。

表 5-8　穿越段防腐层分级评价[电流衰减率 Y 值(dB/km)]

防腐层类型	管径/mm	级别			
		1	2	3	4
3LPE	323	$Y\leq13$	$13<Y\leq60$	$60<Y\leq129$	$Y>129$
	660	$Y\leq20$	$20<Y\leq72$	$72<Y\leq158$	$Y>158$
	813	$Y\leq21$	$21<Y\leq78$	$78<Y\leq200$	$Y>200$

PCM 检测过程中发现，由于管道沿线交叉、并行的管线和高压交流输电线路较多，测试信号受到外界电磁干扰影响，穿跨越前后两个测试点的 PCM 信号精度不高，为消除干扰对检测数据的影响，以穿越前一定长度管段的 PCM 电流平均值与穿越后一定长度管道的 PCM 电流平均值进行比较，计算电流衰减系数 Y 值并对防腐层进行评价分级，以 ECDA 1（坪山—前湾）内 4 处为例说明评价分级过程，如表 5-9 所示。

表 5-9　ECDA 1（坪山-前湾）穿越段防腐层分级评价举例

穿越名称	里程/km	长度/m	PCM 检测数据			防腐层评价
			上游电流/mA	下游电流/mA	Y 值/(dB/km)	
C2 穿越站前水泥路	0.075	10	459.3	441.9	15.2	1 级
C3—C4 穿越公路	0.307	30	632.5	591	10.9	1 级
C8—C9 穿越池塘	8.898	60	243.7	222.2	8.4	1 级
C10—C11 穿越池塘	9.874	60	161.5	156.5	4.6	1 级

经统计，全线（203km）共 321 处公路、铁路和河流穿越，其中评价为“1”级（优）的 297 处，占 92.5%，评价为“2”级（良）的 24 处，占 7.5%，评价为“3”级（中）和“4”级（差）的均为 0 处，穿越段防腐层整体效果较好。各穿越段防腐层的分类评价的情况可见“GDLNG-TS-RP-0442 Rev. 0 埋地钢质管道外腐蚀检测项目外防腐层完整性检测报告”。

② 阴极保护检测

采用极化探头法 24h 监测阴极保护通电电位和断电电位。各 ECDA 区内典型的 24h 电位监测曲线列入图 5-25 中。

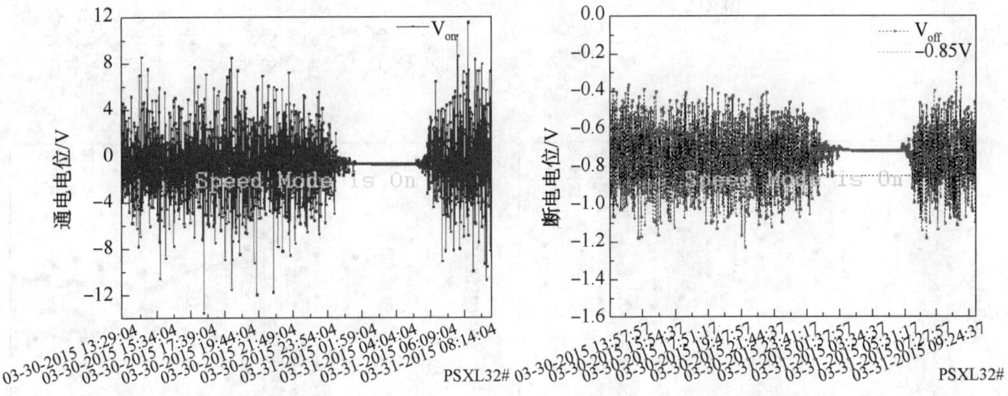

(a)通电电位　　(b)断电电位

图 5-25　典型的 24h 通电电位和断电电位监测曲线

从图 5-25 中可以看出，无论是通电电位还是断电电位的 24h 监测曲线均呈规律性波动，在 0：00 至 6：00 时间内，电位基本稳定，在 6：00 至次日 0：00 时间内，电位剧烈波动，这与地铁的运行时间基本吻合，说明受到地铁动态直流杂散电流干扰。

依据澳大利亚标准 AS 2832.1 对管道阴极保护状况进行评价，并将阴极保护状态在管线图上标出，由于受到较强的杂散电流干扰，可初步分析“欠保护”的主要原因为杂散电流干扰导致。

③ 杂散电流检测

通过 24h 电位监测的情况来判断是否存在直流杂散电流干扰以及干扰的程度，典型的

24h 阴极保护通电电位和断电电位监测曲线在图 5-22 中已有描述，管道主要受到地铁直流杂散电流干扰，将各 ECDA 分区内 24h 电位监测的结果按通电电位最大值、最小值和平均值进行统计，并绘制成曲线如图 5-26 所示。

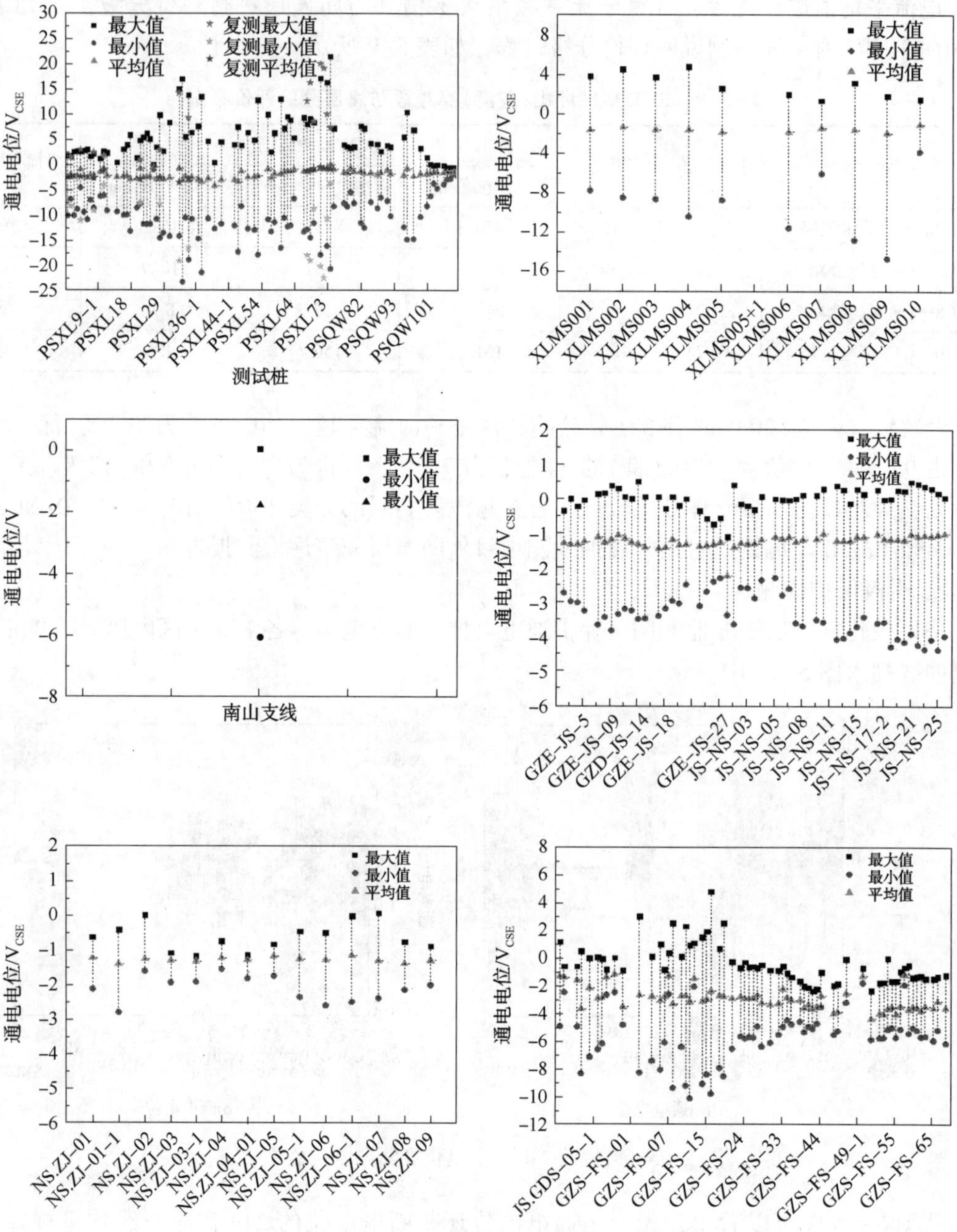

图 5-26　ECDA 分区管道阴极保护通电电位分布

从图 5-26 中可以看出，每个 ECDA 分区内的管道阴极保护通电电位均存在较大范围的波动，且每处监测点的通电电位波动值均大于 350mV，依据 GB/T 19285—2014《埋地钢质管道腐蚀防护工程检验》评价为“强”直流杂散电流干扰。直流杂散电流排流后的效果以是否满足阴极保护准则来进行评价。

通过测量管道沿线的交流电压并计算为交流电流密度来判定交流干扰程度，当交流电流密度小于 30A/m² 时，交流干扰程度为"弱"，当交流电流密度在 30～100A/m²之间时，交流干扰程度为"中"，当交流电流密度超过 100A/m²时，交流干扰程度为"强"，排流后，交流电流密度不应超过 60A/m²。以 ECDA 4(广州东-南沙)为例，管道排流前后交流电流密度及分级如图 5-27 所示。

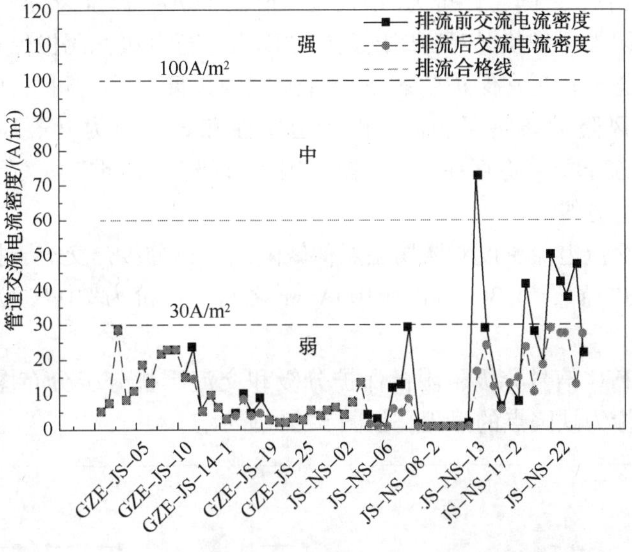

图 5-27　ECDA4(广州东—南沙)排流前后交流电流密度及分级

从图 5-27 中可以看出，排流后交流电流密度均低于 60A/m²，符合标准要求。另外，从交流电流密度分布可以看出，排流后的各阴保桩处的交流干扰程度均为"弱"。经统计，经排流后除 ECDA 6 区的 GZS. FS-05 阴保桩处的交流电流密度为 62.48/m²(大于 60A/m²)外，其他位置的交流电流密度均小于 60A/m²，总体排流效果较好，但下一步需要在 GZS. FS-05 增加牺牲阳极地床来进行交流杂散电流排流。

④ 防腐层疑似缺陷点严重性分级

对于检测中发现的防腐层疑似缺陷点，一方面要确定检测的结果是否准确，这就需要进行开挖验证，在接下来的"直接检查"中将会介绍，另一方面也要确定缺陷点的严重性，比如哪些点已发生腐蚀或者正在发生腐蚀且短时间之内可能威胁到管道的安全(即"严重"类缺陷点)，这一类点需要立即维修，哪些点可能已发生腐蚀或正在发生腐蚀但短时间之内不会威胁到管道的安全(即"中"类缺陷点)，这一类点需要计划维修，剩余的点可能未发生腐蚀或者预计将来发生腐蚀的可能性较低(即"轻"类缺陷点)，对于这一类点一般而言不需要采取维修措施。

防腐层和阴极保护是管道腐蚀控制的两道防线，只要有一道防线有效，腐蚀就不会发生，当两道防线都失守时，管道必将发生腐蚀，随着腐蚀的积累，将会造成管道本体的严重金属损失缺陷甚至穿孔，最终造成管道安全事故。NACE SP 0502《管道外腐蚀直接评价》、SY/T 0087.1《钢制管道及储罐腐蚀评价标准埋地钢质管道外腐蚀直接评价》标准以及国内外应用实践基本上都是采用以防腐层检测信号(ACVG、DCVG、PCM 等)和阴极保护检测信号(通常为 CIPS)或缺陷点处腐蚀活性信号(通常为 DCVG)来对防腐层疑似缺陷点的严重性进行分级。然而如前文中介绍，在杂散电流干扰区域，即不能采用 CIPS 对管道的阴极保护状况进行评价，也不能采用 DCVG 对防腐层缺陷点处的腐蚀活性进行评价，那么将如何对防腐层疑似缺陷点的严重性进行分级呢？为此，将采用 ACVG 信号、阴极保护状况以及交流干扰状况综合评价杂散电流干扰区域的管道防腐层疑似缺陷点的严重性。接下来将以 ECDA 4 区(广州东-南沙)为例来介绍分类的方法和过程。

第一步：采用 ACVG 信号(dB 值)对防腐疑似缺陷点进行分级，dB 值小于 50，评价为“轻”，dB 值在 50 到 70 之间，评价为“中”，dB 值大于 70，评价为“严重”。

第二步：采用阴极保护状况对防腐层疑似缺陷点进行分级，阴极保护有正常保护、过保护和欠保护三种状态，在正常保护状态下，管道腐蚀风险很小，可分级为“轻”；对于 X65 钢，过保护的主要风险为防腐层剥离，而管道腐蚀和氢致应力开裂风险较小，可分级为“中”；在欠保护状态下，管道存在腐蚀风险，因此分级为“严重”，按照阴极保护状况对防腐层疑似缺陷点进行分级。

第三步：采用交流电流密度对防腐层疑似缺陷点进行分级，交流干扰程度分为三类，小于 $30A/m^2$，评价为“轻”，在 $30A/m^2$ 到 $100A/m^2$ 之间，评价为“中”，大于 $100A/m^2$，评价为“严重”。

第四步：将 ACVG 信号分级、阴极保护分级和交流干扰分级分布图纵向排列放置到同一张图中，横向坐标为缺陷点的里程，如图 5-28 所示。

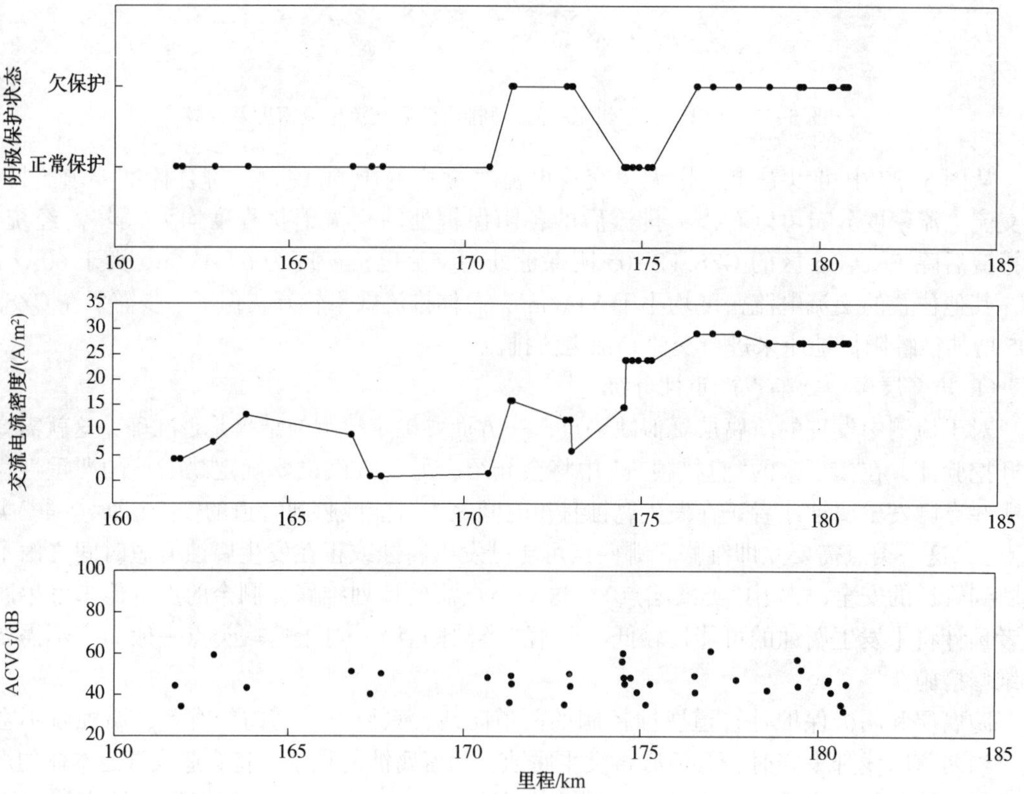

图 5-28　ACVG 信号分级、阴极保护分级和交流干扰分级分布图

第五步：确定防腐层疑似缺陷点综合分级表，如表 5-10 所示。

表 5-10　防腐层疑似缺陷点综合分级表

ACVG 信号分级	阴极保护分级	交流干扰分级	综合分级
轻	轻	轻	轻
轻	轻	中	轻
轻	轻	严重	严重
轻	中	轻	轻
轻	中	中	轻
轻	中	严重	严重
轻	严重	轻	中
轻	严重	中	中
轻	严重	严重	严重
中	轻	轻	轻
中	轻	中	轻
中	轻	严重	中
中	中	轻	轻
中	中	中	中
中	中	严重	中
中	严重	轻	中
中	严重	中	中
中	严重	严重	严重
严重	轻	轻	中
严重	轻	中	中
严重	轻	严重	中
严重	中	轻	中
严重	中	中	中
严重	中	严重	中
严重	严重	轻	严重
严重	严重	中	严重
严重	严重	严重	严重

第六步：按照表 5-10 中的防腐层疑似缺陷点综合分级矩阵对图 5-26 中的防腐层疑似缺陷点进行分级，如图 5-29 所示。

第七步：查询相邻区域(上下游 5km)内管道是否有腐蚀历史，如果有腐蚀历史，将

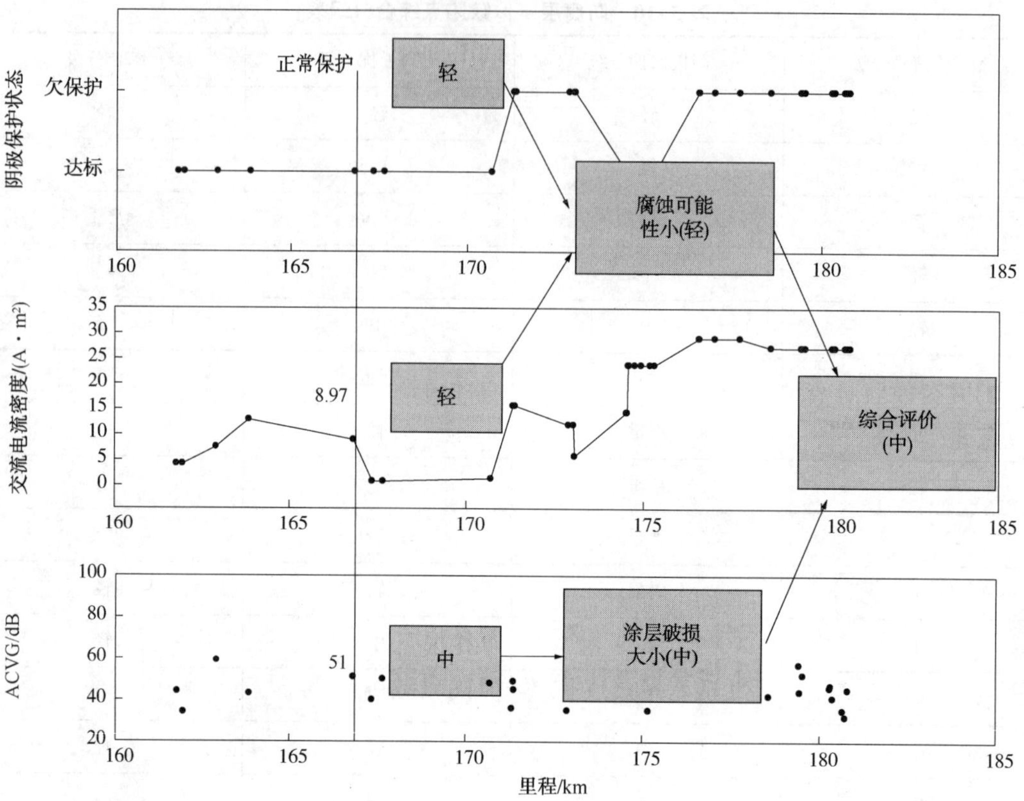

图 5-29　防腐层疑似缺陷点综合分级图

图 5-29 中的防腐层疑似缺陷点进行分级的结果提高一个级别作为最终的综合评级；如没有腐蚀历史，则将图 5-29 中的防腐层疑似缺陷点的分级作为最终的综合评级。按照上述分级方法对各 ECDA 区的防腐层疑似缺陷点进行分级。

（3）直接检查

直接检查采用开挖验证的方式进行，一方面验证防腐层疑似缺陷点检测的准确性，另一方面检查管道本体缺陷情况和验证防腐层疑似缺陷点分级的准确性。选取了 15 处防腐层疑似缺陷点进行了开挖验证，开挖后，检查了管道防腐层的情况，剥离防腐层后，如有本体缺陷，判断缺陷类型(比如机械缺陷或是腐蚀缺陷)，并测量本体缺陷的深度，还采用渗透检测、超声和射线检测来检查本体是否存在表面裂纹和内部缺陷。

在 15 处开挖验证点中，均发现了防腐层缺陷点，同时还测量了管道阴极保护和交流干扰状况，对防腐层疑似缺陷点的分级和开挖验证后的情况进行了对比。开挖的 15 个点中均找到了防腐层破损点，说明防腐层缺陷点的定位比较准确；管道无严重腐蚀，与阴极保护状况和杂散电流干扰的情况相吻合，因此，开挖验证结果表明，防腐层疑似缺陷点分级结果比较准确。

（4）后评价

在后评价阶段，主要计算管道的剩余寿命和再评价间隔，剩余寿命可采用公式(5-3)进行计算，最大再评价时间间隔通常为计算的剩余寿命的一半。

$$RL = C \times SM\frac{t}{GR} \tag{5-3}$$

式中　RL——剩余寿命，a；

C——校正系数，取0.85(无量纲)；

SM——安全余量，安全余量=失效压力比-最大操作压力(MAOP)比(无量纲)，其中失效压力比=计算失效压力/屈服压力(无量纲)，最大操作压力比=最大操作压力/屈服压力(无量纲)；

t——公称管壁厚度，mm；

GR——腐蚀增长速率，mm/a。

3. 小结

在调研国内外大量管道外腐蚀直接评价应用实践并总结前两轮管道外腐蚀直接评价工作的基础上，准确发现了管道腐蚀隐患并可及时处理，大大降低了管道腐蚀风险，确保了管道安全运营。主要内容如下：

(1) 本案例适合于杂散电流干扰区域管道的外腐蚀直接评价技术。

(2) 采用交流电位梯度法(ACVG)信号、阴极保护状况、交流干扰状况和腐蚀历史对防腐层疑似缺陷点进行综合分级，经开挖验证结果表明分级结果比较可靠。

(3) 在低土壤电阻率的环境中，采用试片法直接检测交流电流密度来评价交流杂散电流干扰的程度及排流效果，评价结果更加准确。

(4) 在杂散电流干扰区域，采用极化探头法进行24h电位监测来评价管道阴极保护状况，检测数据更加准确，评价结果更加可靠。

5.1.7　机器人检测在役水封隧道工况的应用案例

1. 背景

我国陆上隧道穿越油气管道90%以上是采用水封运行方式，在长期注水运行环境中，受到设计、施工水平等多种因素影响，隧道和管道运行不同程度会出现隧道结构沉降、开裂造成稳定失稳，管道补口失效发生腐蚀，牺牲阳极消耗过度导致阴极保护系统失效，管道钢构件等附属设施防腐失效造成管道漂移，运营管理存在较大的安全和管理风险。

在役水封隧道和隧道内管道及管道附属设施因其特殊的运行环境，运行工况不能直面掌控，风险应对无法及时制定针对性的整治措施，目前国内少数几家运营公司仅仅采取传统的抽水检查工法进行检查和维护维修，但传统的抽水检查法的特点是费用高、周期长。受制于此，业内在水封隧道运行管理经验积累不足，安全风险未形成全面认识。

国内各管道运营公司的水封隧道投用时间较短，行业内未制定和发布油气管道穿越水封隧道的检测维修标准，新的检测技术工法缺少创新应用，隧道、管道和管道附属设施的实际运行工况数据掌握较少，所以全面及时掌握真实的运行工况，有针对性地削减水封隧道安全风险，水封隧道内管道检测新技术探索和应用已成为管道运营公司迫切性需求。

2. 主要内容

本案例是以水封隧道、管道和管道附属设施运行管理实际需求为切入点，探索与应用一项科学、经济、实用的检测新技术和综合检测解决方案，进行实践验证方法可行性，为隧道、管道和附属设施的运行管理和维护维修策略的制定提供科学依据的支持，推广新工法在业内水封隧道运行管理中的应用，通过检测指标和实际工况数据的收集积累，推动业内水封隧道检测、维修作业规程或标准的制定和发布。

通过“输气管道某隧道机器人水下检测项目”的实践案例，完整地获取到隧道的结构完整与稳定状况、管道补口现有状态、管道附属设施钢构件防腐层及牺牲阳极的消耗状况并与指标数据比对分析，结果表明应用水下机器人技术检测水封隧道内设施工况是可行的和有效的。

1）水封隧道检测技术比对分析

通过咨询、查阅、了解到国内少数几家管道运营公司通常采用的水封隧道检测技术，大体包括了抽水检查工法和饱和潜水检查工法。

抽水检查技术：必须解决受限空间内作业的抽水、照明、通风等安全措施，单次检查费用投入数百万元且周期长。由于隧道内运行工况无法直面掌握，收效存在较大的不确定性，检查结果发现无必要的维修项目且风险度不高，造成不必要的浪费。

饱和潜水检查技术：因水封隧道具有封闭、空间狭小、距离长、设施构造复杂等特点，进入水封隧道的潜水员人身安全有着极大风险。

水下机器人检测技术：与传统的检测方式相比，具有风险小、成本低、周期短的优点，单次检查费用投入仅需几十万元，较为全面且宏观的检查结果，可为维修策略提供依据(三项检测技术比对见表5-11)。

表5-11　不同检测方法的对比

评估项目＼检测方法	饱和潜水	抽水检查	水下机器人检查
安全风险	高	中	低
检测成本	中	高	低
作业周期	中	长	短

综上所述，水下机器人检测技术可避免抽水检测可能的不确定性或低效回报，降低检测作业安全风险，同时能够及时发现水封隧道内设施运行的潜在隐患，提供实际运行工况，以便管理者采取有针对性的维修行动防止隐患扩大蔓延，影响运营安全。

(1) 水下机器人选型分析和工艺方案

① 调研水下机器人类型

依据比对分析的结果进行了广泛的水下机器人设备调研，水下机器人常用有三种技术类型，包括水下自治机器人、遥控潜水器、复合型潜水器。分析、对比三种类型设备的适用领域、操控方式、续航能力、传输方式，初步掌握了水下机器人检测技术运行原理和适用功能。水下机器人类型见表5-12。

表5-12　水下机器人类型

项目＼类型	水下自治机器人(AUV)	遥控潜水器(ROV)	复合式潜水器(ARV)
图片	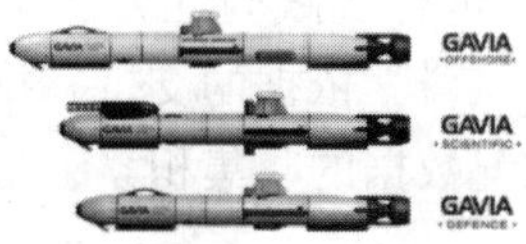		

续表

项目＼类型	水下自治机器人（AUV）	遥控潜水器（ROV）	复合式潜水器（ARV）
遥控方式	设定轨迹、自主航行	岸上遥控，由脐带缆提供动力及信号	岸上遥控，由脐带缆提供信号
适用领域	适应于水面广阔水域，可以按照预定航线航行或者在特定环境下通过声学遥感控制。多使用于军事及海事领域	动力不受限制，适合在复杂的环境中工作，加装机械手可做水下切割等工作。广泛应用于海洋水下作业领域	ARV技术是ROV和AUV技术的组合运用，既具有AUV大面积水下探测和搜索的功能，又可以通过光缆像ROV一样进行手动实时遥控作业
特殊要求	无法及时处理突发状况，比如航行过程中需要改变路线或检查	受制于脐带缆，作业范围有限	作业范围受到限制
脐带缆	无缆	有缆，动力与信号	有缆，微细光缆，提供信号
续航能力	自带电池，续航能力有限	续航能力强	续航能力有限

② 水下机器人作业风险分析

依据调研所获知的水下机器人运行原理相关知识，如采用水下机器人在水封隧道作业，因水封隧道内部各种设施构造复杂，可形成对机器人作业的障碍物多，密闭空间狭小，经过充分研讨分析，水下机器人检测作业的主要风险有三项：一是防止脐带缆缠绕，要保证机器人安全行走；二是提供续航能力，要保证机器人动力持续性；三是防止操控失联，要保证机器人正常接收指令。上述任何风险发生，都会造成水下机器人无法回收，导致财产损失和检测失败，为此要制订有针对性的风险应对措施，见表5-13。

表5-13　水下机器人作业风险分析

风险类型	风险应对措施	适用设备类型
脐带缆缠绕	收放脐带缆时，时刻注意电缆的走向与偏离	ROV、ARV
	发生缠绕时，如情况不明，尽量保持设备不动，防止进一步缠绕	ROV、ARV
	旋转设备，确认是否可用摄像头观察到缠绕位置，若无法利用摄像头观察到缠绕点，则利用回放录像并结合声呐图像判断缠绕位置与状况，慢慢回收脐带缆，回收过程中注意观察脐带缆的受力情况，操控设备解开缠绕	ROV、ARV
	ARV在紧急情况下实现自动逃生	ARV
操控信号中断	通知绞车控制人员回收设备，注意观察脐带缆的受力情况，控制好回收速度防止脐带受力	ROV、ARV
	重新启动电子装置恢复通信，若通信不能恢复则应密切观察设备的回收情况	ROV、ARV
动力不足	ROV由脐带缆提供动力。如电力中断且短时间内无法排除，则应给PDU接入临时电源，恢复设备动力，并将设备尽快回收陆地	ROV
	AUV、ARV自带电池，续航能力有限。对试备进行模拟测试，确定设备的续航时间。根据设备的续航时间，计算好每次作业来回的持续时间并留足预备量，防止设备动力持续性不足	AUV、ARV

（2）水下机器人检测方案

水下机器人使用类型确定必须严格依据水封隧道竖井及横廊的内部环境工况条件和充分的作业风险分析，结合不同类型水下机器人性能特点，其选型的适配性必须全面地比对分析论证(见表5-14)，确定具体的检测方案。

表5-14　水下机器人优缺点及选型适配性

设备类型	优缺点	隧道检测的适配性
水下自治机器人	优点：无缆、自主导航 缺点：成本高，不能人工操控进行细致检测	无法实现隧道内自主导航，不适合
复合型潜水器	优点：可自主巡航，也可人工实时操控 缺点：一旦光缆受损会导致信号衰减、中断，甚至机器遗失	因在隧道竖井内检测时需螺旋运行，易使光缆出现弯折现象，故不适合于隧道竖井的检测；隧道横廊段，直而长，较适合使用ARV
遥控潜水器	优点：人工操控方便检测 缺点：脐带缆极易与水下其他结构发生缠绕，当距离较长时，拖带的脐带缆会造成动力损失、引起动力不足	脐带缆可弯曲，适合隧道竖井检测；因隧道横廊段较长，拖带的脐带缆过长会造成动力损失，引起动力不足，故不适合

（3）水下机器人技术参数

根据水下机器人选型适配性分析，在现有技术条件下，AUV不适宜于水封隧道的检测，水封隧道竖井段及横廊段宜分别采用ROV和ARV进行检测。ROV和ARV主要技术参数见表5-15、表5-16。

依据检测方案选择设备型号的技术参数是保证水下机器人检测长距离水封隧道作业成败的重要基础，更是保证检测项目内容完整度和精度的重要支撑，必须对照检测方案严格复核。

表5-15　ROV主要技术参数

名　称	描　述	备　注
推进系统	5个SPE-75无刷直流推进器	
推进方式	矢量推进	
前向推进器	63kgf	
侧向推进器	63kgf	
垂直推进器	26kgf	
工作深度	300m	
空气中质量	85kg	ROV空气中自重
长	1000mm	
宽	600mm	
高	500m	
有效负载(咸水)	15kg	包括所需所有质量
功率	36kW	
脐缆	12芯微浮力脐缆，抗拉强度>300kg	
脐缆长度	350m	

续表

名　　称	描　　述	备　　注
自动艏向调整	精度 0.1	
自动深度调整	精度+/-0.5m	
自动高度调整	精度+/-0.5m	
SCU/PDU 机柜	90~230V 交流电	
水下摄像机	低照度单色相机 570TV 线	
水下彩色摄像机	470TV 线，22 倍变焦	
水下摄像机云台	标配	
罗经模块	磁罗经	
LED 灯	两个 Bowtech LED 24V 40W	
深度计	24V 直流模拟深度计	
外接电源接口	可按客户要求配置	
绞车	能够容纳 350m 的直径为 20mm 的脐带缆	
机械手功能	伸缩、旋转、张握	
机械手输入电压	24VDC	
机械手最大电流	1A	
机械手耐压等级	300m	
机械手抓握力	8kg	
机械手旋转负载	7kg	
DST 声呐工作频率	扫频 650~750kHz	
DST 声呐波束宽度	垂直，35°；水平，3°	
DST 声呐距离设定	2~75m	
DST 声呐扫描扇区	用户可选，360°连续	
DST 声呐步进速度	一般、快速、超快	

表 5-16　ARV 主要技术参数

项　　目	指　　标	参　　数
下潜深度	标准下潜深度	50m
	全速下潜功率	300W
尺寸和重量	长度	1350mm
	宽度	430mm
	高度	500mm
	重量(空气中)	50kg
运动性能	前进	15N，1.5 节
	横向	30N，3.0 节
	垂直	30N，1.5 节
	航程	6km

续表

项　目	指　标	参　数
电源	电池	磷酸铁锂电池
	电量	100Ah
	电压	15V
	额定续航时间	4h
有效载荷	标准载荷	2kg
	可选择增加的载荷	5kg
	整体框架	50kg
推进系统	驱动器	4 个直径 40mm，150W 直流无刷驱动器，1 个直径 58mm，300W 直流无刷驱动器
	横向推进器	2 个 73mm 推进器
	垂直推进器	2 个 73mm 推进器
	主推进器	1 个 260mm 推进器
显控系统	电源	12V 供电
	操纵方式	摇杆操作系统
	显示系统	17 寸液晶显示屏
	存储设备	128G 固态硬盘
	光端机	还原信号>8MHz
视频和遥感系统	信号传输方式	光纤传输
	实时视频信号	4 通道实时 927×576 分辨率彩色视频

(4) 水下机器人检测项目设定

水下机器人检测项目和内容必须以隧道运营管理功能需求为核心，可以直观反映出隧道内各种设施的运营工况变化状态，检查比例应具有一定代表性和说明，分析和结论提供最有利的支持作用。水下机器人检测内容见表 5-17。

表 5-17　水下机器人检测内容

项　目	内　容	记　录	检查比例
隧道横廊	环片错边、螺栓锈蚀、缺损	视频、照片	全检，每 150m 抵近检查
横廊口钢护圈	锈蚀	视频、照片	全检
竖井内天然气管道	3PE 外观、补口、弯头涂层	视频、照片	全检
竖井管道补口	防腐层剥离、剥落、破损	视频、照片	全检
弯头防腐层	防腐层剥离、剥落、破损	视频、照片	全检
立管支架	支架、地脚螺栓锈蚀、失效	视频、照片	全检
管卡	管卡断裂、缺失、防腐层失效	视频、照片	外观全检、局部抵近检查
管卡螺栓	锈蚀、断裂	视频、照片	外观全检、局部抵近检查
管托	管托锈蚀、缺失、防腐层失效	视频、照片	外观全检、局部抵近检查

续表

项　　目	内　　容	记　　录	检查比例
横廊内管道外观	飘管、变形	视频、照片	外观全检，每 150m 抵近检查
管道本体	防腐层失效、补口失效	视频、照片	外观全检，每 100m 抵近检查
管道阴保设施	缺失、破坏、断连接	视频、照片	外观全检，每 100m 抵近检查

2）水下机器人检测工艺

（1）隧道竖井检测工艺确定

竖井检测工艺：水下机器人先沿井壁顺时针环向检查一周，随后下潜半米逆时针检查井壁一周，依次从水面检查至井底。

检测竖井内管道、立管支架、扶梯、阴保设施等设施工艺：水下机器人自水面到水底垂直顺时针、逆时针交替向下检查，每次检查覆盖 10% 前次检查范围，每圈下潜半米（见图 5-30）。

检查过程尽量降低推进器使用，避免造成水质过于浑浊影响录像和照相质量，检查过程中对所有水下检测区域录像，异常位置拍照检查，确保规定位置覆盖检查。

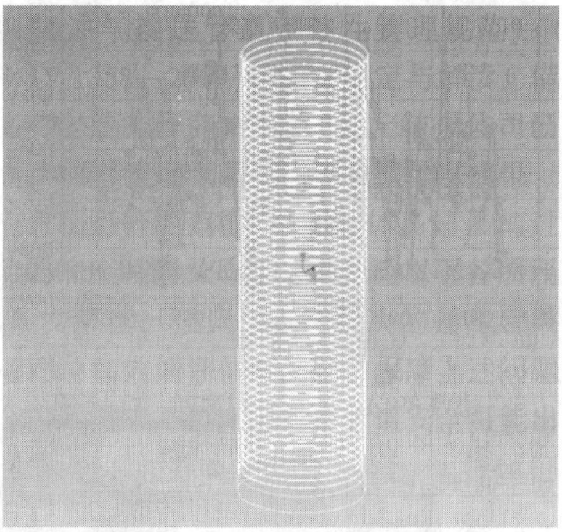

图 5-30　水下机器人竖井检测工艺

（2）隧道横廊段检测工艺确定

横廊段检测工艺：水下机器人目视检查，每次检查需至少覆盖前一次检查范围的 10%（见图 5-31）。

管线上部检测工艺：水下机器人悬浮于管道正上方，沿管线直行方向行走，通过两台前视摄像机向下观察、检测，并且可将拍照摄像机旋转进行拍照（见图 5-32）。

管线侧部检测工艺：在空间允许条件下，将水下机器人调整到管道一侧靠走道处，顺着管线行走，将水下机器人艏部两台摄像机旋转，向管侧进行观察拍照（见图 5-32）。

横廊段隧道洞壁检查：水下机器人定深功能开启，将摄像机转至相应的角度进行检查（见图 5-33）。

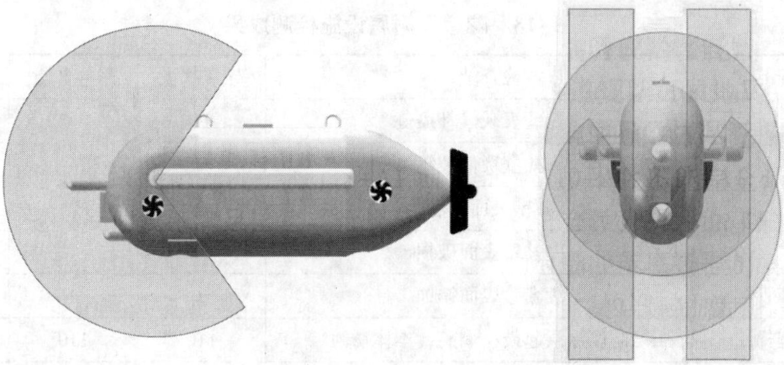

图 5-31　ARV 视觉范围覆盖示意图

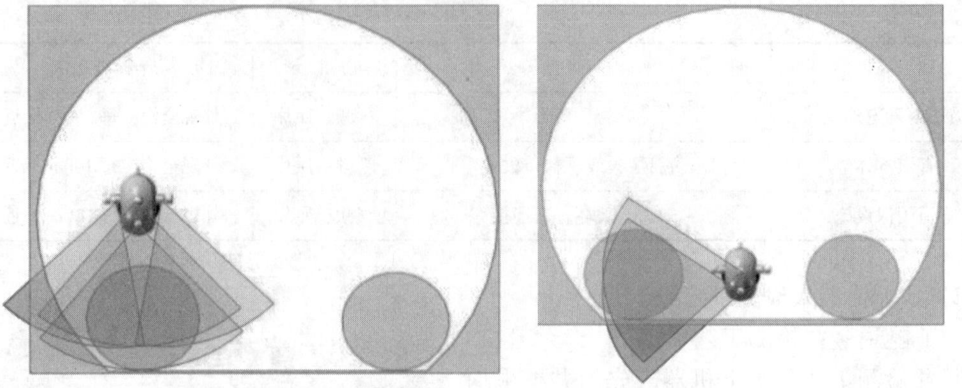

图 5-32　ARV 管线上部及侧部检查

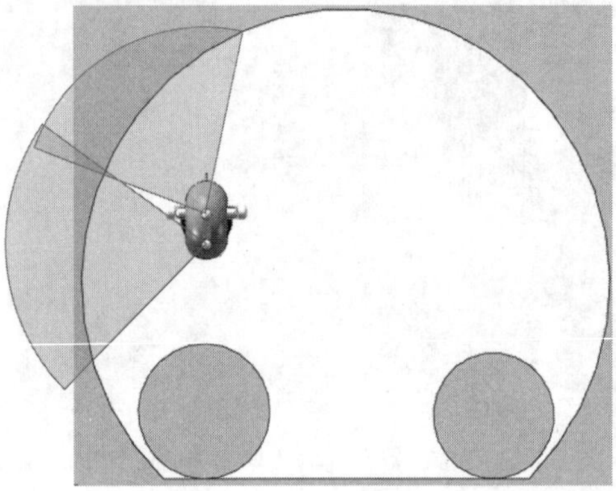

图 5-33　ARV 洞壁检查

3）人在管道检测项目中的应用

隧道穿越段长度为 1480m，隧道直径为 3.08m，隧道内有两条输气管线伴行，管线规格分别为 ϕ711×17.5mm、ϕ762×20.6mm。为固定和限制管道径向位移及漂浮，每间隔 6m 设置管道滑动支座及钢箍，阴保系统采用外加强制电流为主、牺牲阳极为辅的综合保护方式。

参照水封隧道检测技术比对分析、检测工艺、作业风险分析等研究内容和数据，结合某水封隧道的竖井及横廊的运行工况条件，某南水封隧道检测水下机器人选型最终确定采用 ROV+ARV 联合检测的工法，即隧道竖井采用一台悬浮式 ROV 进行检测，隧道横廊段采用一台带微细光缆的 ARV 进行检测，检测项目设定两大类隧道和管道，其中隧道分为 6 个子项，管道分为 7 个子项。

经过 30 天有序紧张的检测作业，某水封隧道水下机器人检测共获得录像 13 段、照片 1262 张等成果（模板见表 5-18～表 5-20），经过对机器人传输图像仔细观察、关键部位图像反复查看，在专业分析隧道和管道综合检测成果后，完成了包含隧道结构、爬梯和钢构、管道补口、镯式和锌带牺牲阳极等综合分析报告。

表 5-18　隧道及附属设施检测成果

序号	检查部位	检查结果	异常数量	采样数量	异常率
1	竖井井壁	井壁表观修补痕迹	11	115	9.5%
		井壁疑似裂缝	2		1.7%
		井壁表面附着物	8		6.9%
		井壁表面破损	12		10.4%
2	套管	套管表面锈蚀	2	4	50%
3	爬梯	防腐涂层起鼓、剥离，本体锈蚀	110	110	100%
4	钢护圈	表观防腐涂层起泡，脱落	5	18	28%
		钢结构表面锈蚀	9		50%

续表

序号	检查部位	检查结果	异常数量	采样数量	异常率
5	环片	环片错边	162	185	88%
6	环片紧固螺栓	螺栓锈蚀	26	168	15%
		螺栓严重锈蚀，表面发黑	141		84.5%
		螺栓缺失	1		0.5%

表 5-19　管道及附属设施检测成果

序号	检查部位	检查结果	异常数量	采样数量	异常率
1	弯头	表面杂物粘连、划痕	28	178	15.7%
		防腐涂层起鼓	9		5.1%
2	管道	疑似本体锈蚀	5	29	17.2%
3	管道补口	本体锈蚀	41	88	46.6%
4	立管支架	防腐涂层起鼓	47	71	66.2%
		本体锈蚀	21		29.6%
5	混凝土管墩	4#管墩缺失、悬空约 10cm	1	1	100%
		3#木块支撑	1	1	100%
6	管卡及固定螺栓	本体锈蚀	96	177	54.2%
		防腐涂层起鼓	42		23.7%
7	阴极保护	阳极消耗严重	72	72	100%
		锌带消耗严重	45	45	100%

表 5-20　典型缺陷图表

序号	典型缺陷图片	图片说明
1	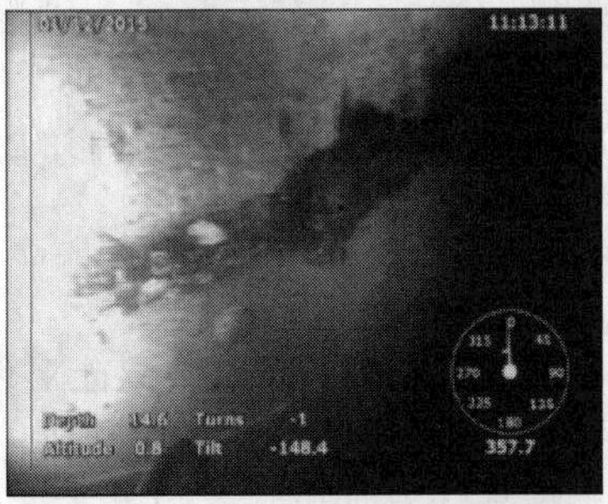	管道补口防腐层起鼓
2		管卡表面涂层起鼓、脱落

续表

序号	典型缺陷图片	图片说明
3	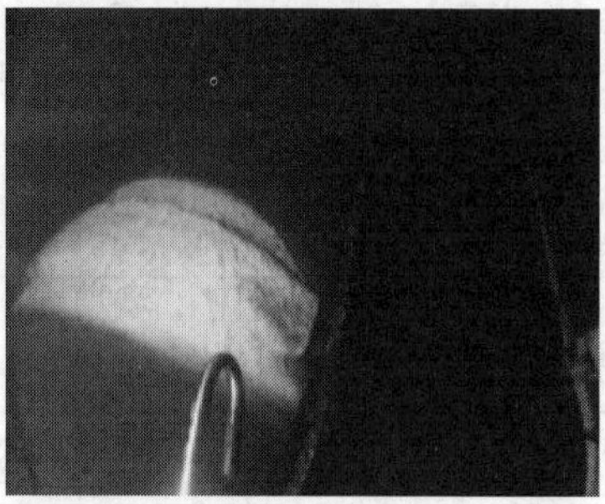	镯式牺牲阳极 消耗严重
4	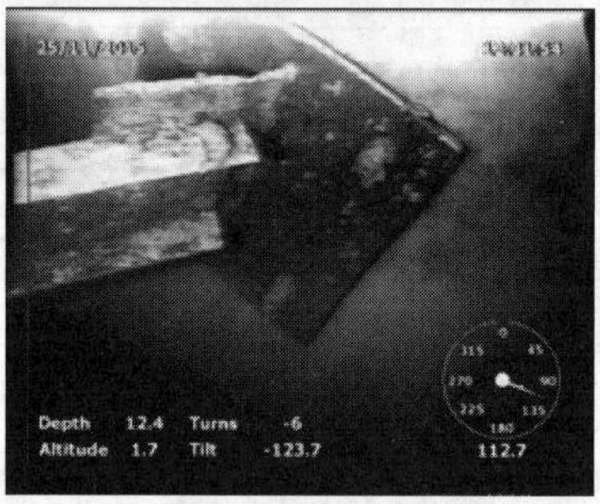	竖井内立管支架 锈蚀严重

3. 小结

结合自身水封隧道运营管理迫切性需求，应用了水下机器人技术检测工法，渐进性探索出水封隧道检测解决方案。收集的数据实时、直观、真实，为隧道、管道和附属设施的维护维修策略的制定提供了科学的依据，新的工法对业内水封隧道运行管理具有一定推广价值。

检测工艺、技术指标和水下机器人类型选择等检测综合方案的实践成功，证明了水封隧道检测新方法的可行性。

成功应用水下机器人技术检测工法的同时，隐含的安全收益和维修策略收益都是巨大的，工况数据的获取和检测效能同样达到了动辄投入数百万元费用的传统抽水检查工法，也遵从了基于检测的维修在经济效益和管理的科学性上优于周期性维修的现代运营管理理念。

5.1.8 超声导波永久监测案例

1. 背景

传统的检测方法，如超声波、X射线等采用逐点检测方法，只能对传感器对应的部位进行检测。尤其是对带有保温层、防腐层的管网检测是一个很突出的问题，此外对于许多难于接近的管线检测也很棘手，如套管、穿路、埋地或高架管道，以及不能进行内检测的管道，使用常规检测方法很难实现。

超声导波检测技术是利用低频扭曲波或纵波对管路、管道进行长距离检测，包括对于地下埋管不开挖状态下的长距离检测的一种技术。检测探头阵列发出一束超声能脉冲，此脉冲充斥整个圆圈方向和整个管壁厚度，向远处传播，然后由同一探头阵列检出返回信号。管壁厚度中的任何变化，都会产生反射信号，被探头阵列接收到。根据缺陷和管道外形特征产生的附加波型转换信号，可将金属缺损与管子外形特征(如焊缝等)识别开来。

该技术主要检测管道管壁横截面大面积损失率(大于5%)。推荐应用于场站工艺管道检测、穿跨越管道检测，也可以用于埋地管道的定点监测(此时检测精度为1%横截面积)。

与常规检测技术相比，超声导波技术的主要优点为：

（1）在线检测；

（2）检测距离长（单方向可达百米）；

（3）对管壁进行一次性、100%的检测；

（4）对管壁内、外侧缺陷具有相同的灵敏度 1%~2%；

（5）纵向定位精度可达±6cm，环向定位精度 22°；

（6）检测过程简单，不需要耦合剂；

（7）工作温度：-40~180℃。

超声导波技术的主要不足为：

（1）需要配合 C 扫描或相控阵等方法使用，才能确定缺陷的具体位置；

（2）无法精确定量缺陷大小；

（3）费用较高；

（4）检测位置需要剥离防腐层；

（5）管道缺陷无法分类。

超声导波检测根据信号发射频率不同，分为低频导波检测技术及高频导波检测技术。低频导波检测单次检测距离较大，根据防腐层的类型及完整性不同，一般可以单向检测 15~20m，最优状态可以检测 200m，适用于距离在 1m 以上的钢制管道。高频导波检测距离较近，一般为 1~2m，适用于站内较短的钢制工艺管道。

为降低开挖成本，可以利用 ECDA、ICDA 方法中开挖的探坑同步采用超声导波技术进行管体腐蚀直接评价。

导波检测与常规超声波检测技术检测距离对比如图 5-34 所示。超声导波检测过程如图 5-35 所示。

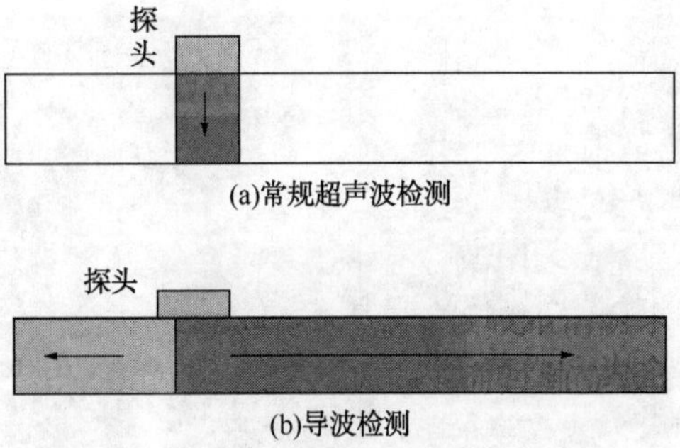

图 5-34　导波检测与常规超声波检测技术检测距离对比

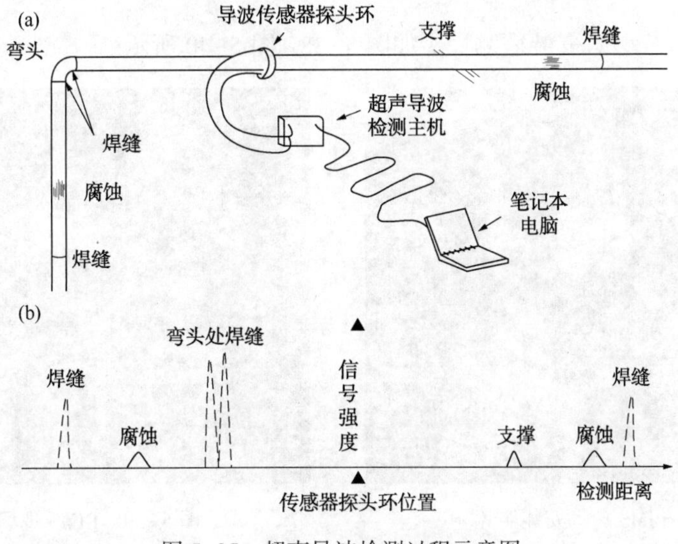

图 5-35　超声导波检测过程示意图

整套探测设备由探头传感器环、信号发射和接收装置以及计算机三部分组成。传感器探头环有不同规格的，可根据情况组合使用。

管道运营公司可结合埋地管道的实际情况，在内检测的盲区或必要的管段，选择适当位置安装超声导波永久监测探头(简称 PIMS 系统)。

2. 主要内容

1）安装设计原则

（1）对于穿路管道，将探头安装在路面两侧约 2m 的位置，保证探头可以检测到穿路部分管道的腐蚀情况；

（2）对于带有弯头的管道，将探头安装在弯头附近的管道，保证探头可以检测弯头部分的腐蚀情况。

2）现场安装过程

（1）安装处打磨　要对监测探头安装位置打磨至 St3 级别，露出钢管金属光泽，保证安装位置光滑、无防腐层(见图 5-36)。

（2）安装前准备　安装前首先用超声波测厚仪对安装位置进行超声测厚，获取实际管道壁厚值并确保安装位置无腐蚀缺陷，再用常规检测环检测(见图 5-37)。

图 5-36　PIMS 现场安装照片

图 5-37　PIMS 现场安装照片

（3）监测探头安装　安装监测探头如图 5-38~图 5-40 所示。

图 5-38　PIMS 现场安装照片

图 5-39　PIMS 现场安装照片

(4) PIMS 探头收集数据检测　如图 5-41 所示。

图 5-40　PIMS 现场安装照片

图 5-41　PIMS 现场安装照片

(5) PIMS 安装后掩埋及数据电缆连接盒的处理　考虑到管线周围来往人员车辆较多，为避免在地表安装 PIMS 电缆连接盒失窃或被损坏，建议将管线和 PIMS 电缆连接盒密封完成后，地下埋设，在其正上方地面安装标志桩，方便日后采集监测数据(见图 5-42)。

图 5-42　PIMS 现场安装位置

3) 超声导波监测系统数据监测与分析

(1) 这套系统可实现周期性的每隔 1 年、2 年或 3 年对数据进行采集；

(2) 采集后的数据分时间段自动保存在数据库；

(3) 在同模式、同频率、同带宽、同检测范围、同信号增益条件下，利用 overlap 功能将两次数据叠加、对比；

(4) 通过叠加、对比功能监测数据是否存在异常信号增长或改变(见图 5-43)。

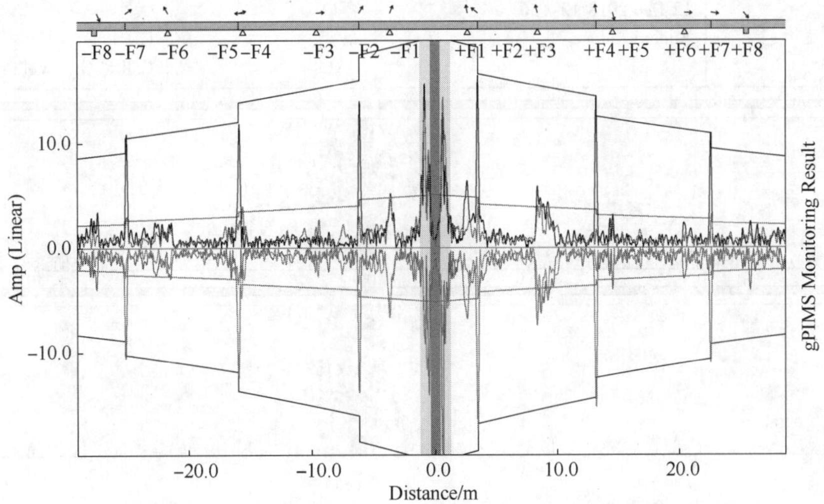

图 5-43　PIMS 信号对比

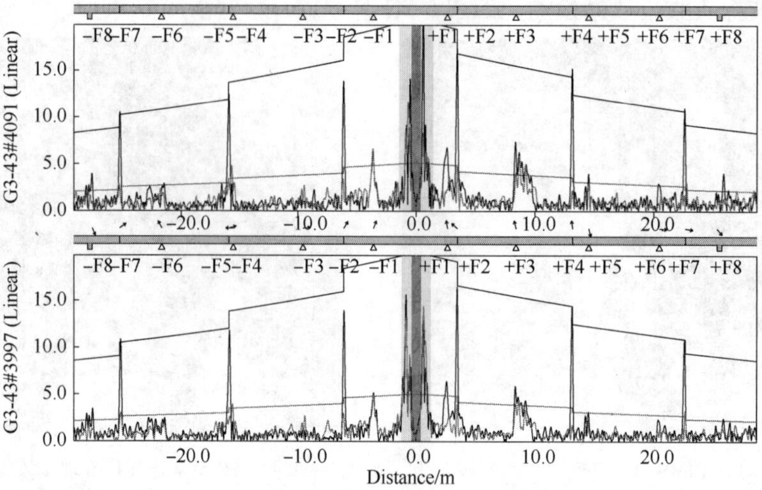

图 5-43　PIMS 信号对比(续)

4）监测数据对比分析

经过对管道超声导波数据分析，可以确认管道的本体是否存在或新增重大缺陷，管道可否继续安全运行。典型数据分析案例如下：

（1）PIMS 编号 R2P1617

管道： 地点： 时间： 管径：	R2P12-1617 R2P12-1617 2014/08/29 16：30 12 inch(10mm)	探头环： 配置： 校准： 版本：	R2P12(1617) 9.0FR，T(0，1) Automatic(3481.38mV) 3.2018，Wavemaker
检测时间： 检测人员：	29Aug 2014 16：30 APC	客户： 系统： DACs：	大鹏 GU 1.1 Call=0.0%，Weld=0.0%
管道： 地点： 时间： 管径：	R2P12-1617 R2P12-1617 2018/12/12 12：36 12 inch	探头环： 配置： 校准： 版本：	R2P12(1617) 9.0FR，T(0，1) Automatic（2811.12 mV） 3.2018，Wavemaker
检测时间： 检测人员：	12 Dec 2018 12：36 Administrator	客户： 系统： DACs：	大鹏 GU 1.1 Call=7%，Weld=23%

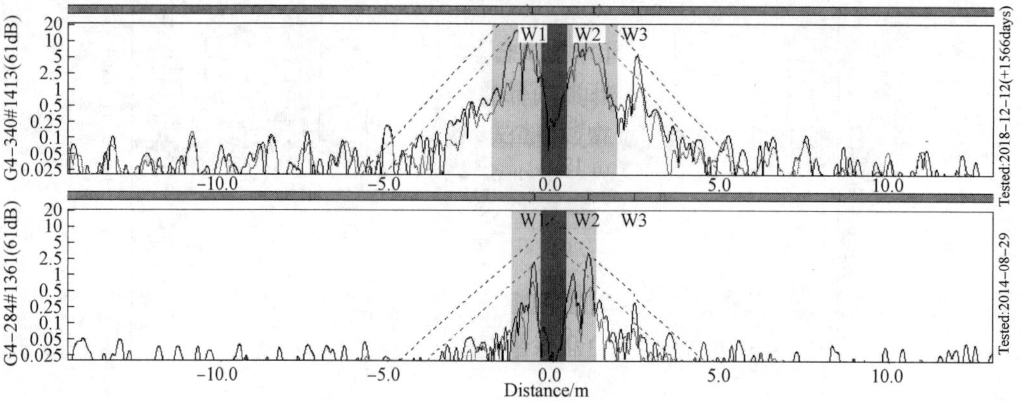

该处监测点的数据对比分析结论及建议： 2014/8/27 对该 PIMS 进行第一次数据采集(下图)，2018/12/12 对数据第二次采集(上图)得到的数据质量均较理想，此次数据信噪比正常，管道整体状况良好。 将两次数据的频率、信号带宽、DAC 曲线、特征距离、检测范围设置为相同，通过 Overlap 功能将两次数据图谱进行叠加对比，分别在镜像模式、叠加模式及比对模式下进行分析对比；比对模式下两次所采集的数据均未发现明显异常改变或异常信号增长，该段管道状况良好。

(2) PIMS 编号 R2P0747

管道：	R2P12-747	探头环：	R2P12(747)
地点：	GDLNG	配置：	7.8FR，T(0，1)
位置：	樟洋电厂	校准：	Automatic(3254.72mV)
尺寸：	12inch(9.5mm)	版本：	3.102，Wavemaker G3-70
检测时间：	20Aug 2014 14：34	客户：	GDLNG
检测人员：	APC	系统：	GU 1.1
		DACs：	Call=6%，Weld=23%
管道：	R2P12-747	探头环：	R2P12(747)
地点：	GDLNG	配置：	7.8FR，T(0，1)
位置：	樟洋电厂	校准：	Automatic(2391.17mV)
尺寸：	12inch(9.5mm)	版本：	3.102，Wavemaker G4-340
检测时间：	15Mar 2018 10：51	客户：	GDLNG
检测人员：	APC	系统：	GU 1.1
		DACs：	Call=6%，Weld=23%

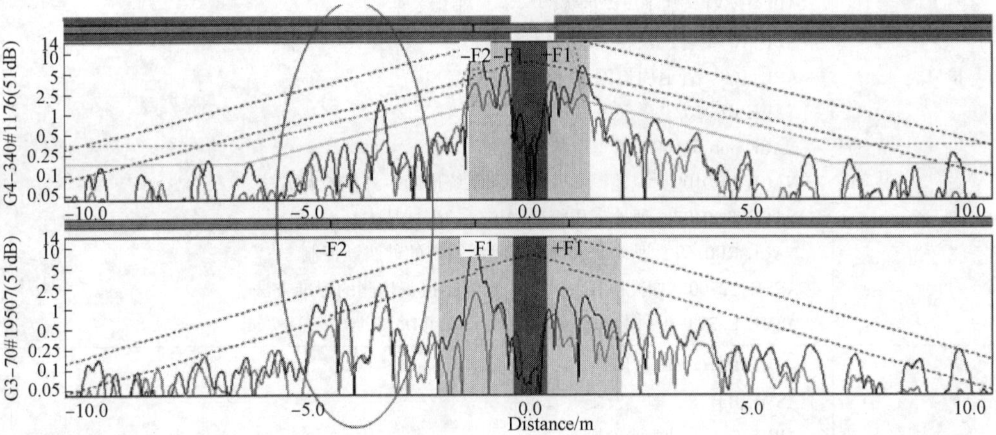

该处监测点的结论及建议： 2014/8/20 对该 PIMS 进行第二次数据采集(下图)，2018/3/15 对数据第三次采集(上图)得到的数据质量均较理想，此次数据信噪比 70dB，管道整体状况良好。 将两次数据的频率、信号带宽、DAC 曲线、特征距离、检测范围设置为相同，通过 Overlap 功能将两次数据图谱进行叠加对比，分别在镜像模式、叠加模式及比对模式下进行分析对比。 比对模式下，2014 年在负向 3.4m 处发现信号异常改变(黑色框内上图)，而 2018 年在负向 3.4m 位置未见异常信号 CSC(横街面积改变量)的增长(黑色框内下图)，且疑似信号点在 2014 年开挖时已经证实为管道上因障碍物接触应力集中而导致信号异常，目前数据衰减信号趋于正常。

3. 小结

对于无法实施内检测的管段或距离较短的埋地管道、站内埋地管道等可安装超声导波永久监测系统，实施完整性检测，并对监测数据开展对比分析，及时识别出潜在的管道安全隐患，保障安全运行。

5.2 管道完整性评价

5.2.1 管道完整性评价概述

管道完整性评价是管道完整性管理中一项核心技术环节，通过内检测、直接评价、压力试验等完整性评价方法，检测和评价管道本体缺陷，在管道本体缺陷发生泄漏前及时进行整治，防止事故发生，达到管道本体风险可控、事故可防的目标。

目前，欧美等发达国家和地区已各自形成了一套相对完善的管道完整性评价标准体系。表 5-21 给出了其中较有影响的标准文件。

表 5-21 主要的管道完整性评价法规标准

检测类	ASME B31.8S 输气管道系统完整性管理 CSA Z662 油气管道系统 AS 2832 金属管道阴极保护 API RP574 管道系统设施检验推荐作法 API RP580 基于风险的检测 API RP581 基于风险的检测——基础源文件 API 1104 管道及相关设施焊接标准 API 1163 管道内检测系统标准 NACE RP0102 管道在线内检测 NACE pub 35100 管道内检测(报告) NACE TM0109 埋地钢质管道防腐系统地面不开挖检测方法 NACE TM0497 埋地钢质管道阴极保护测试技术 NACE RP0169 埋地或水下金属管线系统的外腐蚀控制 ASTM E2700 相控阵接触式超声对焊接接头检测的标准方法 ASME E2373-04 超声时差衍射技术(TOFD)标准
评估类	ASME B31G 确定腐蚀管线剩余强度手册 ASME B31.8 输气及配气管道系统 API 579 适用性评价标准 BS 7910 金属结构缺陷验收评定方法导则 DNV RP F101 油气管道腐蚀评价推荐标准 NACE SP0502 外腐蚀直接评价 NACE SP0206 干气天然气内腐蚀直接评价 NACE SP0204 应力腐蚀开裂直接评价 DIN EN /TS 15280 评估地下管线的交流最大腐蚀可能性
维修与维护	API 570 管道检验规范——在用管道系统检验、修理、改造和再定级 API RP2200 石油管道，液化石油管道、成品油管道的修理施工 ASME PCC-2 承压设备与管道维修

人员资格 评定、认证	ASME B31Q　输气管道从业人员资质标准 ANSI/ASNT CP-189　无损检测人员资格评定导则 API RP 1163　管道内检测体系统认证 ASNT ILI-PQ　管道内检测员工的资格

对于管道完整性管理这一先进的管道管理模式和管理理念，目前国内管道完整性评价管理的标准主要是通过研究、消化、吸收的方法，结合国内管道运营的实际情况，已形成了一套如表5-22管道完整性评价标准体系。

表5-22　管道完整性评价标准体系

检测类	TSG D7003　压力管道定期检验规则——长输(油气)管道 NB 47013　承压设备无损检测 GB 32167　油气管道完整性管理规范 GB/T 11345　焊缝无损检测　超声检测　技术、检测等级和评定 GB/T 15830　无损检测钢制管道环向焊缝对接接头超声检测方法 GB/T 16805　液体石油管道压力试验 GB/T 19285　埋地钢制管道腐蚀防护工程检验 GB/T 21246　埋地钢制管道阴极保护参数测量方法 GB/T 21447　钢质管道外腐蚀控制规范 GB/T 21448　埋地钢质管道阴极保护技术规范 GB/T 27699　钢质管道内检测技术规范 GB/T 50818　石油天然气管道工程全自动超声波检测技术规范 GB/T 29712　焊缝无损检测超声检测验收等级 SY/T 0029　埋地钢制检查片应用技术规范 SY/T 0066　埋地防腐层厚度的无损测量方法(磁性法) SY /T 4109　石油天然气钢制管道无损检测 SY/T 6597　油气管道内检测技术规范 SY/T 6755　在役油气管道对接接头超声相控阵及多探头检测 Q/SY 1184　钢制管道超声导波检测技术规范 Q/SY 1267　钢质管道内检测开挖验证规范 Q/SY 1591　天然气管道内腐蚀监测与数据分析—电阻探针法 Q/SY 1672　油气管道沉降监测与评价技术规范 Q/SY 05269　气场站管道在线检测技术规范 Q/SY JS0104　含缺陷管道C扫描三维检测技术规范 Q/SY JS0066　超声时差衍射TOFT技术标准 Q/SY JS0054　钢制管道内检测执行技术规范 Q/SY JS0101　超声导波永久探头技术规范 Q/SY JS0102　管道地质灾害高风险点应变监测技术规范 Q/SY 05269　油气站场管道在线检测技术规范 Q/SY GD 0303　管道缺陷开挖验证规范 Q/SY JS0065　超声导波检测操作技术规范 Q/SY JS0067　天然气管道内腐蚀监测数据分析及评价规范 Q/SY JS0068　管道内外缺陷认定和验证技术规范

续表

评估类	GB/T 19624 在用含缺陷压力容器安全评定 GB/T 30582 基于风险的埋地钢质管道外损检验与评价 SY/T 0087.1 钢制管道及储罐腐蚀评价标准 第1部分：埋地钢制管道外腐蚀直接评价 SY/T 0087.2 钢质管道及储罐腐蚀评价标准 第2部分：埋地钢质管道内腐蚀直接评价 SY/T 0087.3 钢制管道及储罐腐蚀评价标准 第3部分：钢质储罐直接评价 SY/T 0087.4 钢质管道及储罐腐蚀评价标准 第4部分：埋地钢质管道应力腐蚀开裂直接评价 SY/T 0087.5 钢质管道及储罐腐蚀评价标准 第5部分：油气管道腐蚀数据综合分析 SY/ T 6151 钢制埋地管道腐蚀损伤评价方法 SY/T 6477 含缺陷油气输送管道剩余强度评价方法 SY/T 6996 钢质油气管道凹陷评价方法 SY/T 10048 腐蚀管道评估推荐做法 Q/SY 1180.4 管道完整性管理规范 第4部分：管道完整性评价 Q/SY GD 1087 管道缺陷评价手册 Q/SY JS0056 管道超声导波检测及评估技术规范 Q/SY JS0055 钢制管道缺陷安全评价规范 Q/SY JS0063 管桥结构评价规程 Q/SY JS0064 钢制管道 ABAQUS 仿真系统评价规范
维修与维护	GB/T 36701 埋地钢质管道管体缺陷修复指南 SY/T 6649 油气管道管体缺陷修复技术规范 Q/SY 1592 油气管道管体修复技术规范 Q/SY GD0192 油气钢质管道管体缺陷修复规范 Q/SY GD1033 油气管道管体缺陷修复手册 Q/SY JS0056 管道碳纤维复合材料补强修复技术规范 Q/SY JS0057 管道夹具注环氧补强修复技术规范。

5.2.2 管道缺陷及安全状态评价软件开发及应用案例

1. 背景

管道内外检测发现的管道缺陷的评价及修复，涉及管道本体，是管道完整性管理非常重要的一环，也是保障天然气管道安全运行的重要手段；评价工作对专业技术要求较高，如何科学合理、正确精准地实施评价，帮助评价人员作出判断，迫切需要一套软件作为评判工具，实现经济且可靠的缺陷及安全状态评价，预防或减少管道事故的发生。

本案例实施的目标如下：

（1）调查研究国内外已有缺陷评价标准的适用性范围，确定评估方法；

（2）开发一套"管道缺陷适用性及安全状态评估软件"。

2. 主要内容

作为完整性管理的专项评价及分析工具，该软件内置了典型的管道缺陷及管道占压、悬空及重车碾压等安全状态评价等7个模块15套算法。初步实现了管道缺陷及安全状态评价的统一化、模块化、数字化。具体成果如下：

1）确定了腐蚀、机械划伤、凹陷及弯头剩余强度评价的方法

针对X60及以下管线钢：

（1）腐蚀缺陷评价，比选使用 ASME B31.G—2009、RSTRENG 法；

（2）划痕评价，推荐使用 API 579 标准；

（3）对于几何凹坑，推荐采用 ASME B31.8—2010；

（4）对于凹坑+划痕，推荐采用 API 579 标准和 ASME B31.8—2010。

针对中高强度等级的 X65 及以上管线钢：

（1）腐蚀缺陷评价，推荐采用 DNV RP-F101；

（2）划痕评价，推荐使用 API 579 标准；

（3）对于几何凹坑，推荐采用 ASME B31.8—2010；

（4）对于凹坑+划痕，推荐采用 API 579 标准和 ASME B31.8—2010。

2）形成了长输天然气管道腐蚀壁厚损失临界值速查表

此表主要用于现场工程师手中，如发现是腐蚀缺陷，可直接对照此表，快速作出决定，节省了现场的待工时间，提升了工作效率。

3）确定了重车碾压、悬空管道、占压管道等的安全评价方法

对于悬空管道的评估，采用的是两端固定、施加均布载荷的模型（见图 5-44），计算出管道悬空的最大跨度容许值，如式（5-4）所示。

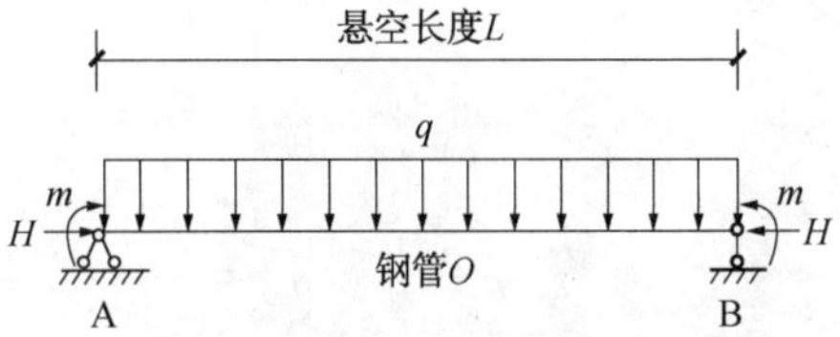

图 5-44　悬空管道受力模型

$$\begin{cases} q = \dfrac{\pi}{4}\rho_{\text{steel}}(D^2 - d^2) \\ L = \dfrac{12 \times [\sigma] \times 0.098175 \times \left(\dfrac{D^4 - d^4}{D}\right)}{q} \end{cases} \tag{5-4}$$

式中　q——管子所承受的净单位长度荷载，kg/m；

ρ_{steel}——钢材密度，kg/m³。

对于占压管道，选择 Spangler-Iowa 方法校核外载作用下管道截面的径向变形量，以确定管道变形允许量。

对于重车碾压，首先计算地面车辆荷载传递到管道顶部的竖向压力标准值，分别给出车辆单个轮压传递到管顶的竖向压力标准值、两个以上单排轮压综合影响传递到管道顶部的竖向压力标准值、多排轮压综合影响传递到管道顶部的竖向压力标准值计算。按地面到管顶的距离分别确定相应的动力系数 μ_d。

（1）单个轮压传递到管道顶部的竖向压力的受力示意图如图 5-45 所示，竖向压力标准值可按式（5-5）计算。

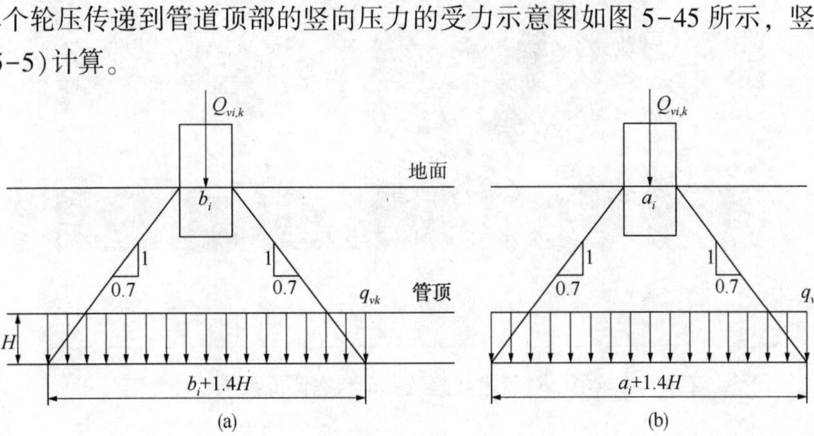

图 5-45　单个轮压传递到管道顶部的竖向压力的受力示意图

$$q_{vk}=\frac{\mu_d Q_{vi,\ k}}{(a_i+1.4H)(b_i+1.4H)} \tag{5-5}$$

（2）两个以上单排轮压综合影响传递到管道顶部的竖向压力受力示意图如图 5-46 所示，竖向压力标准值可按式(5-6)计算。

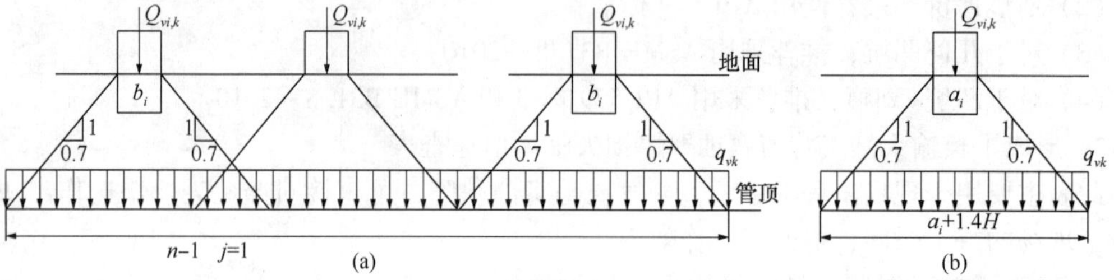

图 5-46　两个以上单排轮压综合影响传递到管道顶部的竖向压力受力示意图

$$q_{vk}=\frac{\mu_d n Q_{vi,\ k}}{(a_i+1.4H)(nb_i+\sum_{j=1}^{n-1} d_{b_j}+1.4H)} \tag{5-6}$$

（3）多排轮压综合影响传递到管道顶部的竖向压力标准值，可按式(5-7)计算。

$$q_{vk}=\frac{\mu_d n Q_{vi,\ k}}{(\sum_{i=1}^{m_a} a_i+\sum_{j=1}^{m_a-1} d_{aj}+1.4H)(\sum_{i=1}^{m_b} b_i+\sum_{j=1}^{m_b-1} d_{bj}+1.4H)} \tag{5-7}$$

4）形成在役长输天然气管道悬空临界值速查表

形成了在役长输天然气管道悬空临界值速查表，提高了现场的工作效率。

5）管道缺陷及安全状态评价系统

开发一套管道缺陷及安全状态评价系统软件，并进行一系列缺陷评价及安全状态评价现场实践。内置典型的管道缺陷及管道占压、悬空及重车碾压等安全状态评价等 7 个模块 15 套算法(见图 5-47)。可初步实现管道缺陷及安全状态评价的统一化、模块化、数字化。

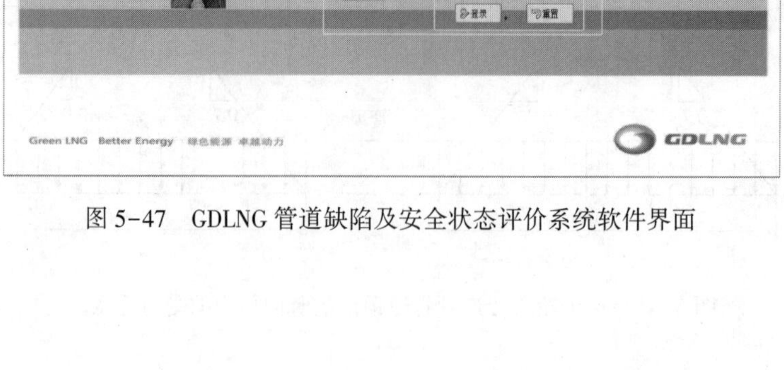

图 5-47　GDLNG 管道缺陷及安全状态评价系统软件界面

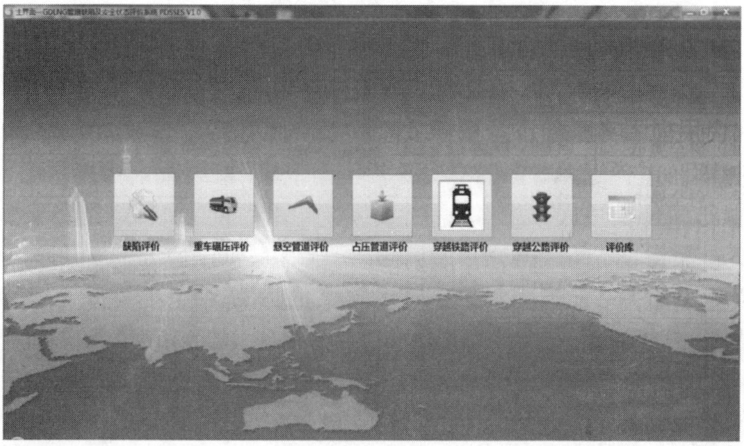

图 5-47　GDLNG 管道缺陷及安全状态评价系统软件界面(续)

6）推广和应用

（1）管道腐蚀评价

针对 X65 管道特性，管径为 $\phi610$，壁厚为 12.7mm，其设计压力为 9.2MPa，设计系数为 0.5，缺陷尺寸为长度为 200mm、深度为 3.5mm，评价情况如图 5-48 所示。

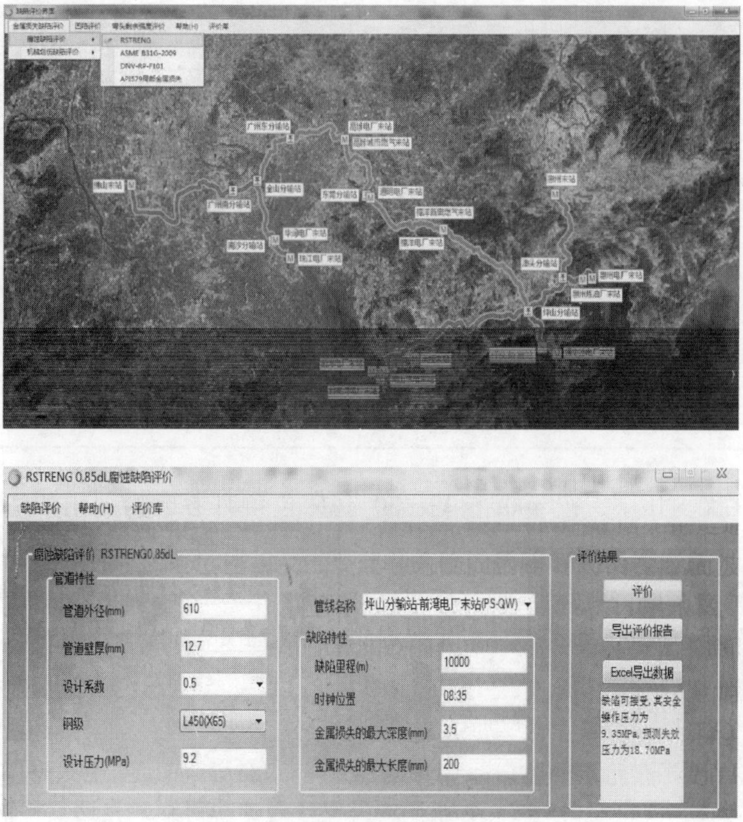

图 5-48　管道腐蚀评价

(2) 重车碾压

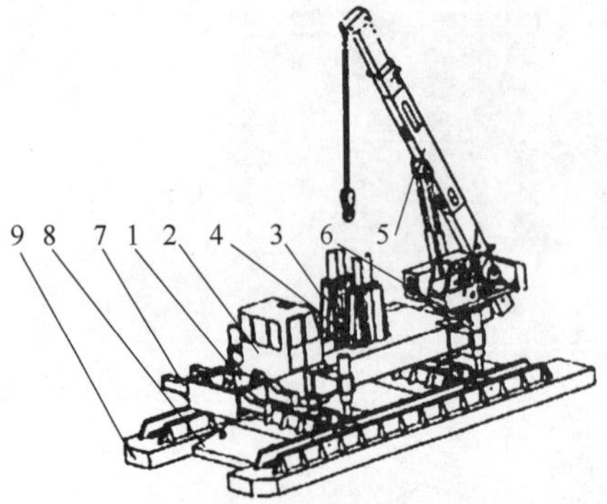

图 5-49　压桩机整体结构

1—边桩器；2—主驾驶室；3—压桩台；4—夹柱箱；5—起重机；6—升降机械；7—辅助配重梁；8—横移回转机构；9—纵移机构

某阀室外围发生一起第三方施工人员强行施工的事件，对方强行将约 400t 重的打桩机从管道上方碾过。管道原来在水泥路面下，事发时水泥路面上有约 30cm 厚的堆土。

桩机沿管道上方土路从管道一侧约 20m 处行驶至管道另一侧约 20m 外。

该静压桩机为 ZYJ800B 型，结构如图 5-49 所示，机器满载配重块的情况下总重超过 600t。此时未加满配重，约 400t 左右。由于机器底部受力面较大，移动时最小也有约 $30m^2$ 着地，所以所经过的路面上覆土还处于较松散状态，还未被压实。机器移动速度也很快，大约 10min 左右即从管道上方跨越。

根据该重车碾压现场情况，以及收集到的现场数据，及管材参数，用重车碾压(刚性路面)模块进行计算(见图 5-50)，计算出基床包角 30°、45°、60°、90°、150°时的管道椭圆度，如表 5-23 所示。

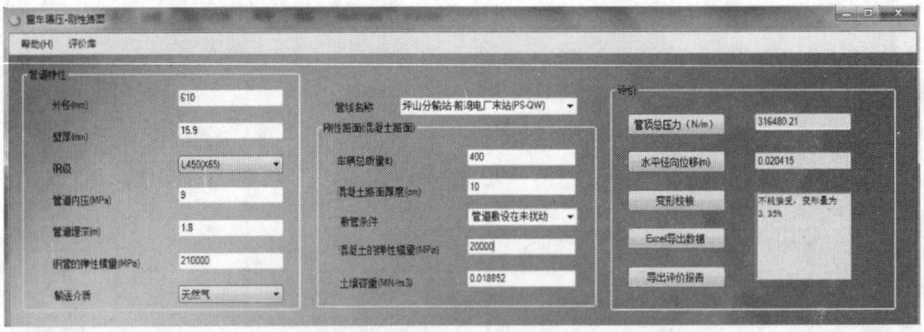

图 5-50　重车碾压评价计算

表 5-23　不同基床包角时的管道椭圆度

机床包角/(°)	30	45	60	90	150
管道椭圆度/%	3.50	3.32	3.20	2.91	2.52

经计算，在无内压下，按 400t 桩基、30°基床包角时考虑的碾压的情况下，变形量为 3.5%。

考虑到桩基碾压下管道有内压，且经过以往实际测量结果：管道在重压载荷作用下，随着覆土层深度增加，管道变形量快速降低，在覆土厚度超过 1m 后，实测值只有理论计算值的 30%。

评价结果：管道变形量符合标准要求，管道可以正常运行。

3. 小结

应用管道缺陷及安全状态评价系统，可改变以往的工作模式，方便公司技术人员适时地对管道完整性作出初步评价和判断，一方面准确、快速作出评价，提高工作效率；另一方面，科学进行维修，降低缺陷维修率和维修费用。为运营公司推行完整性管理提供了更先进、更科学的信息与决策支持，高效预防和降低事故发生率，提升管道运行的安全可靠性。

5.2.3　管道应变监测及分析评价案例

1. 背景

长输管道担负着油气资源的主要输送任务，由于分布范围非常广阔，沿途区域自然地理和地质环境复杂多样，不可避免地会受到各种地质灾害的威胁和侵害。国内外管道失效数据均表明，虽然在数量上地质灾害导致油气管道失效的事件的概率并不高，但造成的财产损失却非常巨大。根据美国运输部(US DOT)1984~2001年间天然气输送数据：地质灾害导致了8.5%的管道事件，低于第三方破坏、材料缺陷和腐蚀，但其造成的损失却超过材料缺陷和腐蚀，仅次于第三方破坏。

管道应变监测及分析技术是管道完整性管理的核心技术之一，它能直观、定量地获得地理工况条件下管体本身的即时应力应变数据，不但能够及时发布变形预警，还可以指导地质灾害的治理过程，评价灾害治理的实际效果，从而给运营商带来明显的减灾效益。除此之外，管道应变监测对于管道穿越铁路、公路、河流及管道周边的第三方作业等也具有监测预警的作用，从而减少或者避免这些第三方作业对管道造成的破坏。

2. 主要内容

管道应变监测系统应该包括传感器、数据采集仪以及监控终端软件等部分。管道应变监测应采用可靠性高、寿命长、抗干扰性强、满足自动采集要求的应变传感器；必要时可以对土壤位移进行监测，采用土压力计、水压力计等传感器；并配置有严格的预报预警系统，并且根据管道变形的程度制定报警等级。

1）传感器的选择标准

传感器选择标准建议如下：

（1）振弦式应变计应符合GB/T 3408.2—2008的标准要求；

（2）金属粘贴式电阻应变计应符合GB/T 13992—2010的标准要求；

（3）其他传感器应符合相关国家标准或行业标准的要求。

2）传感器安装布置数量

传感器安装布置数量应以掌握管道某个截面上各点的纵向应变以及管道该截面的轴向应变和弯曲应变为宜，并按照图5-51所示的方法在管道同一截面环向安装至少3支应变传感器。

3）管道应变监测报警策略

管道应变监测过程中很重要的一个环节就是预警。当管道的应变或者其变化超过一定的数值时，监测系统要自动报警，提示管理人员及时关注和排查问题。预警原则可以是基于管道应变实际监测到的数据采集值的变化量，也可以是基于通过管道应变测量数据计算而得到的管道附加应力值。把探头报警和应力报警相结合是最好、最安全的方式，同时要根据历史数据和经验提出更加合理的探头报警门限值，在后期监测中进行适当的修正，以实现真正有效的预警作用。

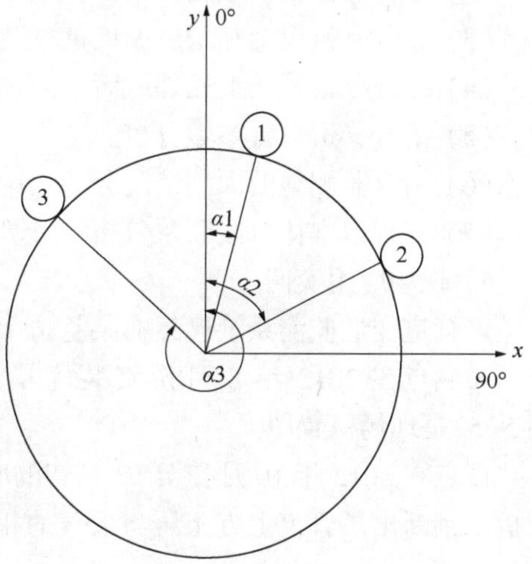

图5-51　应变计安装示意图

探头报警策略阈值设定的原则如下：

（1）较高的报警灵敏度；

（2）较低的误报率。

假设管道只承受轴向应力，根据某管道的参数和特点，初步估算管道的许用应力为300~400MPa，当应力绝对值分别超过30%、60%和90%的许用应力时，系统会进行应力报警，应变计报警是体现相对变化值，所以可以提高安全系数，采用15%、30%、45%的许用应力作为报警阈值计算依据，这就意味着对应的轴向应力约为50MPa、100MPa、150MPa，假设管道钢的弹性模量为200GPa，所以对应的应变为250微应变、500微应变、750微应变。

因此，目前建议应变计报警阈值第三、第二和第一级分别对应250微应变、500微应变、750微应变。该报警阈值可以随着经验数据的积累进行及时调整，既不放过任何潜在的危险，又不随意进行报警。

结合管道变形的发展演化阶段，以管体附加应力变化量为依据，把管道变形预警级别划分为3级，即Ⅰ级、Ⅱ级、Ⅲ级，并分别以红色、黄色、蓝色予以标志。

Ⅲ级：蓝色预警，管道出现较小变形，需要关注。

Ⅱ级：黄色预警，管道出现较大的变形，需要进行警示。

Ⅰ级：红色预警，管道出现严重变形并且极易发生事故。

管道变形监测预警准则设定如下：

（1）管体附加应力 σ_F 超过允许附加应力 $[\sigma]_{Tmax}$ 或 $[\sigma]_{Cmax}$ 的30%，发布Ⅲ级预警。

（2）管体附加应力 σ_F 超过允许附加应力 $[\sigma]_{Tmax}$ 或 $[\sigma]_{Cmax}$ 的60%，发布Ⅱ级预警。

（3）管体附加应力 σ_F 超过允许附加应力 $[\sigma]_{Tmax}$ 或 $[\sigma]_{Cmax}$ 的90%，发布Ⅰ级预警。

4）数据分析方法及原则

从采集仪以及上位机可获得的数据包括：采集仪电压值、三个应变计的应变读数及应力值、管道表面温度、采集仪温度、土压计读数及土压值、水压计读数及水压值、测斜仪角度以及管道受到的轴向应力、水平弯曲应力和垂直弯曲应力等。对这些数据进行分析时要遵循以下几个原则：

（1）主要分析应变测量值的相对变化值和变化趋势，同时兼顾绝对值的数值范围；

（2）综合分析三个应变计的测量结果；

（3）综合分析应变和对应温度的变化；

（4）综合分析管线上相邻或者连续测点的变化；

（5）结合管道运行参数分析；

（6）结合监测地的天气情况分析；

（7）与管道本体材质联系分析，计算应力变化，对比受力状态。

5）现场应用实例

该管道变形监测系统已经在某管道上安装了12个测点，目前所有测点运行良好。

某测点在2012年8月份安装完毕，此段管线顺坡铺设，侧向土壤滑动风险较大。图5-52是现场位置图。

该点在2012年10月初至12月初的时候出现了土压力计的变化。通过对当地天气进行分析，判断出了管道上方土压与天气的相关性。变化趋势如图5-53所示。

图 5-52　现场位置图

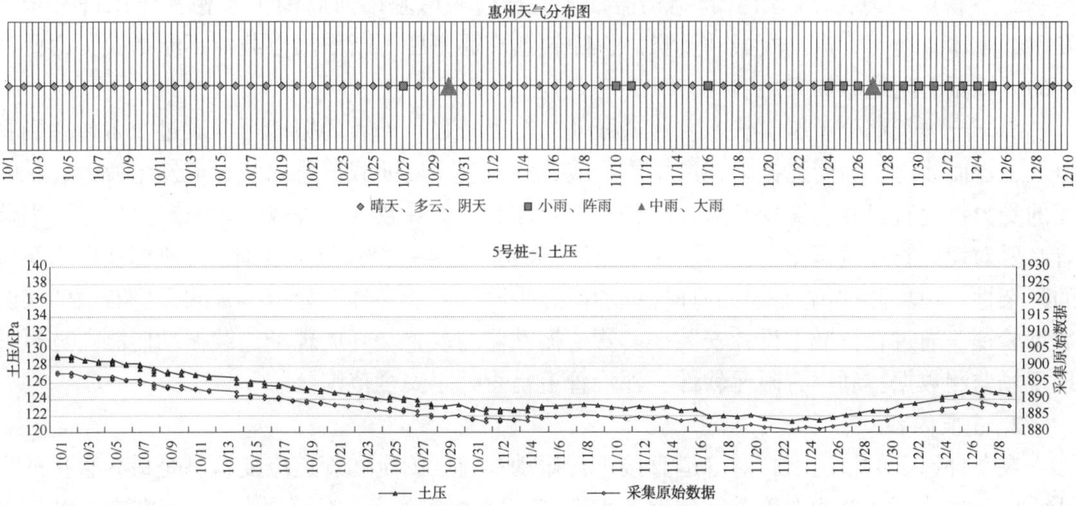

图 5-53　5 号桩-1 的土压与天气的变化

从图 5-53 中可以看出土压计监测的数据在 121~129kPa 内，从 10 月 1 日到 10 月 31 日一直处于下降的趋势，说明管道周边的土壤中的水分在不断地蒸发，从 11 月 1 日开始到 24 日土压处于轻微波动，11 月 24 日以后又处于上升势态。如果把土压的变化与同期的天气情况作个对比，两者之间的关系一目了然。前期的小降是因为持续的晴天或阴天，地表水没有增加反而因为蒸发而下降，10 月 30 日左右有大的降雨，土压止跌开始处于波动的状态，中间间或有小雨，对土压的影响不大，略有小的波动，从 11 月 24 日开始到 12 月 6 日，惠州持续处于降雨天气，土压不断上升，7 日以后天气晴好，土压又开始出现下降。所以可以推断出：该测点土压出现变化与当地天气变化有关。

3. 小结

大鹏公司所属管线沿途地质灾害潜在危险多，施工频繁，这些风险因素威胁着管道的运行安全。以往有关管线安全情况的信息通常来自巡线工，但巡线工通常只能对地表情况有所察觉，而且巡线工不可能全天候工作，在恶劣的天气条件下无法执行巡线任务，因此，仅仅依靠巡线工来保证管道的安全有很大的局限性。

本案例结合公司管线的特点，选择了合适的测点进行了地质灾害监测及管道周边爆破影响监测，通过在地质灾害部分高风险区域管道附近埋设传感器，利用 GPRS 网络技术，通过多通道数据自动采集和传输，在无人值守的情况下，将地质活动及管道变形情况传输到控制端，实现了多参数远程实时监测。当监测数值超过规定值时会自动报警，使得管理人员能够在远端及时掌握管道安全情况，实现了对监测数据全天候、无人值守、实时掌控。因此，做到提前预测并及时发现地质灾害的发生并采取有针对性的预防措施，对于提升公司所属管线的安全管理水平，减少管道安全事故的发生、挽回经济损失有着重要的意义。

5.2.4　高铁振动对输气管道本体影响的监测研究案例

1. 背景

在某铁路交会处，管道斜交于铁路沿线方向，靠近高架桥墩，而桥墩基础与周围土壤相互作用，会影响管道。高架轨道交通在轨道不平顺、车轮不圆度及车辆轴重等激励下产生车辆-轨道-桥梁动力相互作用引起结构振动，并通过桥墩基础与周围土层相互作用进一步诱发附近土体、地下管道二次振动及噪声，随轨道交通密度不断增加、载荷不断增大，由此产生的环境振动问题愈加突出。

由于土壤长期处于压实状态，传递振动的能力较强。外界的振动可以通过土壤传递到管道上，进而使得管道受迫振动，产生周期应力和应变。周期载荷可以使管道发生疲劳，长时间的受力将使管道发生蠕变变形。疲劳和蠕变均有可能导致管道失效，带来严重后果。因此有必要对埋地管道进行振动监测。由于车辆-轨道-桥梁-桥墩基础-土体-管道相互作用系统的复杂性，现场测试仍为重要的环境振动研究手段，并能为理论分析、预测提供有效的实测数据验证。通过在桥墩上设计安装一套管道振动监测装置，开展现场连续振动监测，分析处理现场监测数据，利用有限元软件，评价管道是否处于安全范围。

2. 主要内容

在条件许可的情况下，对管道直接进行振动加速度测量和管道应变监测是最为直接的方法。由于本案例要监测的管道区域地下水丰富，周边为鱼塘，管道埋深在 5m 左右，开挖难度大且风险高，决定采用间接的方法进行测量，即现场测量桥墩的振动情况，通过模拟计算来了解管道受影响的程度。

图 5-54　管道走向与铁路走向示意图

振动监测点位于某铁路交会处。如图 5-54所示，埋地管道从两条高铁的高架桥下斜穿而过。将某 A 铁路三个桥墩编号为1、2、3(见图 5-55)，B 铁路两个桥墩编号为 1、2(见图 5-56)。考虑到监测位置应该与管道最近，因此选择 A1 号桥墩和 B1 号桥墩为两个监测点。

1）设备的安装与调试

(1) 监测装置分布如图 5-57 所示，加速度传感器通过黏接剂将固定底座垂直黏接在桥墩上，电源由蓄电池或发电机供电，通过数据采集仪连接笔记本电脑。

（2）清理好现场杂草垃圾等，为布置设备做准备。

（3）按设备要求连接好加速度传感器、数据采集仪、笔记本电脑和电源。

图 5-55　A1 号桥墩监测点

图 5-56　B1 号桥墩监测点

（4）加速度计通过一个固定底座与桥墩粘接，位于距离地面 2m。黏接前清理干净底座与桥墩黏接处，黏接好底座好后，将加速度计用螺钉安装到底座上（见图 5-58）。

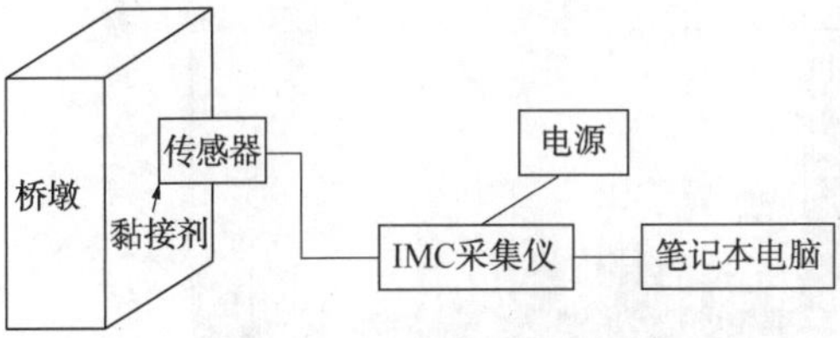

图 5-57　监测装置示意图

图 5-58　加速度计安装图

（5）加速度计安装方向。加速度计选择与铁轨平行的方向为 Z 轴方向，垂直于地面的方向为 Y 轴方向，平行与地面且垂直于铁轨的方向为 X 轴（见图 5-59）。

（6）数据采集系统中的三轴加速度计把桥墩振动引起的电容变化转变为电压信号，经滤波、放大、数据处理换算为加速度值，在笔记本电脑用 FAMOS 软件还原成图形和数值的形式。

2）振动监测结果

从 2015 年 3 月 20 日下午开始至 3 月 27 日中午，对两桥墩进行了为期 8 天的振动监测，得到大量的数据，从所有数据中分析得到以下结果：

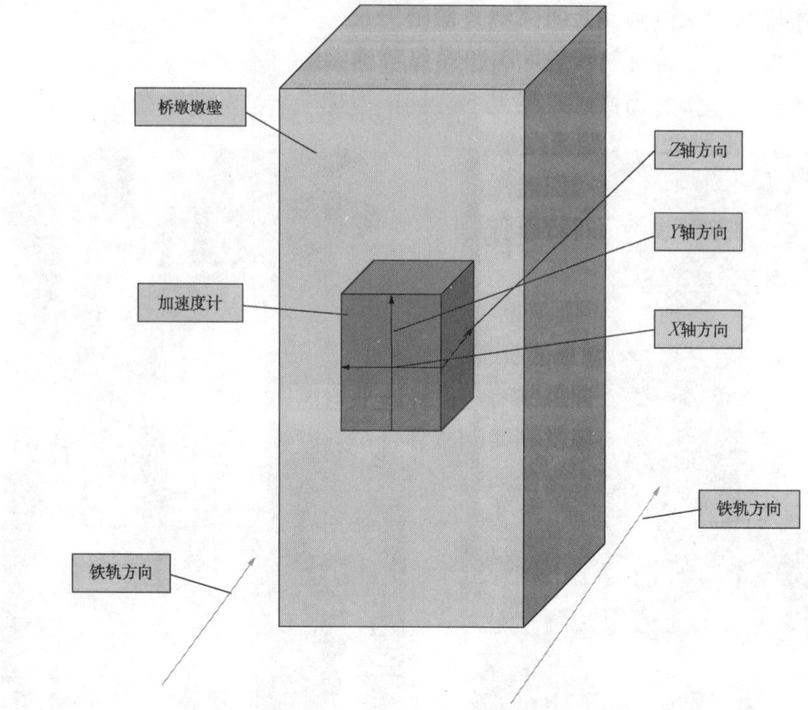

图 5-59　加速度计三轴方向示意图

（1）A 铁路桥墩

① A1 号桥墩正上方高铁通过时的监测结果　A1 号桥墩，作为 A 线上监测的主桥墩，当其正上方有车经过时，加速度计三轴方向都测到了明显波形，在为期 7 天的连续监测中，测到一组最大振动加速度值，三轴最大值分别为：X 轴，0.011g；Y 轴，0.020g；Z 轴，0.009g（监测时间：3 月 26 日 17：09，此时段经过 G71 车次，列车为进站方向。原始数据：A1 号桥墩 26 日 17 点）。三轴的波形如图 5-60~图 5-62 所示。

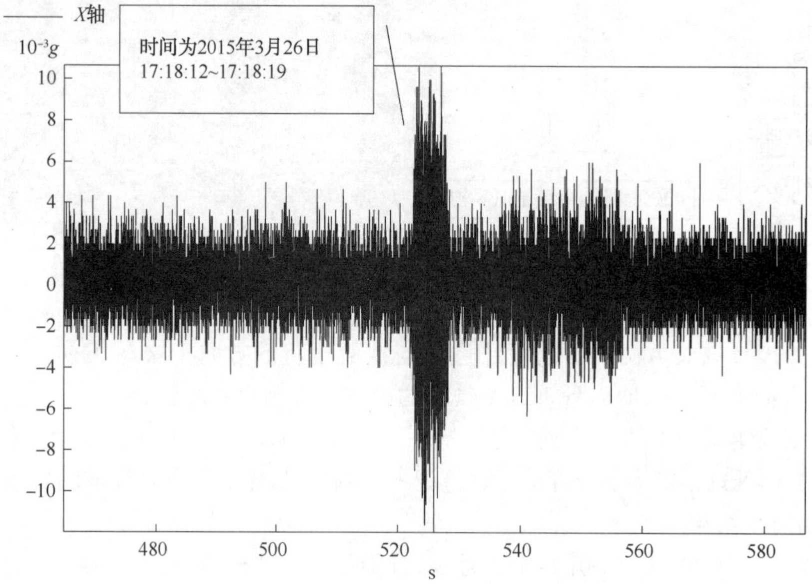

图 5-60　A1 号桥墩 X 轴加速度波形图

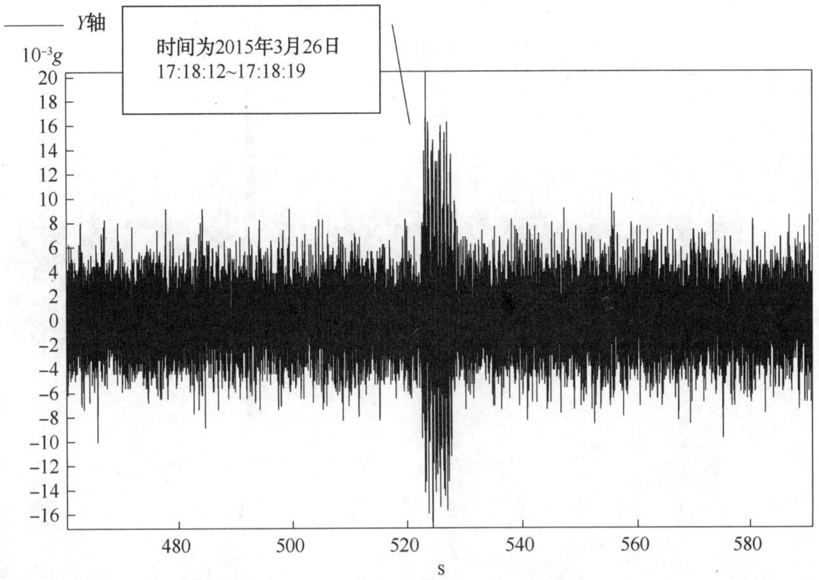

图 5-61　A1 号桥墩 Y 轴加速度波形图

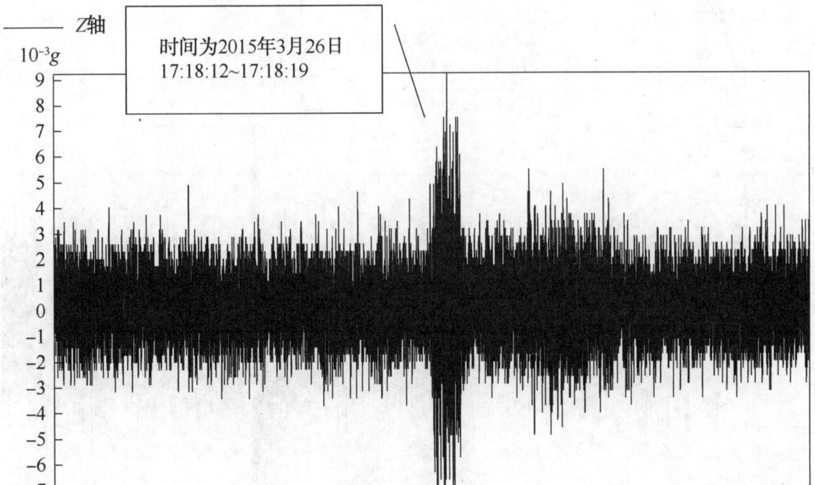

图 5-62　A1 号桥墩 Z 轴加速度波形图

② A2 号桥墩正上方高铁通过时的监测结果　A2 号桥墩作为辅助监测桥墩，当有高铁经过其正上方时，同样三轴都有明显波形，在为期 7 天的监测中，测到 2 号桥墩一组最大振动加速度值，三轴加速度值分别为：X 轴，0.013g；Y 轴，0.016g；Z 轴，0.008g（监测时间：3 月 20 日 14：33，此时段经过 G78 车次，列车为出站方向。原始数据：A2 号墩 20 日）。三轴波形如图 5-63～图 5-65 所示。

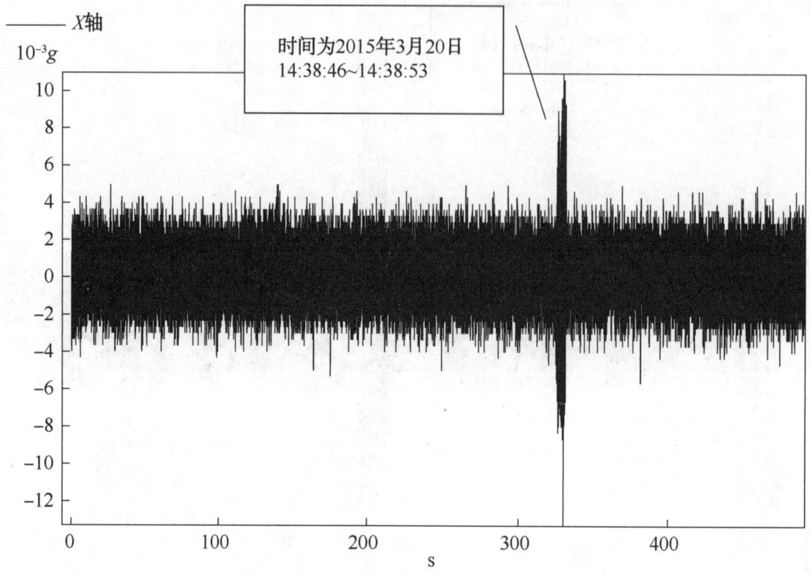

图 5-63　A2 号桥墩 X 轴加速度波形图

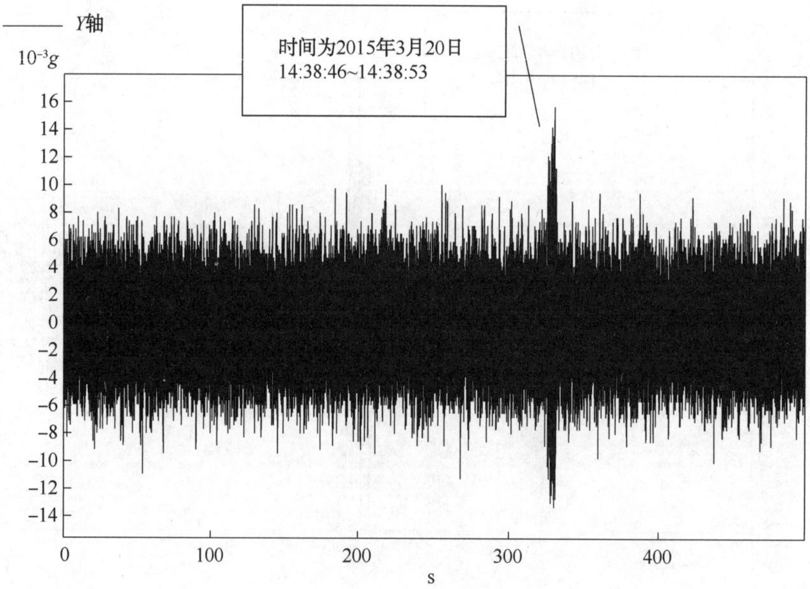

图 5-64　A2 号桥墩 Y 轴加速度波形图

③ A1 号桥墩非正上方过车监测结果　A1 号桥墩作为监测主桥墩，当其非正上方有高铁经过时 0，如 A2 号桥墩和 3 号桥墩经过车时，三轴中只有 X 轴有明显波形，Z 轴有一定波形，Y 轴几乎没有波形。且距离 1 号桥墩更近的 2 号桥墩经过车时振幅较大，3 号桥墩经过车时，振幅较小，在测到的数据中选择以下一组数据用来说明(监测时间：3 月 27 日 10：40，此时段经过 G822 车次，列车为出站方向。10：51，此时段经过 G1008 车次列车为出站方向。原始数据：A1 号桥墩 3 月 27 日早)。三轴的波形如图 5-66~图 5-68 所示。

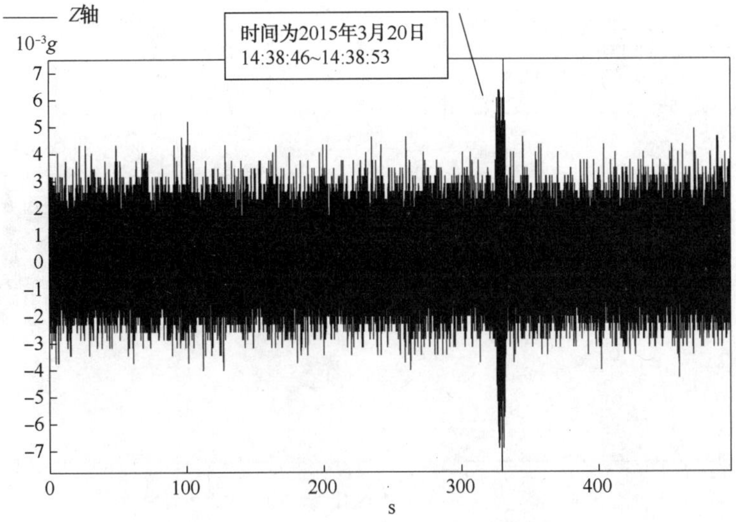

图 5-65　A2 号桥墩 Z 轴加速度波形图

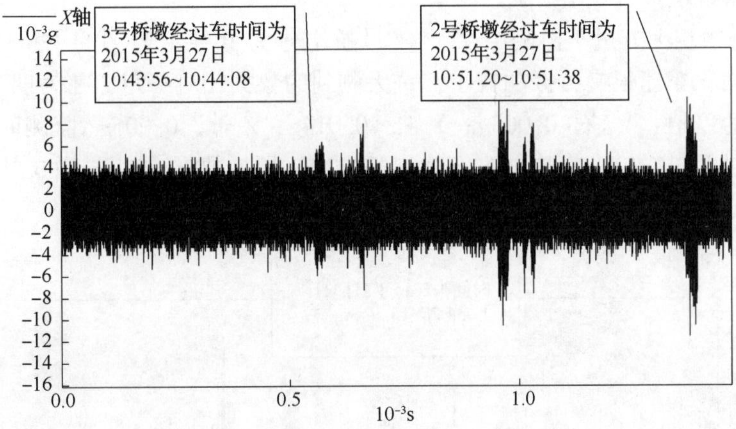

图 5-66　A1 号桥墩 X 轴加速度波形图

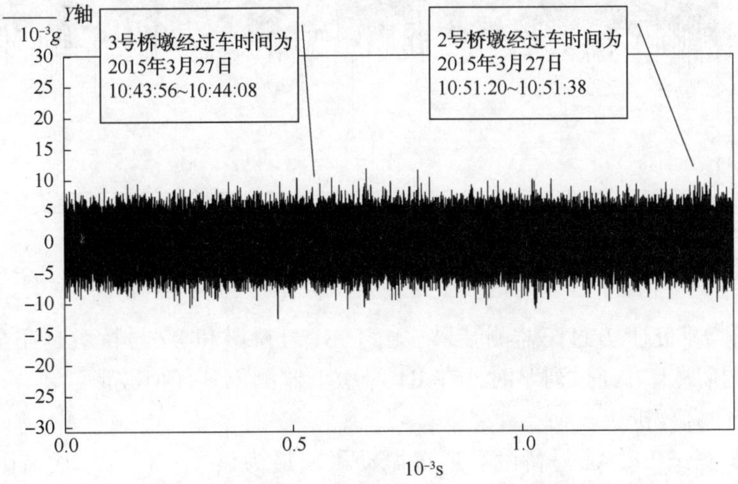

图 5-67　A1 号桥墩 Y 轴加速度波形图

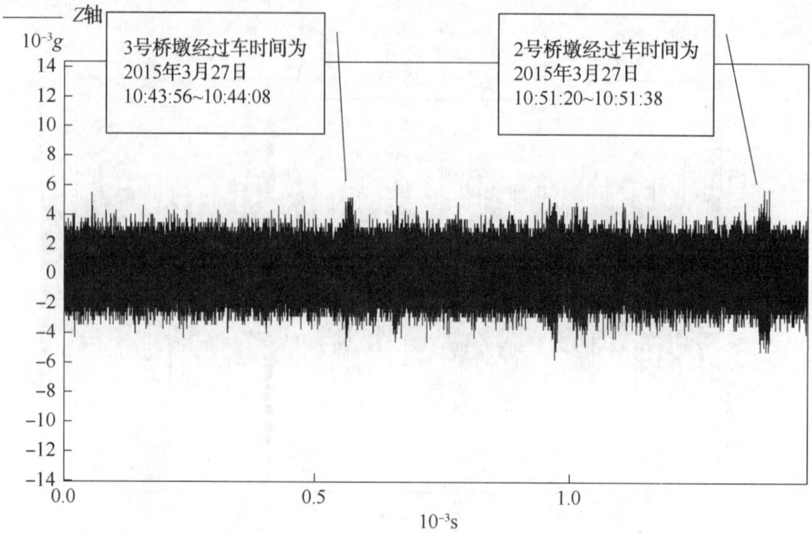

图 5-68　A1 号桥墩 Z 轴加速度波形图

（2）B 铁路桥墩

① B1 号桥墩正上方过车监测结果　B1 号桥墩作为 B 线上监测的主桥墩，经过的列车由于都是刚出站，车速很慢，振动较小，每天测到的数据相对稳定，在为期 7 天的连续监测中得到最大加速度值：X 轴，0.008g；Y 轴，0.014g；Z 轴，0.006g（监测时间：3 月 23 日 13：39，此时段经过 G2914 车次，列车为出站方向。原始数据：B1 号墩 3 月 23 日 13 点-15 点）。三轴的波形如图 5-69~图 5-71 所示。

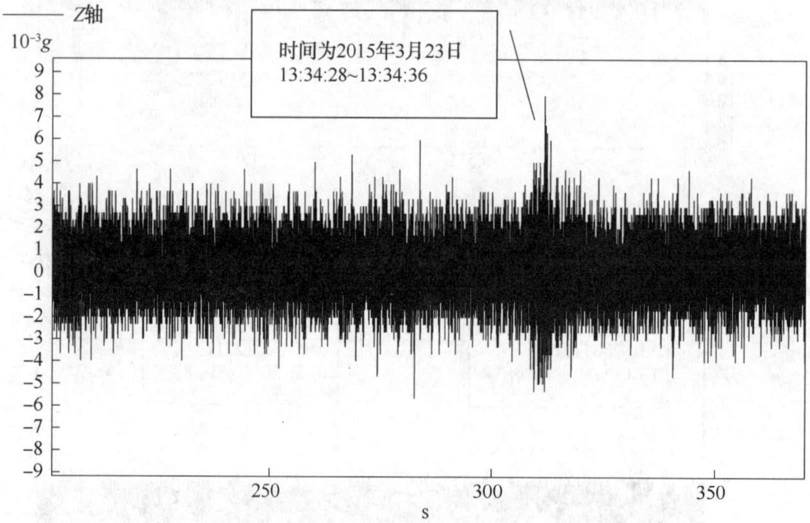

图 5-69　B1 号桥墩 X 轴加速度波形

② B1 号桥墩非正上方过车监测结果　由于 B1 号桥墩和 B2 号桥墩是完全分开，且相距较远，当 B2 号桥墩上方经过列车时，在 B1 号墩上监测不到任何波形。

3）有限元计算分析

根据上述监测结果，A1 号桥墩受列车振动影响最为显著，作为本次有限元计算仿真的研究对象。

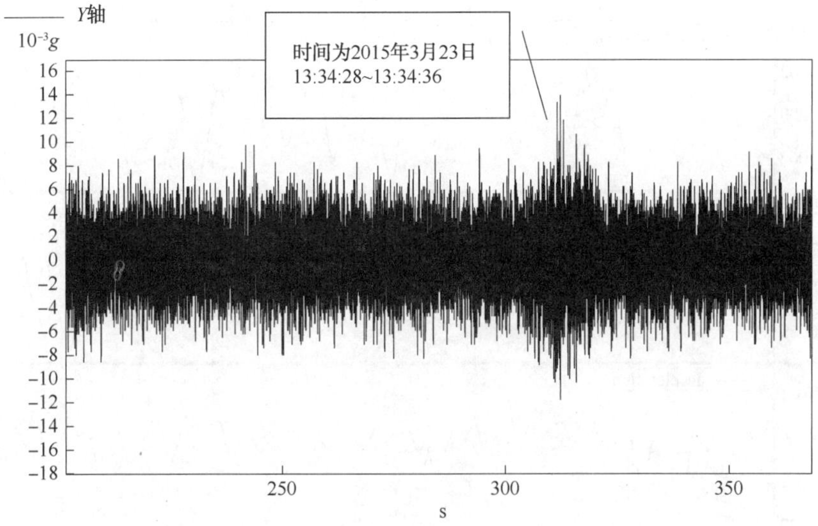

图 5-70　B1 号桥墩 Y 轴加速度波形

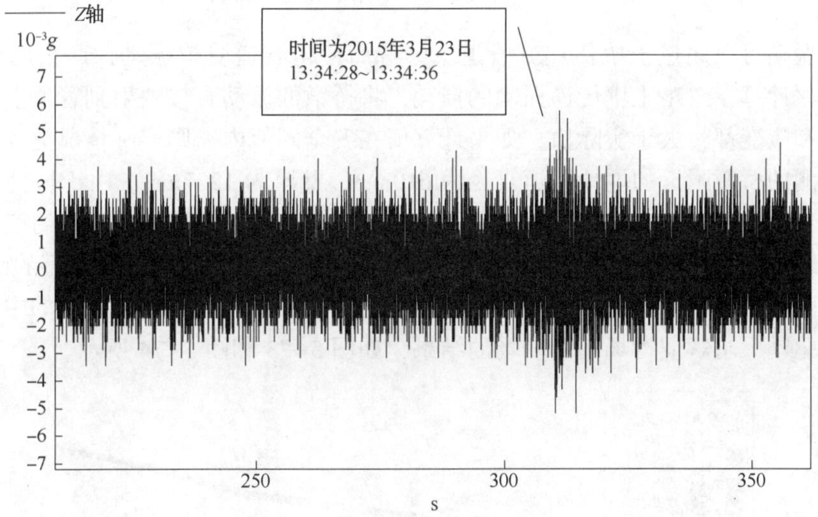

图 5-71　B1 号桥墩 Z 轴加速度波形

A1 号桥墩，作为 A 线上监测的主桥墩，当其正上方经过车时，加速度计三轴方向都测到了明显波形，在为期 7 天的连续监测中，测到一组最大振动加速度值，三轴最大值分别为：X 轴，$0.011g$；Y 轴，$0.020g$；Z 轴，$0.009g$（监测时间：3 月 26 日 17∶09。原始数据：武广 1 号桥墩 26 日 17 点）。

通过对波形图进行分析，可以发现在列车经过时，桥墩的三个方向均产生了较为明显的振动。对产生明显振动的曲线段进行去噪，得到图 5-72 所示的加速度曲线。

图 5-72 中 X 方向是水平方向，Y 方向是竖直方向，Z 方向是垂直于桥墩向外方向。对加速度曲线进行分析，可以发现三个方向的振动频率均在 $f=1.85\text{Hz}$。X 方向的平均振幅 $A_x=0.008\text{m/s}^2$，Y 方向的平均振幅 $A_y=0.006\text{m/s}^2$，Z 方向的平均振幅 $A_z=0.006\text{m/s}^2$。

埋地铺设管道是最常见的铺设方式。由于土壤长期处于压实状态，传递振动的能力较

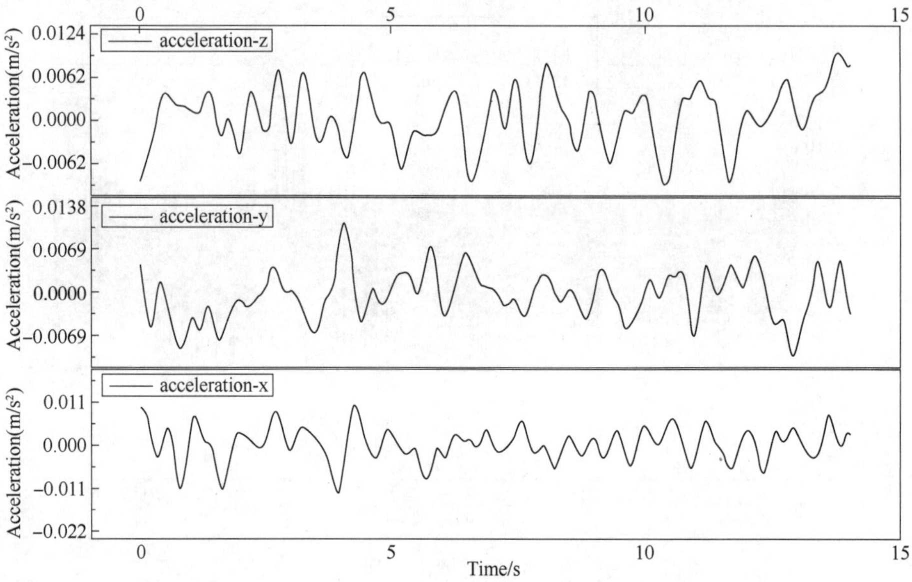

图 5-72　A 线 1 号桥墩振动加速度曲线

强。外界的振动可以通过土壤传递到管道上，进而使得管道受迫振动，产生周期应力和应变。为了简化计算，忽略土壤传递振动的损耗，将桥墩的振动直接映射到管道上。这样计算的振动应力和应变都将大于实际值，如果计算值在安全阈值内，则实际情况更为安全可靠。

本次监测的桥墩附近的埋地管道直径为 610mm，壁厚为 12.7mm。由于振动对管道的影响区域主要集中在振源中心附近，因此取管道的长度为 50m，两端采用固定约束，管道外表面受到土弹簧的约束。如图 5-72 所示，将测量得到的加速度数据施加在模型的中心区域。

在管道距离桥墩最近的部位施加振动加速度的约束，本模型中对应管道的中心部位。在振动加速度驱动下求解应力场和应变场的结果，如图 5-73 和图 5-74 所示。

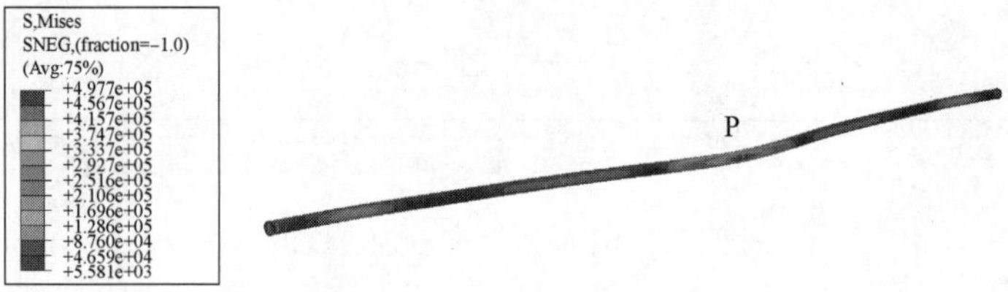

图 5-73　应力场(P 点应力值位于波峰时刻，变形放大 10000 倍，单位 Pa)

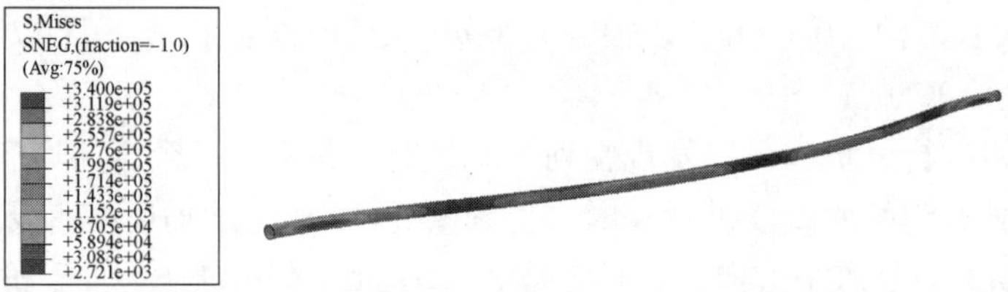

图 5-74　应力场(P 点应力值位于波谷时刻，变形放大 10000 倍，单位 Pa)

P 点为振动中心，其振动强度最大。P 点处的米塞斯等效应力场的变化曲线如图 5-75 所示。从图 5-75 可以看到，管道振动时等效应力呈波浪状变化，最大可以达到 0.5MPa。

图 5-76 和图 5-77 是振动状态下的应变场，最大应变值在 1.6 微应变，远小于地质沉降带来的变形，因此可以忽略振动所引起的变形量。

(1) 双振动干涉振动的有限元计算

A 线是双线铁路，对于双线同时通过列车的振动干涉情况，可以采取振动加速度线性叠加的方法处理。

考虑在 X 轴方向上的振动。假设两车振动的频率分别为 f_1 和 f_2，振幅分别为 A_1 和 A_2，且振动的初始相位存在相位差 φ_0，那么振动在桥墩产生的加速度分别为：

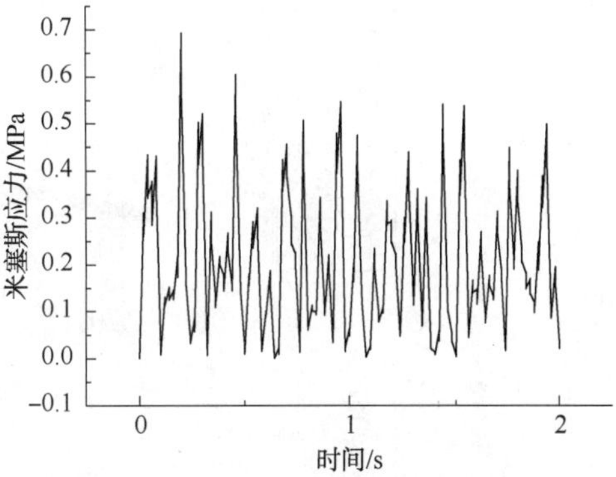

图 5-75　振源中心 P 点的等效应力变化曲线

$$a_1 = A_1 \sin(2\pi f_1 t) \tag{5-8}$$

$$a_2 = A_2 \sin(2\pi f_2 t + \varphi_0) \tag{5-9}$$

图 5-76　应变场(P 点应变值位于波峰时刻，变形放大 10000 倍)

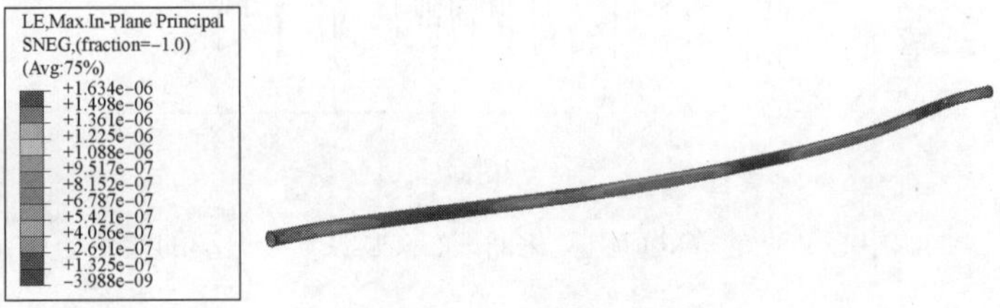

图 5-77　应变场(P 点应变值位于波谷时刻，变形放大 10000 倍)

那么叠加后的振动加速度为：

$$a_x = a_1 + a_1 = A_1 \sin(2\pi f_1 t) + A_2 \sin(2\pi f_2 t + \varphi_0) \tag{5-10}$$

根据三角函数的性质，叠加后的加速度满足 $a_x \leqslant A_1 + A_2$。在两个振动频率为满足谐振条件($Mf_1 = Nf_2$)时，才有可能取等号。对此将极限情况作为研究对象，即加速度最大时刻($a_x = A_1 + A_2$)。

假设相向而行的两列车产生的振动基本相同，因此加速度叠加后产生的振动，其极限加速度是两倍的单次列车的振动加速度。

在双振源的振动干涉下，取其极限情况，计算其应力场，结果如图 5-78～图 5-80 所示。振源中心 P 点的最大应力约为 1.3MPa，随时间变化呈波浪状变化。

图 5-81 是振动状态下的应变场，最大应变值为 2.6 个微应变，可以忽略振动所引起的变形量。

图 5-78　应力场(P 点应力值位于波峰时刻，变形放大 3000 倍，单位 Pa)

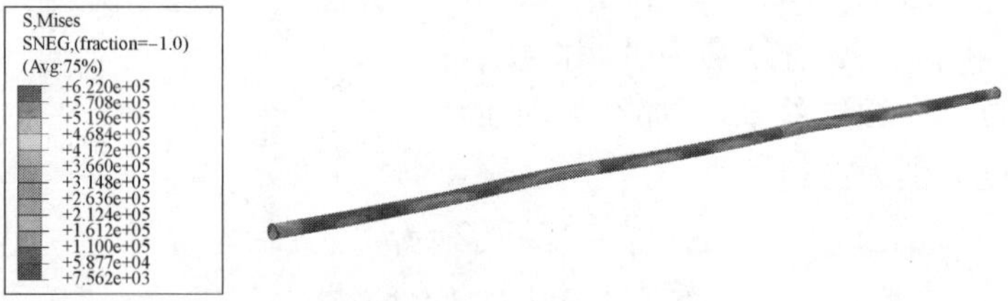

图 5-79　应力场(P 点应力值位于波谷时刻，变形放大 3000 倍，单位 Pa)

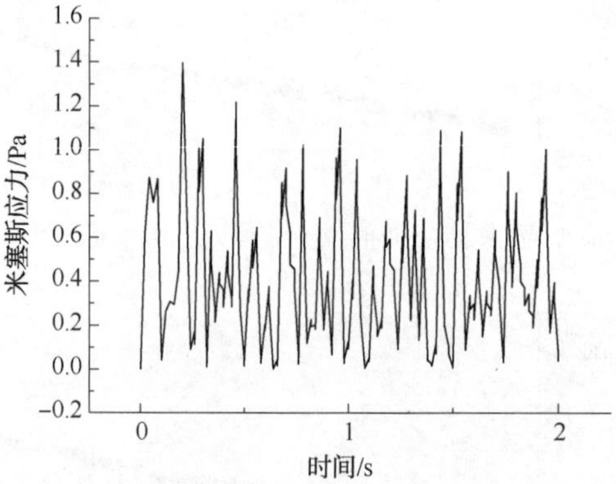

图 5-80　振源中心 P 点的等效应力变化曲线(双振源干涉振动的应变场计算结果)

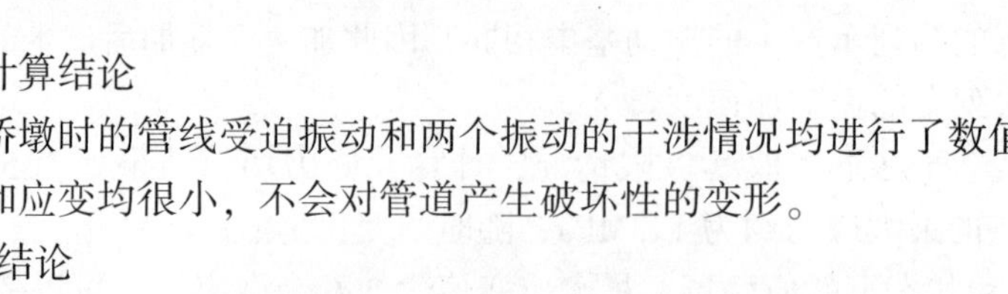

图 5-81　应变场(P 点应变值位于波峰时刻，变形放大 3000 倍)

(2) 有限元计算结论

对列车通过桥墩时的管线受迫振动和两个振动的干涉情况均进行了数值仿真，计算结果表明管道的应力和应变均很小，不会对管道产生破坏性的变形。

4) 监测分析结论

通过现场实测，目前列车运行条件下 A 与 B 铁路交会处列车通过时产生的最大峰值振动速度为 0.01mm/s，远小于采用标准中的振动指标 2.5cm/s。采用保守的有限元分析计算，将桥墩的振动直接映射到管道上，计算结果表明管道的应力和应变均很小，对管道变形影响很小，管道可以安全使用。

3. 小结

本案例巧妙地通过间接监测振动的方法，获取数据并进行影响程度分析，尤其适用于埋深较大开挖困难的管道。通过实测数据并建模分析，模拟计算出高铁桥墩的振动对较大埋深管道的影响程度，形成了一套监测及评价方法，避免了对桥墩附近管道的开挖工作。

在确保了分析结果准确的同时，避免了在高铁桥墩附近进行开挖的风险，进一步确保了管道的安全运行，提高了管道运行安全的可靠性，并且直接节省了开挖及维护费用。

5.2.5 焊缝底片数字化、识别及复评技术研究与实践案例

1. 背景

管道焊缝是管道重要的特征之一，其质量直接影响管道的安全。如果失效，后果和损失严重。焊缝射线底片是检测焊缝质量的重要文件，其评判的准确度非常关键，但焊缝射线底片数据涉及量大，信息多，对于在役管道，如果需要对建设期所有的焊缝底片重新判别，并与焊缝一一对齐，工作量巨大。如果可以实现自动化，通过建立图像自动识别的大数据分析模型，对在役管道运行期焊缝的射线底片质量进行自动评判，将是解决建设期焊缝遗留问题的重要途径。

为提高大鹏公司长输管道本质安全管理水平，充分吸取其他单位的经验教训，加强对管道焊缝缺陷的识别评价及修复，从根本上解决射线底片无法长期保存的问题，建立健全焊缝底片数字化管理系统，大鹏公司在国内率先提出并实施相关技术，实现将长输管道焊缝射线底片数字化、识别、复评及存档。

通过本案例的实施，实现了如下目标：

(1) 对大鹏公司长输管道环焊缝底片实现数字化及电子存档；

(2) 对数字化后的焊缝底片进行软件自动缺陷识别评价和人工复评；

(3) 分析确定底片图像中存在的焊缝夹渣、未熔合、未焊透等缺陷，找出焊缝可能存在的风险隐患；

(4) 结合管道内检测焊缝信号复评结果，找出需要重点关注的环焊缝，进行现场开挖验证并进行含缺陷管道适用性评价和修复，实现降低管道运行风险的目的。

2. 主要内容

通过本案例的实施，形成了一套有效的长输管道环焊缝底片数字化、识别及复评的技术方法。

1) 项目执行的标准规范

(1) 扫描设备执行标准

① GB/T 26141.1—2010/ISO 14096-1：2005　无损检测　射线照相底片数字化系统的质量鉴定　第1部分：定义、像质参数的定量测量、标准参考底片和定性控制

② GB/T 26141.2—2010/ISO 14096-2：2005　无损检测　射线照相底片数字化系统的质量鉴定　第2部分：最低要求

(2) 底片复评执行标准

NB/T 47013.2—2015　承压设备无损检测　第2部分：射线检测

(3) 缺陷评价执行标准

① API 579-1/ASME FFS-1—2016　管道适用性评价标准

② BS 7910　金属结构裂纹验收评定方法指南

③ GDTS-IM-P3-003 Rev. 2　管道缺陷评估细则

(4) 缺陷修复标准

① GB 31267—2015　油气输送管道完整性管理规范

② GDTS-IM-P3-007 Rev. 2　管道缺陷修复与处理细则

2) 重点关注的焊缝

结合管道的环焊缝事故经验教训，为提高执行质量和效率，重点关注的焊缝为：施工期间评级为Ⅱ级的底片、返修口、金口、短节(长度 1.5m 以下)两端焊缝、弯头两端焊缝、穿跨越管道两端焊缝、地灾高风险管段焊缝及内检测发现的焊缝异常。

3) 焊缝底片数字化、识别及复评技术流程

根据焊缝射线底片可获得性，分为两个部分分别开展：①可以找到管道焊缝射线底片的部分；②无焊缝射线底片的部分。

具体技术流程如图 5-82 所示。

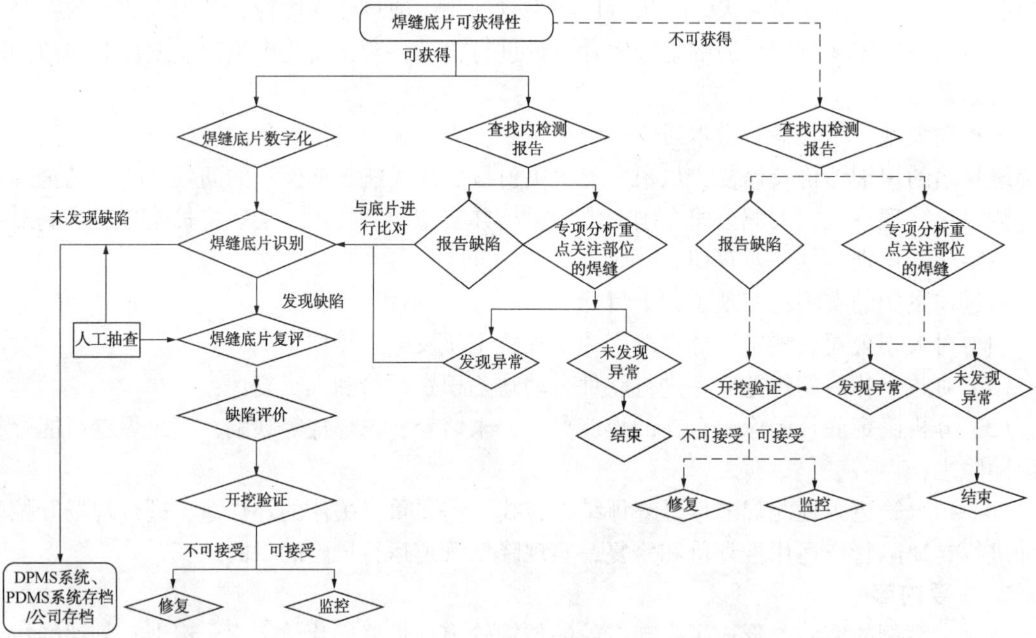

图 5-82　焊缝底片数字化、识别及复评技术流程

4) 焊缝底片数字化扫描入库

由于原始底片的保存条件受时间和环境的影响较大，其调阅也存在一定的问题，因此为实现焊缝底片原始信息的保存，并且能够进行快速、准确地调取查看，进行了射线底片的数字化扫描过程，使长输管线的底片在自然环境下的物理保存转化为数字化保存。

焊缝底片的数字化进程采用工业射线检测的专用数字化系统 MII-900plus(见图 5-83)进行。针对每条支线的每一箱底片进行数字化，能同时进行三通道的扫描，底片的索引采用焊口编号和桩号进行，同时能够对每一张底片进行查询。底片的转换与保存采用单一格式的 DCOM 和可以观看的 JPG 格式，其中 DCOM 用于保存原文件，对数字化图像进行了软件的加密，任何人不能够对其中所包含的任何信息进行更改，并且能够对其中细微的影像进行透视和标注，JPG 格式用于底片的观看和完善数字化管理系统(见图 5-84)。

焊缝底片文件的命名：文件的命名采用为箱号+焊口编号的方式，便于查询。如TL06018-00012-GL05-B0227+007-SC-1-B-WL，箱号与焊口中间用“-”隔开，当某道焊口有多张底片时，命名按照“-1、-2”的格式进行后缀添加，如TL06018-00012-GL05-B0227+007-SC-1-B-WL-2。

图 5-83　底片数字化系统 MII-900plus

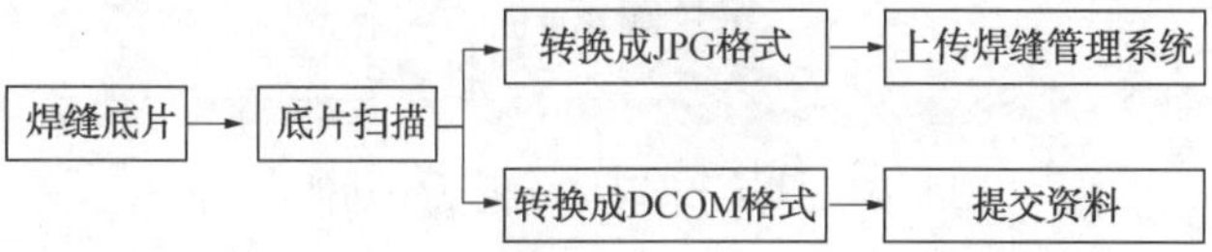

图 5-84　焊缝射线底片数字化流程图

5）数字化底片识别与分析

采用焊缝射线底片识别与评价系统，进行焊缝底片数字化图像的缺陷特征自动提取与自动识别，如图 5-85 和图 5-86 所示。对数字化图像进行预处理，并采用边缘检测、缺陷跟踪、图像增强、线性变换、图像形态学处理、算子融合等方法，获取图像的纹理特征，并计算缺陷处图像特征值，自动对缺陷的类型进行分类，如裂纹、未焊透、未熔合、圆形缺陷、条形缺陷等。

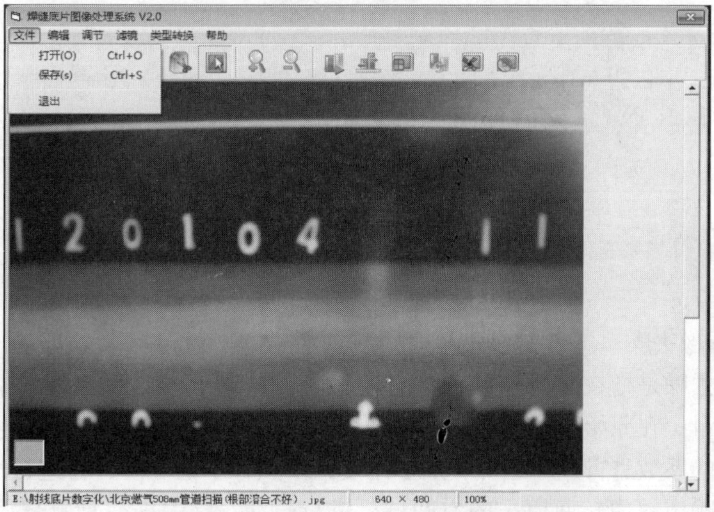

图 5-85　焊缝射线底片识别与评价系统

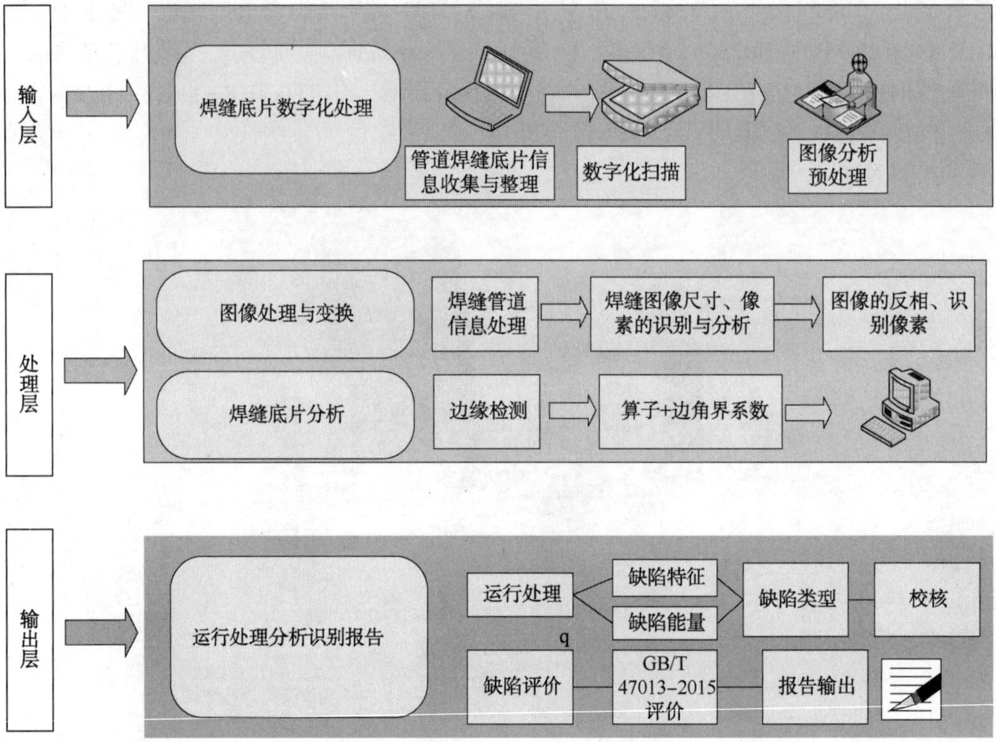

图 5-86　焊缝识别与分析系统功能图

6）数字化图像自动分割

若焊缝底片的长度太长，将导致数据分析时数字化底片信息的失真，并且无法准确识别其中的缺陷。为了便于对底片中存在的缺陷进行识别与分析，首先采用本软件对底片进行数字化分割，如图 5-87 所示，根据底片实际尺寸进行拆分。

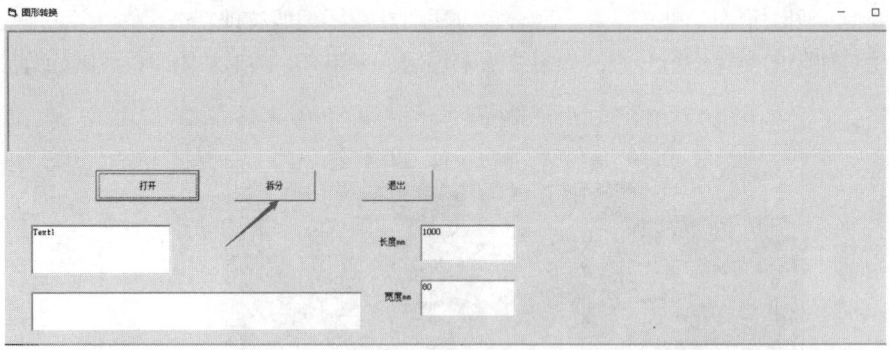

图 5-87　识别软件拆分功能图

7）数字化图像去噪

数字化图像去噪是指在保留原始图像有用信息的基础上，尽可能地减少无用噪声的干扰，提高图像质量。在原始图像的基础上，采用空域变换方法处理图像的灰度值，针对变换域中的某些数值的系数进行逻辑运算，从多维度减少图像中的噪声，再进行反变化的降低维度处理，将含有噪声图像转回原来的空间域，进行过滤，除去妨碍计算以及不便于接受的信息。

8）图像增强技术

扫描后的数字化的底片，信息量大，清晰度有限，缺陷处能量值不足，为了改善图像质量，提高焊缝识别软件系统对目标区域的识别，采用图像增强技术，通过一定手段对原图像进行数据变换，达到增强底片对比色的目的。

9）边缘检测与焊缝数字化底片特征提取

软件识别系统中根据已经数字化处理的焊缝底片，采用了焊缝图像的边缘检测方法，包括 Robert 算子、Sobel 算子、Prewitt 算子、Canny 算子等，基于形态学图像处理技术，并且采用多算子融合处理技术，来提高图像边缘检测精度。

10）数字化底片分析、识别

焊缝缺陷软件识别系统依据 NB/T 47013.2—2015 标准，对数字化底片中存在的基础信息进行预处理，采用边缘检测与阈值分析的方法提取特征参数，提取的参数采用典型缺陷 SVM 多类分类器方法构造函数，对其中存在的焊缝缺陷进行分析、识别，如裂纹、未焊透、未熔合、圆形夹渣、条形夹渣等缺陷，利用特征参数集的每个参数分出缺陷类型，并对其可接受性进行评价。缺陷识别分析过程如图 5-88 所示。

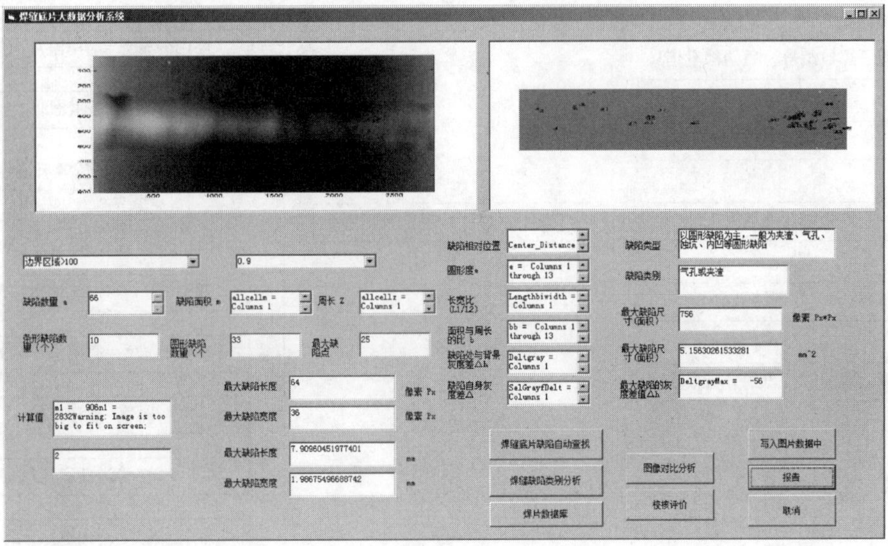

图 5-88　缺陷识别分析过程

11）构建形成焊缝底片数字化管理系统

对公司长输管道所有的焊缝底片进行了数字化，并构建形成了广东大鹏焊缝数据字化管理系统（见图 5-89）。

为方便查询和调用，根据各焊口编号，进行焊缝编码的同时进行数据库的建设，其主要包括以下各支线无损检测报告、复评数据统计、数字化扫描结果、识别评价分析报告等。

（1）数字化管理系统索引

该数据库系统以焊缝底片的焊口编号为索引，导入数据库系统，每条支线按照管线的里程进行排序，对于有特殊情况的里程或者无里程数据，筛选出来后置于每条管线的最后位置，同时把其中无里程数据进行汇总核实，完善数字化管理数据（见图 5-90）。

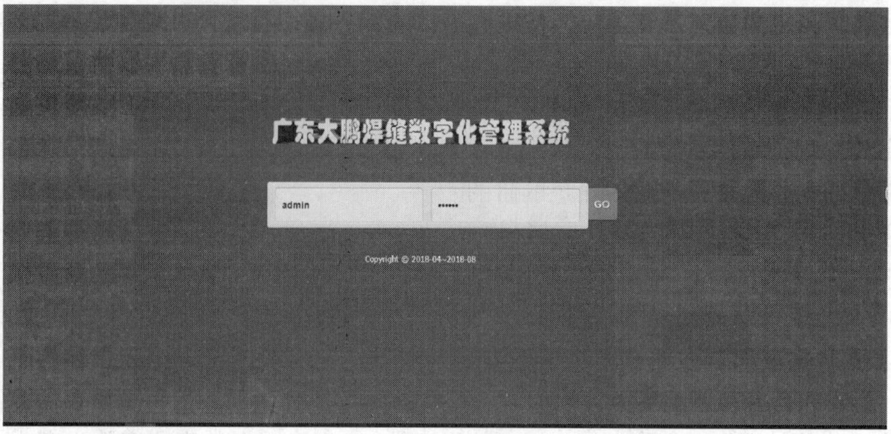

图 5-89　广东大鹏焊缝数字化管理系统

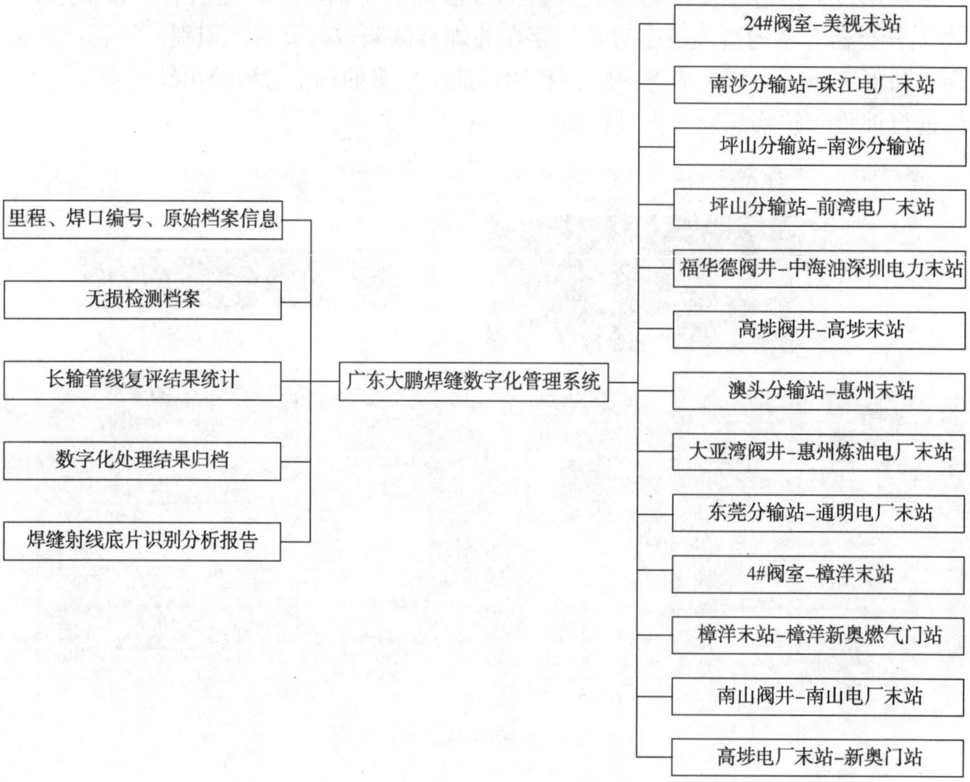

图 5-90　广东大鹏焊缝数字化管理系统索引

（2）数据展示模块

数据展示模块主要是完成焊口检测数据的多条件查询，模板管理、数据批量导入、批量导出、数据批量删除、数据修改、管线线路查询，拍片数据信息关联预览、下载，评价报告关联查询下载等功能，为焊口检测数据智能化管理提供帮助。图 5-91 为焊缝数字化管理系统数字展示。

12）识别出需要重点关注的管道环焊缝

在对管道环焊缝底片识别与复评的过程中，结合人工复评与自动识别技术综合判断，发现焊片存在未熔合情况，并经国内权威专家组评审，进一步识别出需要给予重点关注的环焊

图 5-91　焊缝数字化管理系统数字展示

缝。后续将结合本轮管道内检测结果、环焊缝自身情况以及现场周边环境是否具备开挖条件，实施开挖验证，完成缺陷评价和修复。

3. 小结

针对建设期海量的焊缝射线底片，可利用焊缝图像处理与识别技术，实现焊缝射线底片的数字化及保存，自动化缺陷识别及评判，对于已经运营的管道，可实现对历史焊缝底片数据信息的深度挖掘，筛选出可能存在一定风险的环焊缝隐患，大大降低管道环焊缝失效风险，避免重大管道事故发生，保障管道安全运行。本案例提出一套环焊缝底片复评及缺陷识别流程，已在行业内进行多次技术交流和推广，效果显著，可供参考。

5.2.6　埋地钢质天然气管道雷电烧蚀研究与实践案例

1. 背景

2017 年对某管道进行内检测开挖验证时，发现管道一处形貌特别的金属损失缺陷，剥除防腐层后如图 5-92 所示，长约 11mm，宽约 11mm，坑深约 5.8mm。此外，该缺陷距离上游焊缝 8.34m，距离下游焊缝 3.79m，位于顺气流 2：00 位置。此处管道埋深 1.5m，设计壁厚 12.7mm，地区等级为 2 级。

图 5-92　管道缺陷形貌

图 5-93　缺陷周边环境

缺陷周边环境具体信息如下：缺陷位于某快速路旁边的半山处，如图 5-93 所示。

本案例主要探究该处缺陷的形成原因，并针对原因进行试验，量化对管道可能产生的潜在影响，提出风险削减措施，保障管道安全运行。

2. 主要内容

通过初步分析烧蚀缺陷原因，并在专业的实验室内进行了雷电流冲击、烧蚀样品组织结构和数值模拟等实验和测试，得出基本结论如下。

1）初步原因分析

比对分析此处管道缺陷前两轮内检测信号，无任何异常，判定缺陷形成时间是在第二轮和第三轮内检测之间。通过进一步分析烧蚀形貌、组织和管道周围环境等因素，相继排除了电化学腐蚀、机械钻孔、焊接操作、特高压直流干扰、等离子弧切割和高压线塔故障电流等，推算形成烧蚀坑的能量巨大，极有可能是因雷电击中管道破损点后所致。具体缺陷成因分析流程如图 5-94 所示。

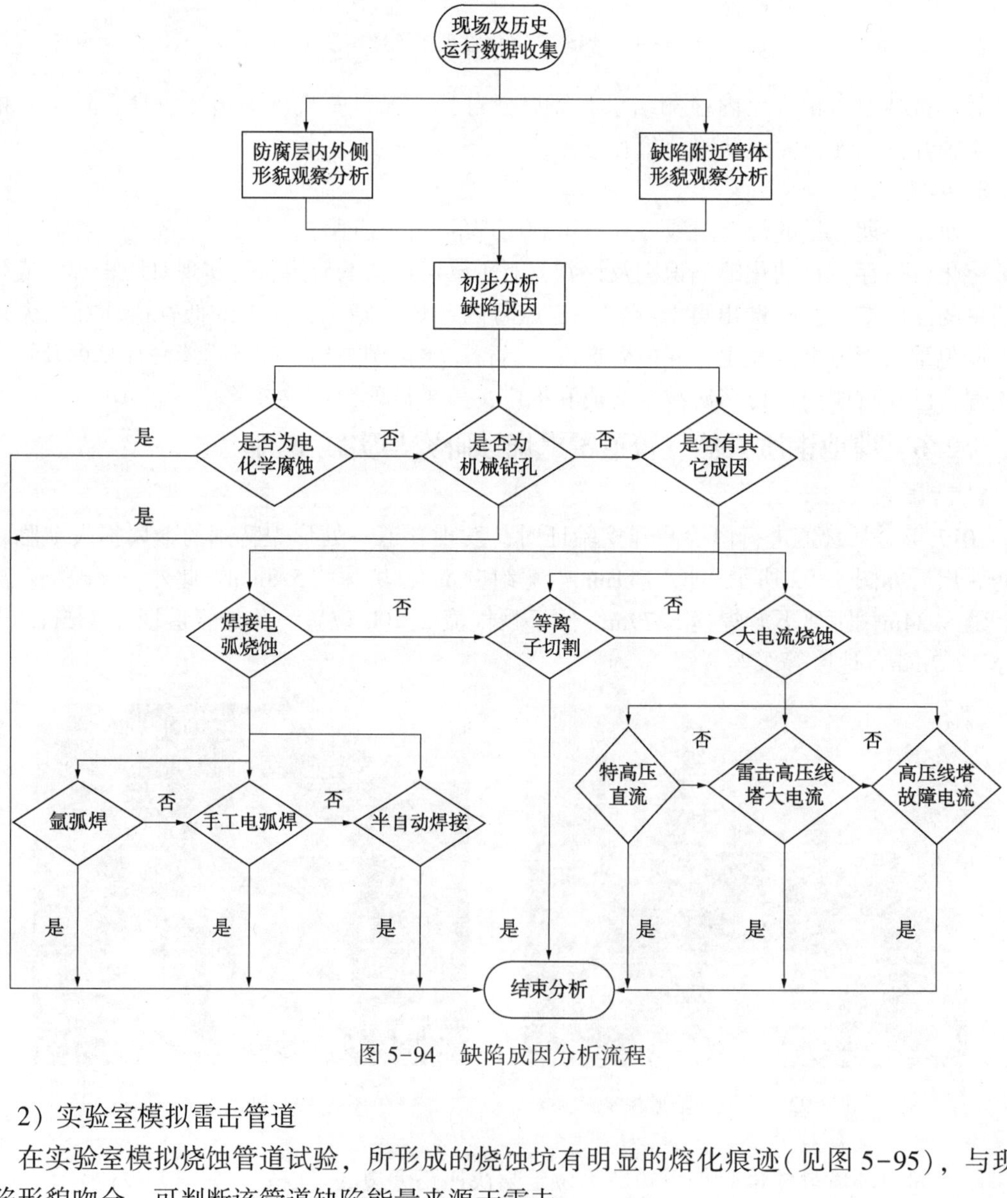

图 5-94　缺陷成因分析流程

2）实验室模拟雷击管道

在实验室模拟烧蚀管道试验，所形成的烧蚀坑有明显的熔化痕迹（见图 5-95），与现场缺陷形貌吻合，可判断该管道缺陷能量来源于雷击。

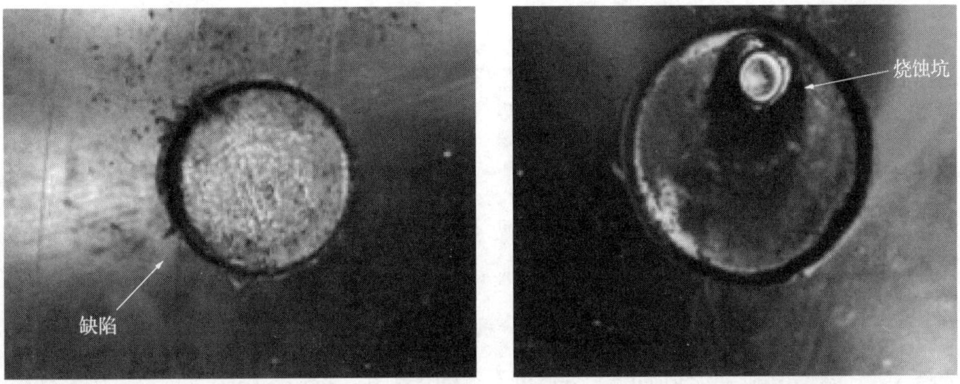

(a) (b)

图 5-95　A 分量(a)与 C 分量(b)的烧蚀形貌

3）烧蚀深度影响因素研究

不同参数下的雷击烧蚀模拟试验结果显示，雷击烧蚀深度主要取决于雷电流 C 分量(库伦量)的作用，C 分量越大，烧蚀坑深度越大。

在考察雷电流 C 分量对管道的影响时，所采用的 C 分量分别为 200C、250C 和 400C(见图 5-96)。试验电极与管道的介质为空气，样品表面的防腐层缺陷表面积为 6. 5cm^{-2}，从波形图可以看出，当输入 100kA 雷电流 A 分量后，分量 A 的峰值为 102. 27kA，持续时间小于 500μs，且 A 分量为振荡波形。C 分量均为单向波形，对于 200C 的 C 分量，其作用时间为 489ms，在 0. 25~1s 之间，转移电荷量为 214. 839C；C 分量为 250C 时，持续时间为 528ms，转移电荷量 Q 为 260. 241C。400C 的 C 分量持续时间为 847. 76ms，转移电荷量为 395. 267C。根据 GJB 3567《军用飞机雷电防护鉴定试验方法》中规定，在考察 C 分量对管道切片烧蚀影响时，其雷电流 A 分量和雷电流 C 分量完全在规定的标准范围之内。

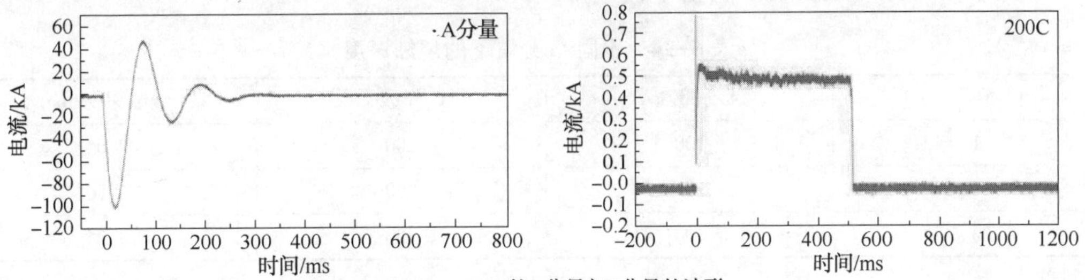

(a)100kA、200C的A分量与C分量的波形

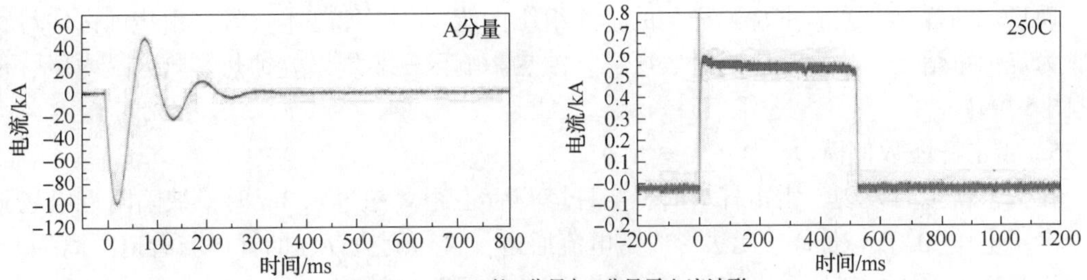

(b)100kA、250C的A分量与C分量雷电流波形

图 5-96　不同 C 分量下的雷电流波形

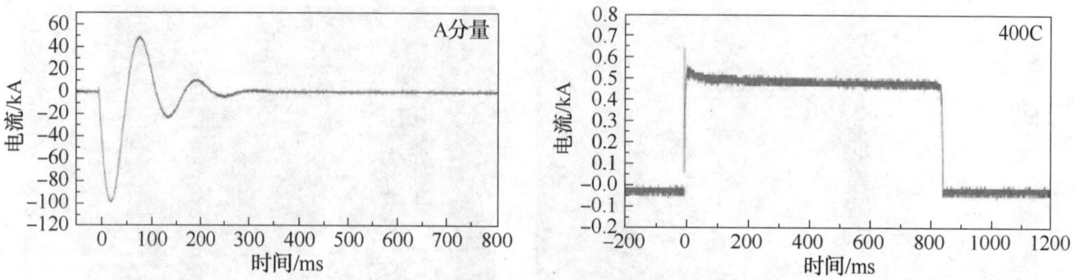

(c)100kA、400C的A分量与C分量雷电流波形

图 5-96　不同 C 分量下的雷电流波形(续)

不同 A、C 分量的烧蚀形貌如图 5-97 所示，可以看出，100C、250C 与 400C 的样品表面都具有明显的烧蚀坑，且从宏观上看，烧蚀形貌与广东大鹏管道现场的烧蚀形貌基本相当。

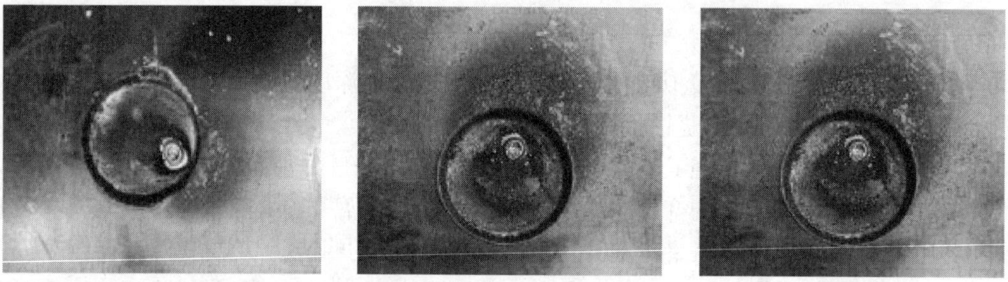

(a)100kA、200C　(b)100kA、250C　(c)100kA、400C

图 5-97　不同 C 分量的烧蚀形貌

将不同 C 分量的烧蚀深度进行统计，如表 5-24 和图 5-98 所示，可以看出，在 400C 的雷电流分量时，烧蚀坑最深，与现场烧蚀坑的深度最接近，因此在模拟雷击对管线钢的烧蚀影响时，均采用 100kA，400C 的雷电流波形。

表 5-24　不同 C 分量下的烧蚀深度

编号	A 分量/kA	C 分量/C	烧蚀深度/mm
1	100	200	2.06
2	100	250	2.50
3	100	400	3.24

4）现场烧蚀样品和实验室烧蚀样品组织对比

现场烧蚀样品与实验室烧蚀样品的金属组织性能变化规律基本一致：由烧蚀区向母材区依次为烧蚀重熔区、烧蚀热影响区表层、烧蚀热影响区次表层、烧蚀热影响区最内层、母材(见图 5-99)。

5）雷击杆塔数值模拟

在数值模拟时发现，雷击杆塔时，当杆塔与管道距离超过 4.3m 时，缺陷附近电场强度低于击穿电压(0.3kV/cm)，无法形成雷电流通道，管道周边存在的杆塔与管道距离为 90m，因此不是由于雷击杆塔所致；当雷电直击管道的位置距离缺陷点大于 0.5m 时，传导到缺陷附近的焦耳热和转移电荷量均已很小，因此排除是雷击远端管道，并将能量传导至缺陷处所致烧蚀。

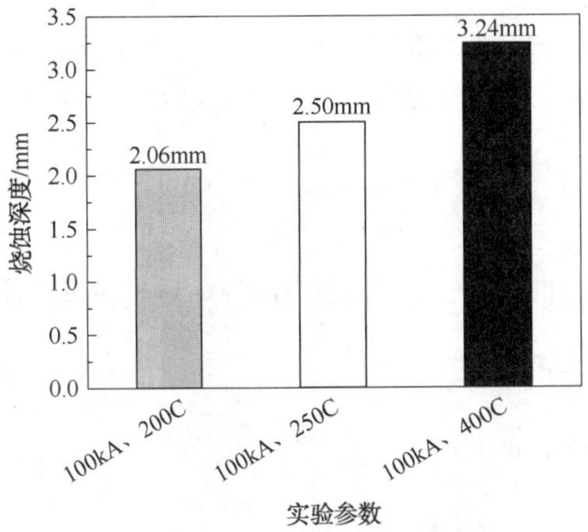

图 5-98　不同 C 分量的烧蚀深度

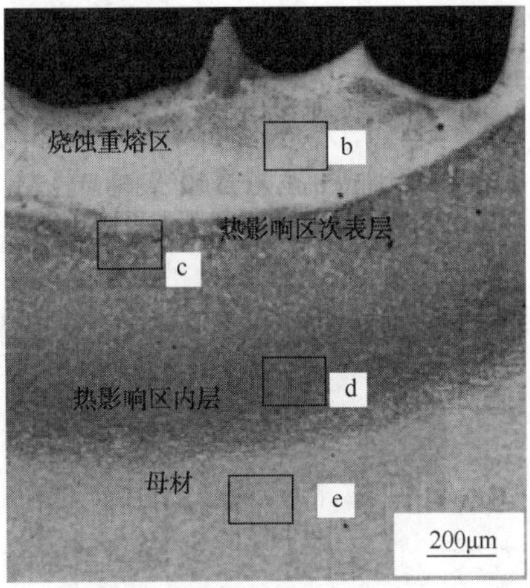

图 5-99　现场烧蚀样品

为了更清楚地反映不同雷电流下管道周围土壤表面的电场强度，将不同距离、不同雷电流击中杆塔时的管道缺陷点表面的土壤电场强度进行了统计，统计结果如图 5-100 所示。当杆塔与管道距离相同时，雷电流越大，管道缺陷点表面的土壤电场强度越大。

以 0.3kV/cm 和 3kV/cm 作为土壤表面介电击穿条件，将 50kA、100kA 和 200kA 的雷电流击中杆塔的计算结果进行统计，统计结果如图 5-104 所示。

从图 5-101 中可以看出，50kA 的雷电流击中杆塔时，杆塔与管道距离 2m，管道缺陷点附近的土壤表面电场强度可达到 0.3kV/cm，此时可能产生雷击通道，对周围管道产生烧蚀。当 100kA 的雷电流击中杆塔时，杆塔与管道为 4.3m，会产生雷击通道，对管道产生烧蚀影响。同时，当 200kA 的雷电流击中杆塔时，距离杆塔 5.5m 的管道会产生烧蚀风险。

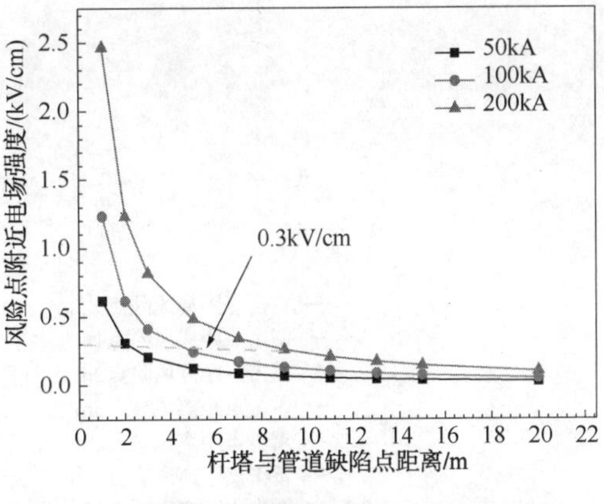

图 5-100　不同雷电流击中杆塔时
管道缺陷点土壤电场强度

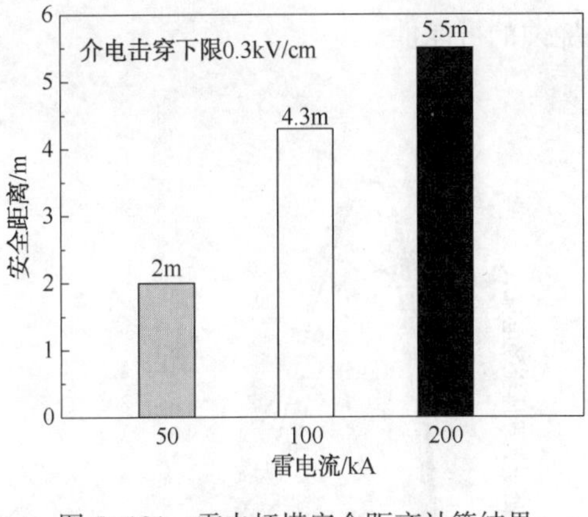

图 5-101　雷击杆塔安全距离计算结果

当输电线路遭受雷击时，雷电流会沿着输电线杆塔接地体流入大地，若接地体附近敷设有管道，雷电流可能击穿管道与接地体之间的土壤，如果雷击同时造成绝缘子串闪络，则短路电流会沿着雷电流通道流向金属管道。而这种短路电流是以工频电弧出现的，且通常 500kV 输电线路的工频短路电流大小为 10~60kA，持续时间与继电保护动作时间有关，通常在 0.5s 以内。如果是主保护失灵，后备保护动作，极端情况下短路电流持续的时间也有可能达到 1s。

另一个问题涉及与管道烧蚀的相关危险可能性是：雷击时，因流经缺陷小孔的能量或电荷量在雷击过程中过高，金属壁因过热而烧蚀。雷击过程中，通过小孔的电荷计算如下：

$$Q = \int I \mathrm{d}t \tag{5-11}$$

式中 I——某时刻流过小孔的电流，A。

瞬态冲击的安全限值可以通过使用脉冲电流冲击的丹泽能量(Dalziel's energy)关系估计：

$$E_{\mathrm{b}} = \int_0^{\infty} \frac{V_{\mathrm{p}}^2}{R_{\mathrm{S}}} \mathrm{d}t < E_0 \tag{5-12}$$

式中 R_{S}——管道小孔的冲击电阻(Surge Impedance)，Ω；

E_0——管道发生烧蚀的最低能量，J。

目前，各种标准或文献并未对管道发生烧蚀的最低能量标准产生共识，它与许多条件有关，一般以实验数据为依据。

雷击管道不同位置下，管道缺陷小孔能量，采用式(5-13)估算：

$$W_{\mathrm{B}} = R_{\mathrm{S}} \int_0^T i_{\mathrm{B}}{}^2(t) \mathrm{d}t \tag{5-13}$$

式中 i_{B}——通过小孔的电流，A；

T——信号的持续时间，s。

由于小孔为埋设导体，使用前面描述的雷击通道模型，当雷闪直接击中管道时，对不同距离风险点的雷击点，雷击最大电流为 20kA，做了数值模拟计算分析。

图 5-102 显示不同雷击点时管道缺陷点的最大电流。表 5-25 显示了当雷电冲击管道不同位置时，进入缺陷小孔的最大能量及小孔的电荷量。从表 5-25 的数据中可以看出，即使雷击点距离缺陷点小孔 0.5m，流过小孔的电荷量和焦耳热都很小。因此排除了雷击管道引起烧蚀的可能性。

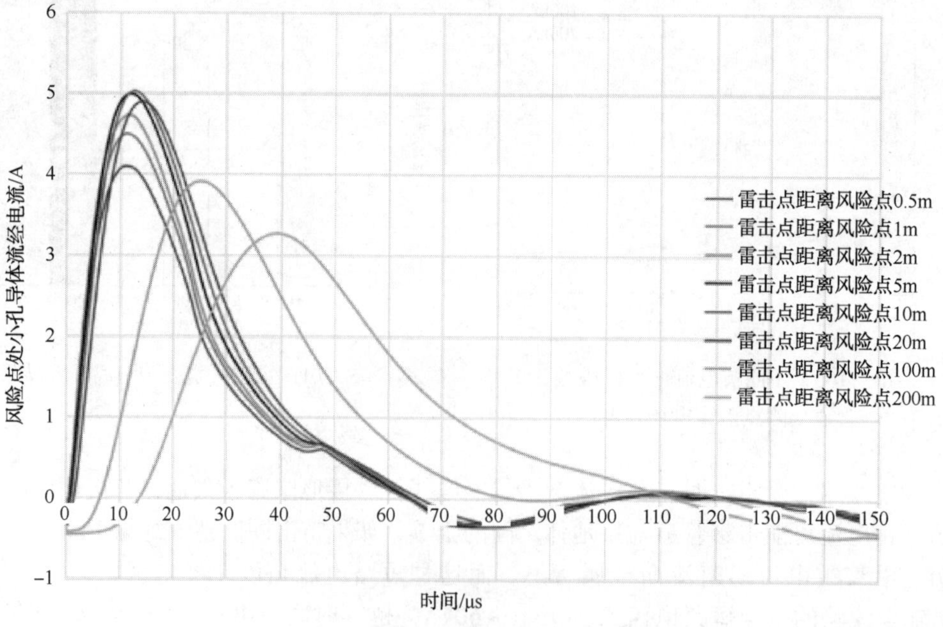

图 5-102 雷击管道时管道风险点的小孔强度

表 5-25　雷击下通过小孔的能量(J)和电荷量(μC)

雷击点与小孔距离/m	0.5	1	2	5	10	20	100	200
小孔能量/J	3.2451	3.9077	4.3252	4.8621	5.0182	4.9679	4.0376	3.5630
小孔电荷量/μC	113.649	124.766	131.266	139.401	142.600	143.238	141.057	156.204

6）烧蚀过程综合分析

综上分析，可以科学地判断出现场烧蚀缺陷是由雷击地表所致，烧蚀的基本过程应为：雷击地表时，管道风险点附近能量达到土壤击穿电压，雷击点和管道缺陷之间的土壤形成了雷电流通道，并沿着雷击通道进入管道缺陷点，造成管道母材表面烧蚀。

根据管道的烧蚀缺陷基本情况，在实验室进行雷击烧蚀模拟实验，并将现场具有类似烧蚀缺陷的样品和模拟实验烧蚀后的管道切片进行力学性能分析，最终确定了管道的烧蚀是由雷击所致。雷击管道烧蚀原理如图 5-103 所示。

图 5-103　大电流烧蚀管道原理图

（1）自然界中的雷电击中管道周围的地表时，由于大电流在土壤中流动，会在大地周围形成强电场。当电场力达到土壤表面的击穿强度时，土壤表面会发生介电击穿，在大地中形成雷电流通道。

（2）对于埋地的油气管线而言，如果雷击入地点与管线距离比较近，对于完好的防腐层而言，将对管线的绝缘防腐层及本体产生直接影响，即便土壤击穿引发电弧不能达到管线本体，但其入地点与管线之间引起的局部电位升高也将增加在管道绝缘层上，有可能击穿管道的绝缘层。

（3）当管线存在破损点时，雷击地表时进入到土壤表面的大电流将会沿着雷电流通道进入管道破损点，大电流引起的热效应会在破损点处引起管道烧蚀。

此处管道的烧蚀即是由于防腐层存在破损点，雷击地表时引起的大电流沿着雷电流通道进入管道缺陷点后引起管道烧蚀；雷电流越大，土壤电阻率越低(雷雨天气)，越容易形成雷电流通道，此时发生烧蚀的概率越大。

7）雷击烧蚀精准分析

经对缺陷金属组织、力学性能和缺陷点 500m 范围内的雷击数据(时间、回波次数、能量水平)进行综合分析，最终确定管道烧蚀缺陷是在 2016 年 9 月 12 日 14 时 12 分 59 秒(时间正好是在第二轮和第三轮内检测之间)，由雷击地表，击穿土壤到管道表面所致。

根据深圳气象局雷击数据监测结果，从 2015 年 4 月至 2017 年 1 月之间，对该缺陷附近方圆 500m 之内的雷击情况进行了统计，如表 5-26 所示。

表 5-26　缺陷周边 500m 范围内雷电数据(雷击定位误差 500m)

时间/月	云地闪		云云闪		总闪电个数
	雷击个数	极值/kA	雷击个数	极值/kA	
2~5	10	32.9	27	8.6	37
6~9	23	78.7	41	21.3	64
10~1	1	6.2	0	0	1

可以看出，该段时间共发生过103次闪电。其中，2~5月，闪电总次数为37，云地闪电占比约为27%，云云闪电约为73%；6~9月，共发生闪电64次，云地闪电占比约为36%，云云闪电约为64%。所有闪电中云对云放电不对埋地管道具备危险性，而雷云和大地之间则对管道构成了真正的危害。从表5-26的数据也可以确定，云地闪电中，电流峰值普遍偏高。

经与当地气象局沟通，在此时间段内，2016年9月2日14点12分在与缺陷点所在经纬度接近的位置恰好发生过一次电流强度幅值为78.7kA、29.7kA和27.8kA的连续云地闪电，三次雷电流幅值逐渐递减，如表5-27所示。结合缺陷点周围500m和1000m内发生的雷电数据以及如图5-104所示缺陷形貌(从图中可以看出，该缺陷曾经经历3次重熔经历，外部的最大圆为第一次受热经历，中间的为第二次受热经历，最内侧为第三次受热经历)，可以判断烧蚀缺陷是这三次雷击所致。

表5-27 缺陷周围500m范围内的3次高雷击强度数据

范围	时间	GPS时间	纬度	经度	电流幅值
500m	2016.9.12.14：12：59	395795586	22.58966446	114.0201187	78.7kA
500m	2016.9.12.14：12：59	429759704	22.59202957	114.016426	29.7kA
500m	2016.9.12.14：12：59	429760918	22.5926971	114.018920	27.8kA

图5-104 缺陷的外观形貌

3. 小结

本案例通过试验、数据综合分析，确定了管道烧蚀的原因是由雷击所致。通过企业联合、政企合作的方式，发明了一套雷击和故障电流烧蚀管道的模拟装置；对雷击烧蚀埋地钢质管道的机理进行了系统研究，提出了雷击可烧蚀埋地管道的重要结论，弥补了对雷电烧蚀管道机理的认知。

5.2.7 植物根系对管道的影响及管理办法研究案例

1. 背景

2010年以来，国内油气管道企业对于长输管线两侧深根植物的管理执行《中华人民共和国石油天然气管道保护法》(以下简称《保护法》)第三十条规定：“在管道线路中心线两侧各五米地域范围内，禁止下列危害管道安全的行为：(一)种植乔木、灌木、藤类、芦苇、竹子或者其他根系深达管道埋设部位可能损坏管道防腐层的深根植物。”其《释义》中提到，如此规定主要从两方面考虑：①乔木、灌木、藤类、芦苇、竹子植物的根系可深达管道埋设部位并损坏管道防腐层，使防腐层失效，保护好管道防腐层，对于保障管道正常寿命及其运行安全十分重要；②管道上方种植植物，不仅妨碍管道正常巡护、检测、维修作业，在管道发生泄漏的紧急情况下，大型救援机具难以及时通过或靠近险情发生区域，给事故的应急救援和抢险工作带来影响，甚至使发生的险情得不到有效处置，危害管道运行安全。

但是在实际的管道保护工作中，此条款实际执行起来却困难重重。其主要表现在：

(1) 法规中的“深根性植物”在植物学中并无准确定义，亦无量化标准。如竹子为典型的草本植物，根系亦不深，可法规中却明令禁止。所以，模糊的条文规定使管道沿线土地所有权人、管道企业、政府管道主管部门以及交通、绿化主管部门极易对深、浅根植物划分产生分歧，阻碍了该法律条文的执行。

(2) 我国目前发现的多起根系破坏防腐层的情况都为早期的石油沥青防腐层，针对目前主要在役管道所采用的3PE防腐层，其植物根系破坏并无太多案例。因此，是否应该就两种不同防腐层的管道采用不同的植物管理规定，是一个值得继续讨论的问题。

(3) 目前国内在役的主要长输管线埋设时并没有进行征地，在土地资源价值日益体现的今天。根据《保护法》规定，要求管线周边的土地权属人在管线两侧5m内不能进行相关种植作业，很难得到土地权属人的支持和理解，极易引发冲突，同时也与创建国家森林城市和国家园林城市的宗旨相违背。因此，针对管道周边植物究竟执行怎样的管理办法成为亟待解决的难题之一。

珠三角地区地处南亚热带海洋性季风气候，非常适合植物生长，绿化率相对较高；随着能源需求的增加以及城市建设规模的扩大，管道数量逐年增长。近年来管道事故不断，通过对事故诱因分析发现，个别案例中植物根系对管线涂层造成一定的破坏；且近年来极端天气频发，台风等导致树木连根拔起的情况越来越多，而深根植物对管道安全及管理的影响研究相对空白。为此，开展植物根系对管道安全状况影响的调查研究显得迫在眉睫。

2. 主要内容

本案例根据任务特点，按照数据种类、不同专业，安排不同的个人或单位来完成。其主要内容包括：

(1) 通过巡线保护完成管道周边植物情况调查，统计管道两侧1.5m以内的树种；

(2) 邀请植物专家对管道沿线植物占压情况进行核实，确认树种类型，并根据植物生长习性对管道的影响程度进行树种分级；

(3) 从各级别植物中选取样本进行开挖验证，并现场采集数据；

(4) 根据采集到的数据，进行植物根系对管道危害程度的研究，研究内容包括：植物根系对管道防腐层的影响；植物根系对管道本体的影响；

(5) 根据研究内容，针对已种植和未种植的植物，制定出切实可行的应对措施。

基于对管道周边目前的行道树的种植情况，通过树木植物习性划分、现场数据采集、分析和力学模拟等研究，评价了植物根系对管道的影响程度，提出了树木危害等级标准。

1级(安全)：树木根系不发达，主要为须根，生长深度未达管道埋深的树种，对管道防腐层和本体无太大影响；

2级(中等危险)：主根不发达，侧根发达，板根与须根夹杂生长，根系生长深度能达到管道埋深，可能对管道防腐层产生危害，但对管道本体无太大影响；

3级(危险)：主根发达，多为板根，且根系粗壮，生长深度达到管道埋深，可对管道本体和防腐层产生危害。

其中，管道周边37种树木中，1级危害树种为10种，2级危害树种为26种，3级危害树种为1种。结合深圳市绿化处提供的深圳地区常见种植树种56种(珠三角区域可参考)，合并后，得到华南区常见树种93种。针对这93种树种，逐一进行危害分级，并针对性地提出了应对措施和种植建议(见图5-105)。

38	美丽异木棉	2	浅根性	3	/	安装阻根板	不宜种植	
39	吉贝	2	浅根性	3	/	安装阻根板	不宜种植	
40	人面子	1	深根性	3	1.8	可暂不处理，对关键管段加强巡查	可避开管道正上方种植	
41	青皮竹	1	浅根性	2.5	1.7	可暂不处理，对关键管段加强巡查	可避开管道正上方种植	

图5-105　华南管道周边常见植物管理表(部分)

植物根系对管道影响的评价结论如下：

(1) 管道周边37种树种，结合深圳市绿化处提供的深圳地区常见种植树种56种，共93种常见植物。这些植物根系对管道的本体安全所产生威胁有限，主要是对管道防腐层、收缩套补口、管道抢维修和巡查的影响，其影响程度可接受，仅需对一些关键位置加强巡查力度，可降低管道运营风险。

(2) 在93种树种中，危害等级评价为3级的树种1种，为香樟树。香樟树根系粗壮，强度高，当遭遇极端灾害时，足够粗壮的香樟根系可对管道产生破坏。这类树种不应种植在管道周边。

(3) 危害等级评价为2级的树种38种，这些植物根系主要表现为根系为板根，侧根发达，主根发达程度一般，根系生长深度能够达到管道埋深，但因根系强度较管材低，对管材本质安全影响相对较小，主要危害防腐层和收缩套等。对于这些树种，建议安装阻根板等措施，降低根系对管道的危害。在条件允许的情况下，不应种植在管道周边。如果不可避免需要种植这类树种，应在种植时安装阻根板(见图 5-106)。

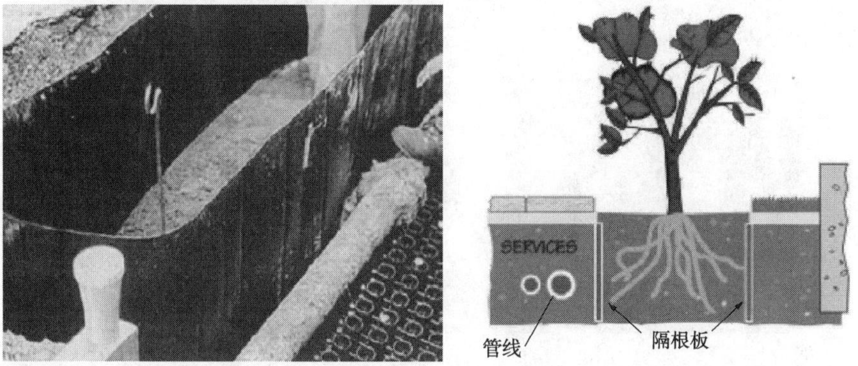

图 5-106　阻根板安装

(4) 危害等级评价为 1 级的树种 54 种，这些植物根系主要为须根，根系生长深度未达到管道埋深，对埋地管道本质安全产生的影响较小，主要是对管道巡查和检维修构成一定影响。针对这类树种占压的情况，可暂不采取具体措施，保留现状，适当对一些关键管段，例如存在防腐层破损点的管段，加强巡查即可。在未来种植选苗时，应尽量避免选择这类种植在管道正上方，如果确实需要种植，建议与管道之间保持 2m 以上的间距。

3. 小结

通过对管道沿线植物种类的准确识别、详细统计和专业分析，清楚定义了“深根植物”的概念，研究了不同植物种类对管道的真实影响程度，制定了切实可行的管道周边植物管理措施。避免了公司资源的大量浪费，减缓了公司与土地所有权人在土地资源上的矛盾和利益冲突，为公司管道周边营造良好的社会环境创造了前提条件。

其次，通过专业的理论分析、真实的现场数据、先进的软件计算等多种手段和工具对植物对管道的影响进行了分析和评估，其结论可以作为政府管道保护部门及管道保护企业进行管道周边植物管理的有效依据，亦可作为以后园林绿化及市政建设的设计参考，既避免了大量社会资源的浪费，又提高了土地利用，为长输管道与城市和谐共存提供了条件。

最后，通过植物根系对管道影响的研究，清楚了不同植被区域的管道风险级别，制定了有效的管理办法和措施，为公司管道长期安全、稳定的运行创造了条件，为公司能创造更多的经济效益和社会效益提供了保障。

5.2.8　沉降和位移对管道安全的分析评价案例

1. 背景

某管道由于沿线地铁打桩施工，造成管道周边路面产生一定量的沉降和侧向位移。

经现场初步调研，受地面沉降影响的管段约为 200m，其中有 3 处沉降较严重。最严重的一处地面沉降点，现场初步测量竖向位移约有 15cm，侧向位移约有 10cm，沿管道长度约有 8m。现场管道与河道及施工打桩位置如图 5-107 所示。

经调研了解到，在安装河道内的钢板桩时，钢板桩机固定停留在图 5-110 中沉降严重

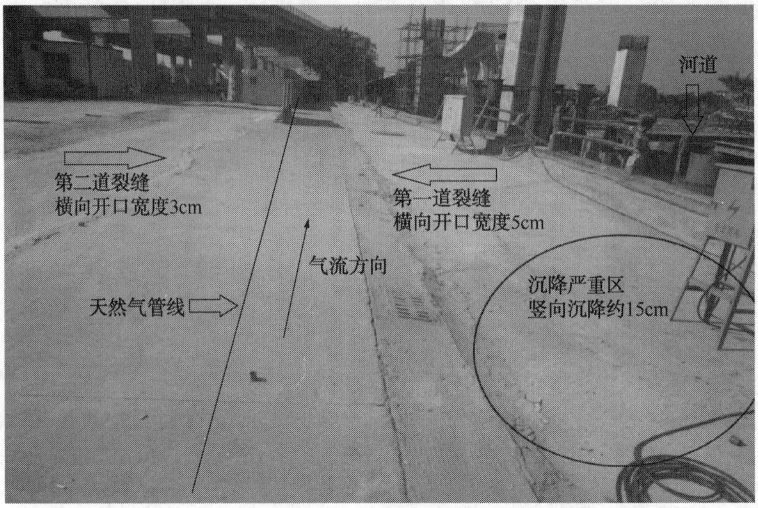

图 5-107　现场示意图

区，而沉降严重区原为人行道，地基不坚固，而桩机振动扰动又较大，因而形成图中第一道裂缝(裂缝开口 5cm)。后续在水泥桩施工期间，又产生沙涌，大量泥沙流出，因而形成图中第二道裂缝(裂缝开口 3cm)。

2. 主要内容

通过建立有限元评价模型，假设沉降发生在距离管道 4m 处或正上方时，通过建立沉降管道的有限元评价模型，进行安全状态评价，给出明确的评价结论和处理建议。

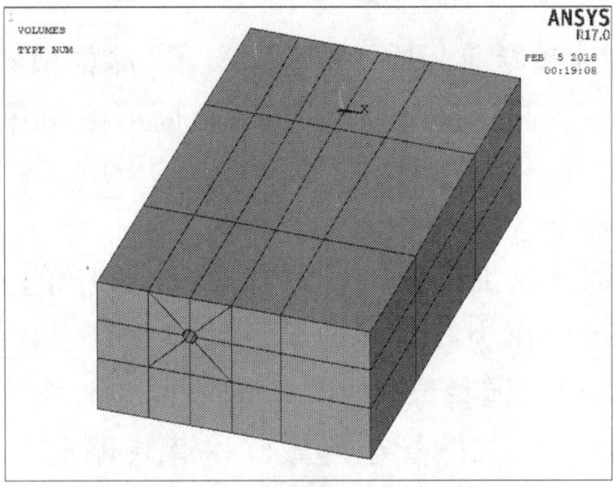

图 5-108　数值计算模型

1) 沉降发生在距离管道 4m 处时评价结果

(1) 模型建立

结合实际情况，模型宽度长、宽、高分别取 20m、12m、6m，管道距地表 1.5m，方向沿模型长度方向(见图 5-108)。管道选用三维 4 节点 shell181 单元，土体选用 8 节点立方体 solid185。管道材料为 X65，依据 API 5L 材料屈服强度为 450MPa，抗拉强度为 535MPa。土体材料为淤泥，压缩模量为 2.7MPa，内聚力为 9.5kPa，内摩擦角为 5.3°。

(2) 边界条件与载荷

约束管道两端及土体的 z 向移动自由度和绕 x 轴、y 轴的转动，约束模型底部 y 向移动自由度和绕 x 轴、z 轴的转动自由度，在模型一个侧面 x 向移动自由度和绕 y 轴、z 轴的转动自由度。在距离管道中心线水平距离 4m 的一侧施加宽度为 4m、长度 8m、沉降 15cm 的位移载荷，由于土体抗拉强度很低，因此不考虑土体侧向位移对管道的影响，但不再施加移动土体的约束，为自由面。

(3) 计算结果分析

当管道内压为 9.2MPa 时，评价模型整体变形如图 5-109 所示。此时管道位移如图 5-110 所示。管道等效米塞斯应力如图 5-111 所示。未发生沉降时管道等效米塞斯应力如图 5-112所示。

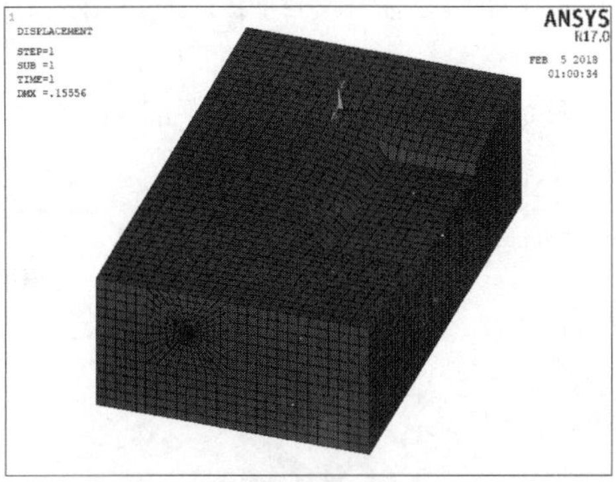

图 5-109　设计压力时模型整体变形图

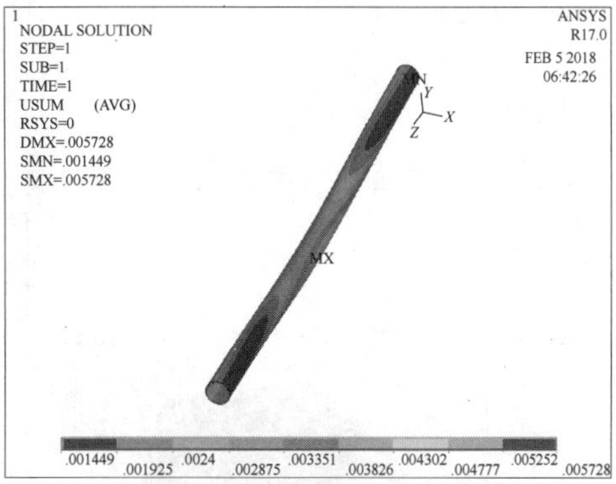

图 5-110　设计压力时管道位移图

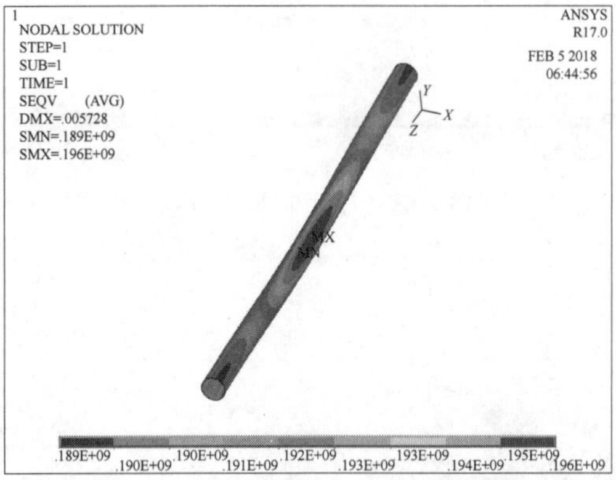

图 5-111　设计压力时管道等效米塞斯应力图

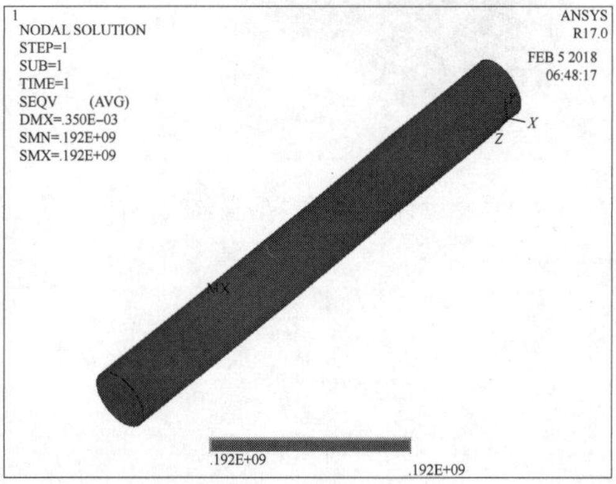

图 5-112　未发生沉降时管道等效米塞斯应力图

由图 5-110 可知，在内压为 9.2MPa 时，管道最大位移为 5.7mm，位于距地表沉降中心最近处；由图 5-111 可知，管道最大米塞斯应力为 196MPa，小于管道屈服强度 450MPa，位于距地表沉降中心最近管道顶部。由图 5-111 和图 5-112 可知，相比未发生沉降时，管道最大米塞斯应力增加 4MPa。

综上可知，当前地表沉降对管道的影响是可以接受的。

2）沉降发生在管道正上方时评价结果

（1）模型建立

模型宽度长、宽、高分别取 20m、8m、6m，管道距地表 1.5m，方向沿模型长度方向（见图 5-113）。

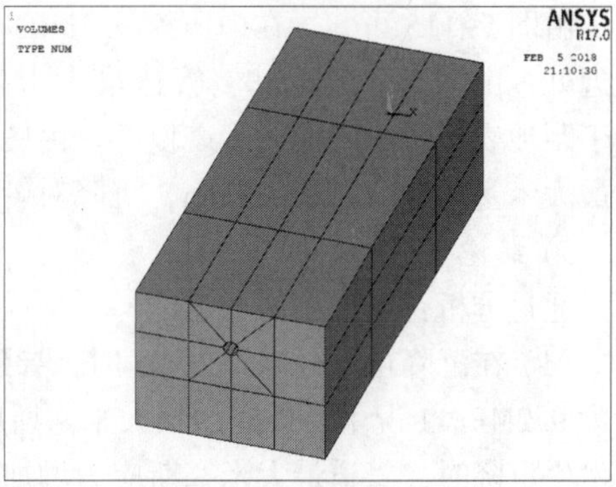

图 5-113　数值计算模型

（2）边界条件与载荷

约束管道两端及土体的 z 向移动自由度和绕 x 轴、y 轴的转动，约束模型底部 y 向移动自由度和绕 x 轴、z 轴的转动自由度，在模型一个侧面 x 向移动自由度和绕 y 轴、z 轴的转动自由度。在距离管道中心线上方施加宽度 8m、长度 8m、沉降 15cm 的位移载荷，由于土体抗拉强度很低，因此不考虑土体侧向位移对管道的影响，但不再施加移动土体的约束，为自由面。

（3）计算结果分析

当管道内压为 9.2MPa 时，评价模型整体变形如图 5－114 所示。此时管道位移如图 5-115所示。管道等效米塞斯应力如图 5-116 所示。

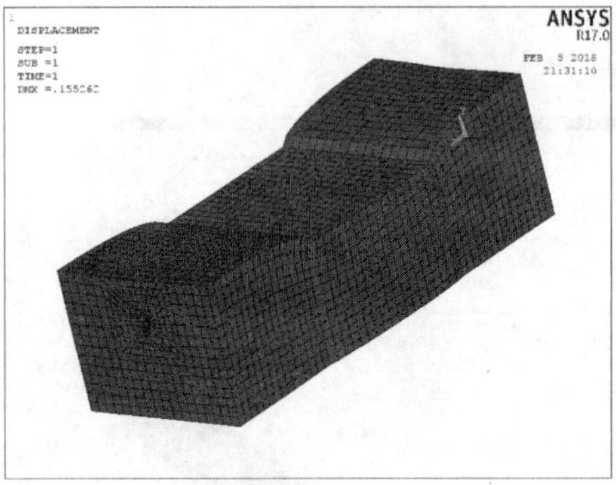

图 5-114　设计压力时模型整体变形图

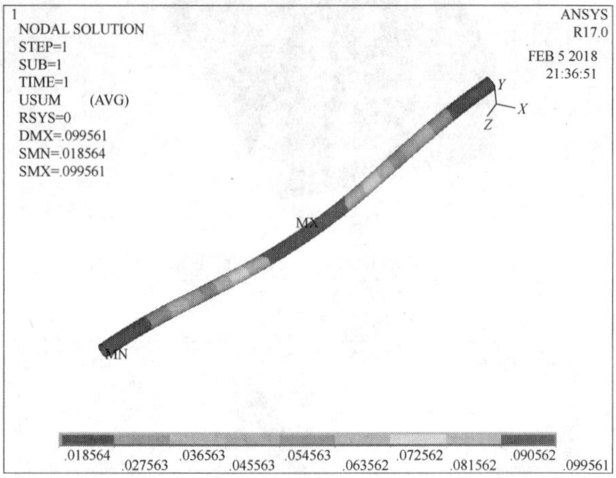

图 5-115　设计压力时管道位移图

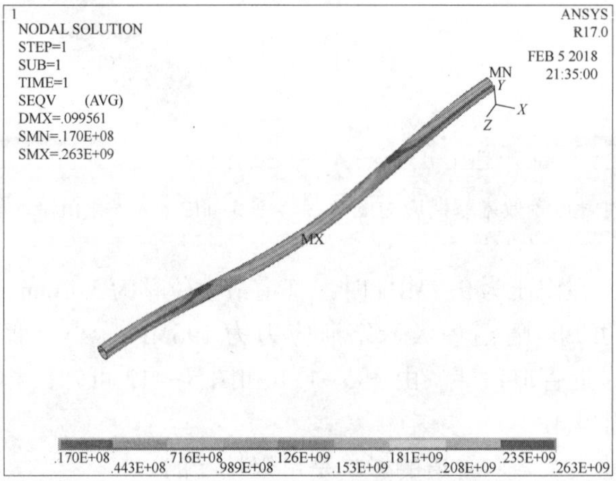

图 5-116　设计压力时管道等效米塞斯应力图

由图 5-115 可知，在内压为 9.2MPa 时，管道最大位移为 10cm，位于距地表沉降中心最近处；由图 5-116 可知，管道最大米塞斯应力为 263MPa，小于管道屈服强度 450MPa，位于距地表沉降中心最近管道顶部。由图 5-116 和图 5-109 可知，相比未发生沉降时，管道最大米塞斯应力增加 71MPa，沉降对管道产生了较大影响。

3）结论

通过分析，可得出如下结论：

（1）在沉降位置距离管道 4m 时，导致管道产生 5.7mm 的位移，位移量很小，在设计压力为 9.2MPa 工况下，管道的最大米塞斯应力为 196MPa，小于管道屈服强度 450MPa；相比未发生沉降时，管道最大米塞斯应力增加 4MPa。

（2）在管道上方发生 15cm 沉降时，导致管道发生 10cm 沉降，在设计压力为 9.2MPa 工况下，管道的最大米塞斯应力为263MPa，小于管道屈服强度450MPa；相比未发生沉降时，管道最大米塞斯应力增加71MPa，沉降对管道等效应力产生很大影响。

(3) 计算结果的应力状态在材料许可的接受范围内。

3. 小结

对沉降段管道的安全状态可通过建立有限元评价模型进行评价，为公司与第三方单位进行后续事项协调赢得时间和依据。

5.2.9 管道合于使用评价技术研究与实践案例

1. 背景

为保证长输管道安全可靠运行，根据国家相关法律法规要求，掌握管道“合于使用”现状，在进行内、外检测之后，需定期开展合于使用评价工作。

2. 主要内容

(1) 对内检测报告进行质量审查，并分析内检测原始信号，查找是否有未识别出或未标记的缺陷，完成对检测数据进行的统计分析；

(2) 对外腐蚀直接评价结果进行质量审查，对检测数据进行统计分析；

(3) 按照TSG D7003—2010《压力管道定期检验规则——长输(油气)管道》，结合合于使用评价工作实际需要，以抽查复验的方式审核检验数据准确性；

(4) 根据外腐蚀直接评价结果和数据抽查复验结果，分别对腐蚀防护系统进行评价；

(5) 结合内检测数据、外腐蚀直接评价及复测的开挖检验数据，对管道进行合于使用评价，包括含缺陷管道剩余强度评估、超标缺陷安全评定、焊接缺陷评估和剩余寿命预测；

(6) 结合管道腐蚀防护系统评价结论，提交管道合于使用评价专项报告，至少应含有评价结论(允许使用或不允许使用)、许用管道运行参数、发现的问题与处理意见、下一次检测时间等。

通过开展管道资料审查、一般性宏观检验、管线腐蚀环境调查、管线探查与管道外防腐层状况检测、阴极保护效果检测、管体腐蚀缺陷检测、超声波测厚、管系应力计算、剩余强度评估与剩余寿命预测、管道安全状况等级评定、路由图绘制、提出整改意见等，形成主要成果如下。

1) 资料审查与潜在危险分析

通过资料分析，危害管道结构完整性的潜在危险为外腐蚀、安装过程中产生的缺陷和第三方破坏及地质灾害。具体详见表5-28。

表5-28 完整性的潜在危险列表

潜在危险分类	危险具体情况	危险可能位置和原因分析
固有危险	□制造过程中产生的缺陷	下沟回填过程中，使用机械导致管道损伤
	☑安装过程中产生的缺陷	
	□改造过程中产生的缺陷	
	□维修过程中产生的缺陷	
与时间有关的危险	□内腐蚀	外防腐层破损和阴保不达标的管段
	☑外腐蚀	
	□应力腐蚀	

续表

潜在危险分类	危险具体情况	危险可能位置和原因分析
与时间无关的危险	☑第三方破坏	施工路段，外力导致管道防腐层或管体损伤
	□误操作	
其他危害管道安全的潜在危险	地质灾害	滑坡

注：☑表示可能存在的潜在危险。

2）风险评估

根据《埋地钢质管道风险评估方法》(GB/T 27512—2011)对管道进行风险评估。

根据风险评估的结果并通过对风险的分析，可采取加强巡查、对检出的防腐层破损修复、加强杂散电流排流及控制、进一步加强与政府规划、公安部门、居民委员会等部门密切联系、对沿线居民加大管线安全宣传力度、增强泄漏检测等措施降低失效后果，进一步降低管道风险等级。

3）宏观检查

(1) 管道走向

采用管道电流测绘系统(PCM)确定管道位置与走向，在管道正上方进行管道埋深测试，每间隔 50m 测试一次管道埋深，埋深不足处进行加密测量。

(2) 地面标识

主要核查地面的走向、拐点等标识是否清晰准确。

(3) 管道沿线地表环境

(4) 管道沿线占压情况

4）敷设环境调查

(1) 土壤电阻率检测

参照《埋地钢质管道腐蚀防护工程检验》标准，检测管道沿线土壤腐蚀性。

(2) 杂散电流检测

调查现场干扰源，并对潜在干扰位置进行杂散电流测试。

5）防腐层状况不开挖检测

(1) 防腐层整体质量状况检测

根据标准《埋地钢质管道腐蚀防护工程检验》，检测评价防腐层整体质量状况并划分等级。

(2) 防腐层破损点检测

对管线外防腐层破损情况进行检测评价。

6）阴极保护有效性检测

(1) 阴极保护设施检查和检测

对测试桩、阴保站、排流设施等进行检查，确认是否完好。

(2) 阴极保护有效性检测

根据《埋地钢质管道阴极保护技术规范》(GB/T 21448—2008)，阴极保护有效性的判断依据为：管道阴极保护电位(即管/地极化电位)应为-850mV(CSE)或更负；阴极保护状态下管道的极限保护电位不能比-1200mV(CSE)更负。

阴极保护效果测试，根据《埋地钢质管道阴极保护技术规范》(GB/T 21448—2008)和《埋地钢质管道阴极保护参数测试方法》(GB/T 21246—2007)进行。

针对与地铁或高压线并行的管道，需要检测评估杂散电流干扰的严重程度，并判断电流流入、流出点，找出问题的原因和位置。

7）开挖直接检验

在满足 TSGD 7003—2010 的前提下，进行探坑检测，开挖后，全部准确找到缺陷。从开挖情况来看，防腐层破损的原因主要是：管道下沟时的石块划伤、机械划伤等造成的防腐层损伤。

8）两次外检测防腐层破损点检测数量差异原因分析

在应用 ACVG 进行埋地管道外防腐层检测时，由于受信号馈入位置、接地点选择、信号强度、土壤电阻率、破损信号选择原则、检测人员经验等因素的影响，可能会导致防腐层破损点检测结果存在一定的差异。影响因素分析如下，并将在后续工作中逐步进行验证：

（1）检测信号馈入位置

发射机为管道提供信号的原则是要尽量使管道上有较强的信号电流，并避开或降低其他信号干扰，使相邻伴行管道尽量没有信号，或使其他管道的信号最小。因此检测信号馈入位置，通常可选择在阴极保护测试桩、阴保站内保护电流输入点位置；若在不合适的地点馈入检测信号，会降低管道的检测精度，甚至导致检测失败。因此，如果两次检测信号馈入地点不同，可能会造成检测结果有一定差异。

（2）接地点选择

接地点通常应选择在回路电阻较小的位置。接地点可选取管道沿线的牺牲阳极或者单独设置的接地点。如果现场距检测管道垂直方向 30m 以外有水沟、池塘以及避雷针地极、建筑物的接地线等装置，可利用它们作为接地点，如图 5-117 所示。因此，如果不同检测时接地点不同，则可能造成接收机接收到的信号强度差异较大，造成检测结果差异。

图 5-117　较好的接地点(金属护栏、牺牲阳极)

（3）信号强度

一般管道中的传输电流随着距离的增大而逐渐减小，所以发射机的信号应足够强，在检测过程中最小不应小于 100mA，否则防护层等级划分结果便会失真。

（4）外部环境干扰

一般防腐层外检测时采用的电流信号是 3Hz 或 4Hz 的交流电流，尽可能避免与外界的信号频率相近。当外界存在相近频率交流信号或地铁等直流信号的情况下，测试电流信号很容易受到外界的干扰，因此，在有干扰情况下，可能造成防腐层破损点检出数量存在较大差异。

（5）土壤电阻率

检测过程中，土壤电阻率的变化也会对结果产生一定的影响。土壤电阻率的季节性变化

(从潮湿的春季到炎热干燥的夏季)将会影响检测结果，因此对于比较有规律的油气管道检测，选择土壤电阻率较低的时段进行检测。

(6) 破损处修复情况

破损点检测时，如果存在连续破损的情况，则破损信号相对更强的破损点将覆盖信号弱的破损点，导致较小的破损点无法被检测识别出。当较大破损点修复后，才能检测出较小的破损点。

如图5-118所示，假设管段AD间存在两处防腐层破损点B和C，且C相对B较大，距离较近。检测时，因泄漏电流更大的C点产生的电位梯度更大，导致仪器识别到C点信号，从而忽略了B点信号，只有当C点修复之后，才能检测出缺陷点B。

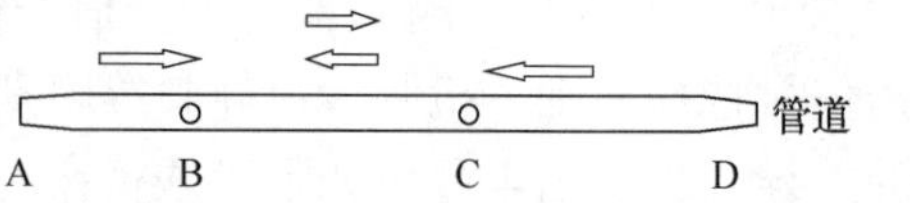

图5-118　破损处的探测

(7) 检测人员经验

检测人员的经验和工作态度，在很大程度影响着检测结果。经验丰富且认真负责的检测人员，在实际检测过程中，对信号的识别、环境的忍耐、检测点之间的距离判断均表现更好。

9) 应力分析

根据《输气管道工程设计规范》(GB 50251—2015)的规定，校核在操作载荷作用下管道主线各节点当量应力与屈服强度的比值是否在规范允许的范围内。

10) 剩余强度评价

按照《含缺陷油气输送管道剩余强度评价方法　第1部分：体积型缺陷》中的方法进行剩余强度评价，局部金属损失缺陷是否满足SY/T 6477—2014的评价要求。

对于不能通过SY/T 6477—2014的评价缺陷点，建议对缺陷进行补强修复或换管(如具备条件)，以保证管道安全运行。

11) 剩余寿命预测

基于未来服役条件、实测壁厚、金属局部损失区域尺寸、预期腐蚀速率，通过单个壁厚计算管道剩余寿命。

12) 管道系统评级

根据上述检验检测与计算结果，参照《在用工业管道定期检验规程》(试行)、《压力管道定期检验规程——长输(油气)管道》(TSG D7003—2010)、《基于风险的埋地钢质管道外损伤检验评价》(GB/T 30582—2014)、《埋地钢质管道腐蚀防护工程检验》(GB/T 19285—2014)等标准规范，确定管道安全状况等级。

1级：管道安全质量符合有关法规和标准要求，满足设计条件下在6年的检验周期内能安全使用；

2级：管道安全质量符合有关法规和标准要求，但腐蚀防护系统或管道本体存在某些不符合有关规范和标准的问题或缺陷，经合于使用评价，结论为满足设计条件下在3至6年的检验周期内能安全使用；

3级：管道安全质量符合有关法规和标准要求，但腐蚀防护系统或管道本体存在某些不符合有关规范和标准的问题或缺陷，经合于使用评价，结论为满足设计条件下在 1 至 3 年检验周期内在限定的条件下安全使用；

4 级：管道系统外损伤缺陷严重，不能满足设计要求，管道不能安全运行，使用单位应立即采取重大维修措施。

13）内检测报告审核数据

作为内检测报告的补充，对内检测报告分别进行数据分析，可以发现一些未标记的缺陷。

3. 小结

结合已有的内、外检测报告和开挖验证数据，并进行一定比例的现场抽查，无需重新检测，充分利用已有的数据和资源来高效完成管道合于使用评价工作，通过比对分析数据发现问题，对管道的现状给出科学的评价，大大降低运营风险，进一步确保管道合规、安全运行。

第6章　腐蚀防护

6.1　概　　述

金属腐蚀现象普遍存在，全世界每年因腐蚀而损耗的金属达1亿吨以上。金属腐蚀直接或间接造成的经济损失巨大。对于高压油气管道，在运行过程中，由于腐蚀造成介质泄漏还可能会引发火灾、爆炸等事故，造成人员伤亡和环境污染。因此，我们必须采取积极有效的措施来控制腐蚀，避免管道失效。

大多数长输管道是埋地的，由于土壤中含有水分、空气、酸、碱和水溶性矿物盐以及微生物，这些因素都会使金属管道发生腐蚀。须采取防腐措施，有效控制腐蚀速率，最大限度地延长管道的使用寿命，保证管道的运行安全，尽可能避免或减少由于腐蚀造成的安全事故。因此，积极地进行腐蚀防护具有很大的经济效益及社会意义。通常采用防腐层和阴极保护两种技术相结合的方法来控制腐蚀。

本章主要从管道、站场、阀室阴保的检测、维修、优化改造和杂散电流干扰治理等四个方面，以案例分析的形式进行阐述。

6.2　阴极保护检测

6.2.1　阴极保护日常检测案例

1. 背景

腐蚀是影响油气储运系统安全运行的主要因素，阴极保护是防止油气储运系统外腐蚀的主要措施，阴极保护系统建成后，运行管理是日常管理的重中之重，对金属构筑物阴极保护电位的检测、跟踪和分析是判断阴极保护系统的运转状况和保护效果的必要手段。

为了实现管道安全运行，保证阴极保护体系有效，本案例以阴极保护日常检测为核心，着重介绍阴极保护日常检测内容。

2. 主要内容

1）适应管道运行环境，定期检测阴极保护系统

管道运行环境复杂，一年四季的气候、地质条件均有差异，为确保阴极保护系统的有效运行，按季度测量全线管道的阴保参数，一年共计4次。检测完成后发布日报和季度报告。

2）阴极保护日常检测内容

（1）人员资质及检测设备

参与阴极保护日常检测的技术人员必须具备CP2或CPL2及以上的资质要求，现场负责人必须具备CP3或CPL3及以上的资质要求。

现场使用的检测设备应齐全，必须经专业检测机构计量合格，并且每天工作前应自行校准，确保测量数据真实准确。

(2) 日常检测内容

所有的测试都通过管道沿线的测试桩进行，由于管道所处环境不同，测试桩内的设备设施也不尽相同，但是绝大部分测试桩均按照图 6-1 安装。检测的执行标准为 GB/T 21246《埋地钢质管道阴极保护参数测量方法》。具体内容包括：

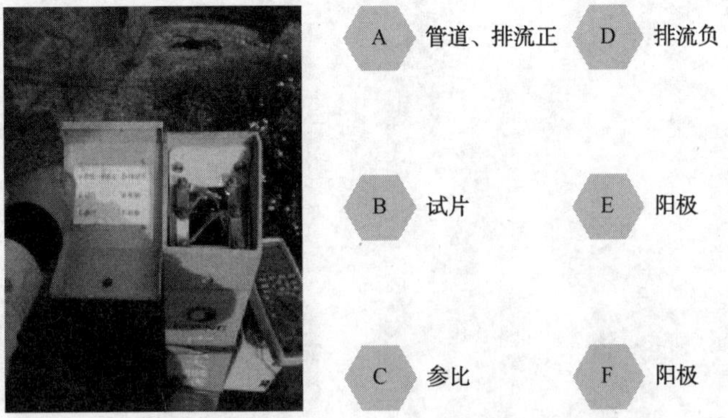

(a)测试桩安装图　　(b)接线柱示意图

图 6-1　阴保测试桩示意图

断开阳极或排流器前后的管地电位，采用地表参比法，用万用表测量管道对地通电电位，需连续测量 5min，记录最大、最小及平均值。

断开阳极或排流器前后交流感应电压，采用地表参比法，用万用表测量管道交流感应电压，需连续测量 1min，记录最大、最小及平均值。

测试试片极化电位与自腐蚀电位。有探头或试片的测试桩，将其与管道的连接断开，在管道通电电位上升和下降的波峰和波谷处，分别迅速读取管道断电电位；试片自腐蚀电位需在将腐蚀试片与管道连接线及管道与排流器连接线全部断开后再进行测试。对于未安装极化探头或者极化电位异常的测试桩，采用临时埋设极化探头的方式进行校验或检测。

线路阳极与排流器性能检测。线路测试桩处埋设阳极的需测试牺牲阳极的开路电位、阳极接地电阻及阳极输出电流；排流器的性能测试主要内容为排流器接通与断开时管道的交流感应电压、排流器直流与交流排流量的数值；排流量测试可直接用万用表电流挡串联接入回路中，记录电流数值稳定时的最大、最小及平均值，接线无法拆开的使用钳形电流表进行测量。

线路测试桩土壤电阻率测量。每季度进行一次线路各个测试桩附近土壤电阻率测试，测试方法为 4 极法，极间距离为 2m。每年度进行一次线路各个测试桩位置 pH 值测量，测试方法为电位法，使用 pH 计测试桩位 pH 值。

线路 ER 腐蚀探头数据采集。每季度使用 ER 腐蚀探头数据采集仪采集试片剩余厚度，计算腐蚀速率。

(3) 专项调查检测

在阴保日常检测中，要对出现的异常情况进行专项调查，例如电位的异常波动、周围环境的改变等。

以XX高铁对我方管道的影响为例，XX高铁运行后，我方在季度检测时发现YY、ZZ号桩区间内交流感应电压升高，经过现场勘查，发现高铁路径和我方管道交叉，另外管道沿线还有2条高压线并行，具体见图6-2。

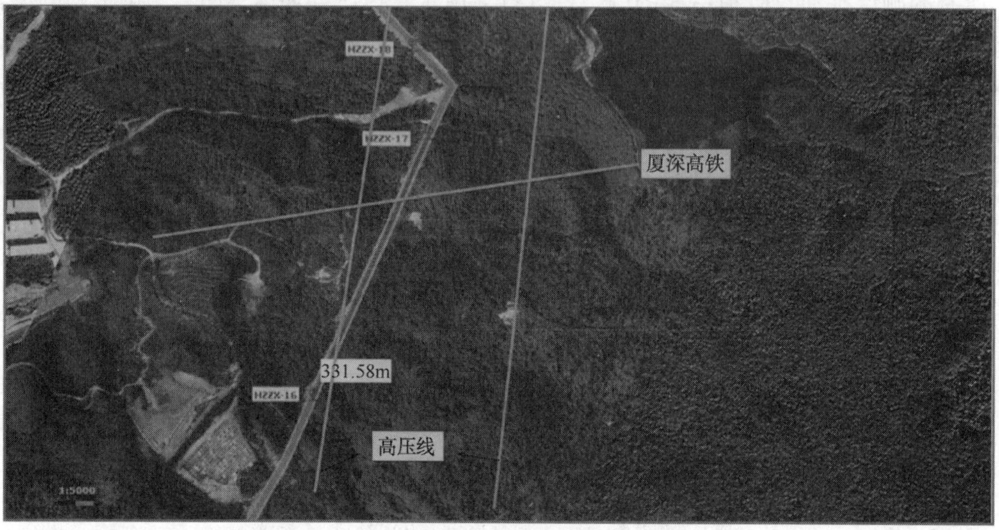

图6-2　高铁和管道路由图

现场对YY和ZZ阴保桩进行24h数据监测，结果显示，YY号阴保桩交流感应电压最高为24V，ZZ号阴保桩交流感应电压最高为37V，均高于人体安全电压12V（潮湿环境），如图6-3、图6-4所示。

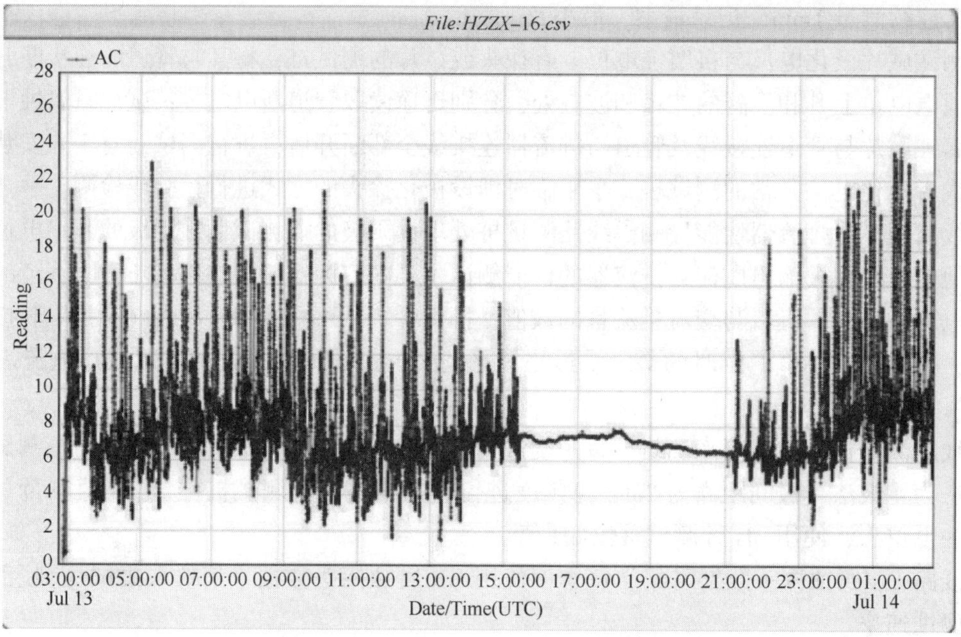

图6-3　XX交流电压

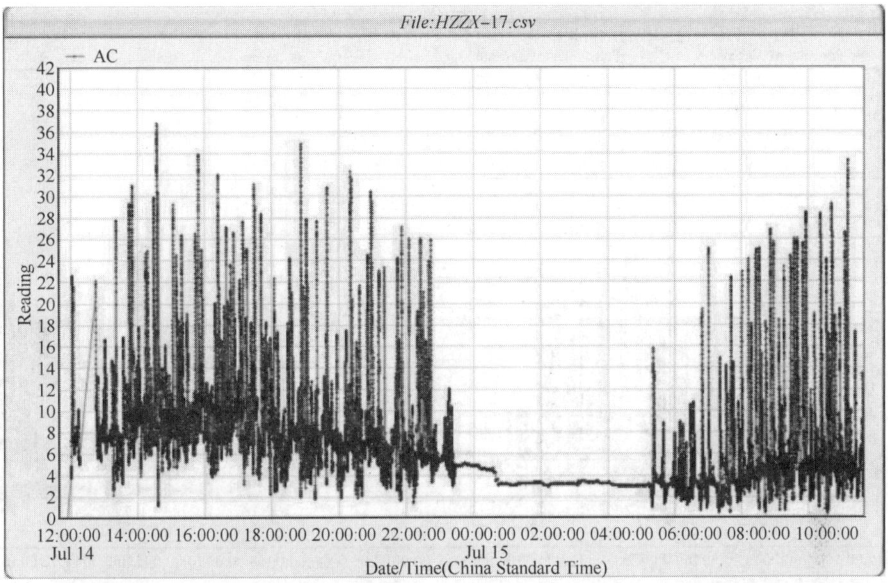

图 6-4　YY 交流电压

根据专项调查监测结果发现，高铁通过时交流感应电压变化较大，无高铁通过时交流感应电压处于 2~5V 范围内，使用 $1cm^2$ 试片测量电流密度值约为 $5A/m^2$；当高铁通过时交流感应电压最高升高至 10~37V，使用 $1cm^2$ 试片测量电流密度值最高升至 $17.9A/m^2$。并且现场发现干扰规律与高铁频次有关，高铁频次约为 5min/列，且双向通车。

根据专项调查的结果，该段管道交流电压较高，电流密度较低，感应电压较高会对人身造成伤害，对该段管道进行锌带排流治理，将交流感应电压降至 12V 安全电压以内。治理后干扰段管道 XX 和 YY 阴保桩交流感应电压分别由 24V 降至 3.5V、37V 降至 4.2V，交流电流密度分别由 $4.7A/m^2$ 降至 $1.8A/m^2$、$17.9A/m^2$ 降至 $6.4A/m^2$。经过 24h 连续检测验证，满足标准要求，如图 6-5、图 6-6 所示。

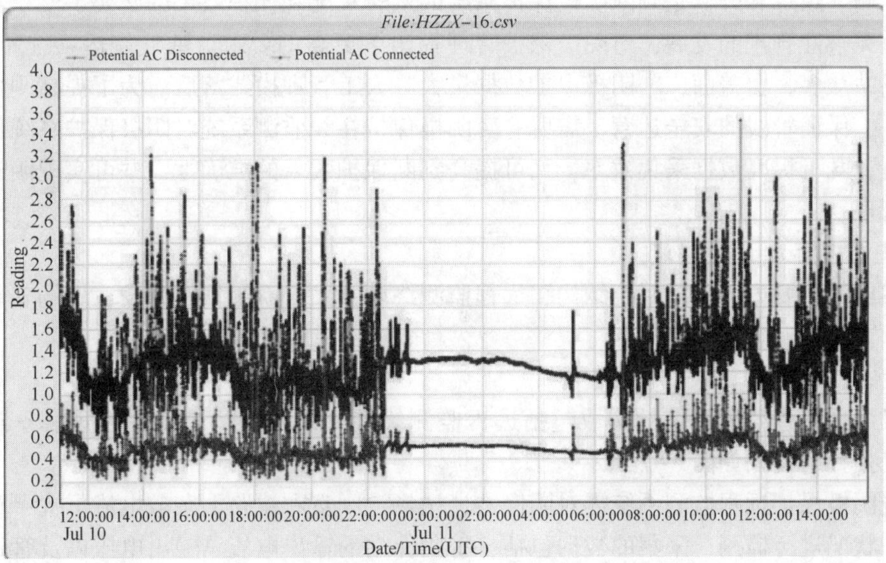

图 6-5　XX 治理后交流电压

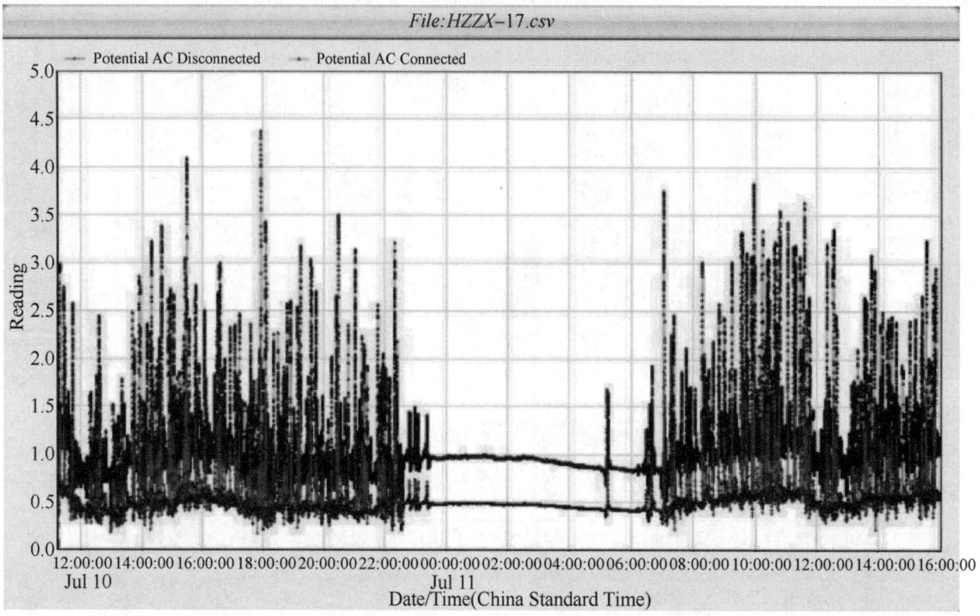

图 6-6　YY 治理后交流电压

3. 小结

面对错综复杂的管道运行外部环境，阴保检测是监控管道腐蚀的重要手段，定期检测、及时监测，一旦发现参数异常，及时进行原因调查分析和维修，确保阴极保护系统及各项参数正常。

6.2.2　阴极保护远程监控系统的开发及应用案例

1. 背景

腐蚀是影响油气储运系统安全运行的主要因素，阴极保护是防止油气储运系统外腐蚀的主要措施，阴极保护系统建成后，运行管理是日常管理的重中之重，对金属构筑物阴极保护电位的检测、跟踪和分析是判断阴极保护系统的运转状况和保护效果的必要手段。数字化管道及管道完整性管理的发展，对阴极保护管理提出了更高的要求，油气储运系统所辖管道、储罐、场站众多，覆盖面广，阴极保护数据量大，人工管理模式落后。为了提高阴极保护的管理水平，保证管线的安全运营，需要一套阴极保护在线监测系统对阴极保护系统保护状况进行分析，既可提高数据采集效率，又可提高判断保护效果的准确性，并可实现阴极保护统一集中管理。

2. 主要内容

本案例的主要内容包括系统结构、远程监测终端开发、系统软件开发、现场安装、调试和运行。

1）系统结构

阴极保护远程监测系统的构成包括远程监测终端、移动基站、设备数据服务器和用户端。系统拓扑结构图如图 6-7 所示。

管线阴极保护远程监测系统需对阴保站、站场、阀室和线路上杂散电流干扰严重位置的阴极保护状况进行监测，采集的数据包括：①阴保站的输出电流、输出电压以及管道的通电电位、断电电位、交流电压，有时需要进行 24h 电位连续监测；②站场、阀室和线路阴保桩

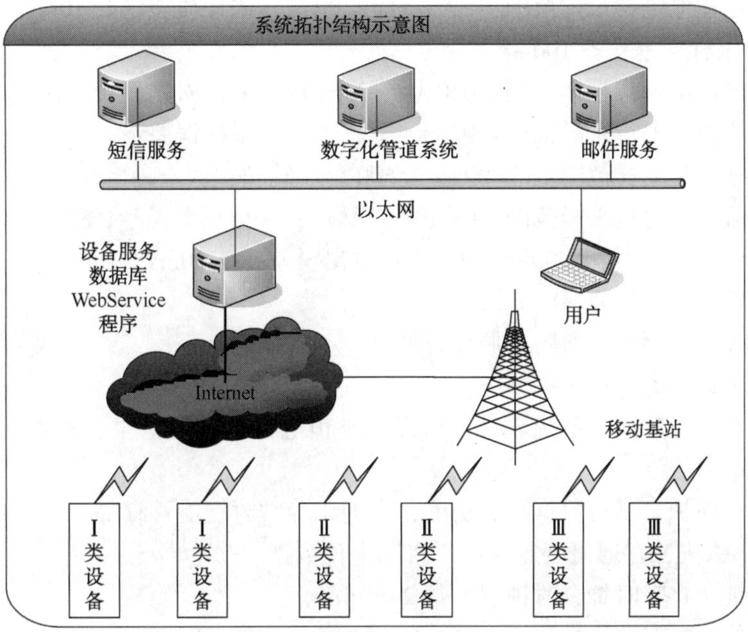

图 6-7　系统拓扑结构示意图

处的管道通电电位、断电电位、交流电压，有时需要进行 24h 电位连续监测。可见，需要采集的数据参数较多，数据传输量较大，尤其是 24h 电位连续监测，1 台设备 1 次 24h 电位连续监测可能需要传输几个 GB 的数据量。而 GPRS 网络并不能满足带宽的要求，因此系统可采用 3G 或 4G 网络进行传输，随着科技的进步可升级至 4G 或 5G 网络。

2）远程监测终端的开发

根据用途和采集参数不同，阴极保护远程监测系统的终端将分为两类：恒电位仪远程监控仪和智能电位采集仪。

(1) 恒电位仪远程监控仪

功能要求：

① 自动采集并传输恒电位仪的输出电压、输出电流、电源状态和故障状态。

② 自动采集并传输管道的通电电位、断电电位、交流电压。

③ 自动采集并传输地网的通电电位。

④ 能根据指令进行 24h 电位连续采集。

主要技术指标：

① 工作温度-10~55℃。

② 供电方式：DC 24V，800mA，峰值电流 1.5A。

③ 开关量采集恒电位仪电源(AC 220V)状态。

④ 开关量采集恒电位仪故障状态。

⑤ 恒电位输出的 4~20mA 输出电流采样精度不大于 5‰。

⑥ 恒电位输出的 4~20mA 输出电压采样精度不大于 5‰。

⑦ 主控参比自然电位采样范围：0.000~-2.500V；采样误差：<±10mV。

⑧ 主控参比断电电位高精度采样范围：3.000~-3.000V；采样误差：<±10mV。

⑨ 主控参比通电电位采样范围：-3.000~3.000V；采样误差：<±10mV。宽量程测量范围：0~±20V；采样误差：<±100mV。

⑩ 辅助参比断电电位采样范围：0.000~-2.500V；采样误差：<±10mV。

⑪ 辅助参比自然电位采样范围：0.000~-2.500V；采样误差：<±10mV。

⑫ 地网对地电位采样范围：0.000~-2.500V；采样误差：<±10mV。

⑬ 管道交流感应电压采样范围：0~30V(峰值)；采样误差：≤1%。

⑭ DA 输出电压范围：0.000~-3.000V；输出误差：<±10mV。

⑮ 连续采样：采样间隔 30min~24h。

⑯ 支持 24h 故障测试，通断电周期可调。

⑰ 抗交流干扰能力：≤30V。

⑱ 远程控制：通过配套系统软件，可以调整恒电位的预置电位、工作模式、输出大小和调整采样间隔。

⑲ 通信异常保护：具有数据存储功能，在通讯异常时，能够存储 150 天以上运行数据，保证测试数据不丢失，在通讯恢复时可以自动上传数据。

⑳ 设备时钟：自带时钟，时钟误差每 24h<5ms。

㉑ 数据通信：3G 无线通信(WCDMA)，通信协议 TCP/IP。

(2) 智能电位采集仪

功能要求：

① 自动采集并传输管道的通电电位、断电电位、交流电压。

② 自动采集并传输地网的通电电位。

③ 能根据指令进行 24h 电位连续采集。

④ 野外安装的采集仪宜采用自充电式电池供电。

主要技术指标：

① 工作温度：在线设备-10~55℃；离线设备-30~55℃。

② 供电方式：在线 DC 24V，800mA，峰值电流 1.5A；离线：可充电电池。

③ 试片自然电位采样范围：0.000~-2.500V；采样误差：<±10mV。

④ 试片通电电位采样范围：-3.000~+3.000V；采样误差：<±10mV。宽量程测量范围：0~±20V；采样误差：<±100mV。

⑤ 试片断电电位高精度采样范围：-3.000~3.000V；采样误差：<±10mV。

⑥ 试片 AC 电流密度采样范围：0.000~500mV；采样误差：<±5mV。

⑦ 试片 DC 电流密度采样范围：0.000~100mV；采样误差：<±0.5mV。

⑧ 地网对地电位采样范围：0.000~-2.500V；采样误差：<±10mV。

⑨ 管道交流感应电压采样范围：0~30V(峰值)；采样误差：≤1%。

⑩ 抗交流干扰能力：≤30V。

⑪ 连续采样：采样间隔 30min~24h。

⑫ 支持 24h 故障测试，通断电周期可调。

⑬ 远程控制：通过配套系统软件，可以调整采集仪采样间隔。

⑭ 通讯异常保护：具有数据存储功能，在通讯异常时，能够存储 150 天以上运行数据，保证测试数据不丢失，在通讯恢复时可以自动上传数据。

⑮ 设备时钟：自带时钟，时钟误差每 24h<5ms。

⑯ 数据通信：3G 或 4G 无线通信（WCDMA），通信协议 TCP/IP。

⑰ 野外设施埋地满足 IP 68 防水要求。

（3）系统软件开发

软件架构：本系统采用 B/S 架构，便于用户随时可以通过网页进行数据浏览和设备监控。

软件开发环境：

① 客户端程序开发：Microsoft visual studio 2010。

② Web Service 程序：Microsoft visual studio 2010。

③ 服务程序开发：Microsoft visual C++ 6.0。

软件运行环境：

① 支撑平台：公司服务器上的虚拟机。

② 操作系统：Windows Server 2008 R2 英文企业版。

③ 数据库：Microsoft SQL Server 2008 英文标准版。

④ 杀毒软件：McAfee Virus Scan Enterprise+Anti Spyware Enterprise。

⑤ 运行平台：Internet 信息服务（IIS）。

软件主要功能：

① 地图信息平台：系统提供地图用于展示管道走向和设备位置，地图采用图片显示，在地图中不显示管道、设备的坐标。支持管道的绘制、设备的添加、地图的缩放、移动等功能。当激发事件参数中任一参数超过阈值时，标记该设备为报警设备，报警设备的图标在地图中用红色显示。当阴保站两侧测试桩或管道上相邻两测试桩电位差超过阈值时，自动绘制 1 条红线把两个设备相连以标明其状态。

② 属性信息维护：提供管理部门、长输管道、硬件设备、参数阈值等信息的维护功能，包括增加、编辑、删除和查询功能。

③ 操作权限管理：系统提供用户注册和权限管理的功能，用户的注册必须经管理员进行注册，并为其分配权限，注册后交由用户使用。权限管理分为两种权限，即功能权限和范围权限。功能权限指用户登录系统后能操作的界面及界面上的功能按钮；范围权限指用户登录后能查看和管理的管道、设备及设备数据，用户的范围权限由其所在部门的管理范围决定。

④ 自动数据采集：硬件设备按照设定的采样间隔自动采集现场数据，并主动传输到系统软件，系统软件完成硬件设备数据的接收、解析、存储工作。

⑤ 设备远程监控：用户可以通过系统软件远程设置、重启、开关设备，同时系统软件也可按照设定的参数调整表，自动在指定的时刻重新设置恒电位仪设定电位。

⑥ 自动故障报警：系统软件自动检测接收的硬件设备数据，当参数数值超出阈值时，自动启动开启事件机制，通过邮件接口自动发送给相关人员，并在系统中标记该记录为报警记录。

⑦ 自动数据汇报：系统软件按照设定的时间和周期，自动生成硬件设备状态报表和管道保护状况报表，通过邮件发送给相关人员，同时每天把硬件设备状态和管道保护状况发送给数字化管道系统。

⑧ 统计查询分析：提供了丰富的统计查询功能，能够生成硬件设备的历史数据查询、生成各参数的时间曲线，能够按照里程形成管道沿线各参数的里程统计曲线。

(4) 现场安装

为监测管道阴极保护状况，需在站场、阀室和管线上杂散电流干扰比较严重的管段(腐蚀风险较高)安装远程监测仪。恒电位仪远程监控仪的安装、电缆连接如图 6-8 所示。

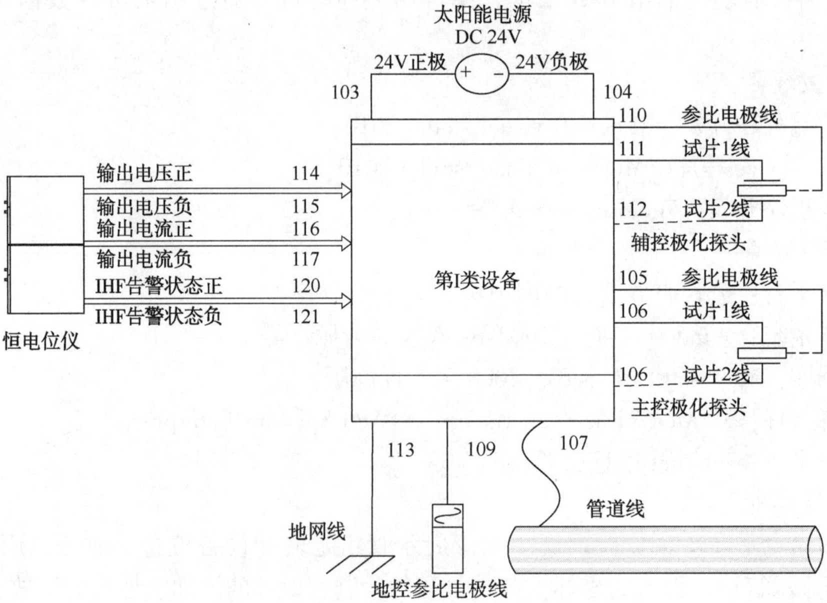

图 6-8　恒电位仪远程监控仪安装示意图

智能电位采集仪的安装、电缆连接如图 6-9 所示。

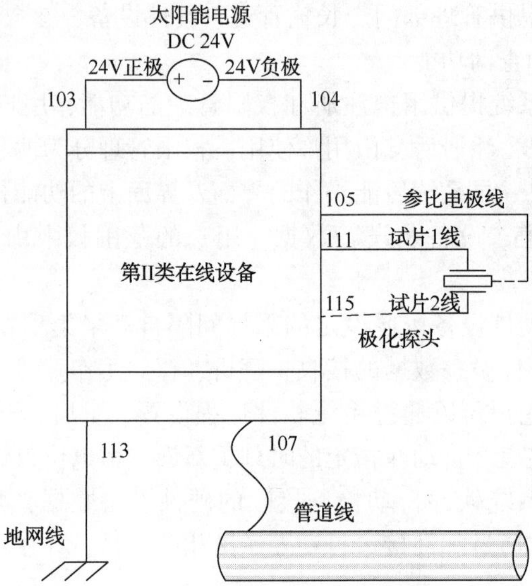

图 6-9　电位远程监控仪安装示意图

安装步骤：

① 将恒电位仪停运，断开电源，用万用表进行验电。

② 在配电间恒电位仪后面墙上合适位置，用冲击钻打孔用于安装远程监控终端(安装高度约 1.2m)。

③ 将电缆沿着不锈钢线槽铺至远程监控终端上。

④ 启运恒电位仪，启运远程监控进行调试。

⑤ 清理工作现场。

现场安装如图 6-10 所示。

(a)恒电位仪远程监控安装图　(b)电位远程监控安装图　(c)管线远程监控安装图

图 6-10　远程监控设备安装图

（5）系统调试和运行

在每一个远程监测终端安装完成之后均对该终端进行调试，并由系统开发商进行系统硬件和软件培训后阴极保护远程监测系统正式上线。

（6）阴极保护远程监测系统主要功能

阴极保护远程监测系统的主要功能包括电子地图、系统管理、设施管理、远程控制、数据发送、统计查询等。

电子地图：绘制并显示管道、设备及其状态。

系统登录后，可在地图上显示所有远程监测点的状态，地图功能如下：

① 可通过鼠标滚轮实现地图的放大和缩小功能，按住鼠标左键拖动地图可实现地图的移动功能。

② 在地图中可绘制管线，并支持管线路径的修改和延长。

③ 在地图中可添加设备图标，并可通过编辑功能调整设备图标位置。

④ 可通过查询定位功能，定位设备图标。

⑤ 自动显示设备的数据信息，在线/离线状态信息。

系统管理：用于用户、部门及权限设置。

① 部门管理：用于部门信息的维护，维护的信息中可设定该用户部门登录后地图的坐标原点和地图显示级别。

② 用户管理：用于系统用户的维护。

③ 角色设置：为操作员设定不同的角色。

④ 权限管理：为每个角色设定不同的操作权限。

⑤ 修改密码：用于修改当前登录系统的用户密码。

⑥ 参数设置：激发事件、邮件发送、恒电位仪自动运行参数的设置。

设施管理：管道、设备信息维护，激发事件接收端维护。包括管线管理、设备管理、接收端设置、采样时间设置。

① 管线管理：用于管道、管段、站场的维护。

② 设备管理：支持维护的设备包括恒电位仪远程监测仪和智能电位采集仪，设备信息也可通过在电子地图中进行添加和维护。

③ 接收端设置：可设置接收激发事件的邮箱和手机号。

④ 采集时间设置：可为智能电位采集仪和恒电位仪远程监测仪设定统一的采集时间和时间间隔。

远程控制：下发控制指令，远程控制终端设备。包括设备远程控制和下发连续采样计划设置。

① 指令包括设备对时、采样时间设置、连续采样设置、连续采样上传时间设置、即时采样。

② 连续采样下发计划步骤：建立下发计划，设定连续采样参数；选择进行连续采样的设备，并与计划关联；下发连续采样计划、下发数据上传时间。

数据发送：统计所选时间范围内，每个采样时刻设备的自动采样数据，用户可查看每个时刻的上线记录，由用户来确定选择哪个时刻的数据发送到数字化管道系统。

① 智能电位采集仪数据：包括恒电位仪远程监测仪和智能电位采集仪数据查询，查询的结果能够形成相应的图表和报表。

② 恒电位仪远程监测仪数据。

统计查询：统计检测数据、设备状态，可形成报表图表。

① 设备运行状况查询：包括恒电位仪远程监测仪和智能电位采集仪数据查询，查询的结果能够形成相应的图表和报表。

② 管线保护状况查询：按里程查询管道的阴极保护状况。

③ 接口记录统计：包括激发事件发送记录查询和统计数据发送记录查询。用于记录发送的信息和数据的发送状态。

④ 设备状态统计：查询每个设备的工作状态及设备的故障情况。

（7）阴极保护远程监测系统的应用

① 阴极保护状态实时监测

在杂散电流干扰区域，管道的通电电位通常存在波动，由于存在 *IR* 降，测得的通电电位数据不能用来评价阴极保护的状态，而应使用断电电位作为阴极保护达标与否的指标，阴极保护远程监测系统可以每隔半个小时采集管道阴极保护断电电位。

GB/T 21448《埋地钢质管道阴极保护技术规范》中要求阴极保护极化电位（不包括 *IR* 降）应在-0.85~-1.20V 之间。某测试记录显示，尽管管道的通电电位在-1.0~-2.0V 之间波动，断电电位均在-0.85~-1.20V 之间，符合国标要求。如将通电电位当作极化电位，则说明管道阴极保护电位存在过保护，显然此结论是错误的。可见，阴极保护远程监测系统可以帮助阴极保护技术人员准确评价管道的阴极保护状况，提高工作效率。

② 杂散电流监测

为监测管道的杂散电流情况，通常需要进行阴极保护通电电位和断电电位 24h 监测，阴极保护远程监测系统中的连续采样功能可实现杂散电流的监测，从采集的通、断电电位数据可以看出，06：00~24：00 期间管道阴极保护电位波动较大，说明这段时间管道受杂散电流干扰，00：00~06：00 期间管道阴极保护电位波动较小，说明这段时间管道不受杂散电流干扰，另外可在图中很方便地读出管道的断电电位。可见，阴极保护远程监测系统可以帮助阴极保护技术人员监测杂散电流状况，提高工作效率。

3. 小结

在杂散电流干扰区域，管道的阴极保护状态的监测不仅需要对通电电位和断电电位进行监测，还需要对交、直流杂散电流干扰状况进行监测，所涉及的阴极保护监测参数较多、监测频率较高。本案例开发的阴极保护远程监测系统可实时监测管道阴极保护的通电电位、断电电位和交、直流杂散电流干扰状况，适用于受杂散电流干扰管道或者不受杂散电流干扰管道的阴极保护状况监测，并得到很好的应用，可供其他油气管道企业尤其是管道受杂散电流干扰的管道企业进行借鉴。

6.2.3 杂散电流干扰监控与治理的新方法案例

1. 问题

在粤港澳大湾区，由于管道沿线的高压输电线路、地铁、高铁等设施排放的杂散电流，对管线存在不同程度的交流、直流或混合干扰。经过杂散电流缓解专项治理后，阴极保护电位为-1.15~-1.2V，符合 GB/T 21448《埋地钢质管道阴极保护技术规范》要求；交流干扰电压低于 4V，交流电流密度计算值低于 60A/m^2，符合 GB/T 50698《埋地钢质管道交流干扰防护技术标准》的要求。但根据现场腐蚀探头监测数据显示，腐蚀速率较快，超过 0.6mm/a，为标准要求的 60 倍，腐蚀依然很严重。虽然阴极保护参数符合标准要求，但腐蚀速率仍严重超标。本案例针对这个新问题，找到标准中的不足和传统的错误观念，研究出混合干扰下的监控和治理的新思路、新方法。

2. 原因分析

1）交流干扰标准中的计算公式存在不足

经过现场调查，采用长期埋设的 1cm^2 试片直接测试的交流电流密度远高于交流干扰标准中，按照公式（6-1）的计算值（小于 60A/m^2），实测交流干扰电流密度最大值超过了 1000A/m^2，是按公式计算的 16~17 倍。

$$J_{AC}=\frac{8V}{\rho\pi d} \tag{6-1}$$

式中 J_{AC}——评估的交流电流密度，A/m^2；

V——交流干扰电压的有效值的平均值，V；

ρ——土壤电阻率，Ω · m；

d——破损点直径，m。

注：ρ 值应取交流干扰电压测试时，测试点处与管道埋深相同的土壤电阻率实测值；d 值按发生交流腐蚀最严重考虑，取 0.0113m。

分析原因应为：当土壤电阻率较低，土壤中可溶性碱金属离子含量较高时，在阴极保护作用下，Na^+、K^+等离子会向试片或管道防腐层破损点处聚集，使其周围导电性越来越好，破损点处的土壤电阻率ρ'值显著下降，且该ρ'值现场无法获取，计算公式中取地面土壤电阻率平均值显然不正确，是造成错误判定的根本原因。因离子聚集是个较缓慢的过程，还应注意应在试片埋设至少 10 天后方可进行直接测试。所以，对交流干扰电流密度的检测，必须采用试片直接测试法，不能采用公式法计算。

2）交直流混合干扰下的阴保指标优化

经实验室和现场研究、测试发现，过负的阴极保护电位会促进交流腐蚀的发生，当阴保电位正于-0.90V或负于-1.15V时，交流干扰腐蚀速率会急剧升高，电位过负，低于-1.15V虽有利于抑制直流干扰，但会加剧交流腐蚀风险，而如果电位高于-0.90V，交流干扰的存在可能破坏阴极保护的极化状态。混合干扰下较理想的保护电位为-0.9～-1.15V。

3. 治理方法

（1）首先将该管道两端的绝缘接头跨接线拆除，进行单独保护，防止和相邻管道的相互干扰。

（2）采用智能阴极保护测试桩和智能恒电位仪远程进行监测阴极保护数据，并采集数据进行整理分析；埋设ER腐蚀探头和试片，监测实际腐蚀速率；运用长期埋设试片直测的方式，全面检测交、直流干扰电流的参数，并根据干扰和阴保数据及时调控，做到智能化采集和控制。

（3）现场获取管道和周边干扰源的详细位置和运行数据结合24h监测阴保数据和干扰数据，通过计算机进行数值模拟软件计算，结合已有的阴保、排流措施和周围的环境，考虑可施工性和经济性，进行详细设计，给出具体的排流设计方案。最终方案为：拆除原镁合金牺牲阳极和所有极性排流器，在干扰严重的区域，分步实施、间断性重新铺设约2.7km锌带与管道直连，阶段性测试实施效果并动态调整铺设位置。

（4）混合干扰管段阴极保护水平应升至-0.90～-1.15V的区间，沿线交流干扰电流密度直测值降低至60A/m^2以下。

（5）混合干扰的治理，应将阴极保护水平尽量降低，可通过调整阴保站输出或采用锌阳极代替镁阳极等方式降低直流电流密度，从而减弱碱金属离子向试片或防腐层破损点的聚集，减弱过保护对交流干扰的促进作用；可采用直连锌带排流地床的方式进一步降低交、直流干扰水平，消除排流器交流阻抗对交流排流效果的影响，防止反向阈值的控制使管道电位过负。

（6）治理后，通过ER腐蚀探头采集的数据监控腐蚀速率，保持在0.02mm/a左右，达到较理想的缓解效果，满足标准要求，最终形成闭环管理。如果一旦监测数据出现异常，系统首先自动调节阴保水平，如仍不能满足，则需要人工干预进行治理。本案例围绕交流干扰和混合干扰对埋地钢质管道的危害与实践进行专项研究。首次采用直接试片法检测交流干扰电流密度，并给出交流干扰、混合干扰情况下的阴保控制电位，大大降低腐蚀风险；采用智能阴极保护系统控制方法，采用智能测试桩和智能恒电位仪设备进行远程监测，及时反馈阴保数据，减少检测时间，降低检测成本，利用腐蚀探头准确获取现场腐蚀速率，优化交流电流密度检测方法，获取真实电流密度数据。建立杂散电流干扰的模型，进行数值模拟计算，提出干扰缓解防护设计方案。进一步降低管道腐蚀风险。提高了腐蚀控制的自动化、智能化水平，减少人为检测失误，降低人工成本，为智慧化管道奠定数据基础和良好实践。通过实验和实践，摸索出一套检测、监控、治理交流干扰与混合干扰的新方法。

（7）通过智能阴极保护系统，采用闭环式的管理控制方法，对交流干扰和混合干扰的检测、分析和治理进行系统阐述。通过现场检测，对埋地钢质天然气管道受交流干扰和混合干扰干扰的影响因素进行深入研究，并对已有的现场检测方法进行优化改进。

4. 主要内容

1）一套智能阴极保护系统

（1）智能阴极保护系统包括：控制中心、阴极保护站、智能阴极保护测试桩、极化探头/试片、ER 腐蚀探头。

（2）控制中心内设置有阴极保护站调控系统、智能阴极保护测试桩远程监测系统和存储器。

（3）阴极保护站采用抗干扰型恒电位仪（一备一用），具备远程监控功能，可实现远程监测恒电位仪运行数据等功能，并可根据干扰环境情况远程调整运行模式，输出端与埋地被保护管道连接，辅助阳极设置在地下。

（4）智能阴极保护测试桩，采集现场阴极保护电位，可根据需求调节采样频率，可对历史数据进行比对、分析。

（5）腐蚀探头，模拟监测埋地管道环境下的腐蚀速率、电流密度等。

（6）数值模拟计算，收集、整理、分析干扰相关参数，利用数值模拟计算模型，依据数值模拟计算结果与现场实测数据，进行交流干扰缓解防护方案设计，制定干扰缓解方案。

2）一套阴极保护控制方法

采用闭环式阴极保护控制管理方法，主要流程为：数据检测/监测—数据收集—阴保站智能调试—干扰管段重点监测—数值模拟计算—交流干扰和混合干扰治理。

（1）首先对智能阴极保护测试桩和智能恒电位仪进行阴极保护数据远程监测，并采集数据进行整理分析。远程监测终端提供多种测量周期，最快可达到 1 秒/次，最慢可达到 1 周/次。通过线上对监测周期进行修改，以满足不同监测需求的应用。设备采用低功耗设计，可采用电池供电、太阳能供电、常电电源供电，如图 6-11 所示。

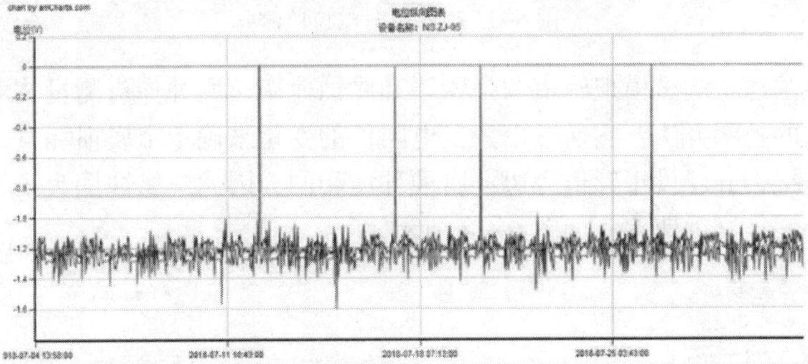

图 6-11　阴保远程监测数据

（2）通过远传数据识别出阴极保护电位波动较大的管段，远程调节阴极保护站输出模式及参数。阴极保护站采用抗干扰型恒电位仪（一备一用），具备智能远程监控功能，具有恒电位、恒电压和恒电流三种运行模式，可实现远程监测恒电位仪运行数据等功能，并可根据干扰环境情况远程调整运行模式。根据管道受到的交流干扰和混合干扰规律，进行干扰管段全线保护效果检测，如图 6-12 所示。

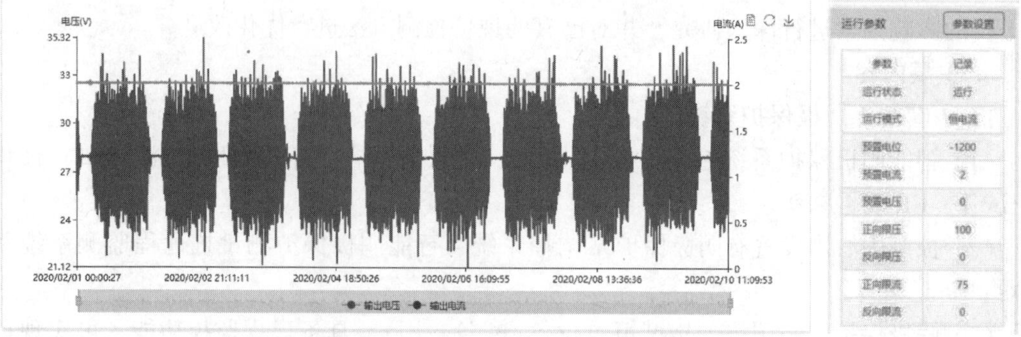

(a)恒电位仪输出　　(b)恒电位仪调试

图 6-12　智能恒电位仪远程调试

（3）检测采用数据记录仪 uDL1/uDL2 和极化探头（极化试片）进行管道的 24h 的直流通断电电位、交流感应电压位、交直流电流密度检测，如图 6-13 所示。

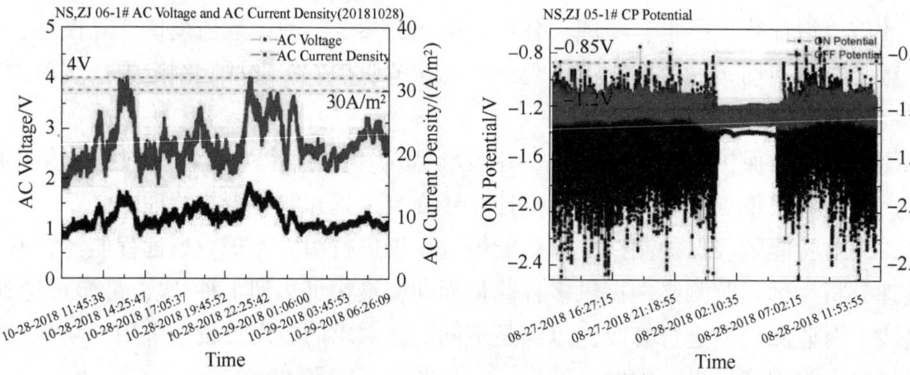

(a) 交流电压及密度24h监测　　(b)通电、断电电位24h监测

图 6-13　24 小时电位监测

（4）采用腐蚀探头测试模拟管道剩余壁厚和腐蚀速率。腐蚀探头测量技术是一种以测量金属损耗为基础的检测方法，它通过探头上电阻值的变化来确定金属损耗量。由于腐蚀探头试片与管道相连接，并埋设于管道旁边，腐蚀环境相同，因此，腐蚀探头正常工作时的数据可在一定程度上表征腐蚀速率，如图 6-14 所示。

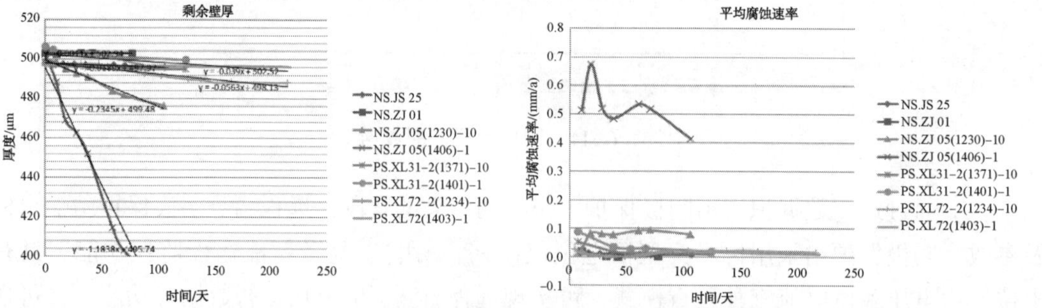

(a)ER探头剩余壁厚　　(b)试片腐蚀速率

图 6-14　腐蚀探头剩余壁厚和腐蚀速率测试

(5) 为了保障埋地钢制管道安全运行，依据现收集的数据(阴极保护数据、干扰源、干扰源与管道关系、干扰源影响范围等)，利用 CDEGS 软件建立干扰模型，进行数值模拟计算，主要流程为：收集数据—计算模型建立及验证—计算预测干扰程度评估干扰风险—缓解措施优化设计—最终方案，如图 6-15 所示。

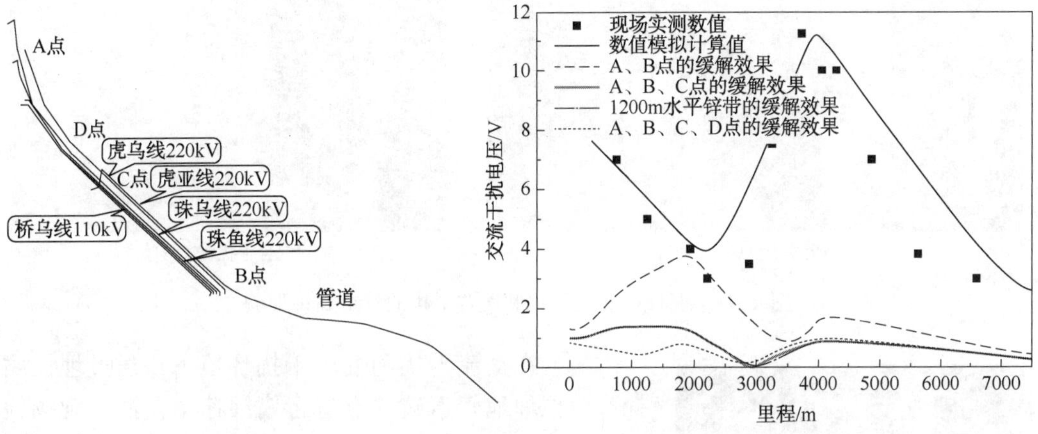

(a)模拟排流地床位置　　(b)模拟排流效果

图 6-15　排流模拟数值计算

3) 交流干扰和混合干扰对管道的危害

(1) 交流干扰和混合干扰可造成管道通断电电位剧烈波动，当阴极保护站采用恒电位模式输出时，通电点位置受到交流干扰和混合干扰，无法反馈真实的电位值，从而造成阴极保护站输出水平无法满足管道需求，导致欠保的腐蚀风险或过保护的阴极剥离屏蔽风险。如图 6-16所示。

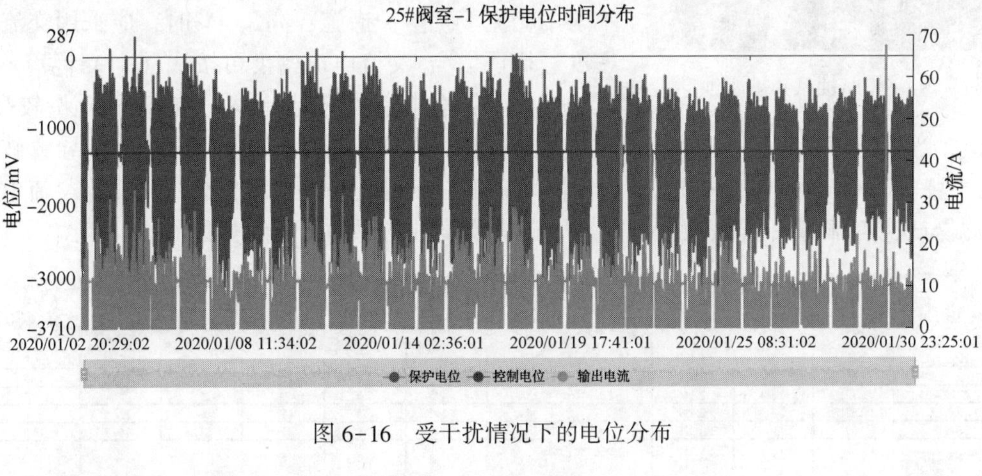

图 6-16　受干扰情况下的电位分布

(2) 当管道存在持续直流、交流混合干扰时，即使干扰电流很小，对管道的腐蚀风险也较大。根据法拉第电解定律，1A 的电流通过钢管表面流向土壤溶液，在一年的时间内，可溶解约 9. 17kg 的铁。如图 6-17 所示。

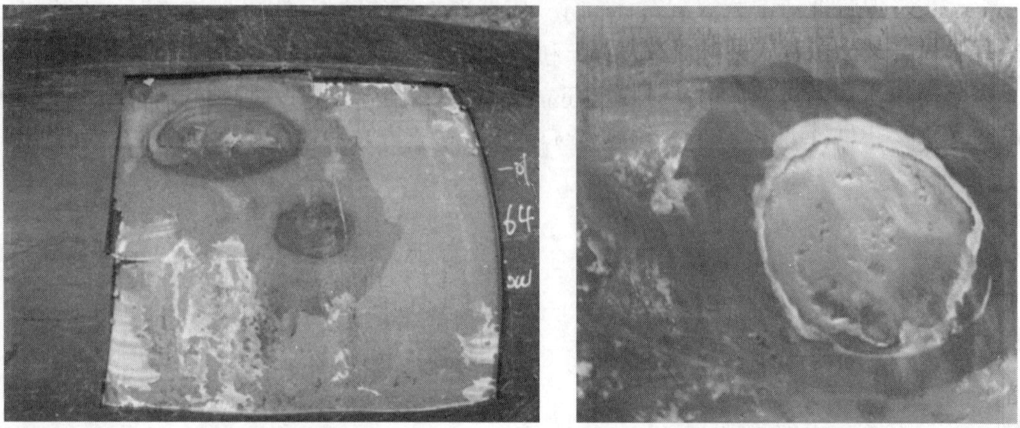

(a)交流干扰腐蚀形貌　　　　(b)混合干扰腐蚀形貌

图 6-17　腐蚀受交流干扰和混合干扰的管道腐蚀形貌

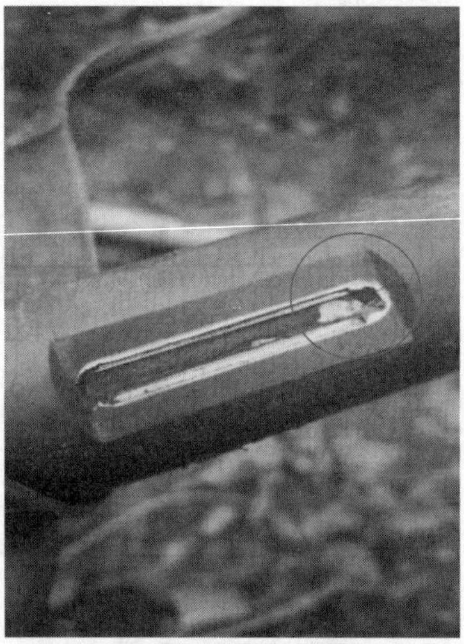

图 6-18　ER 腐蚀试片被腐蚀穿孔

(3) 在交流干扰和混合干扰环境下，通过埋设腐蚀探头模拟埋地管道破损点进行腐蚀速率监测，现场检测发现当交流干扰电流密度较大时，腐蚀探头腐蚀速率可达到 0.7mm/a，现场开挖已埋设的面积 $1cm^2$、厚度 500μm 的腐蚀探头，约 9 个月时间试片已腐蚀穿孔，如图 6-18 所示。

4）一套交流干扰和腐蚀测试的新方法

在交流干扰和混合干扰环境下，主要通过交流感应电压和交流电流密度来评价交流干扰程度，根据 GB/T 50698—2011《埋地钢质管道交流干扰防护技术标准》中 3.0.5 规定“当管道上的交流干扰电压不高于 4V 时，可不采用交流干扰防护措施；高于 4V 时，应采用交流电流密度进行评估”，交流电流密度可按式(6-1)计算。

当在土壤电阻率较低时，Na^+、K^+离子含量较高(如黏土)，当管道存在破损点且阴极保护电位偏负时，由于破损点处电化学作用，导致破损点处的土壤电阻率ρ'值显著下降，且该ρ'值现场不易测得，仍使用国标公式计算，交流电流密度数据与现场实测值差异较大，影响对管道真实腐蚀情况的判断，如图 6-19 所示。

测试桩号	管道交流感应电压(阳极闭合),V			交流电流密度（实测），A/m^2	交流电流密度（计算），A/m^2	阳极电位，V	地床对远地电阻,ohm	阳极输出电流,mA			土壤电阻率,ohm.m
	Min	Max	Avg					直流Min	直流Max	直流Avg	
NS.ZJ-02-1	7.485	7.510	7.490	830.0	268.0						6.3
NS.ZJ-03	3.638	3.706	3.678	204.9	71.8	-1.393	0.6	-254.5	106.8	-114.1	11.3
NS.ZJ-03-1	2.321	2.381	2.346	31.4	25.1	-1.495	2.5	-71.1	36.3	5.8	21.4
NS.ZJ-04	2.578	2.611	2.597	201.0	66.6	-1.062	0.7	-167.2	-99.5	-124.6	8.8
NS.ZJ-04-1	2.979	3.047	3.020	332.1	86.0	-1.086	0.8	-224.6	-129.8	-169.3	16.3
NS.ZJ-05	2.784	2.806	2.794	595.0	60.9	-0.979	0.5	-483.4	73.8	-266.3	10.0

图 6-19　交流电流密度实测值和计算值对比

对于土壤电阻率较低的土壤环境(如黏土)，当阴极保护水平良好，如现场存在交流干扰时，交流干扰程度会加剧。

交流电流密度测试，采用埋设试片直测的方式，避免无法准确获得局部位置土壤电阻率数据，而影响交流电流密度测试的准确性。根据现场实际测试，试片埋设时间对交流电流密度的大小也存在影响，在新埋设试片极化 1 天和 10 天之后，两种试片的交流电流密度数值仍差距很大。在新埋设试片极化 1 天后，两种试片的交流电流密度数值大约差 12 倍左右；在新埋设试片极化 10 天后，两种试片的交流电流密度数值大约差 10 倍左右。主要原因为新埋设试片表面的土壤与已有试片表面的土壤成分差异较大，从而试片有不同的接地电阻。如图 6-20 所示。

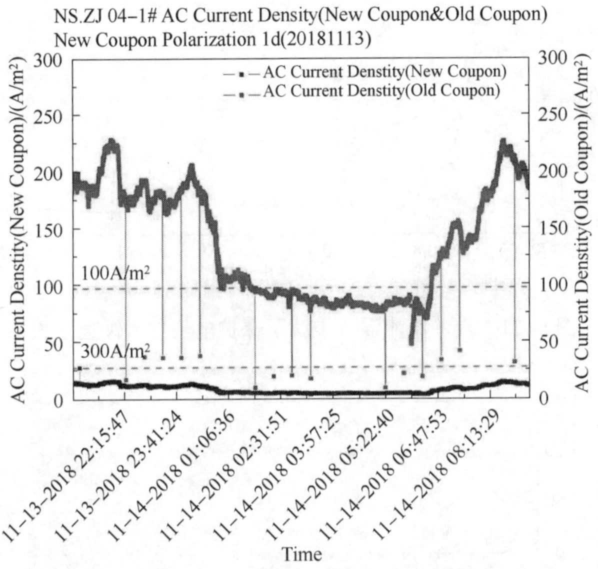

图 6-20　已埋设试片与新埋设试片交流电流密度对比

根据以上研究结果显示，在交流干扰和混合干扰环境下，评价交流干扰程度时，采用国标中的公式计算结果与真实值存在较大偏差，严重影响对现场干扰强度的判断，从而影响交流干扰和混合干扰治理效果，甚至导致管道发生严重交流腐蚀而发生重大管道事故。因此采用正确的检测方法对于交流干扰和混合干扰治理工作尤其重要。

5）交直流混合干扰下的阴保控制指标

GB/T 21448—2017《埋地钢质管道阴极保护技术规范》规定：管道阴极保护电位应为-850mv 或更负，但不能比-1200mv 更负。而管道同时受到交直流交流干扰和混合干扰时，现场检测和实验室验证，该保护范围过于宽松，保护电位与交流腐蚀速率的关系如图 6-21 所示，可以看出混合干扰下较理想的保护电位为-0. 9～-1. 15V，偏正或偏负的保护电位均会加速腐蚀。

在现场检测中发现，干扰段管道阴极保护断电电位在-1. 2～-1. 3V 时，根据地表土壤电阻率所计算得到的交流电流密度较小，而使用试片实际测量的交流电流密度非常大(可达计算值的 17 倍)。原因是试片(管道防腐层破损点)周边局部的土壤电阻率远低于地表所测得的平均土壤电阻率。当直流电流密度增加时(阴极保护断电电位变负)，试片表面局部土壤电阻率会显著降低，如图 6-22 所示。

通过调节阴极保护水平，测量交流电流密度，发现随着断电电位的负移，交流电流密度逐渐增高，如图 6-23 所示。

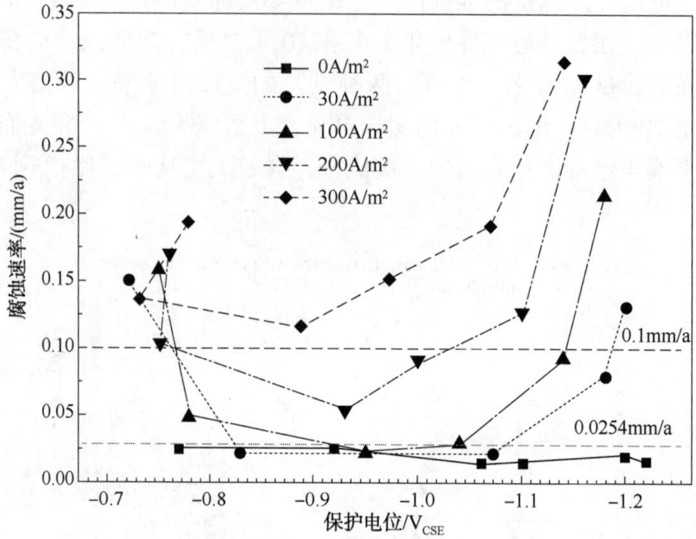

图 6-21　交、直流混合干扰下保护电位与腐蚀速率关系

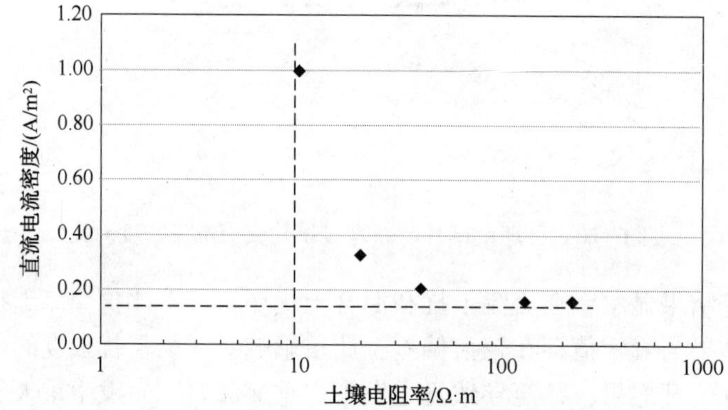

图 6-22　直流电流密度与局部土壤电阻率关系

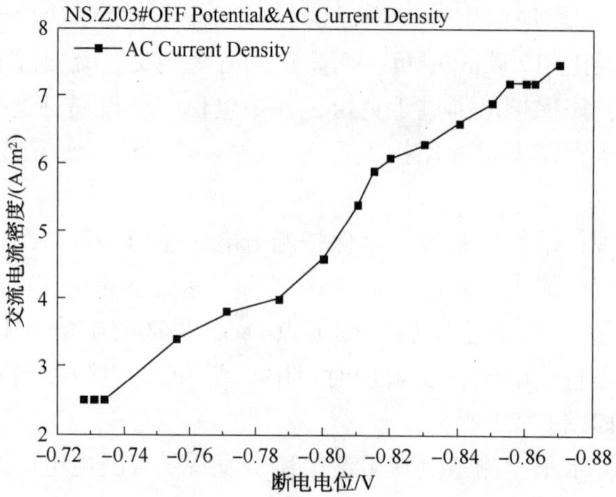

图 6-23　阴极保护断电电位与交流电流密度关系

现场检测发现，通过去除排流器和镁阳极，采用锌带直连的方式，将干扰位置阴极保护断电电位从-1.2～-1.3V 上调 0.1v 至-1.1～-1.2V 时，交流电流密度数据有明显降低，交流电流密度从 180.077A/m^2 降低到 79.992A/m^2，交流电压平均值从 0.874V 降低到 0.805V，如图 6-24 所示。对比两种排流器，国产排流器(SDD)，阈值+0.5V～-无穷：当电压大于+0.5V时导通，完全排流，当小于+0.5v 时中断；进口排流器，阈值+1～-3V，在此区间中断，当大于+1V 或小于-3V 时导通。去除排流器有两方面的影响，一是排流器自身具有一定的交流阻抗，普通工况下可忽略其影响，但干扰严重、交流排流量非常大时，其对交流排流的影响则很明显，如图 6-25 所示，国产排流器(SSD)、进口排流器和无排流器时对比，管道交流电压和电流密度均越来越低；排流器的另一个影响为对直流干扰的单向导通，即正向的干扰可通过排流器排出抑制直流腐蚀，负向的干扰保留在管道上，作为阴保电流的补充，但过多的负向干扰被保留，增加了管道过保护的倾向。两方面的影响均不利于混合干扰下的阴保指标和交流干扰的控制。

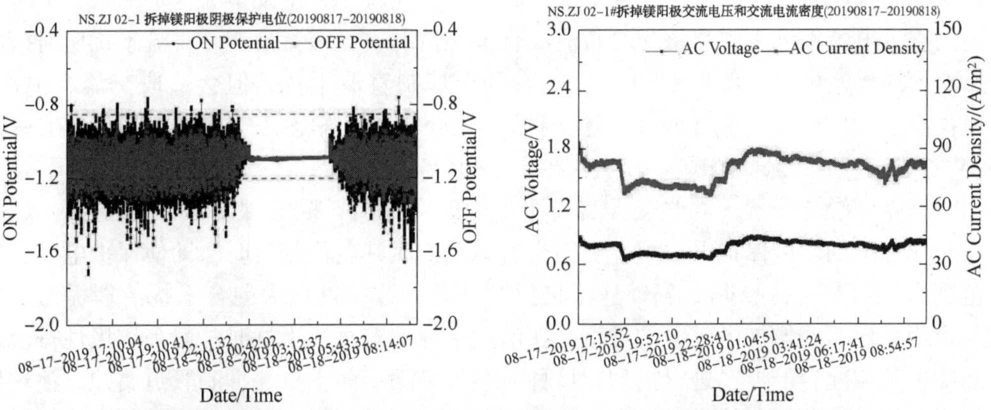

(a)拆掉阳极后断电电位　　(b)拆掉阳极后交流电流密度

图 6-24　阴极保护断电电位-1.1～-1.2V 交流干扰情况

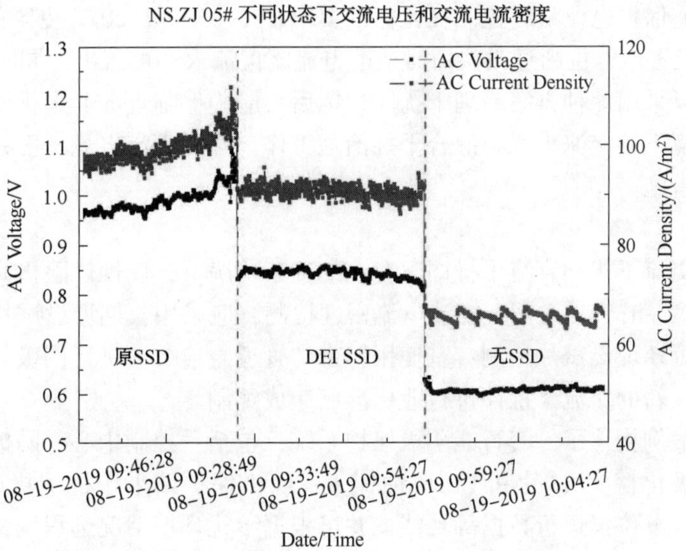

图 6-25　不同排流器下管道交流电压和电流密度对比

进一步核实试片周边土壤成分是否随阴极保护极化而变化，在多个测试桩开挖取土(开挖 1m)，并取两处阴极保护测试桩处开挖试片，取试片表面的附着土壤，然后进行土壤成分的实验室化验分析。分析结果显示原埋设试片表面的钠离子和钾离子的含量相对较高。钠、钾离子含量增加，加剧了试片表面土壤电阻率的降低，从而导致局部电流密度增大，如图 6-26 所示。

水:土=6:1	氯离子(mg/L)	硫酸根(mg/L)	氟离子(mg/L)	亚硝酸根(mg/L)	硝酸根(mg/L)	磷酸根(mg/L)	钠离子(mg/L)	铵根离子(mg/L)	钾离子(mg/L)	锂离子(mg/L)	钙离子(mg/L)	镁离子(mg/L)
极化试片附着物01#和05#	11.2	157	0.38	1.23	0.78	ND	58	ND	10.4	0.0006	11.8	10.2
NS.ZJ-01	7.85	102	0.48	1.21	0.88	ND	22.5	ND	5.53	ND	23.4	9.27
NS.ZJ-04-1	11.7	22	1.07	1.28	11.7	ND	14.6	ND	5.59	ND	20.2	4.07
NS.ZJ-07	73.1	98.3	0.65	1.62	0.89	ND	47.9	ND	4.98	ND	31.4	9.79

图 6-26　现场土壤取样的实验室成分测试结果

在交流干扰和直流干扰同时存在的治理工作中，应首先在不发生欠保护的状态下尽量降低管道的直流电流密度，在严重交、直流混合干扰情况下，需考虑交、直流干扰应对措施的相互影响，如果断电电位低于-1.15V，虽有利于抑制直流干扰，但会造成交流腐蚀严重，如果电位高于-0.9V，不利于抑制直流腐蚀。较合理的阴极保护的断电电位应在-0.9~-1.15V之间，严于阴保检测国家标准中要求的-0.85~-1.2V。

当管道受到混合干扰，即当交、直流干扰同时存在时，阴极保护必须控制在一定范围内，过正或过负的阴极保护电位均会加剧交流腐蚀，尤其电位较负时，即使保护电位在标准要求范围内(-1.15~-1.2V)，腐蚀速率仍急剧升高，这一发现为混合干扰治理提出了新的要求，也为工程实践增加了较大的难度。在治理单纯动态直流干扰时一般采用极性排流地床与强制阴保站相配合的方案进行治理，该种方案仅排除正向干扰，抑制管道腐蚀。治理后管道电位往往偏负，此时如管道还存在交流干扰，则治理措施适得其反，会加剧交流腐蚀。

故混合干扰只能采用钳位法，即选用合适直流阈值的去耦合器，并采用大规模的接地地床，如采用铺设锌带并直连的方式。在管地电位过正或过负时杂散电流均能通过地床流进或流出，以保证管道保护电位最终控制在比标准要求(-0.85~-1.20V)更窄的区间内(-0.9~-1.15V)。但由于管地电位超过钳位值时杂散电流既可流入亦可流出，同时地床会吸收大量的阴保电流，所以采用此种方案治理干扰段达标后，应确保临近的非干扰段不出现欠保护。

针对此类环境下的交流干扰和混合干扰治理工作，降低直流电流密度并采用锌带与管道直连均为有效的措施。

5. 小结

(1) 在严重交流干扰和直流干扰同时存在的复杂情况下，腐蚀风险极高：阴极保护的断电电位应在-0.90~-1.15V 之间；交流电流密度检测，应采用长期埋设试片直测的方式，不宜采用公式法和短期埋设试片检测；宜使用锌带与管道直连方法进行阴极保护和排流，尤其适合较短的管段。新的交流干扰评价行业标准已完成编制。

(2) 通过此案例构建了一套智能阴极保护系统，包括：控制中心、阴极保护站、智能阴极保护测试桩、极化探头/试片和 ER 腐蚀探头；阴极保护站采用抗干扰型智能恒电位仪，可实现远程监测恒电位仪运行数据等功能，并可根据干扰环境情况远程调整运行模式；智能阴极保护测试桩，可根据需求调节采样频率采集阴极保护电位；腐蚀探头，模拟监测埋地管道环境下的腐蚀速率、电流密度等；数值模拟计算，利用数值模拟计算模型，进行交流干扰缓解防护方案设计，制定干扰缓解方案。

(3) 通过该案例梳理出一套阴极保护管理流程：采用闭环式阴极保护控制管理方法。主要流程为：数据检测/监测—数据收集—阴保站智能调试—干扰管段重点监测—数值模拟计算—交流干扰和混合干扰治理。

(4) 在特殊干扰管段上，通过实际应用大大提高腐蚀控制的自动化、智能化水平，减少人为检测失误，降低人工成本，是智慧化管道腐蚀控制的良好实践。

6.3 阴极保护设备维护

6.3.1 管道阴极保护日常维修和复测实践与案例

1. 背景

腐蚀是影响长输管道安全运行的主要因素，阴极保护是防止外腐蚀的主要措施，阴极保护设备设施完好、系统正常运行直接关系着管道的安全可靠运行。

本案例重点介绍管道阴极保护(以下简称阴保)日常维修的相关实践内容与案例，主要关注阴保系统运行中易发生损坏的设施。

2. 主要内容

1) 阴保线缆断线检测维修

阴保线缆主要包括阴保测试线缆、阳极线缆、试片/探头线缆、排流器线缆等。可通过日常检测和远传数据判断是否发生断线，并现场检查确认断点位置，进行防腐维修。以阀室阴保站阳极地床线缆断线检测维修为例说明。

(1) 故障起因

阀室恒电位仪输出数据异常，远程监测数据显示，恒电位仪设备输出电压约为50V，输出电流为0A，初步判断为阳极地床线缆断线或恒电位仪设备故障，如图6-27所示。

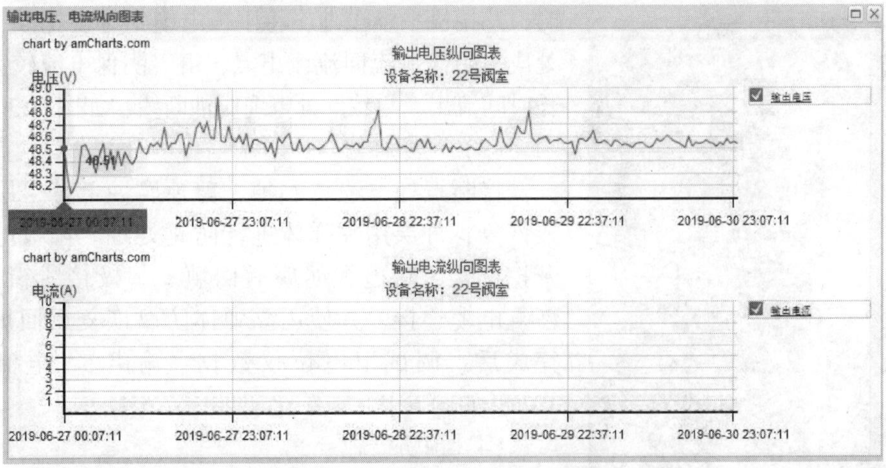

图6-27 阀室阴保站恒电位仪输出

(2) 现场检测

现场重启恒电位仪设备，可正常启机，输出电压一直保持峰值电压50V，且无输出电流，回路电阻较高，用摇表检测恒电位仪阳极线缆，阳极接地电阻为+∞，可判断故障原因为阳极线缆断线。

经调查，阳极井位置在阀室下方河道内，原阳极接线箱因河道施工已拆除，原接线箱位置下方有阳极接头，疑似断线位置为接头处，对接头位置进行开挖，开挖到阳极电缆后，拆开阳极电缆检测每根阳极的接地电阻。经过检测有四根阳极接地电阻超量程已失效，另有三根接地电阻较小分别为60Ω、40Ω、7Ω，检测阳极的总电阻为5Ω，现场发现阀室方向阳极线缆在接头处保持连接，可判断断点处不在接头位置，如图6-28所示。

将接头拆开，架设PCM信号，发射电流20mA，沿着电缆查找断点。经过查找未发现断点位置。将PCM电池正极接阳极电缆上，负极接地。沿阳极路由，开挖几处阳极电缆，在阳极路由中间位置用万用表检测阳极电缆电压有26V，在阀室门口测得阳极电缆8V，确定断点在两点之间。在两点之间取几处阳极线缆开挖，并检测阳极电缆上的电压，直至发现电压突变点。最终在阀室路面喇叭口往上5m处找到阳极线缆断点，如图6-29所示。

图6-28　现场阳极接地电阻测试

图6-29　阳极线缆电压测试

开挖后发现，断点位置铜线已发生腐蚀。经现场调查发现，断线原因为道路旁边绿化施工时，挖掘机平整土地，将阳极电缆绝缘皮挖破，破损点处成为阴保电流回流流出点，由于阴保电流较大，电流长时间流出，导致此处电缆腐蚀断线，如图6-30所示。

图6-30　阳极线缆断电形貌

（3）现场维修

将断点处电缆皮剥掉，剪掉腐蚀部分，用铜管压接恢复，外层用黏弹体进行防腐处理。阳极电缆沿线开挖位置，将电缆防腐后回填。阳极接线箱接头处，恢复电缆连接，并使用黏弹体防腐恢复后回填。维修完成后，调试恒电位仪数据，输出5A电流，电压40V，如图6-31所示。

（4）预防措施

由于原有阳极井位置在河道内，并且河道经常进行清淤等施工，已多次破坏阳极电缆，为预防再次破坏阴保设施，现场重新选择阳极井位置进行打井安装，从而避免此类破坏事件再次发生，如图6-32所示。

图 6-31　阳极线缆断点维修防腐后形貌

图 6-32　新阳极井施工

2）管道阴保线缆焊点处检测维修

站场、阀室需要在管体上焊接测试点或排流器点，并通过测试线缆引入阴保测试桩或排流器，如焊点处未做好防腐处理，焊点暴露于大气中，由于水汽的进入，在焊点处形成小的腐蚀环境，导致铜质电缆和碳钢管材发生电偶腐蚀。以站场绝缘接头处焊点腐蚀检测维修为例说明

（1）故障起因

现场安装防爆排流器时，发现绝缘接头测试桩内测试电缆线焊接处存在锈蚀。

（2）现场检测

现场发现绝缘接头两侧焊点位置在 3 点钟方向，如图 6-33 所示，此焊点疑似为铜焊点。

清理焊点处管道防腐层，去除绝缘接头两侧管道焊点，用角磨机打磨原焊点上的浮锈，浮锈清除后发现在焊点下方有麻点状腐蚀，如图 6-34 所示。

图 6-33　阴保线缆焊点位置示意图

图 6-34　焊点拆除后表面形貌

用角磨机将原焊点的麻点状腐蚀坑打磨平整、平滑、光亮。对焊点位置进行 PT、UT、MT 和测厚无损检测，无损检测结果发现，原焊点处存在表面微裂纹，现场继续打磨一遍后，再次进行无损检测发现裂纹消失，如图 6-35 所示。

（3）现场维修

将无损检测试剂擦拭干净，使用黏弹体膏填充防腐。在管顶重新选择位置焊接，焊接位置距离焊缝 10cm 以上，用角磨机打磨掉防腐层，用铝热焊机将 10 平电缆焊接在管道上方。

将焊点打磨平整，待焊点冷却后，首先用黏弹体膏将焊点处进行防腐，确保黏弹体膏充分覆盖焊点，不能留有空隙，再用黏弹体内带、外带分别进行缠绕包覆。最后在外带上涂刷聚氨酯面漆至表干，如图 6-36 所示。

图 6-35　焊点处无损检测

图 6-36　焊点防腐恢复

将焊好的站内外电缆经钢管引至地下，开挖电缆沟。将测试桩挖出，把站内外电缆引至新测试桩上，安装测试桩，回填基坑、电缆沟，如图 6-37 所示。

图 6-37　绝缘桩阴保线缆恢复

（4）预防措施

对其他站场、阀室阴保线缆焊接处进行排查，及时进行处理，避免腐蚀影响管道安全运行。

3）阴保排流器检测维修

排流器主要作用为杂散电流排流和站场、阀室绝缘设施保护。排流器主要分为线路复合型排流器和站场、阀室极化电池/防爆排流器。以排流器短路检测维修为例说明。

(1) 问题原因

阴保日常检测发现××阴保测试桩内，排流器两端电阻为 4.4Ω，阳极负向输出电流较大，排流器疑似短路，已断开阳极连接，如图 6-38 所示。

合同号			测试人	直流排流量/mA			交流排流量/mA			测试日期		测试单位
测试桩编号	排流器编号	结论	郭勇	max	avg	min	max	avg	min		备注	青岛钢研
GZS.FS-49-1	排流器	短路		282.1	-340.0	-1236.8	132.3	172.3	148.1	2018/8/3	排流器短路，两端电阻4.4Ω	

图 6-38　阴保日常检测测试桩内排流器数据

(2) 现场检测

现场对排流器进行复测，检测排流器电阻值为 0.5Ω，使用万用表检测二极管性能下降，反向导通，连接阳极后反向电流约为 1.3A，判断此排流器失效短路，如图 6-39 所示。

(3) 现场维修

开挖 40cm×40cm×40cm 排流器基坑。记录要更换的排流器编号。将排流器用防腐内带进行缠绕包覆后放入基坑，将排流器线缆接入测试桩，回填基坑，如图 6-40 所示。

图 6-39　排流器电阻测试

图 6-40　排流器安装回填

测试新更换的排流器性能，排前感应电压为 0.27V；排流后为 0.13V；排出交流为 0.21A；直流 MAX：0.03A；AVG：0.004A；MIN：-0.03A。如图 6-41 所示。

(4) 预防措施

加强排流器防水保护，将排流器倒置回填，避免地下水进入排流器影响其性能。

4) 阴保极化探头检测维修

极化探头主要用于现场阴保断电电位测试，但由于现场土壤环境影响，一些极化探头试片会出现结壳现象。以××阴保桩极化探头更换为例加以说明。

(1) 故障起因

阴保季度检测发现，××桩内探头极化不明显，试片电位为-0.70V，临时埋设探头验证断电电位为-0.912V，满足要求。

(a)直流排流量测试　　　　(b)交流排流量测试

图 6-41　新更换排流器排流量测试

（2）现场检测

现场复测极化探头断电电位为-0.67V，现场浇水后，测试断电电位负向偏移至-0.72V，效果不明显。开挖后，发现极化探头试片为 1cm2 试片，试片表面已结壳，如图 6-42 所示。

（3）现场维修

作业前先记录要更换的极化探头型号：Anko-TC-CSE-III；编号：DCS-A6.5-2016072268；面积：6.5cm^2。新探头如图 6-43 所示。

图 6-42　故障探头开挖后试片形貌

图 6-43　新更换极化探头形貌

将极化探头在清水中充分浸泡，测试极化探头试片自然电位为-0.52V，沿阴保测试桩挖至管道，将要埋设的极化探头试片表面用潮湿的泥土覆盖一层，确保泥土与试片表面充分接触。将探头放入已开挖的坑中，靠近管道放置，在坑中倒入清水，将探头压实后回填。在探头一侧插上 50PVC 管，作为便携参比管和标记使用。回填探头基坑，探头极化 10min 后测试断电位为-0.72V。将探头电缆接测试桩内与管道电缆相连。如图 6-44 所示。

(a)探头自然电位测试

(b)探头断电电位测试

图 6-44　探头自然电位和断电电位测试

（4）预防措施

现场同时埋设 6.5cm^2试片进行比较测试，避免极化探头结壳情况再次发生，如图 6-45 所示。

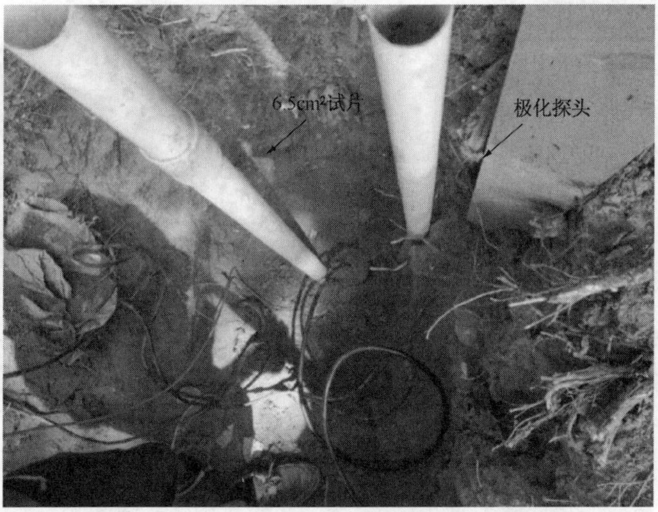

图 6-45　极化探头和试片同时埋设比较测试

5）区域阴保设计改造

区域阴极保护主要采用牺牲阳极保护，阴保电流除了保护站内埋地管道外，大部分用来保护站内地网，并且站内管道和地网是连通状态，导致站内埋地管道电位偏正，无法得到充分保护，并且区域内阳极分布较复杂，实现完全的断电难度较大。以××分输站阴保设计改造为案例加以说明。

(1) 故障起因

阴保季度检测发现，分输站内管道断电电位偏正，且阳极输出较小。

(2) 现场检测

现场检测××分输站断电电位均在-0.7V以下，土壤电阻率较高约为200Ω·m，站内阳极输出较小，站内埋地管道不满足100mV标准。

根据××分输站管道分布及查看现场岩土勘察资料，选择合适深井阳极打井位置，深井阳极位置选择应避开进出站管道，防止区域阴保对线路阴保造成干扰，并且应选择深层土壤电阻率低的位置，以实现回路电阻尽可能小。确定位置后进行区域阴保设计改造，将原有牺牲阳极保护方式改造为强制电流保护方式。

(3) 现场维修

现场打井前应首先进行地下电缆和金属构筑物探测，避免施工破坏已有设施。探测完后进行深井阳极井钻探工作，钻井作业应注意，现场回填土中巨大岩石较多，钻井过程存在卡钻和泥浆流失的情况，现场及时采取措施，使用水泥浆护壁，确保打井工作顺利进行，如图6-46所示。

钻井结束后，需要对深井阳极井进行清洗，以利于焦炭沉降，以洗出水不含泥浆为合格标准。

将辅助阳极固定好进行安装时，应先将每组预包装阳极在地面上组装、焊接，然后用吊装工具将组装好的阳极组整体下井。下井过程中应保证阳极竖直、平稳下放，避免造成井壁坍塌。注意吊装时严禁用阳极电缆承载。如图6-47所示。

图6-46　深井阳极钻井

图6-47　辅助阳极下井

采用人工充装填料。少量、缓慢、匀速装填，确保焦炭完全沉降。装填一部分焦炭后待其沉降一段时间再继续装填，将计算使用量的焦炭全部装填完后，沉降一天，然后开始向井内填细沙和砾石，向井内注水。将PVC导气管在井口上0.8m处截断，将一个U形弯头倒装于排气管口以利于排气和避免堵塞。砌筑井口，砖壁面用水泥找平，并加设阳极井盖，如图6-48所示。

深井阳极完成后进行阴保电缆铺设，电缆铺设优先选择走已有电缆沟进行铺设，从而节省施工难度和施工时间。电缆采用穿套管铺设，尤其穿路位置，采用穿钢套管铺设，避免今后施工损坏电缆，如图 6-49 所示。

图 6-48　阳极井盖安装

图 6-49　通电点安装

进行恒电位仪设备安装，将所有阴保线缆汇集至站控楼配电间内，将测试电缆和电源电缆分别进行安装，通电调试设备检测性能，待设备运行稳定后，调节运行模式，设置合适参数和模式，实现阴保站正常工作，如图 6-50 所示。

（4）预防措施

对其他站场进行检查，根据地质环境，对阴保水平不满足要求的站场逐步进行阴保改造维修。

3. 小结

阴保设施日常维修是保证阴极保护的重要一环，随着时间的推移，阴保系统的故障在所难免，阴保日常维修工作必须及时、高质、高效，确保管道的阴保系统处于正常运行状态，来面对错综复杂的管道运行外部环境，保证管道的安全运行。

图 6-50　阴保站恒电位仪安装调试

6.3.2　防腐层缺陷修复实践与案例

1. 背景

本案例针对外防腐采用三层聚乙烯(3PE)或环氧粉末(FBE)，补口采用热收缩套或液态环氧的长输管道，位于不同的外部环境时，采用不同的修复方法和实践进行论述总结。主要包括 3PE 防腐层、FBE 防腐层以及防腐层补口的修复和站场阀室内埋地管线的防腐层修复。

2. 主要研究内容

1）防腐层修复结构

（1）管道水平敷设段补口及防腐层缺陷修复结构：黏弹体(包括防腐膏和防腐胶带)+配套外保护带。

（2）管道斜坡敷设段、水网段补口及防腐层缺陷修复结构：黏弹体(包括防腐膏和防腐胶带)+环氧玻璃钢外护。

（3）管道已采用碳纤维、玻璃纤维、环氧套筒、钢套管等方式进行补强的位置，在补强层基础上外加：黏弹体胶带+配套外保护带。

(4) 定向钻穿越段管道防腐层结构：在原防腐层和补口的基础上外加环氧玻璃钢外防护层，补口处采用带环氧底漆的压敏胶型热收缩带(环氧底漆干膜厚度不小于400μm)。

2) 防腐层缺陷修复方法和要求

(1) 施工环境条件

雨雪天、风沙天、风速达到7.9m/s以上、环境温度低于-5℃时，且无有效措施时，禁止施工作业。

在表面清理、表面除锈、黏弹体、环氧玻璃钢以及PVC外带施工前，应检测环境条件，包括相对湿度、环境温度、露点温度、补口钢材表面温度等。一般情况下，相对湿度应≤85%且基材表面温度高于露点温度3℃上时才能进行防腐层补口施工；但部分情况下施工达不到上述条件时，可采取适当的除湿措施降低相对湿度，且采用适当的预热方式进行预热。

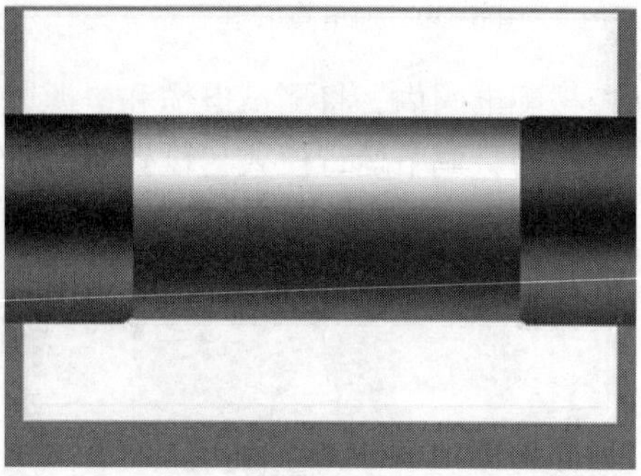

图6-51　补口处表面处理

(2) 基材表面处理

去除原防腐层破损、翘边、开裂等缺陷部位的防腐层，处理成规则形状，直至处理到防腐层黏结完好处，基材搭接部位的原防腐层表面应平整、干燥、无污物，工厂预制的3PE涂层搭接部位处理成小于30°的坡口，如图6-51所示。

采用动力工具或手工工具对钢管表面进行处理，表面处理质量应达到《涂装前钢材表面锈蚀等级和除锈等级》(GB/T 8923)规定的ST3级要求，表面应干燥，无松动的浮锈、无污物；灰尘度等级应达到GB/T 18570.3规定的2级。

(3) 黏弹体防腐安装

① 管道防腐补口处黏弹体防腐胶带安装

黏弹体防腐胶带安装采用缠绕搭接施工，黏弹体防腐胶带层与层之间的轴向搭接应不小于10mm，周向接头部位搭接长度不小于300mm；如焊缝位置有凹坑等不平整缺陷，且不需要进行补强或其他处理的情况下，应先使用黏弹体防腐膏填平凹坑后，再使用黏弹体胶带在环焊缝部位缠绕一周，如图6-52所示。

黏弹体防腐胶带与管体预制的3PE、FBE等涂层搭接长度不应小于100mm，先使用胶带原位缠绕一周，自10点钟或2点钟位置开始向下缠绕，从一端开始，保持轻柔的张力螺旋缠绕防腐胶带，缠绕过程中保持胶带平整，按照搭接线的提示进行搭接，边缠绕边用力按压胶带搭接部位，使搭接部位平整、密封良好，持续缠绕直到另一端，结束部位原位缠绕一周，如图6-53所示。

图6-52　黏弹体安装示意图

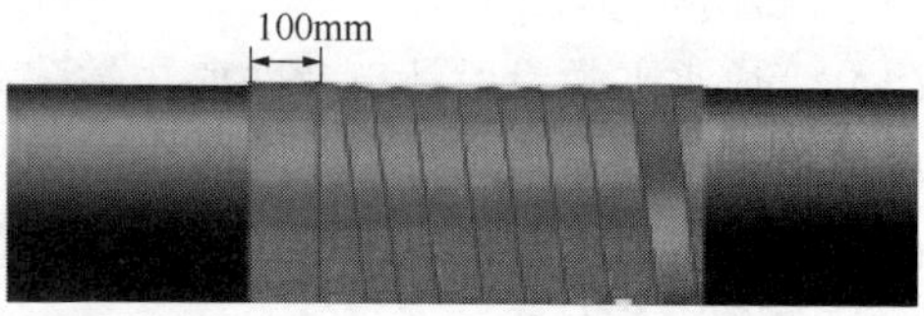

图6-53　黏弹体缠绕示意图

② 管道防腐层缺陷处黏弹体防腐胶带安装

去除防腐层修复部位已破损松动的防腐层并处理成规则形状，钢管表面进行处理达到要求(如有凹坑等缺陷，且不需要进行补强或其他处理的情况下，应先使用黏弹体防腐膏填平凹坑)；裁剪一块与损伤部位大小形状相同的黏弹体胶带，粘贴在损伤部位，保持平整，如图 6-54 所示。

将损伤部位两侧各 200mm 宽的管道圆周范围内原涂层外部清理干净，干燥、无污物；在损伤部位外部缠绕黏弹体防腐胶带，两端与原涂层搭接长度不小于 100mm，其他要求与管道防腐补口处黏弹体防腐胶带安装方法相同，如图 6-55 所示。

图 6-54　破损点处黏弹体膏填充

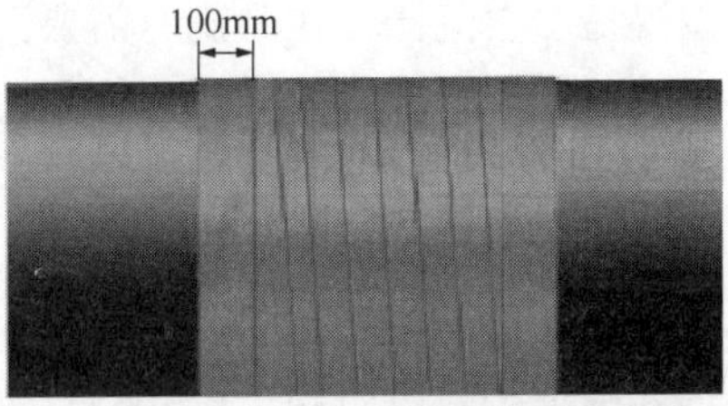

图 6-55　黏弹体缠绕

(4) 黏弹体配套外保护带安装

黏弹体配套外保护带安装采用缠绕搭接施工，缠绕时保持一定张力，胶带之间轴向搭接系数应不小于 50%，先原位缠绕一周，留出约 3mm 宽的黏弹体胶带不缠绕外带，在结束部位亦原位缠绕一周，留出 3mm 宽的黏弹体胶带不缠绕外带，且应一次缠绕成型，如图 6-56 所示。

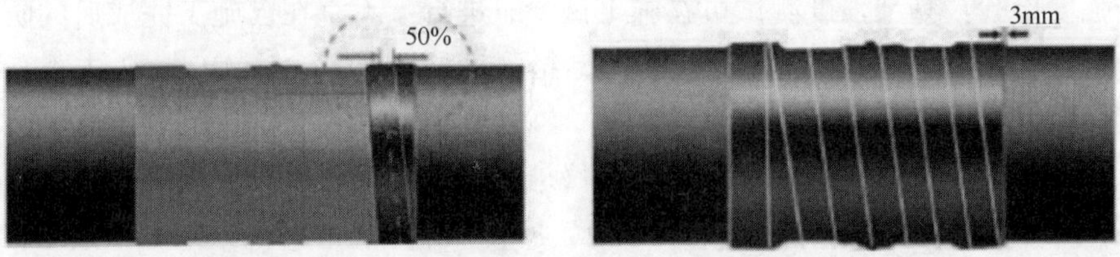

(a)保护带安装　(b)保护带安装完成

图 6-56　黏弹体配套保护外带安装

(5) 环氧玻璃钢外护安装

环氧玻璃钢由改性环氧树脂胶和玻璃纤维布组成，环氧玻璃钢的基本结构为二布五胶，二布五胶即为：环氧树脂(表干)+环氧树脂+玻璃布+环氧树脂+玻璃布+环氧树脂(表干)+环氧树脂。

安装包覆部位表面处理：环氧玻璃钢与主体 3PE 防腐层(或 FBE 防腐层)搭接部位 3PE(或 FBE)应拉毛处理，形成粗糙表面，无可见的原光滑防腐层表面。黏弹体胶带表面应保持干燥洁净，无油污、灰尘、杂质等。

① 涂刷环氧树脂胶和缠绕玻璃纤维布

将涂料 A、B 组分混合，搅拌 3min，在涂刷区涂刷一层环氧树脂胶，涂层厚度为 100~150μm。

待涂刷区第一层环氧树脂表干初凝后，继续涂刷第二层环氧树脂胶，涂层厚度为 100~150μm。

玻璃纤维布的裁剪：根据包覆管径，计算裁切周向包覆一周的长度（$\pi \cdot D+150\sim 300$mm），根据管径大小灵活决定所加长度余量。

在第二层环氧树脂胶湿润时，将玻璃纤维布撑平绷紧，先将一端搭接在涂刷区，然后环向缠绕，边缠绕边周向滚刷，保证玻璃纤维布完全被环氧树脂胶润湿，没有露白空鼓现象；玻璃纤维布两端搭接时先在搭接区涂刷一层环氧树脂胶，环向搭接区长度不低于150mm。

第三层环氧树脂胶涂刷完成后，缠绕第二层玻璃纤维布（缠绕方法同上），保证完全被涂料润湿后，在玻璃纤维布表面涂刷环氧树脂胶，涂层厚100~150μm，待涂料表干初凝后，再在其表面轻轻涂刷一层环氧树脂胶，至表面光滑即可（环氧树脂胶在未固化时，由于重力在6点位置易产生流挂，在涂刷时需要对流挂位置进行多次滚刷养护处理，直至固化）。

环氧玻璃钢两端玻璃纤维布边缘要涂刷30~50mm环氧树脂胶以便形成光滑坡度，保证防护涂层平滑过渡。

② 环氧玻璃钢防护层检验

外观检验：目测检查环氧玻璃钢表面应平整，无开裂、皱褶、空鼓、流挂、脱层、发白以及玻璃纤维外露，压边和搭接均匀且黏结紧密，玻璃布网孔为环氧树脂胶所灌满；外护带轴向包覆宽度应超出内层防腐层两侧各100mm。

厚度检测：环氧玻璃钢实干后，采用无损测厚仪进行厚度检测，选择一个截面上均匀分布的4点，防护层厚度应不小于1.2mm。

固化度检验：环氧玻璃钢固化后进行固化度检验，沿管子轴向测量平均分布的3个点，采用巴氏硬度计进行玻璃钢防护层硬度检验，检测结果应不小于30。

黏结强度检验：黏结强度测试可在施工试验时进行，不宜在已施工完成后的防腐层上进行。玻璃钢与管体PE搭接部位进行检验，黏结强度应不低于3.5MPa。黏结强度检验应在环氧玻璃钢防护层固化后进行。

漏点：每一个补口均应采用电火花检漏仪进行漏点检查，以无漏点为合格；检漏电压为15kV，探头移动速度约为0.2m/s。若有漏点，应首先采用黏弹体胶带贴补缺陷处，贴片边缘超出缺陷边缘50mm，然后环包外护带，外护带包覆宽度超出黏弹体胶带贴片边缘100mm，修补完毕重新进行检漏，直至合格。

3）站内埋地管道防腐层修复

（1）站内埋地管道防腐层修复结构

站内埋地管道水平敷设段防腐层缺陷修复结构：黏弹体防腐胶带+配套外保护带。

立管进出土管段，地面上300mm至地面下1000mm范围内防腐层结构为无溶剂液态环氧+黏弹体防腐胶带+环氧玻璃钢，最后在环氧玻璃钢外侧应涂刷耐候型的氟碳面漆，环氧玻璃钢采用二布五胶结构，厚度不小于1.2mm，氟碳面漆涂层厚度≥80μm。

地上支撑、管墩处管道采用黏弹体防腐胶带+环氧玻璃钢的防腐层结构，环氧玻璃钢外侧应涂刷耐候型的氟碳面漆，环氧玻璃钢采用二布五胶结构，厚度不小于1.2mm，氟碳面漆涂层厚度≥80μm。

管道已采用碳纤维、玻璃纤维、环氧套筒等方式进行补强的位置，在补强层基础上外加：黏弹体防腐胶带+配套外保护带。

站内新建埋地管道防腐层结构采用无溶剂液态环氧+黏弹体防腐胶带+黏弹体配套外保护带，无溶剂液态环氧涂层厚度≥600μm。

（2）埋地管道检测

检测埋地管道的涂层厚度、外观及腐蚀状况：

① 外观状况检查包括防腐层状况检查、变形、裂纹及腐蚀状况检查等。

② 防腐层状况检查包括防腐层外观、防腐层厚度、电火花检漏、涂层附着力。

③ 壁厚检查，指超声波测厚。

如存在腐蚀、变形或壁厚损失，除检测上述三项外，还应进行土壤情况及土壤理化性能分析、腐蚀产物分析、管道腐蚀坑深测量（最大坑深、环向长度、轴向长度）、裂纹检测等。

埋地管道焊缝无损检测，包含 PT、UT、MT、RT、PAUT。发现超标缺陷需要进行完整性评价，评估后决定是否进行修复和如何修复。

（3）埋地管道防腐

清除管道表面油脂等污染物，动力工具或手工打磨至 St3 级，参照 GB/T 8923《涂装前钢材表面锈蚀等级和除锈等级》要求清扫掉灰尘、砂子，若有管道表面有明水，用干布擦拭干净。

站内埋地管道采用黏弹体+配套外保护带的防腐层结构，立管进出土管段（地上 300mm 至地下 1000mm）采用黏弹体+环氧玻璃钢结构，最后在环氧玻璃钢外侧涂刷耐候型的氟碳面漆（厚度≥80μm）。

黏弹体防腐带与管体其他涂层的搭接宽度不小于 100mm；黏弹体防腐带周向分层缠绕时，黏弹体防腐带周向的始末端搭接长度不小于 300mm，黏弹体防腐带层与层之间的轴向搭接不小于 10mm；配套外保护带的搭接应不小于 55%。

黏弹体材料施工完成后，应检查防腐层的厚度以及搭接情况，对不符合要求的需要重新防腐。

防腐层修复完成后，使用电火花检漏仪进行检漏，合格后方可进行回填。

（4）埋地管道开挖和回填

（1）开挖作业前需进行风险评估，采用手动分层探测性开挖；开挖前需使用雷迪等设备进行地下电缆等设施的探测并标记；对开挖区域进行硬围护。

（2）对于开挖风险高的位置需减小单次开挖面积，采用间隔分段开挖方式降低风险。

（3）风险较低的位置每段最长开挖 20m，每 5m 用沙袋支撑。

（4）作业坑的开挖宽度、深度原则上应距离埋地管道四周至少 500mm，如开挖位置受到埋地支墩、电缆线、其他设施等特殊位置和设施影响时，可适当减小开挖面积，保证防腐作业空间即可。

（5）开挖深度超过 1.2m 时必须做好边坡支护，首先采用钢管架和钢、木模板进行边坡支护，土方坍塌严重时在模板外侧采用水泥石粉砂袋垒墙挡土，同时应按照受限空间的安全要求设置逃生直梯。

（6）开挖深度超过地下水位深度时必须做好基坑降水，在基坑底部设置降水坑，采用潜水泵降低地下水位；当基坑内出现大量的涌水、涌砂时，宜选用大功率的电动吸水泵进行基坑降水，使用水泵进行定期排水，排水时基坑内禁止人员进入和作业。

（7）埋地管道回填要求在管道防腐层四周填充 500mm 厚（过筛后的）中砂，砂层经检查达到要求后，用原土夯填实。

（8）基坑回填要求全部采用中粗河砂或石粉进行回填，按分层回填分层夯实的方法，分层厚度不大于 300mm，夯实的方法采用分层灌水夯实法，完成后按原样恢复地面设施并将余土外运。

(9) 原土层逐层加水夯实，直到比周边地面高 50mm。

(10) 草皮、地砖、路面或部分墙体恢复，地下埋有阳极、极化探头等阴保设施的区域，地上所铺地砖下不做硬化(方便日后的维护和更换)。

3. 小结

埋地管道的防腐层是否完好，关系着埋地管道的使用寿命，也关系着管道运行安全。埋地管道的防腐层维修是阴保日常维修工作非常重要的一部分，确保管道防腐层及时修复给管道的安全运行提供保障。随着时间的推移，补口失效、埋地管道涂层问题等日益突出，需定期抽查并进行维修，尤其是对于一些干湿交替的土壤环境或施工质量较差的管段，在运营期需要加大抽查力度并根据检查情况进行维修。

6.4 天然气站场阀室阴极保护

6.4.1 站场阀室 BV 阀及引压管检测与维护案例

1. 背景

长输管道线路截断阀(简称 BV 阀)与主线相连，传送其压力信号源的引压管也取自主干线，压力与主线相同，且无法隔离，但引压管的外径为 33.9mm，设计壁厚为 4.54mm，壁厚仅为主线的 20%~30%左右，一旦发生腐蚀，减薄比例较大，是安全运营的较大风险。本案例主要介绍阀室 BV 阀及其引压管的检查维护。

2. 主要内容

1) 检查原因

日常对某线路 BV 阀进行开挖检查时，发现其压力信号引压管存在腐蚀，呈现多处腐蚀坑，腐蚀坑最深处达到该引压管壁厚的 28%，经评价，虽然处于安全状态，但存在比较大的潜在风险。

为彻底消除线路 BV 阀引压管存在的隐患，确保这些截断阀引压管的结构完整和功能可靠，对所有 BV 阀引压管进行了全面隐患排查和防腐层修复。开挖后，对引压管和阀体处进行全面检查，对腐蚀点进行打磨处理，如需补强，则采用玻璃纤维复合材料进行补强处理，并使用黏弹体材料+PVC 外护带进行包裹后，回填细沙土。BV 阀的结构如图 6-57 所示。

2) 检查内容

(1) 埋地 BV 阀及紧急切断阀(简称 SDV 阀)检测内容

检测埋地 BV 阀及 SDV 阀(含引压管、排污管、注脂管)的检测内容包括外观检查、阴保状况检查、壁厚检查、腐蚀状况检查。

① 外观状况检查包括防腐层状况检查、变形、裂纹及腐蚀状况检查等。

② 防腐层状况检查包括防腐层外观、防腐层厚度、电火花检漏、涂层附着力检查等。

③ 阴保状况检查包括阴保电位检查、交流电压检查、土壤电阻率测试等。

④ 壁厚检查，指超声波测厚。

如存在腐蚀、变形或壁厚损失，除检测上述几项外，还应进行土壤情况及土壤理化性能分析、腐蚀产物分析、管道腐蚀坑深测量(最大坑深、环向长度、轴向长度)、裂纹检测等。

(2) 埋地 BV 阀及 SDV 阀防腐

采用黏弹体材料对埋地 BV 阀及 SDV 阀进行防腐。

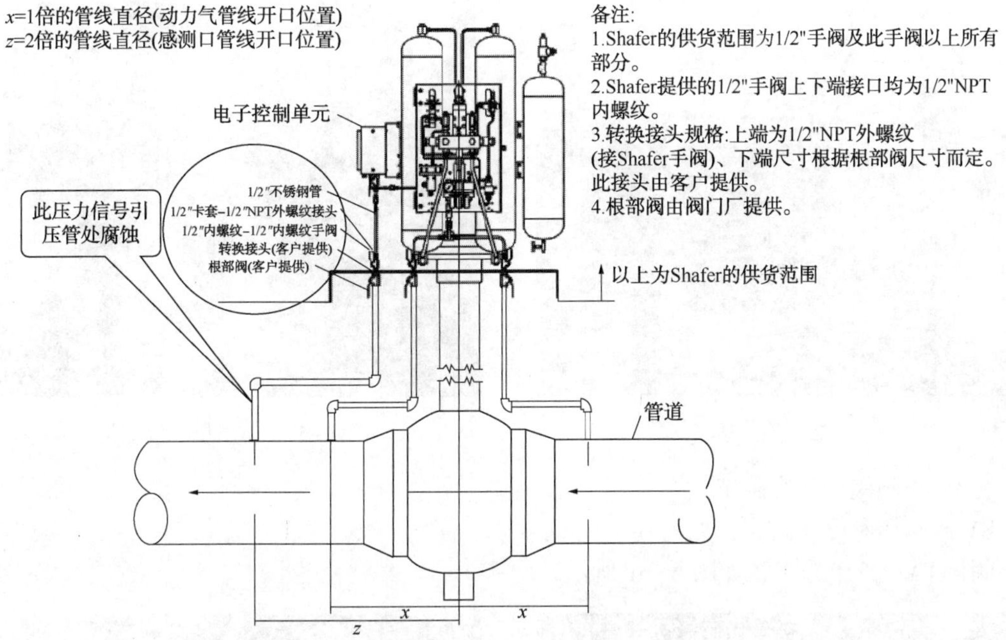

图 6-57　BV 阀结构图

清除表面油脂等污染物，动力工具或手工打磨阀杆(法兰至地面 10cm 范围)、引压管、排污管、注脂管(底部至地面 10cm 范围)至 St3，阀体如存在涂层失效或大面积腐蚀，也应进行打磨至 St3 及防腐。

黏弹体防腐膏填充异形结构(如法兰结构及引压管、排污管、注脂管底部结构)，然后缠绕黏弹体内带，最后缠绕 PVC 外带。

防腐层修复完成后，使用电火花检漏仪进行检漏，合格后方可进行回填。

需要进行补强修复的，应在修复完成后按照上述对应的方式进行防腐处理补强，防腐完成后应采用细土回填并夯实。回填土中不应含有石块、水泥块、金属块等硬物。

(3) 缺陷检测评价及修复方案

管道检测：引压管开挖检测时，应通过无损检测对失效风险较高的焊缝以及含腐蚀或其他缺陷的管道进行检测。无损检测应根据实际情况，采用渗透、磁粉及超声相控阵检测或组合检测等方式进行，确保结构的完整性。

缺陷评价：缺陷评价时，应首先基于无损检测结果，判别缺陷类型及尺寸；其次，应综合考虑含缺陷管道剩余强度、抵抗变形能力以及以往工程经验进行完整性评价。

缺陷修复：线路截断阀引压管开挖检测过程中，若发现有腐蚀或有其他类型缺陷，应首先消除应力集中；其次，按照缺陷评价给出的技术方案进行缺陷修复。通常缺陷修复可采用的方式有打磨、复合材料补强、卡具、迁移并更换引压管等。

3) 检测维修

(1) 施工环境

某阀室 BV 阀引压管检测防腐施工，对 BV 阀清洗后，阀体表面防腐层完好，如图 6-58 所示。

(2) 失效部位检查

旁通管道出入地段防腐层已经失效，如图 6-59 所示。

图 6-58　施工现场

图 6-59　防腐层失效部位

(3) BV 阀阀体防腐施工

BV 阀阀体黏弹体防腐，如图 6-60 所示。

阀体 PVC 外带施工，如图 6-61 所示。

图 6-60　BV 阀阀体黏弹体防腐

图 6-61　阀体 PVC 外带施工

阀体防腐完成，如图 6-62 所示。

(4) 引压管检测

使用超声波测厚仪对引压管进行检测，如图 6-63 所示。

图 6-62　BV 阀阀体防腐施工完成后形貌

图 6-63　引压管检测

使用超声波测厚仪对控制管进行检测，如图 6-64 所示。

三通打磨，如图 6-65 所示。

图 6-64　控制管检测

图 6-65　三通打磨后形貌

排污管检测，如图 6-66 所示。

图 6-66　排污管检测

引压管壁厚检测。

(5) 管道、法兰防腐施工

防腐使用黏弹体内带+PVC 外护带，如图 6-67 所示。

3. 小结

BV 阀的引压管是腐蚀控制的重点，一旦发生腐蚀，风险较高，也是管理上的薄弱点，建议运营期间对所有的 BV 阀和引压管进行检查和维护，同时对阀门与主管线的上下游焊缝进行无损检测复测，可大大削减腐蚀和焊缝的本体安全风险，提升安全可靠供气水平，充分体现完整性管理——细节决定成败。建议设计期，考虑引压管与主管道之间增设阀门，便于切断和维护。

(a)法兰防腐

(b)管道防腐

(c)引压管防腐

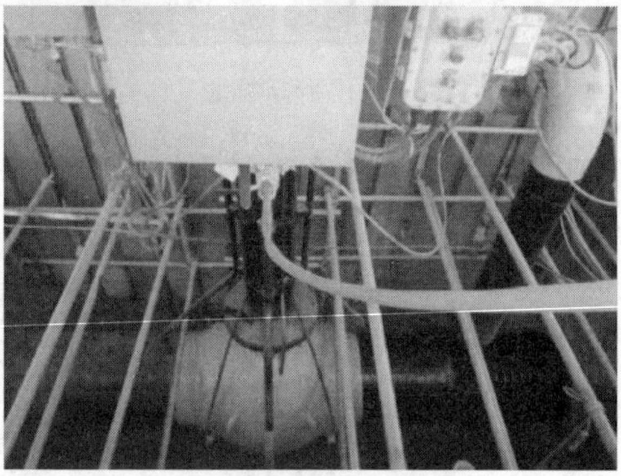

(d)缠绕PVC外带

图 6-67 管道、法兰防腐施工

6.4.2 站场区域阴保智能化和检测优化的研究与实践案例

1. 背景

目前站场的区域阴极保护一般采用牺牲阳极保护，由于站内管道和接地网是连通状态，且站内接地材料面积较大，从而导致大量阴极保护电流流入接地网，仅有少量电流流入管道。埋地管道均做了防腐，而接地网是镀锌扁钢，假设管道有个别破损点，可以计算真正用于保护管道的电流不超过10%，也就是说，90%以上牺牲阳极的损耗都用于保护接地网。目前行业内采用的区域阴极保护均存在此问题，不仅管道无法获得良好的保护效果，也导致牺牲阳极的大量损耗。2018~2019 年，站场、阀室阴极保护季度检测时发现，××分输站内土壤电阻率较高，牺牲阳极输出能力较弱，站内埋地管道电位偏正，无法满足标准要求，腐蚀风险升高。同时，由于站场内历经多次改造，站内牺牲阳极分布较复杂，相互存在干扰，对于埋地管道断电电位检测存在一定影响，且站场内土壤电阻率较高，使用极化试片测试断电电位时，需要极化时间较长。

在这种情况下，探索一种新的阴极保护方式，来解决阳极消耗过大和电位检测困难的问题，同时提高阴极保护的效能和检测电位的工作效率，且易于推广，是一件亟待解决的问题。本案例主要是针对此问题，找到了新的区域阴保方式并提出了解决的方法。

2. 主要内容

1）新的区域阴保方式及其智能化

（1）改变传统的站内阴极保护方式，由牺牲阳极保护方式改为强制电流保护方式，既可以及时检修又可以实现断电电位的准确测试；

（2）改用智能恒电位仪设备，实现远程监控；

（3）改进地面检测和标识，优化检测方式，减少阴保线缆开挖维修工作量；

（4）改进阴保检测方法，提高效率，简单易行；

（5）便于日常维修、维护。

2）区域阴保智能化和优化的内容

（1）分输站现有阴极保护情况

以××站为例进行介绍，其他站场雷同。

××站原有阴极保护方式为牺牲阳极保护，牺牲阳极为建站初期埋设，现已运行约15年，站场内牺牲阳极存在部分性能下降甚至失效情况。另外，××站经历多次扩建改造，站场内埋地管道路由和牺牲阳极分布复杂，相关资料信息不全，极不利于站场内埋地管道的阴极保护断电电位检测和管道腐蚀控制。

目前站场内阴极保护检测主要通过检测人员在每个阴极保护测试桩进行各项数据检测，并且断电电位检测需要至少提前0.5~1h埋设极化探头/试片，增加了检测时间，使工作效率较低。

站场阀室阴极保护季度检测结果显示，站场内牺牲阳极输出电流较小，保护作用下降。部分管道阴极保护水平不满足国标要求，需要及时采取措施进行治理。

（2）阴极保护方式的优化

传统区域阴极保护方式主要为牺牲阳极保护，牺牲阳极保护方式对站内土壤电阻率要求较高，土壤电阻率越高，阳极接地电阻越大，输出电流越小，被保护设施无法获得充分保护；牺牲阳极的更换和维修，施工难度较大，需要沿管线埋设，进行大面积开挖，增加了运营风险；并且采用牺牲阳极保护对于阴极保护有效性检测具有一定局限性，无法实现同步通断，来获取准确的瞬时断电电位；另外，由于牺牲阳极采用沿线埋设，分布较分散，如阳极故障失效，需分别沿线排查，增加了维修难度。

由于××分输站土壤电阻率较高，站内埋地管线分布较复杂，并且站场空间有限，因此优化改变了原阴极保护设计，采用了强制电流阴极保护方式。

（3）应用智能恒电位仪

恒电位仪作为阴极保护站的核心，主要作用为提供阴极保护电流，如图6-68所示。与传统阴极保护恒电位仪电源相比，本案例采用智能型的恒电位仪电源设备，可以通过控制中心进行远程控制，调节恒电位仪选择恒电流、恒电压、恒电位三种运行模式，并且可根据需求，制定不同时间段运行模式的智能切换。

图6-68 阴极保护智能恒电位仪

智能恒电位仪还可实现输出电流、输出电压、通断电电位的远程实时传输，方便阴极保护数据的及时获取，并可以对现场问题进行初步判断，节约到现场检查所消耗的大量时间，提高工作效率。

另外，智能化恒电位仪可实现远程控制操作通断电动作，优化通断电电位检测方法，节省检测时间。

(4) 辅助阳极地床的优化

辅助阳极选用一种国内外最新使用的“钛基氧化物阳极—MMO”，该阳极采用一级钛管，尺寸为 $\phi25\times1000mm\times1.0mm$。涂敷 15~18 道贵金属氧化物涂敷层，进行高温烧结。与传统铸铁阳极相比具有体积小、导电性好、稳定性高、施工难度小等优点。阳极性能见表 6-1。

表 6-1　贵金属氧化物技术性能

名称	输出电流/A	允许电流密度/(A/m^2)	消耗率/[mg/(A·a)]	寿命/年
MMO	≥5	≥100	≤2	≥30

根据深层的平均土壤电阻率和分层土壤电阻率，选择深井阳极的活性区。根据土壤电阻率测试的结果，确定深井阳极的活性区的深度；根据需要的目标阳极地床的接地电阻，计算出需要的活性区的长度，根据活性区的长度，确定需要的阳极数量、填包料的数量、阳极井的口径等参数。本案例采用 MMO 阳极共计 12 支，一口井放置 6 支，共两口井，每口井深度 40m，钻孔口径为 300mm。阳极安装如图 6-69 所示。

(5) 辅助阳极井施工困难与改进

根据站场历史资料和岩土勘察资料显示，站场区域内原为鱼塘，后进行填土建站，填土中有大量建筑碎石，深度约为 10m，填土下方为强风化岩，硬度较大。辅助阳极井打井时发现钻机频繁出现卡钻情况，且钻井泥浆无法储存，大量流失。钻井位置移动后仍存在此问题。

针对此施工问题，采用水泥砂浆进攻井壁封堵，从而保证泥浆可以储存，保证了钻井作业顺利进行，如图 6-70 所示。同时，对作业中存在的风险进行分析讨论，如钻机作业过程的安全把控、钻井录井员的补充、对钻取的岩芯进行收集、保存、记录等，对施工计划和进度进行确认，确保人员、材料、设备、工序等紧密衔接好。

图 6-69　MMO 阳极安装

图 6-70　深井阳极施工

(6) 通电点和测试点的优化

考虑站场内埋地管道分布复杂，为确保阴极保护电流能够均匀保护站内管道，根据现场环境，均匀布置 3 处通电点，主要为进出站区域和多条管道并行交叉区域。

取消站场内阴极保护测试桩，阴极保护测试桩多位于设备旁，容易阻挡维修人员作业，且部分阴极保护测试桩在站场防爆危险区域内，需进行防爆隔离，从而增加了运营风险。同时，原阴极保护测试桩内测试线缆接线较多且复杂，部分测试线缆和标识已老化，增加了检测人员作业难度和作业风险。另外，阴极保护桩和线缆断线等故障维修时，需要沿线缆进行开挖寻找断点后修复，维修工作量较大。现场选择 15 处关键位置(管道附近)作为测试点，埋设参比管进行阴极保护检测。

(7) 阴极保护检测方式优化创新

区域阴极保护智能化及通断测试点优化后，阴极保护日常检测更加简化和准确。改造前阴极保护检测方法主要为检测人员进行每个测试桩的通断电电位测试、阳极性能检测等，检测程序复杂且消耗大量检测时间，尤其管线断电电位测试，需提前埋设极化试片进行至少 30min 极化后才可进行测试，极大地降低了检测效率。改造后，埋地管道阴极保护通断电位测试可利用要检测位置的参比管，将参比电极放入参比管内，万用表负极连接参比电极，正极选择附近地上裸露的金属结构物(引压管、接地材料、设备等)，根据需求的通断时间(如 10s 通、1s 断)，通过调控智能恒电位仪通断模式，现场检测管道通断电位。此方法可实现管道完全断电，从而获取准确电位数据。测试点如图 6-71 所示。

检测辅助阳极地床性能：可在恒电位仪或阳极井位置，利用万用表和土壤电阻率检测仪测试阳极电位和阳极回路电阻，如图 6-72 所示，从而判断阳极地床的性能。避免了原阴极保护测试桩内单个阳极逐一检测，消耗检测时间的问题。

图 6-71　阴极保护测试点

图 6-72　辅助阳极地床接地电阻测试

(8) 阴极保护检测效果对比

实施后，阴极保护断电电位检测数据结果显示，站内埋地管道断电电位满足 -0.85V，与改造实施前 -0.56V 相比，取得良好的阴极保护效果，满足 GB/T 21448—2017《埋地钢质管道阴极保护技术规范》要求。

3. 结论和建议

(1) 对于站场、阀室区域阴极保护，从全生命周期考虑，建议采用外加阴保电流方式和智能化阴保恒电位仪，可实现同步通、断电电位的检测，提高工作效率，便于维护维修。

(2) 选择管道附近的关键位置作为测试点，埋设参比管进行阴极保护检测，代替传统的阴保测试桩，不但检测便捷，而且可以避免防爆区域内非防爆测试桩潜在的安全风险。

。

6.4.3 站场埋地管道涂层优化及金属套管屏蔽问题分析案例

1. 背景

站场阀室内的埋地管道一般采用环氧粉末(FBE)或液态环氧进行防腐，随着运营时间的推移，涂层的黏接力和防腐效果逐年降低，且很容易破损。同时站场内埋地管道部分外部有金属套管存在，金属套管会屏蔽阴保电流，增大腐蚀风险。因此，如何控制和削减站内埋地管道的腐蚀风险，如何通过科学的手段确保管道的安全可靠运行，是我们一直在探索和实践的问题。

本节针对不同地段的此类管道防腐层的修复方法和实践案例加以说明。

2. 主要内容

1）站内埋地管道涂层优化设计

一般站内埋地管道的涂层原设计为环氧粉末或液态环氧，经过十多年的运营后发现存在鼓包和部分脱落现象，尤其在出入地管段存在腐蚀现象。

涂层的寿命一般为十年左右，而且对施工的质量要求比较高，尤其对于现场的补口防腐施工，对表面的处理要求更加严格，如果现场质量控制不严，便容易出现腐蚀问题，而且埋地管道一旦发生腐蚀很难被发现。对于运营期的埋地管道，全面检查非常困难，开挖的风险较高，为避免类似问题的发生，需要选择一种防腐技术方案，很容易满足现场施工的条件，对表面处理要求不高，而且寿命不低于站场 25 年的设计寿命。

经过多年的不断摸索尝试，现场使用验证后发现站场、阀室的埋地管道涂层，根据管道所处区域的不同，宜采用以下结构。

（1）站内埋地管道水平敷设段防腐层缺陷修复结构：黏弹体防腐胶带+配套外保护带。

立管进出土管段，地面上 300mm 至地面下 1000mm 范围内防腐层结构为无溶剂液态环氧+黏弹体防腐胶带+环氧玻璃钢，最后在环氧玻璃钢外侧应涂刷耐候型的氟碳面漆，环氧玻璃钢采用两布五油结构，厚度不小于 1.2mm，氟碳面漆涂层厚度≥80μm。

两布五油结构具体是指：表面处理后涂刷一层环氧漆，然后缠绕一层玻璃纤维布，再涂刷两层环氧漆，再缠绕一层玻璃纤维布，最后涂刷两层环氧漆。即：表面处理—环氧漆—玻璃纤维布—环氧漆(两层)—玻璃纤维布—环氧漆(两层)。

（2）地上支撑、管墩处管道采用黏弹体防腐胶带+环氧玻璃钢的防腐层结构，环氧玻璃钢外侧应涂刷耐候型的氟碳面漆，环氧玻璃钢采用两布五油结构，厚度不小于 1.2mm，氟碳面漆涂层厚度≥80μm。

（3）管道已采用碳纤维、玻璃纤维、环氧套筒等方式进行补强的位置，在补强层基础上外加黏弹体防腐胶带+配套外保护带。

（4）站内新建埋地管道防腐层结构采用无溶剂液态环氧+黏弹体防腐胶带+黏弹体配套外保护带，无溶剂液态环氧涂层厚度≥600μm。

2）埋地管道检测

（1）检测埋地管道的涂层厚度、外观及腐蚀状况

① 外观检查：包括防腐层状况、变形、裂纹及腐蚀状况等

② 防腐层检查：包括防腐层外观、防腐层厚度、电火花检漏、涂层附着力等

③ 壁厚检查：采用超声波进行测厚。

（2）如存在腐蚀、变形或壁厚损失，还应进行土壤情况及土壤理化性能分析、腐蚀产物分析、管道腐蚀坑深测量(最大坑深、环向长度、轴向长度)、裂纹检测等。

（3）埋地管道焊缝无损检测，包含 PT、UT、MT、RT、PAUT。发现超标缺陷需要进行完整性评价，根据评价结果确定修复方案。

3）埋地管道防腐

（1）清除管道表面油脂等污染物，动力工具或手工打磨至 St3 级，参照 GB/T 8923《涂装前钢材表面锈蚀等级和除锈等级》要求清扫掉灰尘、砂子，若管道表面有明水，用干布擦净明水。

（2）站内埋地管道采用黏弹体+配套外保护带的防腐层结构，立管进出土管段(地上 300mm 至地下 1000mm)采用黏弹体+环氧玻璃钢结构，最后在环氧玻璃钢外侧涂刷耐候型的氟碳面漆(厚度≥80μm)。

（3）黏弹体防腐带与管体其他涂层的搭接宽度不小于 100mm；黏弹体防腐带周向分层缠绕时，黏弹体防腐带周向的始末端搭接长度不小于 300mm，黏弹体防腐带层与层之间的轴向搭接不小于 10mm；配套外保护带的搭接应不小于 55%。

（4）黏弹体材料施工完成后，应检查防腐层的厚度以及搭接情况，对不符合要求的需要重新防腐。

（5）防腐层修复完成后，使用电火花检漏仪进行检漏，合格后方可进行回填。

4）埋地管道开挖和回填

（1）开挖作业前需进行风险评估，采用手动分层探测性开挖；开挖前需使用雷迪等设备进行地下电缆等设施的探测并标记；对开挖区域进行硬围护。

（2）对于开挖风险高的位置需减小单次开挖面积，采用间隔分段开挖方式降低风险。

（3）风险较低的位置每段最长开挖 20m，每 5m 用沙袋支撑。

（4）作业坑的开挖宽度、深度原则上应距离埋地管道四周至少 50cm，如开挖位置受到埋地支墩、电缆线、其他设施等特殊位置和设施影响时，可适当减小开挖面积，保证防腐作业空间即可。

（5）开挖深度超过 1.2m 时必须做好边坡支护，首先采用钢管架和钢、木模板进行边坡支护，土方坍塌严重时在模板外侧采用水泥石粉砂袋垒墙挡土，同时应按照受限空间的安全要求设置逃生直梯。

（6）开挖深度超过地下水位深度时必须做好基坑降水，在基坑底部设置降水坑，采用潜水泵降低地下水位；当基坑内出现大量的涌水、涌砂时，宜选用大功率的电动吸水泵进行基坑降水，使用水泵进行定期排水，排水时基坑内禁止人员进入和作业。

（7）埋地管道回填要求在管道防腐层四周填充 500mm 厚(过筛后的)中砂，砂层经检查达到要求后，用原土夯填实。

（8）基坑回填要求全部采用中粗河砂或石粉进行回填，按分层回填分层夯实的方法，分层厚度不大于 300mm，夯实的方法采用分层灌水夯实法，完成后按原样恢复地面设施并将余土外运。

（9）原土层逐层加水夯实，直至比周边地面高 50mm；草皮、地砖、路面或部分墙体恢复，地下埋有阳极、极化探头等阴保设施的区域，不做硬化(方便日后的维护和更换)。

5）金属套管阴极保护屏蔽问题的分析解决

埋地管道的钢套管会对阴保电流有屏蔽作用。有阴极保护的埋地管道套管部分，套管与管道之间是空气或两端实施绝缘密封，当套管内管道的防腐层出现破损点时，由于破损点处与阴极保护电源形不成一个闭合回路，保护电流不能流入破损点，阴极保护就不能发挥作用——即钢套管的屏蔽作用。管线站场、阀室和阀井钢套管内的埋地管道破损点由于钢套管对阴保电流的屏蔽作用，当钢套管两端的封堵材料损坏造成水、电解质等腐蚀介质进入时，会造成破损点处的腐蚀加剧。

(1) 穿路管道应力核算

由于埋地钢套管一般位于站内道路或消防通道下方，拆除钢套管前需要对拆除后的管道进行评估，以判断是否满足应力要求。

应力核算应依据 GB 50251—2015《输气管道工程设计规范》和《路基路面工程(第三版)》中相关计算公式进行稳定性校核。

以 GB 50251—2015《输气管道工程设计规范》中"输气管道径向稳定校核按照 $\Delta x \leq 0.03D$"为标准。

根据站场实际运营情况，以 25t 吊车按轴荷 19870kg 考虑，50t 吊车按后轴轴荷 25935kg 考虑，对不同管道尺寸和埋深进行了核算，核算结果如表 6-2 所示。

表 6-2 穿越管道应力计算明细表

序号	钢管/mm	壁厚/mm	吊车重量/t	管道深度/m	钢管变形量 Δx/mm	钢管允许最大变形量 $0.03D$/mm	是否满足规范要求
1	*DN*250	15.08	25	1.0	0.154	8.193	满足
				1.2	0.126	8.193	满足
				1.6	0.126	8.193	满足
			50	1.0	0.193	8.193	满足
				1.2	0.155	8.193	满足
				1.6	0.150	8.193	满足
2	*DN*200	12.7	25	1.2	0.096	6.573	满足
				1.5	0.076	6.573	满足
				1.8	0.067	6.573	满足
			50	1.2	0.118	6.573	满足
				1.5	0.090	6.573	满足
				1.8	0.077	6.573	满足
3	*DN*300	17.48	25	1.2	0.179	9.714	满足
				1.4	0.150	9.714	满足
				1.5	0.141	9.714	满足
				1.7	0.129	9.714	满足
				2.0	0.121	9.714	满足
			50	1.2	0.220	9.714	满足
				1.4	0.180	9.714	满足
				1.5	0.167	9.714	满足
				1.7	0.149	9.714	满足
				2.0	0.136	9.714	满足
4	*DN*400	21.44	25	1.7	0.173	12.192	满足
			50	1.7	0.201	12.192	满足

（2）站场埋地管道的穿路钢套管拆除步骤

① 开挖作业前需进行风险评估，采用手动分层探测性开挖；开挖前需使用雷迪等设备进行地下电缆等设施的探测并标记；对开挖区域进行硬围护。

② 对于开挖风险高的位置需减小单次开挖面积，采用间隔分段开挖方式降低风险。

③ 开挖出钢套管后，在拆除钢套管前，必须检查管沟、套管内的可燃气体含量确认合格，基坑支护稳固合格后，才可进行拆除作业。

④ 切割时，作业人员需穿戴好防护服、防护面罩、防噪耳塞等劳保用品。

⑤ 对待切割套管下面用临时支撑进行支护，防止破拆后套管下沉。

⑥ 套管内的管道做好保护措施，严禁切到管道，对埋地管道用防火布包裹和弧形钢板进行保护，避免切割时损坏工艺管道。

⑦ 套管切割采用分段式切割拆除，切割前以套管水平线进行划线确保切口平齐，以套管两侧轴向水平线、左右两边开始分段切割套管。

⑧ 切割时控制好切割的深度，套管两侧切割长度到 100cm 时沿环向切套管上、下半部分。

⑨ 移除已切割完成的部分套管，继续切割直至全部切割完成。

⑩ 对拆除处管道进行检测评估，使用目测、电火花、超声波测厚仪等方法对原钢套管内管道的防腐层及本体腐蚀情况进行检查和评估，发现缺陷或防腐层破损点按规定进行修复和保护。

⑪ 在穿路钢套管拆除后，对管中线以下及管道上方的填土应进行压实，或采取填砂压实，压实系数不小于 0.85，保证管道敷设在密实的砂或土上。

3. 结论和建议

防腐涂层方案的优化及金属套管阴保屏蔽作用消除后，可降低埋地管道的腐蚀风险，使腐蚀问题得到有效控制，提高埋地管道安全运行的可靠性。三点建议如下：

（1）站内管道防腐的技术方案应结合现场的施工条件，具有较强的可实施性，不宜选用对表面处理要求较高的技术，以方便维修维护，并尽可能免维护；

（2）防腐层的寿命应与站场管道的设计寿命保持一致；

（3）站内埋地管道的穿路套管可采用混凝土套管，不应采用钢套管，避免带来阴保屏蔽的问题。如已采用，需核算应力，采取相应防护措施后拆除钢制套管。

6.5 水下管道的阴极保护

6.5.1 海底管道工程中阴极保护监测技术实践案例

1. 背景

随着国家石油、天然气行业的蓬勃发展，阴极保护检（监）测技术在陆上埋地的钢质管道的腐蚀控制中得到了成功运用。但对于海底管道，主要还是定期采用水下机器人对管道的阴极保护状况进行检测，不仅费钱、费时和费力，而且测量的依然是阴极保护通电电位，无法检测断电电位，且检测的时间间隔较长，无法满足日常检测的需要。

本案例主要通过比较陆上管道常用的阴极保护监测装置在海底管道应用中的优缺点，选择合适的阴极保护监测装置和技术应用于海底管道工程中，并实现岸上准确测量海底管道阴极保护参数的目标。

2. 主要研究内容

1）海底管道阴极保护监测技术选择

阴极保护电位是阴极保护监测的重要内容，常使用参比电极来测量埋地管道的阴极保护电位，不同的环境采用不同的参比电极类型，$Cu/CuSO_4$ 参比电极用于测量埋地管道的阴极保护电位，Ag/AgCl 参比电极用于测量海洋结构(如海上平台、海底管道)的阴极保护电位。采用参比电极测量阴极保护电位的示意图如图 6-73 所示，管道与参比电极之间的电位即为阴极保护电位。

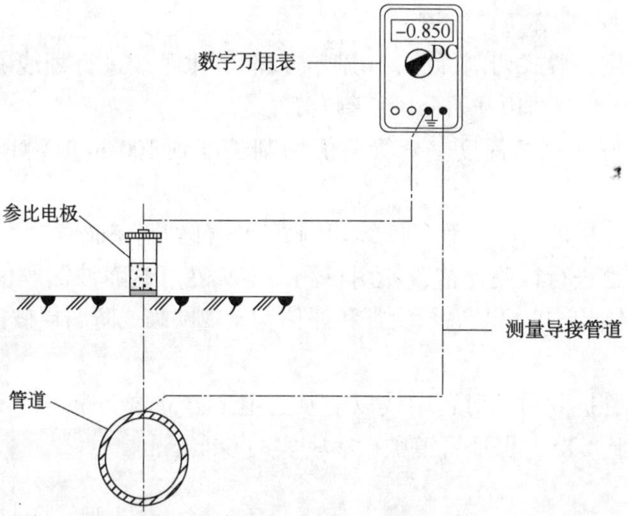

图 6-73　阴极保护电位测量示意图

在工程实践中，通常采用测量管道的断电电位来表示管/地界面极化电位。断电电位可通过中断阴极保护电源的瞬间读取管道与参比电极之间的电位，此时，土壤中的电压差(简称 *IR* 降)降为 0，测得的电位即为阴极保护断电电位。然而，在杂散电流干扰地区，由于杂散电流干扰源不能被同步中断，通过中断阴极保护电源的方式不能消除土壤中全部的 *IR* 降，测量结果也不准确。极化探头法是一种能有效地消除由于存在土壤 *IR* 降、杂散电流等因素所引起的电位误差，从而达到精确检测被保护构筑物上的保护电位值的方法，在测量管道阴保断电电位尤其是杂散电流干扰区的阴保断电电位广泛应用。极化探头由极化试片、自腐蚀试片、参比电极、连接电缆组成，其安装及测量示意图如图 6-74 所示。极化试片通过电缆与管道相连，受到阴极保护电流的保护，当瞬时断开极化试片和管道的连接时，测得的试片与参比电极之间的电位(试片断电电位)可代表管道的断电电位和

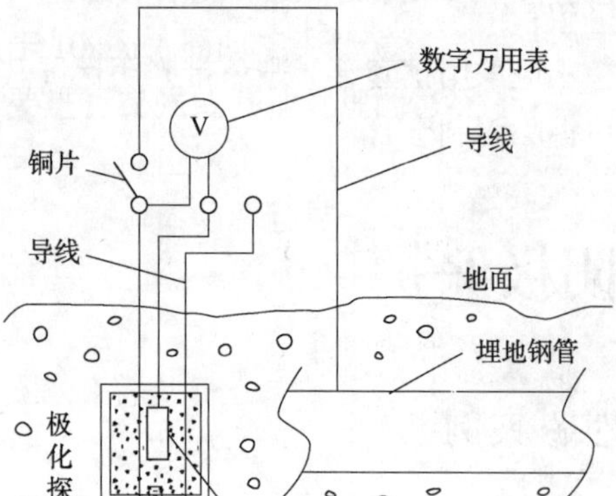

图 6-74　极化探头安装及测量示意图

管道的阴极保护水平。另外，极化探头还可以测量试片的自腐蚀电位，用于评价管道的阴极保护是否达到 100mV 负向极化指标。

海底管道传统的阴极保护测量方法主要是采用水下机器人(ROV)在海底靠近管道测量管道的阴极保护电位，由于参比电极靠近海底管道，其测量的阴极保护电位中的海水造成的电压差(简称 *IR* 降)很小，甚至可以忽略。

为选择海底管道的阴极保护监测技术，将参比电极法、极化探头法、ROV 法测量的优缺点进行了对比，如表 6-3 所示。

表 6-3　海底管道阴极保护监测技术比较

监测技术	参比电极法	极化探头法	ROV 法
测量数据的准确性	通电电位中通常包含 *IR* 降，数据不准确	数据准确	数据准确
经济性	成本低	成本较低	成本高
测量的便捷性	便捷	便携	不便携

从表 6-3 中可以看出，从测量准确性、便捷性和经济性三方面进行比较，极化探头具有测量数据准确、测量方便、成本较低的优势，因此选用极化探头法作为海底管道的阴极保护监测技术。

2）海底管道阴极保护监测装置的设计

本次采用极化探头法对海底管道的阴极保护状况进行监测，海底管道(X65 材质)通过岸上的绝缘接头与岸上管道相连。需将一个极化探头放置到离岸 70~100m 远的海底管道旁的海泥面上，极化探头通过电缆连接到岸上的测试桩，实现在岸上就可以测量海底管道阴极保护状况的目的。其设计图如图 6-75 所示。

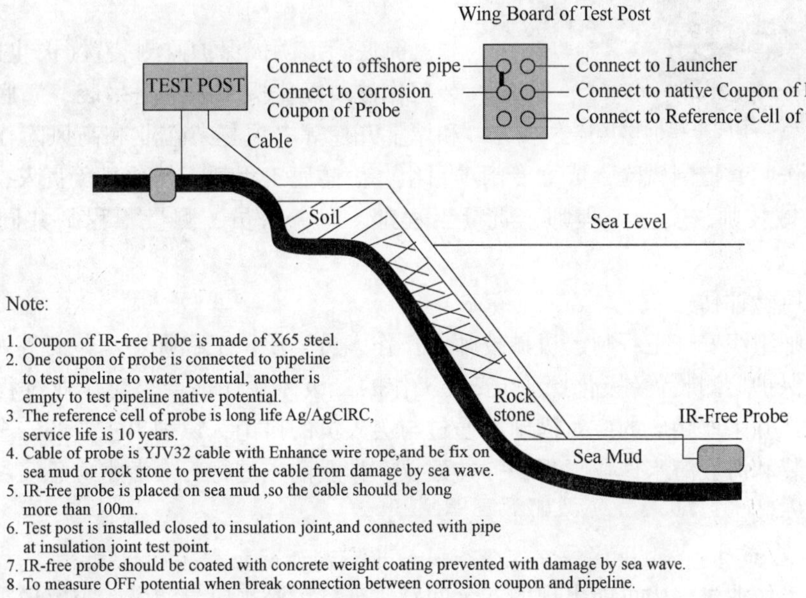

图 6-75　海底管道阴极保护监测装置设计图

海底管道阴极保护监测装置的设计需要解决以下问题：

(1) 应能准确测量阴极保护参数；

（2）极化探头应具有10年以上使用寿命；

（3）极化探头应设计配重块，防止波浪和海水流动使极化探头漂移；

（4）海底电缆必须有足够的强度和防腐防水性能，且应固定在海底，防止波浪和海水流动对电缆的损坏。

阴极保护参数测量的准确性主要取决于测量方法、测试设备和人员操作的准确性。本次采用极化探头法，一方面极化探头可有效消除测量回路中海水造成的电压差(简称*IR*降)，另一方面极化试片与海底管道材质一致(即X65钢)，保证了测量的准确性，另外，测量的人员也应经过专业培训，以保证人员操作的准确性。

极化探头的使用寿命主要取决于参比电极的使用寿命和探头的密封性，海水环境使用的极化探头采用内置Ag/AgCl参比电极，带1cm^{2}极化试片和1cm^{2}自腐蚀试片，经厂商测试在海水环境中可以使用10年以上。

图6-76　带配重块的极化探头

为防止海浪和海水流动导致极化探头漂移，在极化探头周围设计了0.5m×0.5m×0.5m的水泥配重块，同时将配重块的四个角用1.5m长的T字形角钢固定。带配重块的极化探头如图6-76所示。

电缆应采用适合在海水环境用的YJV32型号电缆，规格为3×ϕ2.5mm，在海底用1.0m长的T字形角钢和电缆支架固定，在浪溅区穿PVC管防海浪冲击。

3）海底管道阴极保护监测装置的安装

（1）组织架构

海底管道阴极保护监测装置(极化探头)的安装工作涉及极化探头的海上吊装、海底潜水作业和岸上开挖等多项复杂作业和高风险作业。为切实做好该项工作，并控制风险，成立专门项目组，由防腐工程师担任项目负责人，统一组织和协调维修机械技师、安全工程师、质量工程师、海务人员、测量工程师共同完成该项工作。

（2）二级风险评估

防腐工程师组织安全工程师、机械技师、操作人员、质量工程师、承包商等人员召开了海底管道阴极保护监测装置(极化探头)安装工作的二级风险评估会，对作业过程中的安全风险逐一评估，并采取相应的应对措施。通过与会人员的讨论，识别出主要的安全风险在极化探头海上吊装和海底潜水作业工程中，并建议在作业前先进行一次潜水应急演习。

（3）现场安装

① 潜水应急演习

为应对潜水作业过程中可能出现的安全问题，进行了潜水应急演习，主要模拟潜水过程中较常出现的氧气供应管断开等意外情况的应急措施进行演练，出现险情后，潜水员立即将氧气供应管供氧切换为自带的氧气瓶供氧，并通过水下通信设备与岸上人员联系，岸上的救生员立即用救生绳将潜水员拉出水面，并检查潜水员身体状况，如有必要将潜水员送往附近的医院救治，如图6-77所示。

② 海底管道定位

根据海底管道坐标信息，由测量工程师对海底管道定位，并采用浮标标识管道位置和走向，如图 6-78 所示。

图 6-77　潜水应急演习

图 6-78　海底管道定位

③ 极化探头吊装

a. 极化探头搬运到工作船码头，用绳子或者封装带在叉车上固定好探头；利用叉车把极化探头叉到工作船码头。

b. 极化探头吊装作业如图 6-79 所示。

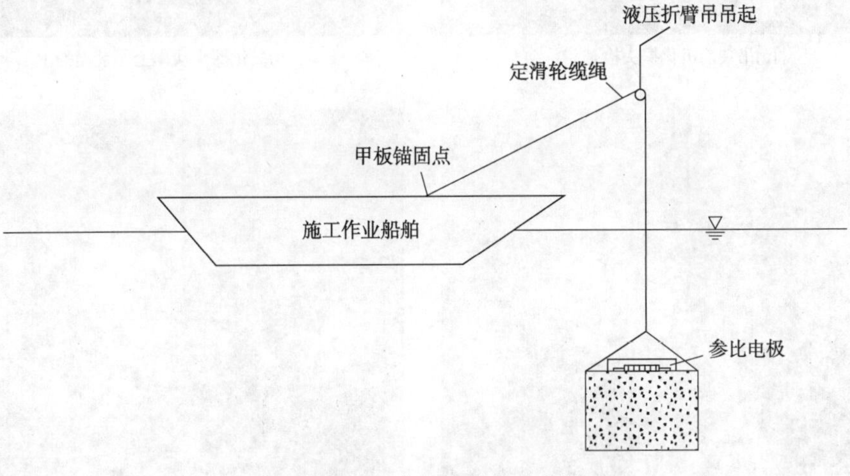

图 6-79　极化探头吊装示意图

c. 在工作船码头岸上，将探头砼配重块系好捆绑绳子，并系上牵引绳；

d. 船舶根据探头的放置位置，离管道 30m，离岸边 70m，出臂调整臂长；

e. 吊装带连接砼配重块和起重机吊钩，试吊平衡后开始缓慢起吊，同时，牵绳人员保持探头块的稳定；

f. 起重机缓慢将探头块从岸上吊移至船甲板上并固定；

g. 船务人员利用拖轮把极化探头和砼配重块运到安装地点；

h. 重新用 50m 吊装绳把极化探头和砼配重块四面系紧，把吊装绳一端安装在定滑轮上；

i. 定滑轮另一端固定在起重机吊钩上(定滑轮暂时不受力)；

j. 在极化探头和砼配重块四面再用吊装带系紧，并固定在吊装葫芦的挂钩上；

k. 葫芦的另一端挂钩固定在起重机吊钩上，并用吊装带和葫芦把极化探头和砼配重块从拖轮上吊到指定海面，放入海面下 1m 左右；

l. 吊装时需要系好两根牵引绳，防止吊装过程中物体摆动；

m. 极化探头和砼配重块吊到海面后，把吊装绳另一端穿过定滑轮，并在拖轮系缆墩安装两个葫芦，利用葫芦作为固定点，利用葫芦力量把极化探头和砼配重块拉起，这时吊装带和吊机上葫芦在不受力情况下，用小船靠近极化探头和砼配重块把吊装带和葫芦挂钩松开；

n. 用葫芦慢慢把极化探头和砼配重块利用定滑轮放置到海底；

o. 确认极化探头和砼配重块已经到海底并安全后，通知潜水人员可以下潜把吊装绳松开并进行安装作业。

吊装作业现场情况如图 6-80 所示。

(a)吊装前极化探头检查　(b)极化探头从岸上吊装至船上

(c)极化探头吊装　(d)极化探头入水

图 6-80　极化探头吊装作业现场

（4）极化探头及海底电缆固定

① 为确保施工质量和施工安全，水下作业全程录像。

② 混凝土下沉至泥面后，为防止配重移位，在配重的四角向海底打入角钢固定配重，角钢植入深度为 1.5m。

③ 海底电缆连接到岸边，线缆经过淤泥段，利用带有托架的角钢插入海底，插入深度不小于 1m，将电缆固定托架上，淤泥段固定间距为 5m。

④ 海底电缆经过岸边礁石段，利用水下钻孔机在礁石上每隔 5m 间距打孔，安装不锈钢膨胀螺栓将电缆固定件固定在礁石上，用电缆固定件将电缆固定，避免由于海浪冲击造成线缆晃动、摩擦而损伤电缆；电缆固定件与电缆之间设柔性橡胶垫，以防电缆磨损。电缆固定件由不锈钢角钢制作而成，如图 6-81 所示。

(a)极化探头固定

(b)海底电缆固定

图 6-81　极化探头及海底电缆固定

(5) 岸上阴保测试桩的安装及电缆连接

① 在岸上安装 1 支阴极保护测试桩，并连接电缆，一边至极化探头，一边连接至 HKE 岸上 *DN*500 管道上。

② 在岸上埋设 1 只阴极保护测试桩，测试桩长度 2m，埋设深度 1m，桩总长保护桩安装完毕后，对保护桩进行防腐涂装处理。

③ 在岸上敷设 $1\times6mm^2$ 电缆，埋深 0.5m，电缆周围采用细沙填埋。

④ 阴极保护测试桩内的电缆需采用铜接头与接线柱连接；与管道连接的电缆采用 $1\times10mm^2$ 规格，电缆与管道采用铝热焊方式连接，采用油漆材料对焊接点进行防腐。如图 6-82 所示。

(a)阴保测试桩

(b)测试桩内电缆

图 6-82　岸上阴保测试桩及测试电缆

4) 竣工验收

(1) 安装结束后测试

防腐工程师组织相关人员对海底管道阴极保护监测装置的安装工作进行了验收。对极化探头的电缆连接进行了检查，各电缆连接状况良好，并对极化探头的阴极保护参数进行了测量，其中通电电位测试时间为10min，结果如表6-4所示。

表6-4　极化探头阴极保护测试表

通电电位/V(vs. Ag/AgCl)			断电电位/V(vs. Ag/AgCl)	交流电压/V	自腐蚀电位/V(vs. Ag/AgCl)
Min	Max	Avg	-0.98	0.03	-0.65
-1.06	-0.97	-1.02			

从表6-4中可以看出，使用极化探头可正常测量海底管道各项阴极保护参数，包括通电电位、断电电位、交流电压和试片自腐蚀电位，同时可以看出断电电位与通电电位的平均值之间存在约20mV的差异，表明通电电位存在*IR*降，测试结果不准确，应使用断电电位来评价管道的阴极保护状况。综上所述，海底管道安装阴极保护监测装置(极化探头)工程验收合格，可以投入使用。

(2) 安装一年后测试

在海底管道的极化探头安装了一年之后，对极化探头的阴极保护参数进行了测量，其中通电电位测试时间为10min，结果如表6-5所示。

表6-5　极化探头阴极保护测试表

通电电位/V(vs. Ag/AgCl)			断电电位/V(vs. Ag/AgCl)	交流电压/V	自腐蚀电位/V(vs. Ag/AgCl)
Min	Max	Avg	-1	0.02	-0.64
-1.08	-0.96	-1.02			

从表6-5中可以看出，一年之后，使用极化探头仍可正常测量HKE海底管道各项阴极保护参数，通电电位、断电电位、交流电压、自腐蚀电位的数值与一年前测试的数值基本一致，断电电位与通电电位的平均值之间依然存在约20mV的差异，表明由于通电电位存在*IR*降，用断电电位来评价管道阴极保护状况更为准确。综上所述，在运行一年后，海底管道安装阴极保护监测装置(极化探头)仍然可以正常使用。

3. 结论和建议

陆上管道阴极保护监测技术首次成功应用于海底管道，可大大提高阴极保护工作效率，降低检测成本和腐蚀风险，确保海底管道运行安全。三点建议如下：

(1) 极化探头法可用于海底管道的阴极保护监测，与远程传输技术相结合，可实现远程实时监测海底管道的阴极保护状况；

(2) 根据海水的特性，极化探头需采用内置Ag/AgCl参比电极；

(3) 安装方案需考虑防止海浪和海水流动导致极化探头漂移。

6.5.2　水下隧道中阴极保护施工与检测实践案例

1. 背景

天然气管道在铺设过程中，不可避免会穿越河流，部分天然气管道是铺设在水封隧道中，而且隧道注水后长时间无法检测管道质量和附属设施。以穿越珠江隧道为例，自管道投运以来，隧道水封运行了十余年，水下机器人对隧道本体、管道本体及附属设施的检查发现，建设期安装的牺牲阳极均已失效，管道及附属设施存在潜在安全风险。

为消除管道本体及附属设施安全风险，保证天然气管道安全平稳运行，需对该段隧道内管道本体及附属设施实施牺牲阳极更换工作。以此为案例对水下隧道内的阴极保护系统施工维护加以说明。

2. 主要内容

1）水下隧道内管道及附属设备阴极保护系统设计

隧道内阴保分为管道和附属设施两部分，管道与干线主管道相连，隧道内管道的阴保电流主要由邻近阴保站恒电位仪提供。附属设施如关卡和竖井支架则是用牺牲阳极提供阴极保护。

设计时应考虑两点，一是根据环境、水质选择合适的牺牲阳极，二是因为水封隧道开启检修一次非常困难，所以在设计时应对阳极的数量留有充分的余量。隧道内管道及附属设施的情况如图 6-83 所示。

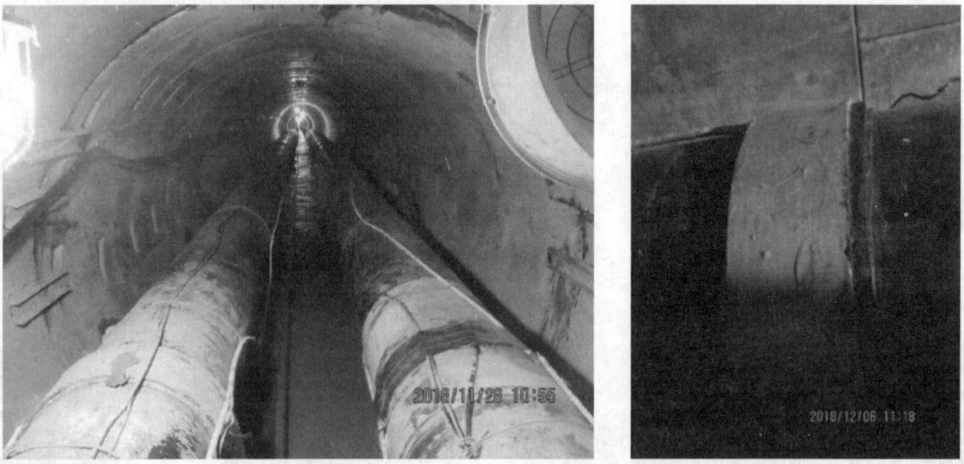

(a)隧道内管道形貌　　(b)附属设施形貌

图 6-83　隧道内管道及附属设施情况

2）水下隧道内阴保设施的安装施工

隧道内管卡采用镁合金牺牲阳极进行阴极保护，安装的主要内容包括长效锌参比电极安装、镁合金牺牲阳极的安装、测试桩安装、电缆连接，安装示意图如图 6-84 和图 6-85 所示。

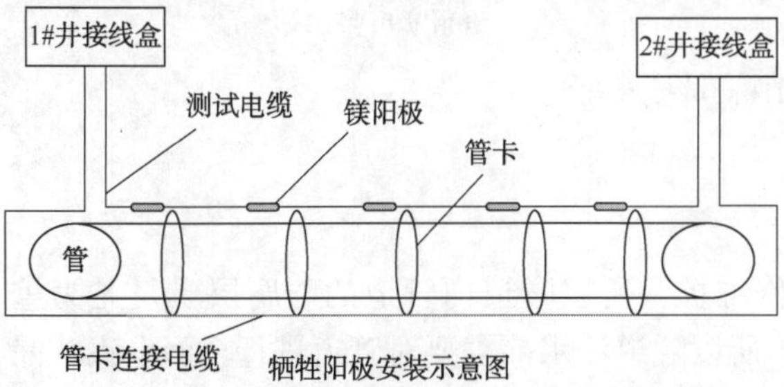

图 6-84　牺牲阳极安装示意图

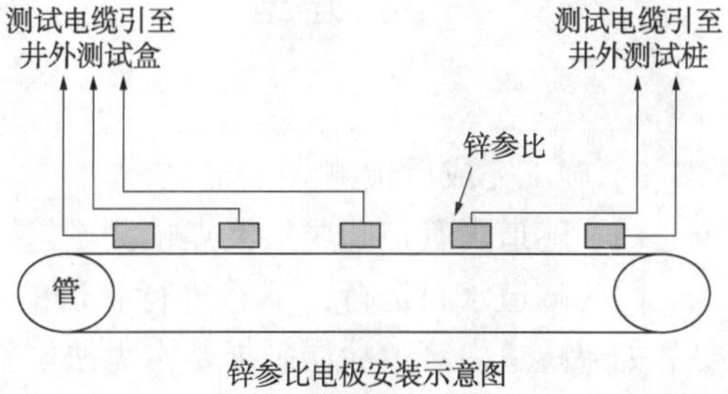

图 6-85　参比电极安装示意图

具体的安装步骤如下：

（1）首先将镁合金牺牲阳极用电缆并联连接，连接线引出至隧道外的测试箱，如图 6-86 所示。

（2）管道附属设施管卡用电缆并联连接，连接线引出至隧道外的测试箱，如图 6-87 所示。

图 6-86　牺牲阳极连接

图 6-87　管卡连接

（3）管箍与管道支架以及电缆连接，连接点可以选在地脚处或易于焊接的部位。由于管卡外有环氧防腐层，连接电缆前需要将螺丝上的涂层打磨干净，再电缆连接后重新涂刷。

（4）连接方式：管箍与管道支架、管箍与管箍、镁合金牺牲阳极等与电缆并联连接点，采用铝热焊接和螺丝等方式连接。

（5）测试箱安装在隧道出口竖井旁边，阳极电缆和管卡电缆在测试箱中相连，如图 6-88所示。

(a)测试桩安装　　(b)阳极电缆连接

图 6-88　阴保测试桩安装

3）施工完成后检测

（1）隧道内管道防腐层漏点检测

因为隧道水封运行，不易进行管道的维修维护，所以隧道内管道的防腐层质量尤为重要。如果隧道内管道涂层破损基本无法修复，所以隧道注水前需要对管道进行全面电火花漏点检测，确保隧道内管道防腐层完好。为了最大程度保证质量，检漏时分三组人员分别进行。检测出的漏点需要用黏弹体进行防腐处理。电火花检漏及漏点防腐如图 6-89 所示。

（2）隧道内电缆连通性检测

隧道内管道附属设施、阳极是用电缆串联连接，接头处用黏弹体防腐。电缆的连接质量关系到最终阴保系统是否能够有效运行，所以需逐个对管卡和阳极电缆的连接性能进行检查，可通过测试附属设施之间电阻的方式进行验证。如图 6-90 所示，检测管卡和电缆间的电阻是否存在断线的情况，并记录。

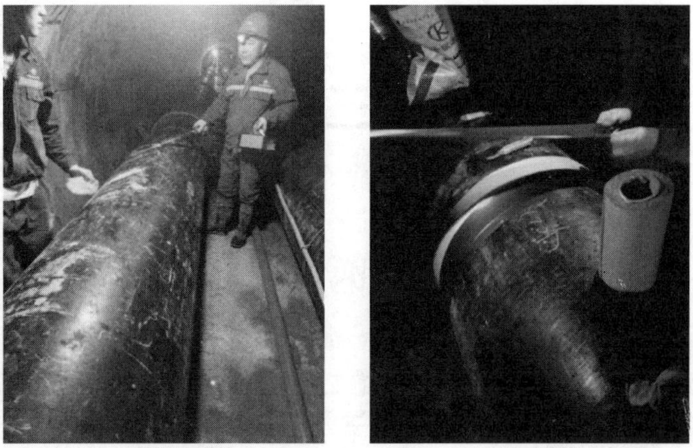

(a)防腐层检漏　　(b)漏点修复

图 6-89　管道防腐层电火花检漏及漏点修复

图 6-90　电缆连接测试

(3) 隧道内阴保系统有效性测试

牺牲阳极、参比电极和电缆安装完毕后，需要验证整体的阴极保护系统是否正常运行，测试电位能否满足标准要求，在隧道注水前后分别进行检测，并确认隧道内阳极输出正常，管卡电位满足标准要求后，方可组织验收。

3. 小结

隧道内的管道及附属设施由于环境原因，运营期不易进行检查、维修、维护，所以一旦有机会进行测试和维护，一定要从设计开始考虑，针对牺牲阳极，尽可能考虑一定的裕量，对于辅助设施，避免出现遗漏，主要从阴保系统的设计、材料的选择、用量以及施工的质量和测试几个方面进行控制。施工的质量，尤其是接头部位和管道补口、防腐层等，需 100% 检测合格，不留死角，确保管道的阴极保护有效，腐蚀受控。

第7章 第三方损伤管控

7.1 概　　述

在经济比较发达的珠三角区域，第三方施工频繁，路由紧张，稍有不慎，便容易发生管道损伤，作为管道公司，必须通过科学的第三方施工管理、对管线及管线附属设施进行保护、对管线占压等隐患进行整治，以保证管线的安全平稳运行。

第三方损伤作为管道面临的三大风险中的人为风险，可从安保巡线和管道保护宣传两个方面进行控制。其中，安保巡线可通过人防、技防及信息防的措施，安保巡线可根据地区等级的不同，适当加密巡线频次，对巡线员要定期培训，明确巡线目标，做到一清、二畅、三防、四会。对于围蔽区域、第三方作业频繁区域，可通过无人机巡线、在线视频监控等手段进行管控，根据系统长期积累的大量信息数据，可对管道安防数据进行可视化-数据溯源及预警。通过属地的活跃性可视化，可识别出第三方活动高发行政区域；通过将作业时间可视化，可识别出高峰作业时间；通过将作业位置可视化，可识别出高风险区段；通过以上分析和预判，可以针对性地安排巡线人员，在一定的高峰作业时间和高风险区段重点巡线。

其次，应加大管道保护和宣传。仅靠企业自身的力量是有限的，还要依靠社会，依靠广大人民群众。可通过管线巡护保安“一对一”发展信息员以及400电话报料的模式，如经核实，有一定的价值，就给予一定的奖励，实践几年来，信息员数量和报料信息明显递增，提高了预警能力。同时，通过管道宣传和节假日慰问，与周边的村民群众搞好邻里关系，让他们也成为管道保护的一员，降低管道被破坏的概率。

7.2 第三方防护管理体系

7.2.1 管道保护管理体系构建与实施案例

1. 背景

油气管道的安全运营与属地区域经济发展、社会和谐稳定密切相关，广东珠三角地区经济快速发展、土地资源稀缺、大规模基础设施建设频繁，油气管道安全运营面临着与管道交集、干扰作业活动频发，管道侵权、占压、围蔽、圈占时有发生，第三方信息预警困难等情况。从管道安全管理角度来看，国内管道保护管理体系、机制尚处于发散、被动的管理阶段，管道保护管理体系仍不成熟、不健全、不完善，构建管道保护管理体系乃是管道企业当前所面对的新课题。

为实现管道保护安全管理、管道保护与内外环境兼容以及各层级管理者对隐患问题及时决策和实施等三个目标，本案例以管道运行风险管理为核心，采取必要的组织管理模式变革、管理实践程序衍生和科学配置资源等举措建设管理平台和框架，实现业务流程再造；通过组织、法律、宣传、维护、信息技术和应急保障等要素促进体系管理系统化，使得管道保护在复杂的环境中利用体系管理来实现管理目标。

2. 主要研究内容

1）适应管道运行环境，变革组织管理模式

广东珠三角管道保护管理具有系统性、动态性、被动性、综合性的工作特点，2011年之前公司采用具有约束性、多部门业务结构为管理单元的管道保护组织形式，面对复杂的管道环境，这种组织结构模式设置因业务处置多元管理、沟通界面多且链条长、信息反馈失真和决策不及时，导致各业务单元协同效应存在很大障碍，无法促进各业务单元之间的有效合作，风险应对能力低，各级管理者疲于应对日常每一项事务，因此产生了诸多问题。2011年初公司确立了将管道安全作为公司第一要务的指导思想，全面分析了管道沿线的社会环境、政策环境、经济环境和面临风险与挑战等外部因素，专项审计了企业内部决策机制、各业务单元功能职责、业务流程、工作界面等内部因素，经过科学详细的论证，最终决策将管道保护管理业务进行组织结构重组、业务流程再造、资源整合配置。

自2011年起，公司为进一步加强管道运营安全管理，保障管道安全的可靠性，根据《中华人民共和国石油天然气管道保护法》，在原有管线项目部的基础上，对原来分散在多个部门内的管线安保、路权、第三方施工文件审核、日常维保和应急维抢修等职能进行整合，设立管线保护及项目部，专职的管道保护组织结构设计趋于扁平化，强调责任与能力驱动，减少管理层级、加大管理幅度，注重现场管理，并重新明确了部门内各团队的定位：安保团队是信息预警的“眼”，路权团队是事务沟通协调的“口”，施工团队是维护维修的“手”，技术支持团队是内外部方案的“脑”，质量保证和控制团队是质量管控的“器”，应急响应团队是管道保护的“后备军”，行政支持团队是“支持者、协调员”。人力资源方面融合管道巡查和作业许可管理、路权协调、宣传培训和数字化管道维护系统管理、作业方案审核和维护方案设计、维护维修、应急抢修、质量管理、行政管理等人员于一体的综合性管理组织，健全了管理体系的组织要素。

这一组织结构在10年运转实践中，公司、部门和各团队在报告关系、指令下达、授权和决策、程序执行、控制监督等方面得到了优化，组织、流程与实际需求逐步相适应，预警信息电话得到了及时跟踪和有效处置，实现了闭环管理；第三方作业与管道交集事件可控率100%；第三方作业方案按程序规定时间完成审核且保持零技术差错的记录；浅埋治理、大型边坡治理、水下管道检测、隧道检测维修均安全高效、高质量完成，恢复和完善了附属设施管道运行功能，规避和消减了管道运行风险，这些工作表明组织结构能适应环境独特的广东珠三角的管道保护工作需要。

2）健全内部管理机制，促进管理水平提升

综合考虑管道行政区域、路径等条件和因素，调整了管道保护运行职能机制，管理资源按照分区管理、总部支持、及时响应、快速处置的原则，重新调整划分为四个管理区，配置了区域现场办公室；服务资源结合管道现场实际需求特性，按两个合同年配置了两家安保服务商、两家维保施工服务商、两家维保设计服务商。这一举措使得一线团队工作环境由发散式转变为集中化，提高了现场人员的情感归属、沟通时效、认知认同、工作动能，形成了与属地政府相关部门、第三方单点对接，增强了现场发生问题的高效处置能力。

通过长期实践、管理经验的积累，进一步总结完善内部管控约束性机制，相继制定、颁布了管线安保实操程序、管线地面标识图册、第三方管理办法、管道第三方占压处理指导意见、定向钻施工监护手册、桩基施工监护手册、保安服务奖惩办法、信息员管理办法等程序，优化了规则和落实了责任，起到了科学指引和规范化管理的作用，在管道保护管理中发挥出积极的力量。

施行各层级管理目标捆绑，聚焦驱动各层级的动力机制。应用平行思维工具和沟通操作框架，邀请管理层和各团队代表参加专项讨论会议，确保操作层不局限于一事一议模式，多角度思考问题，绕着全区观察事务，有效地支持非常规事件的解决方案，提高各团队的协同能力，进一步厘清团队的工作流程、工作界面和工作职责，激发了团队的潜能。打造学习型团队，多轮次组织内部团队与国内外管道保护管理先进单位交流学习，汲取管理经验；邀请国内知名管道保护管理专家讲授管道保护综合知识，开展管线探测仪使用、深耕植物安全影响等专项培训，培养管理者的专业素养，提升了管理者的技能。推行个人、团队、公司层绩效目标捆绑，实施安全奖励基金激励，使管道保护人本管理由推动式转化为拉动式，促进了管理者将管理思考和创意应用于实践中，提升了团队的业务执行能力。

以风险管理为导向，建立管道风险分析机制，管理方面引入创新思维方法，成立专项小组收集各项讨论主题，发布分析主题，建立分析指引文件，初步辨别与分析主题危险因素、风险描述、风险级别及影响因素、风险后果、对应措施建议，形成分析报告；技术方面组织定量风险分析，完成地质勘探、钻探等四类管道安全风险破坏仿真实验，得出真实有效的实验结果，切实分析出管道保护的薄弱环节，完成了国内 LNG 行业首份管道破坏仿真实验报告，为后续管线保护管理工作提供了参照，开拓了新的管理思路，也填补了国内管道损害仿真实验的空白。

3）应用信息管理技术，建设数字化管道维护系统

管道保护管理需要有效地识别和防范来自各方面的风险，避免出现管理盲区，信息源的掌控尤显突出和重要。信息要做到全过程的管理和监控，需要将大量管道的内外部信息数据和复杂的管道运行关系在信息技术平台上系统化、集成化，分析管道各项信息数据、事件存在的风险活动、风险因素及评价管道的安全状况在运营管理中应用，实现全面、直观、准确地反映管道系统及其相关信息的现状、分布及技术特征，从而达到科学有序的分析、管理和处置，最大限度地实现信息资源共享并为各级管理者提供依据和决策。

公司数字化管道管理系统建设采用了行业公共技术和标准，遵从国家保密法律法规，以业务的实际需求为核心，实现互连接性和互操作性。系统严格按照各业务单元提出的需求设计和建设，以确保其业务逻辑、工作流程、功能效用、数据结构等能够支持实际业务。该系统经过三年的持续开发和应用，全面数字化了管线的基本信息和管线所处区域的地理信息，实现了巡线管理、路权保护、阴保防腐管理、抢维修管理、内检测管理等主要业务的数字化和流程电子化。

管道数字化管理系统的投入使用，优化、固化了管道管理的业务流程，使得业务流转的过程清晰可见，实现了管道运行环境的内、外部信息的网络化、流程化、可扩展化，为管道管理者及时预警、跟进处置、维护维修和延缓管道寿命提供了有效的技术手段，提高了管道运行综合管理水平。

4）探索管道巡护模式，构建管道运行保卫机制

第三方作业活动是管道运行安全的重要风险源之一，作业活动的信息及时预警、有效获取、科学判断和高效管控成为管道保护管理核心工作之一，为此探索构建诚信为体、互赢为用、务实高效的管线巡护模式是一项紧迫任务。

公司通过四年的管理实践对管道巡护模式和机制的设计思路、管理方法进行了不断的探索和实践。充分引进招标竞争机制，以合同管理为切入点，通过各管理区的管线巡护人员组织架构、岗位职责、制度程序、人事管理、考核考评、任务变更、后勤保障等具体内容设定和细化，为管线巡护队伍建设确立了基本的模式。首先，提出了“交通有保障、办公有场所、训练有基地、情感有归属”模式设想，配置以服务商的项目负责人统管全面，驻地保安大队长及监督员、现场中队长、一线保安员的三层管理架构，增强了现场指令执行。其次，建立一个包括目标设定、行动计划、定期回顾、绩效评定等四位一体的循环控制体系，要求巡护人员做到一清：管线地面标识清晰；二畅：管线巡护便道畅通、管线预警信息畅通；三防：防止管线高危事件、防止巡线过程中的人身伤害、防止岗位责任事故；四会：会巡线、会看护、会维护、会应急。第三，按照责权对等的原则，结合工作实际，制定出服务商公司级及现场工作人员岗位级考核标准，涉及公司级的考核共分 5 类总计 21 项，覆盖安全、质量、应急、资源、文化等方面，每半年组织一次考核。第四，“1234 工作目标法，N+1+(1) 中队人员配备法，ABC 薪酬分类管理法，3 个 5 工作交接法，4 个 1 事件汇报及隐患整改时限法，1 对 1 信息收集与安保联防法”等通俗易懂的管理方法应用，注重适用性和可操作性。第五，利用电子邮件、集群号、飞信、微信群等信息科技竭力打造一个个小型的组织或群体，积极开展传帮带、促膝谈心、嘘寒问暖和业余兴趣培养活动，让每一成员充分感受到组织的关怀和自己的价值所在，在潜移默化中认同公司的政策和要求，共筑诚信理念和伙伴互赢关系，构建共赢愿景。

5）履行企业主体责任，营造管道保护社会环境

管道沿线外部环境是管道运行的根基，对管道企业的安全运行和发展有着重大影响作用，公司持续与沿线村镇、社区、学校、相邻公共设施、属地政府、媒体等开展多种形式管道保护宣传，扩大管道保护宣传影响力和渗透力。

首先，制定每年度管道保护宣传行动计划，有针对性地选择不同的管道沿线社区、村委、学校，每年组织 10 场管道保护知识竞答以及 15 场左右的“平安管道”电影乡村行活动，每年组织 6 场与社区、村委联谊，组织慰问困难户、五保户活动，培育管道保护意识和行为土壤，使广大沿线群众了解管道、认识管道和管道安全本质，倡导“大鹏公司献爱心、管道保护人人有责”。通过这些持之以恒、潜移默化的举措，有机地把企业、社区、政府融合在一起，提高了管道沿线各相关方对于管道保护的认识，普及了对于管道保护法的理解，获得了相关政府管理部门对于管道保护工作的关注和理解支持，减少了管道与沿线社会纷争，提升了管道与沿线社会的环境兼容。每年一定时段内在电视台、地铁播放公益广告和管道宣传片，在公交车身、高速公路旁设置管道保护广告宣传牌，拓宽管道保护渠道，增强了公众教育力度，履行管道保护主体责任。

其次，制定管道保护外部培训计划，组织编制管道保护培训教材和考核题库，协同和依托属地政府主管部门为属地政府主管部门管理者、第三方施工企业三类人员、定向钻作业投资方、从事地勘钻探勘察单位开展专项管道保护培训和交流会议，从第三方高风险作业的源头上普及管道保护知识，规避管道安全高风险源，这一举措已覆盖管线属地五个城市，建立了长效的对接机制。

第三，与八个市、区镇级规划部门签署规划信息通报机制，与三个相邻设施权属方签署联防联控协议，形成了长效共享预警信息、建立协同管理机制。

6）强化第三方作业管理，构建管道保护防控机制

广东珠三角作为国内经济高度发达地区，大规模的地铁、高铁、高速公路、快速干道、桥梁、电力、水利、管道等基础设施项目与在役管道产生交集，公司日平均 6.5~10 个活动预警电话，日均开放事件 46~55 项，第三方施工作业有意或无意的行为，时刻威胁管道安全运行。为强化第三方作业管理，公司在内外部采取了多种举措，动态管控施工风险。

强化源头管控，协同规划布局。公司依法将管道竣工测量图送呈沿线五市、22 个区(县)以上属地政府主管管道保护工作的部门备案，同时分送给规划、建设、国土、交通、水利、公安、安监等相关部门。持续与管道沿线政府主管部门、规划部门召开交流会议，推动长效的信息对接机制。目前各市区新建规划项目与管线相交集时，基本上能够保证在项目设计阶段征求管道企业意见。

严格管理地面标识，维护巡线便道畅通。公司充分认识到“标识桩就是管道”的重要性，针对一期管道坐标偏差问题，2011 年，公司成立在役管道信息采集及坐标验证项目组，采用管道内检测坐标加分段验证的办法得出相对准确的管道中心线位，并以此展开全线管道和标志桩的复核及整改工作；对于现场发现的标志桩遗失、损毁等情况，测量工程师会按照需求及时到现场使用 RTK 技术或具有广东区域特色的 CORS 技术，直接进行坐标放样，然后根据放样点位埋设标志桩，并在三日内将坐标数据录入数字化管道系统，确保系统中的信息得到及时更新。在公司管道上，每隔 25m 设置一个标志桩，标志桩分高桩和铸铁桩两类，安装精度控制在±1m，敏感段加装警示牌，标桩建立档案，按巡线中队绘制管线地面标识图册，确保每位巡线队员熟悉标桩类型和管线路由，同时开展巡线便道的定期维护工作，清理杂草和小灌木，确保视线通透。近两年来，管道山区段累积修建踏步台阶 3km、浅水段修建 100 多座便桥，提高了巡线效率；将巡线便道和标桩管理纳入保安服务合同管理，施行动态监测管控和定期维护，防止植物掩盖高桩，采用塑料或土工布覆盖标桩四周，确保标桩连续通透，按季度进行铸铁桩维护，任何桩缺失和损坏立即上报、限时整改。

建设信息预警网络，做好风险预控管理。预警信息的有效收集与及时甄别成为管线安保防控体系的重要一环，公司自身信息预警网络立足于安保服务商巡线工按每 2.5~3km 配置 1 人的基本模式，采用人机互补交叉检查、数字化管道巡检系统 GPS 和现场签到卡，来三重监控巡线质量；外部信息预警网络持续发展社会兼职信息员，已发展固化几百名，其中近一半的信息员曾直接或间接提供了管线保护预警信息，数字化管道维护系统第三方来电比例逐年上升。同时积极推进与管道存在相交相遇及并行关系的输油气、三电(电力、电信及广播电视)等地下设施权属单位巡查人员的联防，“1 对 1”地建立预警信息沟通与共享平台，使得管道巡防信息收集时段逐步扩大到全天候覆盖。

规范第三方管理，强化作业现场管控。根据《中华人民共和国石油天然气管道保护法》的规定，制定并实施了第三方施工管理办法，明确管控程序和内容。公司第三方管控流程如下：信息预警接警后、发放告知函、联合现场踏勘、审核设计和施工方案、签署安全防护协议、缴纳风险抵押金、安全质量组织技术交底、管道现场测绘定点、人工探查核实确认、现场监护管控与随机抽查、完工联合验收。

按照管道保护法所规定的第三方施工作业和出现相遇工程时需签订安全防护协议的要求及公司风险管控需要，公司范本工作小组与管线保护及项目部相互协作，梳理总结了在上述情形下公司需要关注的问题，并于 2011 年 8 月公布使用了《安全防护协议》合同范本，在后续使用过程中也根据实际情况进行了两次更新。合同范本明确了现场施工过程中公司与第三

方施工单位/建设单位的权利和义务，在众多第三方作业项目中均严格落实了管理程序，提高了公司对第三方管理效率，有效地降低了风险发生。

7）动态预防与治理管道地质灾害风险

地质灾害作为管道主要风险源之一，包括管道沿线的山区段、丘陵段的滑坡、崩塌、泥石流、水毁，定向钻穿越水域段和沟埋穿越水域段的管道冲刷、失稳、漂管，管顶覆土不满足最小埋深要求或管道裸露，现状水工防护失效等类别。为此，公司结合管道沿线的地质特性、高频高强的降雨和第三方作业活动的运行特点，制定颁布了管线地质灾害管理办法，来指导、规范、管控地质灾害风险识别、风险评价、风险控制和风险再评价等工作。隐患点的识别实行巡线员日常巡检、专业人员年度排查、专业机构定期检测与调查的层级管理，现场隐患点的信息数据录入到管道数字化系统中，实时监控管理。隐患治理采用编制防治规划，针对高危点安排专项资金进行专项治理。

重视以管道安全为主体而不是仅针对地质灾害本身的防治理念。为有效管控管线地质灾害风险，公司委托专业单位开展了多轮次的大型穿越水下管道检测、全线地质灾害调查、斜坡登记等工作，获取了通航河流的水下地形图、管道平面位置图、管道埋深及纵断面图成果，完成了冲刷性及稳定性等相关评价；利用定性和半定量两种评价方法对一百多处地质灾害隐患点开展了地质灾害定性和半定量的风险评价工作，给出了各隐患点的风险分级结果，划分出低山丘陵高易发区、低山丘陵中易发区和平原低易发区3个区。

自管道投产运行以来，围绕管道埋设周边的水土保持、地质灾害治理、管道隐患治理等管道保护工程，公司以管道保护及项目部为主导，联合合同采办部的合同团队以及技术服务部的用地许可协调团队，通过管道维护工单管理系统平台，引领两家维保施工服务商，建立并完善以“工单-指令-施工-验收-结算”为主线的业务流程，协同有效地开展管线地灾持续治理工作：正常的小型工单，一周内完成施工和验收；对于较大型的治理工程，采用招标竞价模式，力求一个月内开展施工；遇到紧急救险特殊情况，则特事特办，直接以“指令-施工”的模式进行。公司对管道沿线地质灾害隐患进行持续治理，修建、维修了数百处的水工保护工程，同时定性评估管道沿线重点水工保护工程的防护效果，对经验教训进行针对性的总结，编制了《广东大鹏公司输气管线已建水工工程防护效果调查表》，可为投资决策和保护效能的提高提供基础性支持或决策依据，对提升管道安全、节省投资具有重要意义。

8）管道本体缺陷维抢修技术研究与应用

管道修复包括因制造材质缺陷、施工期间损伤、管道运行期间第三方破坏、腐蚀穿孔、自然灾害、误操作等因素造成的管道缺陷失效隐患预防性修复和应对突发的事故抢修，为此公司进行了专项的研究，在国内外已有的管道缺陷修复的适用性范围和标准基础上，评价腐蚀、疲劳裂纹、几何凹坑、机械划伤、环焊缝及纵焊缝焊接缺陷等缺陷修复技术和修复材料的适用性，制定腐蚀、疲劳裂纹、几何凹坑、机械划伤、环焊缝及纵焊缝焊接缺陷等缺陷修复技术作业指导书；在国内外已有的抢维修技术的适用性范围和标准基础上，制定各类缺陷，如裂纹、针孔、腐蚀穿孔、焊缝缺陷产生的天然气泄漏等的抢修技术作业指导书，制定管道变形、失效等抢修技术和工艺程序文件和作业指导书，制定穿跨越段管线抢修技术标准和作业指导书，制定管线断裂并失效的抢修技术和工艺程序文件和作业指导书；在国内外已有的特殊地形进入的适用性范围和标准的基础上，制定工机具技术标准和山地、沼泽、小型穿越地区等抢修进入作业指导书。

依据防腐层检测、管道内检测检出的各类缺陷的评价结果，公司根据管道缺陷的实际情况，应用复合材料和钢制环氧套筒环氧补强修复工法修复了凹坑、环焊缝和机械损伤缺陷。采用 STOPAQ 黏弹体防腐材料总计修复了多处管道防腐层缺陷。

3. 小结

面对无序无界无边际错综复杂的管道运行外部环境和既有明晰的又有隐含的社会活动影响因素，公司以六大核心价值观之首的“安全”为管道运营的目标任务，持续致力于管道保护管理体系的构建，逐步建立和实践得到的程序完善、成果固化、流程优化和沟通环境改善已经成为公司关键性稀缺资源，构成了公司的软实力，支撑了高压天然气长输管道保护工作的可持续发展。

7.2.2 管线巡护外包队伍管理机制的探索与实践案例

1. 背景

近年来，随着广东区域经济的进一步提速，大规模基础设施建设增多，管道周边第三方施工活动日益频繁，管线保护工作及管道运行安全持续面临着严峻的形势与挑战。长期实践表明，只有及时、准确地收集到管线周边第三方施工活动的预警信息，提前研判、管控好此类在地域上毫无边界的外部风险，才能让管线保护外部协调工作未雨绸缪、主动应对。建立一套良性、适宜的管线巡护外包队伍管理体制是保证管道外部风险预警信息及时获取必须面对的问题，也是管道安全可靠运营所必须解决的先行条件。管线巡护外包保安队伍需要在复杂多变的野外环境中诚信、务实地履行好平凡的岗位职责，用有限的资源去识别和防范影响管道安全的无形风险。

如何构建管道保护长效机制，建设一支务实高效、诚信共赢的管线巡护外包队伍，本案例阐述了保安队伍建设模式、管理思路和管理方法，为管线巡护外包队伍可持续化、规范化和职业化建设乃至地下设施安全的联防联控寻求一些新的办法。

2. 主要内容

1）以合同管理为切入点，定格管线巡护外包队伍建设的新模式

以构建管道保护长效管理机制为导向，管线巡护外包合同在其服务范围和技术要求中，充分贯彻“顶层设计、优化模式、区域管理、总部支持”的原则，将全线 444km 的管线巡护工作以 100~120km 为单元划分为深圳、惠州、东莞、广佛四个区域。为方便现场管理、整合分包队伍内部资源并提高应急联防能力，管线巡护打破原有地区条块部署保安力量的格局，将临近的深圳、惠州区及东莞、广佛区打包成两个服务项目，增加区域应急驻地的设置和应急车辆的配备，进行招标。

合同管理是公司管理、治理的一项重要内容，合同中相关条款及要求的设定是否合理、有效，对合同的履行及结果起着至关重要的作用。在充分引进竞争机制的同时，各区内的管线巡护人员组织架构、岗位职责、制度程序、人事管理、考核考评、任务变更、后勤保障等具体内容的细化为管线巡护队伍建设确立了基本的模式，尤其是合同约定服务商指派经面试合格的项目负责人统管全面协调工作、突出设置便于现场指令执行的三层管理架构(即驻地保安大队长及监督员、现场中队长、一线保安员)以及各区的应急驻地不仅实现了“交通有保障、办公有场所、训练有基地、情感有归属”的预先设想，也为管线巡护队伍的团队文化建设开辟了新通道(见图 7-1)。

图 7-1　管线巡护广佛区驻地墙报

2）以目标管理为导向，有的放矢、步步为营

管线巡护外包队伍在贯彻执行大鹏公司“零安全事故、零人员伤害、零环境破坏”安全目标时，以可度量化及可参与度为自身目标设定的基础要素，建立一个包括目标设定、行动计划、定期回顾、绩效评定等四位一体的循环控制体系：

（1）2012 年是管线巡护新合同执行的开局年，220 人的巡护队伍中 60% 是新进人员，另外 40% 也面临着变更雇主或改变巡线区段即工作岗位，8 名主要管理人员中只有 1 名为留任人员。旧貌换新颜固然是好，但工作风险压力倍增。为了提高新进人员的业务技能，有效应对珠三角地区破坏管线的野蛮施工行为，以“训练有素、忠于职守、执行有力、反应迅速”为年度行动要求的工作指针，通过制度牌的形式张贴于各应急驻地，狠抓岗位技能培训和指令执行，仅 2012 年，共对 220 名各类保安人员开展了 2801 人次计 5602 小时的培训，全年开展区域内部及区间联动应急演练 12 次，有效制止第三方野蛮施工共计 9 次，以实际行动驱使团队目标的达成。

（2）管线巡护队伍经过一年的建设，其成员的基本岗位技能有所提升，为了释放管线巡护队伍的正能量，以管线地面标识桩重置项目竣工成果为重要支撑点，2013 年初，在实地效能评估的基础上对管线巡护队伍年度行动目标作了进一步提高，将“一清、二畅、三防、四会”（一清：管线地面标识清晰；二畅：管线巡护便道畅通、管线预警信息畅通；三防：防止管线高危事件、防止巡线过程中的人身伤害、防止岗位责任事故；四会：会巡线、会看护、会维护、会应急）的工作方针写入《管线巡护保安工作手册》，使整个队伍更加明确自己的努力方向。

（3）在年度目标及行动计划的基础上，逐层分时段地分解目标，步步为营地克服达成阶段性目标道路上的困难，乃管线巡护队伍建设中的一项基本操作手段。管线巡护队伍整体素质循环上升，离不开计划与回顾的载体，作为承载这一手段的周报、双周会、月度会、季度工作总结会、半年度及年度工作评估会等，不仅对上一阶段的工作进行了总结和比对，还对下一阶段的工作进行了部署和展望，以上各类报告和会议纪要仅 2013 年共计 160 余份，周而复始中实现量变到质变。

3）以量化考核为尺度，激发队伍潜能

巡线、看护、维护、应急是管线巡护工作中的四项基本任务。按照责权对等的原则，结合工作实际，制定出服务商公司级及现场工作人员岗位级的考核标准，涉及公司级的考核共分 5 类总计 21 项，覆盖安全、质量、应急、资源、文化等方面，每半年组织一次考核，由大鹏公司业务相关方组成评定组，在现场实地核查及听取服务方自评报告的基础上作量化打分，并根据《保安服务奖惩办法》在奖优罚劣的同时，评定组提出的改进意见也将作为下一轮次考核的参照；人员岗位级的考核，共设三个层级，每个层级包含了职业道德、工作纪律、工作要求、人身安全等类别各有30~35项的考核标准，现场考核每月提取关键指标，每季度末形成总评，评定组由管线保护及项目部现场人员和服务商项目负责人组成，参照《管线巡护保安季度奖评定细则》执行，对优秀工作者给予嘉奖，不足者由上一层级的负责人对其进行谈心或辅导，找出产生差距的原因，分析落实改进的对策，实施螺旋上升式循环管理。

4）以风险管控为基础，提高后勤保障及应急响应能力

高压天然气长输管线巡护是一项多种风险叠加、工作环境极其特殊的活动。有效管控风险，尽可能地将风险控制在可接受的范围内，成为管线巡护队伍建设面临的主要挑战之一。管线巡护工作的风险管理主要表现在两个方面，一是管道外部涉及地质灾害、人为因素破坏的风险；二是管线巡护人员在工作中的自身风险，这种风险尤其表现在巡护人员制止第三方强行施工时可能引发的暴力冲突，管线巡护人员在野外行进途中及高温、雷电、暴雨环境下的意外受伤或生物危害，还有管线巡护人员利用交通工具（如电动车、摩托车、机动车等）上下班或巡线途中的交通风险。无论是消减管道外部风险，还是保护人员自身安全，高效的后勤保障和快速反应能力是管控管道外部风险的重要保证。鉴于此，管线巡护队伍强力打造以区域驻地为中心、以中队为驻点的放射状基本应急资源供应网络，强化人员基本保险的购置和交通工具的合理有限利用。截至2013年5月，在原来每区1辆应急机动车配置的基础上，完成了深圳、惠州两区8台摩托车的上牌和20辆电动车的备案申请工作，同时全线约60辆专用自行车也在评估后的路段投入使用，基本形成了区域内40分钟的应急响应圈。

5）以系统管理为核心，简化工作方法和流程

公司管线巡护存在路由沿线地形地貌复杂多变、消费水平相对较高、管线周边第三方施工活动频繁、管线上方被占压及围蔽的隐患点众多、属地政府针对性保护细则和执法力度未见明朗等不利因素，为确保管线安保系统的正常运转，巡护队伍须具备较高的整体素质才能实现。2012年初的普查显示，220人的管线巡护保安队伍中，文化层次低、老龄化严重（见图7-2），管线巡护队伍的整体素质并不乐观。

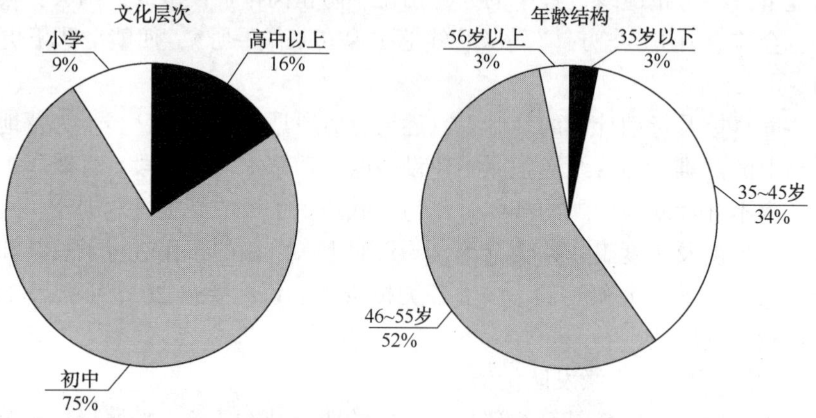

图7-2 管线巡护队伍文化层次及年龄结构

经全面分析组织内相互联系、相互依存的要素，确保组织在特殊的环境下生存和实现物质、能量及信息间的交换，扭转资源状态与效能期望不匹配的局面，从而实现整体最优，结合工作实际，在管理机制的探索和实践中总结了几个主要的工作方法：

(1) 1234 工作目标法

即将“一清、二畅、三防、四会”作为管线巡护队伍任务分配和技能提升的持续总目标。横向上循序渐进，纵向上由浅入深，层层分解每一个子目标。为了达成“一清二畅”中的管线地面标识和便道维护目标，管线安保团队全体参与，用近半年时间对全线约 17500 根各类标志桩，设计了专用图册，在图册中以直观图标标识出相邻标桩、建构筑物及典型地形地貌的相对位置，辅助以行政区域和中队管辖起止点等数据(见图 7-3)。该图册的使用，不仅起到了指引新入职的队员尽快熟悉标桩类型和管道路由走向，同时也提高了标桩现场状态监测的效率；巡线便道的维护在实践中总结出“标本兼治、内外联动”的策略，巡线队员利于工作间隙，冬季除根、春季除表，夏秋两季重点维护敏感区段管道中心线上的杂草和灌木等植被，对于沟、溪、渠、坡等隔断或难以攀爬的地段，提请施工组修建便桥或台阶。两年来，近 300km 管线巡护便道的畅通，降低了巡线队员受伤的事故率和管线的漏巡漏检率，管线标志桩的有效维护大大提高了管线警示度，也加深了队员对业务的熟悉程度和情感投入，节约了公司的运营成本。

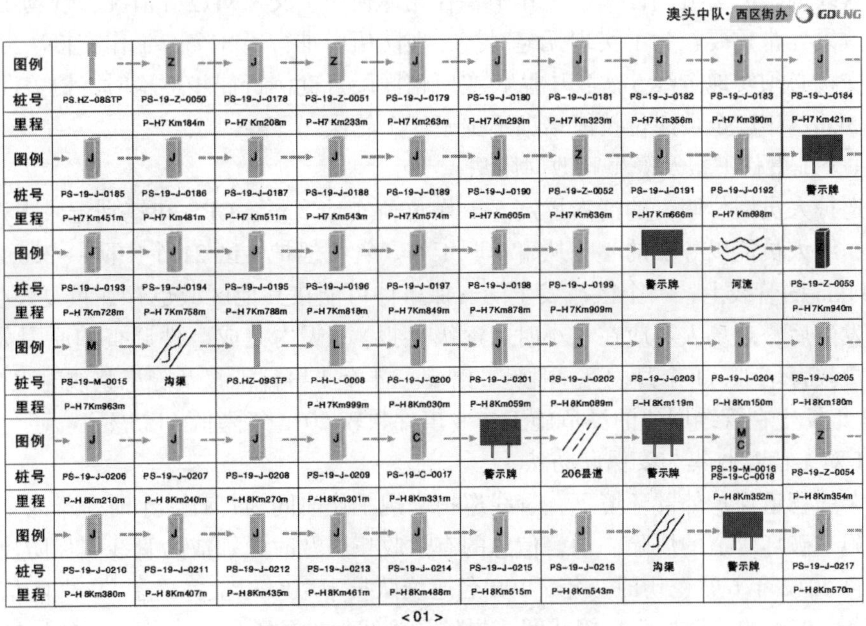

图 7-3 管线地面标识图册择选

(2) N+1+(1)中队人员配备法

长期以来，因巡线队员野外工作的特殊性及难以集中管理等客观条件，导致整个队伍周末不能正常轮休、第三方工地临时看护人员难以及时调派、巡护队员的不稳定或储备不足和周而复始工作的问题，严重影响管线巡护工作质量，同时，也给人员管理和技能的提升带来挑战。为此及时调整巡护队伍管理结构，现场管理设置三个层级——区域大队、中队及巡线员，每个区域大队根据管线地区和风险等级、应急响应时间大致分为 5 个中队，配备 5~10 名巡线员的中队负责管线区段长度约 15~30km。自 2013 年初，明确要求按 6 : 1 的比例配备的轮休人员下中队基层，在所属中队进行例行轮休，同时对管道周边第三方施工活动频繁的中队，定编固定 1 个看护人员，由中队长灵活调遣，忙时看护工地，闲时维护标桩便道。

（3）ABC 薪酬分类管理法

管线巡护没有重点，只有特点；工作范围只有视野，没有边界。各巡线区段责任人必须用巡护的特点和视野管理手段来评判管线所处环境的敏感程度和风险等级。为了让一线人员劳有所得，进而寻求与岗位相匹配的人员，管线巡护队伍在管理机制上推行 ABC 薪酬分级管理法，每个层级设立了相应的绩效工资考核指标，以此来推进工作目标的达成(见表 7-1)。

表 7-1　ABC 薪酬管理明细表择选

管线巡护保安岗位薪酬等级分类(东莞区)						
序号	所属中队	巡线区段		类别	上线人数	
		起点	终点		巡段人数	合计
1	清樟中队	莞惠界 CP32#	清溪上元 CP44#	B	2	6
2	清樟中队	清溪上元 CP44#	清溪罗马 J-0055	A	2	
9	大朗中队	大朗高速口 CP85#	松山湖 CP90#	C	2	

（4）3 个 5 工作交接法

鉴于管线巡护队员流动性大，工作中存在轮休换岗、交叉对巡等情况，现场工作交接过程控制和效果异常重要，为了实现无缝对接，在队伍中推行了 3 个 5 工作交接法，即：新老队员巡线交接必须实地走线 5 次；中队长在所辖区段月度例行徒步巡检时，覆盖巡查相邻中队区域各 5km；年度全员岗位技能培训不少于 5 个轮次。

（5）4 个 1 事件汇报及隐患整改时限法

管线巡护人员岗位职责的清晰界定、工作负荷实地度量、GPS 和签到记录卡双重监控，让大多数一线人员能以务实的心态从事本职工作。管线巡护 4 区 21 个中队共 220 余名队员，分布在 444km 的管线上，一个区域发生的安保事件可能在其他区域也存在重复发生的土壤。安保事件发生后，现场人员应在 1 小时内逐级上报，1 天内完成事件调查和原因分析，1 周内完成全员教育培训，1 个月内完成隐患的整改。4 个 1 事件汇报及隐患整改时限法的采用，使得 2013 年发生在管线周边的高危施工作业事件数较 2012 年降低 31.5%。

（6）1 对 1 信息收集与安保联防法

在复杂的管道保护外部环境下，管线巡护常规工作时间为每日 8 小时，难以全天候地覆盖第三方施工破坏管道的风险，预警信息的有效收集与及时甄别成为管线安保防控体系的重要一环。自 2012 年 6 月，历时一年，190 名巡线队员中 70%以上完成了“1 对 1”信息员发展与维系任务，25%的信息员曾直接或间接提供了管线保护预警信息，信息员的发展巩固了现场敏感区段管道保护防线，支持了管线巡护人员的属地化储备工作；同时，管线巡护人员也积极开展与大鹏公司管道存在相交相遇及并行关系的输油气、三电等地下设施权属单位巡查人员的联防，1 对 1 地建立预警信息沟通与共享平台，使得管道巡防信息收集时段逐步扩大到全天候覆盖。

6）以诚信理念和伙伴关系为纽带，构建共赢愿景

燃气行业属于高危行业，运行高压管线的隐患排查一天也不能疏忽，更不能对已出现在管线周边的高危施工作业预警信息置之不理。针对管线巡护服务商过去被动地接受指令、疲于应付工作困难和挑战的现象，自新合同开始的 2012 年，我们便将约占总人数 14%的中队

长以上的管理人员(约30人)纳入核心团队建设工作，在区域人员管理层级上固定“1-2-5-10”模式[即1名安保专员管理2名大队长(监督员)，1名大队长管理5名中队长，1名中队长管理10名保安员]，利用电子邮件、集群号、飞信、微信群等信息科技竭力打造一个个小型的组织或群体，积极开展传帮带、促膝谈心、问寒问暖和业余兴趣培养活动，让每一成员充分感受到组织的关怀和自己的价值所在，在潜移默化中认同公司的政策和要求。时常换位思考或站在更高一级的层面上来审视自己工作中的困难与问题，也是管线巡护外包队伍建设的重要课题。两年来，近3000次的事件电话没有出现1次谎报瞒报，保安服务商管理层没有1次缺席例行或特别会议，诚信理念与伙伴依存关系开始凸显，稳步迈向合作双方“共赢”的愿景。

3. 小结

经过两年(2012~2013年)的管线巡护外包队伍管理机制的探索与实践，管线巡护安保管理体系已经形成且日趋完善，诚信务实的作风让整支队伍的面貌焕然一新，高效共赢的目标使得管线巡护服务商基本实现了资源共享，为进一步优化包括燃气管道在内的地下设施保护安防配置拓展了新的思路。

7.3 第三方防护预警

7.3.1 管线第三方损伤风险安保预警方法案例

1. 背景

珠三角地区经济发展和城镇化建设持续加快的条件下，管道面临第三方损伤的风险始终维持在高位状态。根据数字化管道维护管理系统2012~2013年间统计，每年发生在公司管道周边的第三方施工活动可记录事件超过千起，这些事件从风险管理的角度去分析，如果控制不当，都有可能影响到管道的安全运行——小则直接或间接造成管道防腐层的损伤，大则引起管道本体的暂时或永久性失效。创新管线第三方损伤风险预警方法，对安全应对第三方活动事件有着重要的意义。

基于2012~2013年公司管线周边第三方作业活动数据和管线安保团队挖掘自身有关风险预警技能的实践，运用故障树法分析2012~2013年间所发生管线第三方损伤风险警示事件的主要诱因，探寻管线安保防范第三方损伤管道风险预警技能的量化指标和提升途径，并通过2014年的预警结果证明预警技能量化指标设置的合理性和预警方法采用的有效性，为公司管线巡护管理机制的完善提供参照依据。

2. 主要内容

1）找准风险预警对象，动态调整管线巡护频率

国内外管道第三方损伤风险事件成因分析表明，管道敷设状况、管道运行管理、管道沿途公众状况以及管道属地社会环境等，单独或联合作用都可能造成第三方对管道的损伤。公司管道经过广东珠三角5个城市的22个区、55个镇/街办、218个行政村，沿途穿越超过100m宽的河流130条、穿越铁路和公路分别达24处及436处，管道建设及后续运营期间因多种原因而造成直接占压的有80多处、管道被围蔽的有132处。复杂地形地貌和众多人为隔断点造成管道巡护便道的通行不畅、管道巡护人员属地化来源和流动性作业难以集中管理的客观条件，使得管线巡护频率——这一决定管道第三方损伤风险预警及时性的关键因素的

确定和调整，变得异常具有挑战性。巡线频率过高，不仅会造成巡线人数增加和管理成本压力增大，而且还会因管理缺陷引起人浮于事和工效降低的后果；巡线频率过低，管道沿途故意规避政府和企业监控的施工第三方或利益相关方，会在过长的巡线间隙内快速实施可能危及管道安全的行为(如种植深根植物、堆放重物、小型机械清理水沟或鱼塘、搭建棚圈或修建临时性建构筑物等)，一旦重物堆放或临时性建构筑修建作业完成，后续协调恢复原状的工作压力和管理成本将明显上升。鉴于此，防患于未然，合理设置管线巡护频率、不断优化管线巡护人员的到岗时间和工作负荷成为搞好风险预警工作的必要条件。

管线巡护频率的确定不仅要结合拟定岗位责任区段过去 2~3 年内属地政府有关土地的利用规划，也要分析近 1~2 年中该段管道周边第三方施工活动事件记录资料，更要考虑管线巡护人员住所的分布情况和拟定责任段内因沟渠、河流、高速公路或围蔽区等造成的隔断点数量。在众多变量的约束下，参照公司的管道安全现状评价报告和高后果区划分标准，通过 2012~2013 两年的实践，管线安保团队在 2014 年基本确立了“依照风险设岗和巡线频率”的原则，全面实现了三、四级地区的管道，每天 8 小时内至少巡查 4 次；一、二级地区的每天至少巡查 2 次的量化目标。为了保证高后果区每个责任段内(亦称巡线区间)巡线时间的均匀分布，各区安保团队因地制宜，通过在责任段内设置敏感点签到箱，以动态调整的签到点来优化巡线区间的人员配置模式(如 1 人往返单巡、2 人往返对巡、2 人往返+1 人穿插巡等)，力求使同一签到点的任意两次巡线到达时间间隔不超过预设的目标时长。在目标达成的过程中，为了减轻管线巡护队员的工作负荷，持续推进了管线巡护便道和标识桩的维护活动，巡线便道通畅性的提高和管道标识桩清晰度的增强，一方面从视觉效果上减少施工第三方对管道路由的误判，扩大了防范第三方损伤管道的警示深度；另一方面丰富了管线巡护队员的工作内容，身体力行中培养了他们对管线巡护工作的感情，从根本上提高了管线第三方损伤风险预警的能动性。

2）发掘辅助渠道，扩大预警信息通报防护网

长输管道埋地敷设而无物理周界防护的特点，在经济相对发达、土地资源日渐稀缺的广东珠三角，第三方损伤自然也成为公司防范管道外部风险工作中的难点。第三方建设或施工单位为节约成本，将地质勘探、非开挖(如定向钻、顶管)穿越施工等小型专业化作业项目层层分包或转包出去、以包代管的现象在国内非常普遍，这些作业单位为了规避属地政府和管道企业的监管，在非工作时间内实施灵活、快速穿越包括油气管道在内的公共设施的现象屡见不鲜。为了及时发现并有效制止这种不计后果、违法违规乱象，持续提高管道周边公众的法律意识和风险意识、积极鼓励公众参与管道保护活动并提供及时有效的预警信息，乃是建立健全非工作时间内预警信息通报联络网的关键。为此，管线巡护安保团队在公司现有管道保护公益宣传活动(如公交、地铁、路牌及媒体广告、定期社区慰问以及“平安管道”电影乡村行活动)的基础上，充分发挥管线巡护人员贴近现场、贴近基层和贴近公众生活的优势，在巡线间隙的休息之余，在管道沿途村民、土地承租户、居民小区保安以及道路、绿化公司固定维护人员的茶前饭后，以及在遇见管道周边有地勘、定向钻及特种工程机械作业时，与他们进行谈心、发放附带小礼品的管道保护宣传资料，借此来拓宽管道保护基层公众预警渠道。2013 年《管线信息员管理办法》的发布实施和 2014 年管线安全防护费会计科目的设立，使得管线预警信息防护网的建立有了制度和资源的保障，管线巡护保安“1 对 1”的信息员发展、维系目标和管线安保管理人员定期回访、激励信息员的模式，一定程度上承接并延续了公司、属地政府有关管道保护的普法通道，加深了沿线公众对管道保护的认知和了

解。两年的持续努力，截至 2014 年底，在册的管线信息员超过 160 人，直接或间接提供管线易受第三方损伤的风险预警信息超过 200 次。

3）如实记录、分析风险事件，持续改善预警方法

公司管道所在区域国有土地资源的稀缺性以及部分管道通过集体土地时的《物权法》与《管道保护法》有关管道保护廊带内地役权获利的非对等性，使得管道受第三方损坏的风险呈现较大的不确定性。国有土地上的管道因城镇公共设施(如城际轻轨、道路、桥梁、电力、通信、排污、排水及油气管道等)建造方的安全意识较低，很可能在临近管道的施工活动中损伤管道本体；集体土地上的权属人或承租人因超出管道路由规划(2~3m)范围保护廊带(7~8m)土地利用的禁止性规定致使其拥有的地役物权受损，很容易出现因维权而实施小型作业活动(如搭棚圈、建围蔽区、堆载、清淤及种植深根植物等)，这些小型活动损伤管道防腐层的概率较大。因此，凡是在管道保护范围内发生的机械施工事件，管线安保团队都将其视为可能影响管道安全的风险事件。

为了认真分析管线安全风险事件产生的根源，从中汲取经验教训以改进管线巡护安保工作，从 2012 年管线安保管理机制初创时起，便将如实汇报管线风险事件作为团队诚信文化建设的一项重要目标，推行"谎报、瞒报"零容忍政策以及透明管线风险事件管理制度和程序的建立和完善。公司安保巡线的高频率及路权维护的高标准，遏制了不法第三方白天在管道周边实施地勘或定向钻等高危作业的可能性，然而，这些为"三电"(电力、电信及广播电视)施工的承包方逐渐改变了违规策略，转而乘夜间或白天的巡线间隙实施影响管道安全的定向钻或地勘作业。为了挖掘管线巡护队员的自身潜能、拓展管线监控预警时段幅度，管线安保团队细化了风险事件的类别，将原来第三方施工风险事件划分为警示事件和管道保护未遂事件，运用故障树分析法(FTA)对 2012~2013 年间如实记录的发生在管线保护范围内的 24 起警示事件(含 10 起未遂事件)进行了定性分析，根据故障树的构建原则，绘制管线第三方损伤风险故障树，如图 7-4 所示。

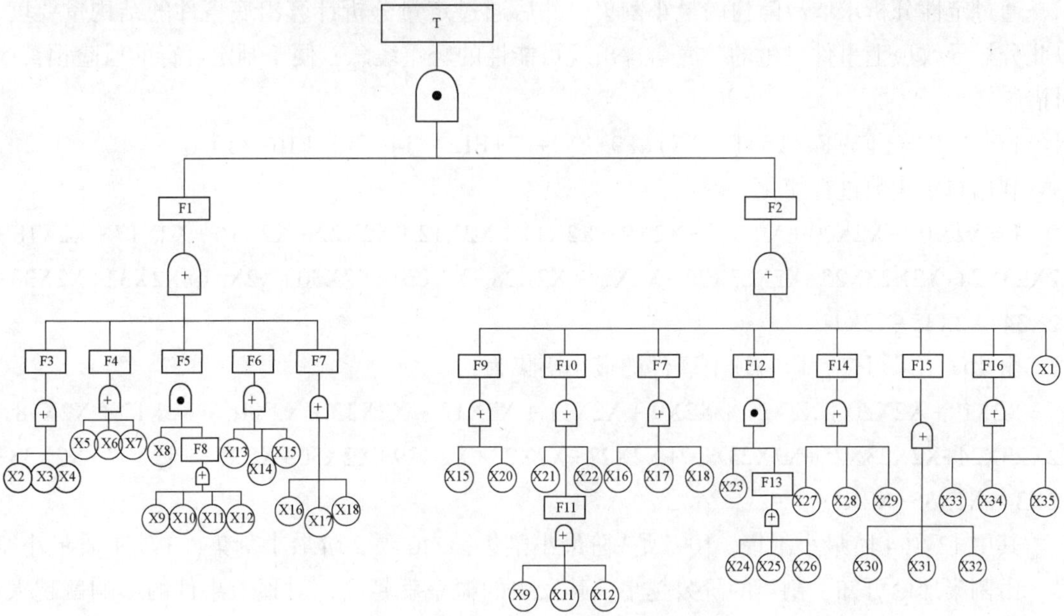

图 7-4　管线第三方损伤风险故障树

将“管线第三方损伤风险”作故障树的顶上事件(T)，该故障树包括16个中间事件(F1～F16)，35个基本事件(X1～X35)，3个逻辑与门，15个逻辑或门。各类事件的符号和名称见表7-2。

表7-2　顶上事件、中间事件及底事件的符号及名称

T	管线第三方损伤风险	X2	巡线便道畅通性不良	X20	路权保护工作缺乏弹性
F1	第三方预警信息缺失	X3	便道维修便利性差	X21	预警信息协调及时性差
F2	第三方实施作业活动	X4	管线被围蔽	X22	管线保护技术审核严谨性低
F3	巡线便道不畅	X5	管线地面标识不准确	X23	管线保护宣传渠道窄
F4	管线地面标识缺陷	X6	管线地面标识不完整	X24	管线保护宣传对象错位
F5	巡线有效性不高	X7	管线地面标识清晰度差	X25	管线保护宣传方式不当
F6	预警信息管理不善	X8	巡线频率设置不当	X26	管线保护宣传内容欠丰富
F7	第三方缺乏风险意识	X9	巡线管理制度不健全	X27	法律间抵触致使公众物权受损
F8	巡线质量缺陷	X10	未沿管线中心巡查	X28	公众对公共利益共享价值观念不当
F9	路权保护执行标准不严	X11	巡线缺乏监督	X29	公众是管线运行的非直接受益者
F10	第三方活动控制措施不力	X12	巡线工作交接不善	X30	政府管线保护机构不健全
F11	安保监控执行力度弱	X13	管线辅助预警信息不足	X31	属地管线保护政策制度不完善
F12	管线保护宣传不够	X14	巡线时段覆盖幅度窄	X32	政府相关部门职责不清
F13	管线保护宣传有效性不良	X15	预警信息共享机制不健全	X33	政府管线保护态度不积极
F14	公众利益冲突	X16	第三方道德观念差	X34	政府违章/违法行为处理力度弱
F15	管线保护机制不善	X17	第三方法律意识淡薄	X35	政府管线隐患综合治理效率低
F16	公共安全治理状况不良	X18	第三方管线风险认知度低		
X1	管线埋设深度不够	X19	路权保护底线执行力弱		

通过定性分析求取故障树的最小割集，然后通过定量分析计算出底事件的结构重要度，以此分析导致顶上事件发生的各底事件出现可能性的轻重缓急，便于制定可行的风险预警应对措施：

T=F1×F2=(F3+F4+F5+F6+F7)(F9+F10+F7+F12+F14+F15+F16+X1)

利用布尔代数进行简化，得：

T=X2X19+X2X20+X2X21+X2X9+X2X11+X2X12+X2X22+X2X16+X2X17+X2X18+X2X23X24+X2X23X25+X2X23X26+X2X27+X2X28+X2X29+X2X30+X2X31+X2X32+X2X33+X2X34+X2X35+X2X1……

由化简结果可知，影响顶上事件的最小割集为：

X2X19+X2X20+X2X21+X2X9+X2X11+X2X12+X2X22+X2X16+X2X17+X2X18+X2X23X24+X2X23X25+X2X23X26+X2X27+X2X28+X2X29+X2X30+X2X31+X2X32+X2X33+X2X34+X2X35+X2X1……

其中12项4阶最小割集，109项3阶最小割集，240项2阶最小割集，3项1阶最小割集。由割集理论可知，割集的阶数越小，其发生的概率就越高，对顶上事件的影响就越大，是系统的最薄弱环节。

通过计算可得出各个基本事件结构重要度的系数如表7-3所示。

表 7-3　底事件结构重要度系数值

底事件	结构重要度	底事件	结构重要度
X8	18.375	X9	13.375
X16	17.75	X11	13.375
X17	17.75	X12	13.375
X18	17.75	…	…

由此可见，影响顶上事件最严重的基本事件依次为 X8(巡线频率设置不当)、X16(第三方道德观念差)、X17(第三方法律意识淡薄)、X18(第三方管道风险认知度低)、X9(巡线管理制度不健全)、X11(巡线缺乏监督)、X12(巡线工作交接不善)等。这些对顶事件风险发生影响较大的底事件的确定，为找出更佳的管线第三方损伤风险预警方法提供了依据。

另外，2013 年 5 起管道保护未遂事件致因分析表明，大多数未遂事件是由于第三方为规避属地政府和管道企业的监管而实施的地勘或定向钻作业，这两类活动在其机械进场作业前一般都有踏勘放点或作临时标记的环节或工序，正是以这一关键预警迹象为起点，管线安保团队在实践中总结出防范第三方在管线周边实施地勘或定向钻作业的五步法(见图 7-5)。五步法的细化、改进和推广，一定程度上提高了管线巡护人员的风险预警技能，降低了公司管线保护未遂事件的发生概率。

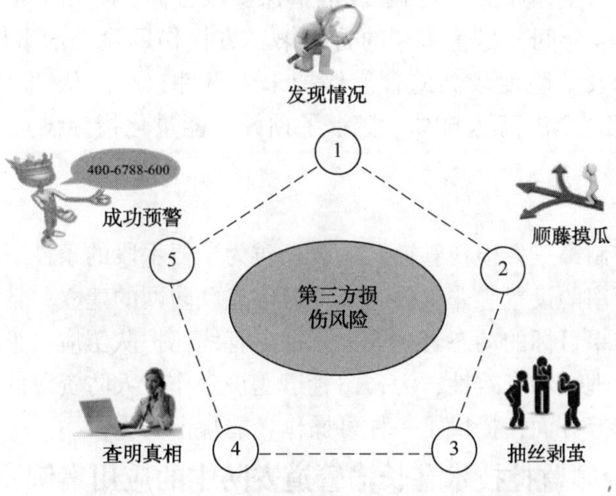

图 7-5　第三方地勘或定向钻施工风险预警流程

4) 设立预警技能提升目标，不断总结目标达成的有效途径

管线安保预警技能是对发生在管线周边的第三施工活动类型、活动时间及活动影响范围的预测预判能力以及对正在进行第三方施工活动的及时汇报和准确描述能力的综合反映。预警技能提升的途径，一方面来自对公司或同行管道风险事件的分析研究，总结出有针对性的管线巡护队伍管理措施，更为重要的是要为管线巡护队伍设立一个可持续提升的工作目标或愿景。正是基于这种螺旋式上升方向的考虑，2012 年为各区安保团队设立的目标是“因迟报、漏报、谎报、瞒报而造成管线安保责任事件不超过 2 次”；2013 年为进一步打造管线巡护团队诚信务实的凝聚力，将“谎报、瞒报”管道风险事件的目标设定为 0，以此来推进预警信息收集的深度和奖优罚劣的公平性；2014 年，在系统分析 2012~2013 年风险事件成因的基础上，将巡线便道的畅通性、管线标桩的清晰度、管线信息员人数、管线警示事件及未遂

事件发生的次数等作为各区安保团队的年度考核目标(见表 7-4)，并将目标的达成率分解到各个季度，逐步实现季度工作目标的设定与《管线巡护保安季度奖评定办法》相衔接，使目标达成有了一个可操作的方向指引。

表 7-4　管线第三方损伤风险预警技能提升指标

序号	关键指标	管线(深圳/惠州/东莞/广佛)各区年度目标		
		2012 年	2013 年	2014 年
1	巡线便道畅通性达标率	70%	80%	85%
2	管线标桩清晰度达标率	80%	85%	90%
3	管线巡护保安培训达标率	80%	90%	100%
4	巡线质量环比改善提高率	60%	10%	5%
5	谎报瞒报事件/事故率	N/A	0	0
6	管线信息员数量达标率	50%	70%	80%
7	管线安保警示事件数	N/A	每月≤2 起	每季度≤3 起
8	管线保护未遂事件数	N/A	每月≤1 起	每季度≤2 起

经过管线安保团队全体成员(包括管线巡护保安服务商)对风险预警方法持续不断地改进与应用，2012~2014 年间，尽管每年的管线第三方损伤风险警示事件的发生总量维持在 12~14 起左右，但涉及危险度较高的管道保护未遂事件，已经从 2012 年 5 起逐步降低到 2014 年的 2 起，降低的幅度高达 60%，显示了预警技能量化指标设置的合理性和预警方法应用的有效性。

3. 小结

在公司防范和控制第三方损伤管道风险以人防为主要手段的条件下，本案例通过研究人防工作时段中巡线频率的设置、非工作时段预警信息联防网的建立、日常预警信息的跟踪与处置方法以及预警结果目标的动态管理等，来探寻管线巡护队伍应对第三方损伤管道风险时所采用预警方法的合理性和有效性，为公司管道巡护工作在人防资源的配置与优化、绩效目标的设置与动态管理等方面，提供了一种可操作、能验证的手段。

7.3.2　移动视频监控技术在长输管道安防中的应用案例

1. 背景

公司在役高压天然气长输管道保护的安全管理对象主要来自与管道存在相交相遇关系的施工第三方。据统计，2012~2014 年统一呼叫中心每年接到 2000 余起管道风险事件电话，其中的 85%涉及第三方在管道保护范围内从事道路、轨道交通、电力电信、地下管网和工民建等项目建制下的施工活动或是重物堆放、挖塘清淤、搭建棚圈和深根植物种植等非项目作业活动。在当前管道保护法制不健全、地役权不明确、作业主体法律及安全意识淡薄等综合运行环境下，这些活动因第三方管控不力或故意规避而导致违章指挥、违章作业甚至是强行施工、躲避施工等不安全行为时有发生，时刻威胁着管道运行安全，非全天候人防巡护模式凸显了管道安防系统的脆弱性。

通过分析 2012~2014 年间公司管道保护第三方不安全行为统计数据的类型和趋势，以有效预警、预控不安全作业行为为落脚点，研究移动视频监控技术的现状，改进、制作移动视频监控设备并应用到长输管道安防工作，以提高第三方作业风险管控的广度和深度、合理控制管道巡护人防资源投入增长率，为管道保护安防新技术应用和管道运营降本增效提供新的途径和方向。

2. 主要内容

1）预警第三方实施不安全行为的必要性

（1）不安全行为及其产生原因

管道第三方作业活动的不安全行为，是指与管道权属企业没有契约关系的第三方在管道保护控制或影响区域内实施的任何能直接或间接导致管道安全事故发生的行为，通常都是管道保护法律法规所禁止的生产生活方式。历史统计数据显示，公司平均每天约有4起管道第三方不安全行为发生在管道保护廊道范围内。

管道第三方不安全行为产生的根本原因，一方面是因为行为人的安全意识淡薄，缺乏管道保护基本知识和作业风险感知能力，片面追求行为执行的便捷性，低估了危险发生的可能性或忽略了安全的重要性；另一方面是由于行为人做出了负面的能动反应且这些行为没有受到约束、限制和惩罚，进而心存侥幸或“明知故犯”地去选择不安全行为。

（2）预警不安全行为的必要性

在科技应用方面，管道周边施工作业的第三方不断采用新技术新装备来提高工效，一旦产生不安全行为，危及管道安全的可能性极高。在管理投入方面，管道巡护人员的生活成本逐年上涨，如果期望得不到满足，人员流失率就会增大，将进一步导致管道风险人防的脆弱性和用工成本控制的难度。

项目建制下的第三方不安全行为发生的可能性及其危害性相对较大，项目实施阶段，动态复杂的现场环境、多变的第三方施工组织安排和作业队伍的流动性，经常让不安全行为预警和矫正的压力落在公司现场监护人员头上，如果同一区段管道上的多个地点出现交叉作业，除非增加必要的看护人手，否则不安全行为的预警时效将大为降低。

非项目建制下的第三方作业行为人往往在不主动查清地下设施(包括燃气管道设施)的情况下盲目施工，甚至经常出现行为人故意逃避管道巡护人员的监管而在巡线间隙或非工作时间内(包括夜间)从事重物堆放、搭建棚圈以及其他建构筑物修建等违法违规行为，单靠管道巡护人员来排查灵活性和机动性极强的非项目建制下的第三方作业不安全行为，其预警时效也明显滞后。

为此，研究尝试通过移动视频监控技术来拓宽管道保护安全管理中第三方作业不安全行为的预警时段和范围，真实再现不安全行为发生时的场景，既可以减轻项目建制下派遣到现场监护第三方的管道保护人员的身心压力，又可以全天候地监控管道敏感区段内非项目建制下的第三方随机性不安全行为，对优化管道安防人力资源配置和管道保护工作的降本增效，具有很强的现实必要性。

2）预警不安全行为的可行性

当前，用于固定场所安防的视频监控技术逐渐趋向成熟。研究这一技术原理适合管道保护流动性工作特点，进行技术改进与设备系统集成，将重点关注的第三方作业现场活动图像实时传输到管道保护相关人员的智能手机终端，以降低管道现场巡线人员的预警强度、减少现场沟通协调的频次、提高“一人多点”监护工作效能、扩大第三方不安全行为预警的覆盖时段，从而降低管道保护安全管理中的人防成本，在当前“创新驱动、降本增效”管道保护新常态下，该项技术应用到长输管道安防工作具有较强的现实意义。

（1）视频监控技术现状

视频监控系统已趋向智能化，我国正在建设的“平安城市”和“智慧城市”项目正在广泛应用智能监控系统。目前大多数城市的智能公共监控系统都是基于前端采集后台分析的模式（见图 7-6），监控摄像机将监控区域的视频画面传到监控中心，监控中心的视频处理主机对多个摄像机的回传视频流进行实时在线分析，一旦视频画面的变化程度达到设定阈值就触发报警，提醒监控人员查看、处理。

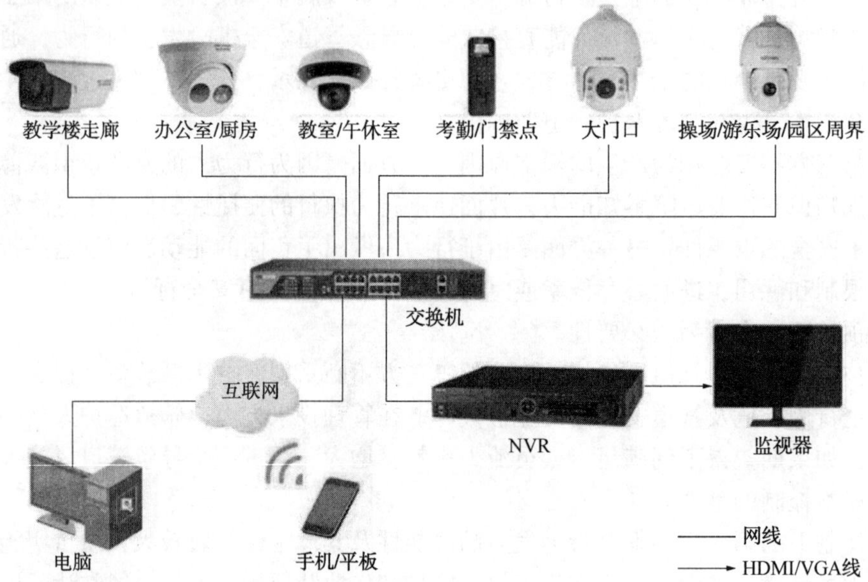

图 7-6　智能公共监控系统

采用智能公共监控系统来预警运行管道第三方不安全行为的想法之前已有人提出，但很快就被否定了，原因有两方面：一是智能公共监控系统传输视频信号的光纤必须与管道建设同步，在役管道二次敷设光纤因建设成本高、土地协调和施工作业难度大等诸多因素，实现公共治安视频监控模式的可能性较低；二是已敷设光缆的在役管道，会因管道沿线监控点的不断增多，使得单条光缆无法承载传回监控中心的巨大数据流。

（2）通信网络新技术使长输管道应用无线视频监控成为可能

随着嵌入式操作系统的发展和视频分析技术的成熟，市场上出现了智能网络摄像机产品，摄像机内部集成了嵌入式视频处理系统，具有视频采集、智能分析和存储功能，监控视频不用远距离传输就能在智能网络摄像机里生成分析结果，可实现移动侦测报警、越界/入侵报警和行为识别等功能。

用智能网络摄像机作为监控设备，理论上就可通过现有的 3G/4G 公众无线网络来实现远程视频监控。当视频监控区域出现特定变化时，则摄像机使用 3G/4G 网络向监控人员发出报警，监控人员收到报警信息后再通过网络查看监控现场，这样就能避免监控视频一直在线产生的巨大网络流量。通过上述技术分析，整合智能网络摄像机和 3G/4G 网络设备就有可能将视频监控用于长输管道安防管理工作，预警和监控管道第三方作业的不安全行为。

（3）基于智能摄像机和 3G/4G 网络的设备组合式创新

为了在管道保护区域内实现无线视频监控第三方的不安全行为，在查阅智能摄像元件相关技术文献资料的基础上，分析其驱动能源获取的便捷性以及监控图像无线传输的时效性，通过网上查询和实物参数比对，初步确定可以将智能网络摄像机、3G/4G 网络设备、大容量锂电池、微型 GPS、个人手机/电脑等新技术设备进行创新式组合，以实现管道特定虚拟区域内的远程监控功能，该套设备基本组件的连接方式如图 7-7 所示。

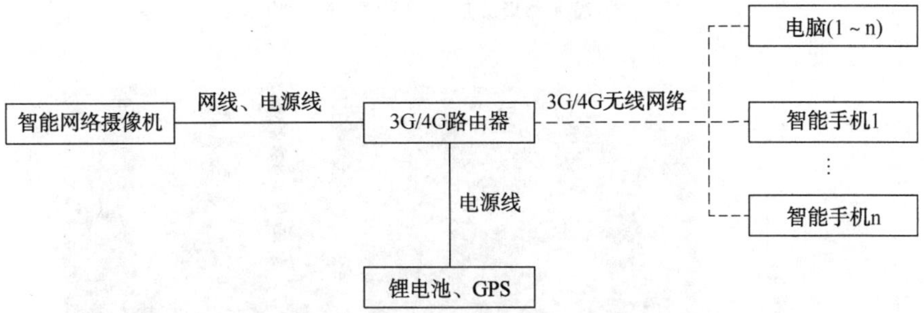

图 7-7　设备主要组件连接示意图

长输管道运行环境特点要求移动视频监控设备能长期稳定地工作在户外，以适应各种复杂的气象条件且具备防雷功能，所以对同类功能组件质量、参数和匹配性的把关及其经济性的比较分析，就显得特别重要。经过约 3 个月的筛选、组件优化和现场恶劣环境反复测试，最终确定了满足要求的设备组件选型(见表 7-5)。

表 7-5　设备组件名称、品牌及参数

设备名称	品牌/型号	关键参数
智能网络摄像机	海康威视/DS-2CD3T20D	电源：DC12V 接口：以太网接口 防护等级：IP66 分辨率：1920×1080 补光灯：ICR 红外滤片式
4G 路由器	中兴/MF253S	电源：DC12V 网络：支持三网 4G 接口：以太网接口
锂电池	国博/GB-1240	输出电压：12V 容量：40AH
GPS	英达思康/K100B	输入电压：9~36V
网线	安普/CAT5	8 芯双绞线
电源接头	N/A	国标 5. 5×2. 1DC 头
配电箱	N/A	标准 2 位电表箱

① 移动视频监控设备的组装设计

为了便于快速拆装，设备的各组件安装在由一块水泥底座和内螺纹连接总计 3m 长的异径镀锌钢管立杆上。摄像机使用一段 15cm 长的货架角钢片通过螺栓连接在细管顶端，摄像机方向可进行水平、垂直调整，通过旋紧螺栓来固定。3G/4G 无线路由器和锂电池放在两位电表箱内，电表箱用 U 形卡固定在两节镀锌管连接处。与摄像机连接的细管下端打孔用于穿出连接摄像机和电表箱内设备的一段 8 芯网线，此段网线中的两对绞线连接以太网水晶头，用于摄像机和路由器间传输数据，另外两对绞线连接 5. 5×2. 1 规格的直流电源插头，用于锂电池给摄像机供电。锂电池内部安装微型 GPS，用于设备的定位，一旦设备被盗，可通过配套的地图软件定位到设备，进行丢失找回追踪。设备整体外观如图 7-8 所示。

图 7-8 移动监控设备整体外观图

② 移动视频监控设备工作原理

萤石云平台是海康威视向其监控设备用户免费提供的设备接入及存储云平台。智能网络摄像机通过 4G 路由器接入萤石云平台后，管道安防各位管理人员的手机或电脑等多个用户设备就可同时通过萤石云平台接收摄像机发出的报警信息并查看现场实时画面。云平台打破了视频监控必须建设专用网络的限制，是实现移动视频监控的核心技术，云平台还可存储摄像机报警产生的录像片段，使移动监控设备不需要存储设备就能保存录像。整套设备的工作原理如图 7-9 所示。

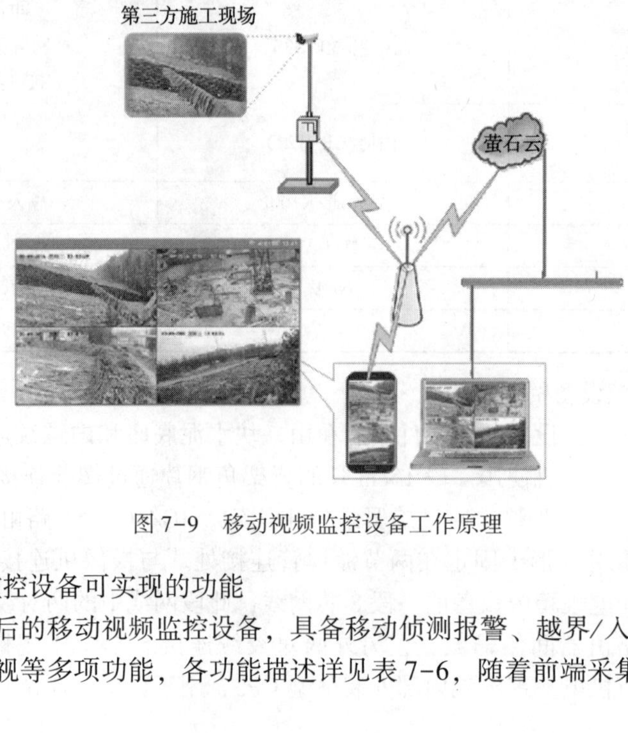

图 7-9 移动视频监控设备工作原理

③ 移动视频监控设备可实现的功能

经过优化组合后的移动视频监控设备，具备移动侦测报警、越界/入侵报警、伴线报警、遮挡报警和红外夜视等多项功能，各功能描述详见表 7-6，随着前端采集技术或后台分析技术的发展及集成，该移动视频监控设备的外延功能可进一步拓展。

表 7-6 移动视频监控设备的基本功能

名称	功能描述
移动侦测报警	当监控画面中出现移动物体时摄像机便向监控客户端推送报警信息
越界/入侵报警	在监控画面内划出特定的多边形区域，当有运动物体进入或离开划定区域时产生报警
拌线报警	在监控画面内划定一条线段，线段两边为 A、B 两个区域，可设定当 A 区域有移动物体跨过线段进入 B 区域时发出报警
遮挡报警	当监控摄像机镜头被遮挡住时产生报警
红外夜视	当外界光线变暗到一定程度时摄像机会开启自带的红外灯对监控区域进行红外补光，即使监控区域没有任何光线，摄像机借助肉眼不可见的红外光仍然能够拍摄到目标物的黑白画面

④ 移动视频监控设备应用场景

依照公司长输管道安防工作的实际要求，在管道伴行通透的高后果区段内相对高点安装一套设备或在 5~10km 互不通透的第三方预警区域内安装多套设备，基本可以提高非项目建制下第三方不安全行为的预警深度；在长周期、大型复杂的第三方项目施工现场内合适地点安装一套设备，还可以协助管道保护人员联合纠正第三方作业的不安全行为。

⑤ 移动视频监控设备使用的经济性

随车携带、快速拆装的便捷性，使得无线视频监控设备可灵活地设置在任何需要预警监控的场所。管道安防人员只有在手机或电脑客户端发出报警信息后，才可间歇式浏览，网络流量也因此得到有效节约，大大降低了通信费用。同时，执行管道保护不同任务的视频终端使用者还能随时随地就监控画面中的不安全行为拟定矫正措施，从而提高了协同处理现场问题的工作效率。

3. 应用效果检验

2015 年 2 月，10 套试点设备在适合设计应用场景的管道保护敏感区段安装试用，现场检验移动视频监控技术和设备的适用性、可靠性和有效性，以下两个典型案例可以证明该项技术达到了预期效果。

1）预警及威慑功能初显，第三方不安全行为得以遏制(案例一)

××市××村，公司管道穿越临近××高速南侧的一处低洼湿地，土地权属人为了自身利益，自 2013 年 9 月起便暗地将这里作为周边第三方施工的渣土受纳场，为了预防 5m 外日渐高耸的弃土滑移到管道上方，管道保护人员从此便开始了一场“猫与老鼠的游戏”，以制止非项目建制下第三方在夜间实施间歇式倾倒渣土的不安全行为。2015 年 3 月 5 日凌晨 1 时 25 分，多日未见的 5 辆泥土车第一次进场时，被早已安装在周边的无线视频监控设备“抓”了个正着，预警功能在远离现场的看护保安的手机上正常启动，保安立即通知驻地应急人员、安保专员、路权主管和属地城管执法队，在管道保护范围内滥倒渣土的不安全行为得以快速、有效制止。次日，城管执法队与第三方负责人交涉其违规处罚时，不经意间道出了无线视频监控的功效。从此以后，该处再也没有发生类似的不安全行为事件，移动监控设备起到了很好的震慑作用。

2）画面储存及共享功能，增强了第三方不安全行为纠正的协同性(案例二)

××市××区的冷排水箱涵项目，2015 年 9 月 28 日第三方与公司完成《管道安全防护协议》的签署工作，第三方交叉施工作业开始，其施工项目管理层明确承诺将严格按照协议中的管道保护要求组织施工。

2015 年 10 月 5 日，第三方施工人员在使用挖掘机移动冲孔桩机时，擅自将我方设立的边界警示带损坏，并将挖机行驶至管道上方，公司现场看护人员对其进行了制止和驱赶。2015 年 10 月 10 日，第三方施工人员在人工清理管道上方格宾石龙时，叫来挖掘机协助且不听公司看护人员的劝阻而强行施工，中队长及应急队员赶到后协助制止。

每次发生不安全行为后，公司管道保护管理人员均向施工第三方负责人质询，但其均表示从未让施工机械进入管道保护范围内作业。然而，管道保护范围内所发生的一切不安全行为，都已经被投用的无线视频监控探头采集了影像，并适时传送到属地安保、路权专员的手机终端。当两位管道保护人员同时将不安全行为的影像呈现在施工方负责人眼前时，其不得不承认所有违规行为的真实性，并愿意接受协议中规定的停工、复训和违约处罚。

五年来，该套无线视频监控设备一直在项目建制下的第三方施工现场正常运行，施工方再也未出现管道保护安全管理中重点控制的不安全作业行为。

4. 小结

通过 2012~2014 年间管道保护第三方作业不安全行为预警和纠偏的实践数据和经验总结，针对管道人防巡护的脆弱性和被动性特点，研究建立了移动视频监控系统，并成功应用在实践工作中。移动视频监控技术可有效提高第三方损伤管道的预警深度和监控力度，在一定程度填补了长输管道人防工作的短板。

第8章　地质灾害监控与治理

8.1　概　　述

地质灾害作为管道的三大主要风险之一，在设计选线时应尽量避开易引发地质灾害的区域，对于无法避开的管段，需采取一定的预防措施。投入运营后，可委托专业地质勘察单位定期开展地质灾害专项调查，对可能发生滑波或塌方地段进行治理。

地质灾害风险识别和削减可分为周期性专业排查、汛前/汛后全面排查、日常检查和及时维护，简称“三查一做”。对识别出的较严重的风险点，必须及时治理。通过这些手段，每年由于水土流失造成的露管数量可降低70%~80%。同时，对于高风险点，可在管道本体安装应变监测设备，可实时监测管道本体所受的应力和应变情况。应变监测系统由传感器、采集仪、服务器和终端组成。为使应变监测系统正常运行，在日常管理及维护方面，应有定期的应变监测报告，汛期可加密监测，并应定期维护，每年分别在汛期前后进行两次现场巡检维护。

8.2　管线地质灾害监测及治理

8.2.1　管线地质灾害监测预警系统案例

1. 背景

珠三角地区山地、水网较多，每年汛期或多或少都有发生滑坡、崩塌等地质灾害，2014年5月的连续降雨，仅深圳某一地区就发生山体滑坡60多处，如图8-1所示。公司约有半数的高压天然气管线位于低山丘陵地带，地质多为花岗岩强风化残积物和全风化砂砾质黏性土，遇水易软化降低强度，同时存在碎屑岩和变质岩，在连续大量降雨天气时易发生滑坡、崩塌等地质灾害。地质灾害点多面广，有逐渐累积和突发的特点，基于目前管线现状，开发能提前发现灾害的预警预报系统，给管道运营者留有足够的处置时间，是预防、降低地质灾害风险的有效方法，也是专业监测在风险控制中的重要作用和意义。

图8-1　2014年极端暴雨后坪山田心水库周围山体发生多处滑坡

地质灾害一般发生在雨季，连续的降雨使山体的含水率处于饱和状态，超高的含水量使山体土壤颗粒溶解失去黏结力，自稳能力急速下降，土摩擦角变小，顺滑坡方向的渗透力也增大，饱和体在侧向静水压力和自重作用下，以及地表径流和雨水顺着坡体向下冲刷造成的动水压力作用下，叠加雨水流经坡体下方侵蚀坡角，破坏坡体原有平衡，导致山体发生崩塌、滑坡等地质灾害。基于上述机理，系统需要实测降雨量，监测地表位移、深部倾斜度、土壤含水率、孔隙水压力等指标，结合所处岩土属性和物理力学性能，按实测变形趋势、变形速度、发生概率等，推断灾害可能发生的时间，实现提前预警预报。而传统管道本体的应力、应变监测只在管道贴应变片，测到的是地质变化已作用到管道的结果，只有管道本体应力、应变两个指标，且时间相对滞后，无法判断管道周围土体环境的变化情况。本案例通过应用传感器和通信设备技术实时监测、分析管线经过斜坡的稳定性，掌握斜坡的动态，提前发现预警滑坡等地质灾害，通过预先对将要发生地质灾害的山体斜坡采取工程保护措施和相关管线运行操作，达到减少或消除灾害影响的目标。

2. 主要内容

1）监测点选择原则

针对地质灾害发生特点，监测点选取原则如下：

（1）管道横坡铺设的斜坡。

（2）遇水易软化的强风化残积物和全风化砂砾质黏性土坡。

（3）现场调查需要监测的斜坡。

（4）监测桩应尽可能安装在便于调试、维护、阳光充足、通信信号好的开阔地段。

根据上述原则，如图 8-2~图 8-4，共选择了三处监测点：

A：该斜坡为自然土质及岩质斜坡，坡度较大，部分管道横坡铺设；

图 8-2　监测试点 A 斜坡

图 8-3　监测试点 B 斜坡

图 8-4　监测试点 C 人工堆土斜坡

B：该斜坡为自然土质斜坡，植被覆盖良好，最大坡度约 70°，管道横坡敷设，坡面可见陡坎处垮塌，影响整体稳定性；

C：地处垃圾堆场边坡中下部，涉及管线长 500m，坡顶至管线的落差超过 10m，存在安全隐患。

2）监测方案

如图 8-5 所示，管道坡面地质灾害系统基于物联网、大数据、云计算网络平台，采用 GPRS/3G/4G/NB-IoT+北斗冗余通信网络架构，集成多种智能传感器为一体的变频采集技术，是一种高效、稳定、高精度、全天候无间断监测的智能观测系统。根据坡体的水源、物源、地貌地质特征条件，每个试点各布置了命名为“简单棒”的监测设备，包括 1 套母棒和 3 套子棒，在后台设置监测中心，负责对地灾隐患点的日常监测管理及数据分析等工作。

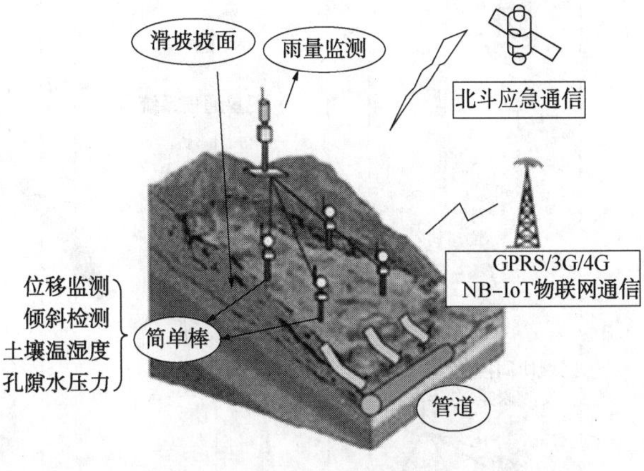

图 8-5　监测方案示意图

如图 8-6 所示，坡面监测传感装置(简单棒)是本系统的关键设备，它能够自由组合形成 0~3m 测量深度，测量孔隙水压力、含水量、位移倾斜、温湿度等参数，可将“简单棒”的参数通过网络系统直接上传至云端，通过网络客户端即可直接观察和获取数据。

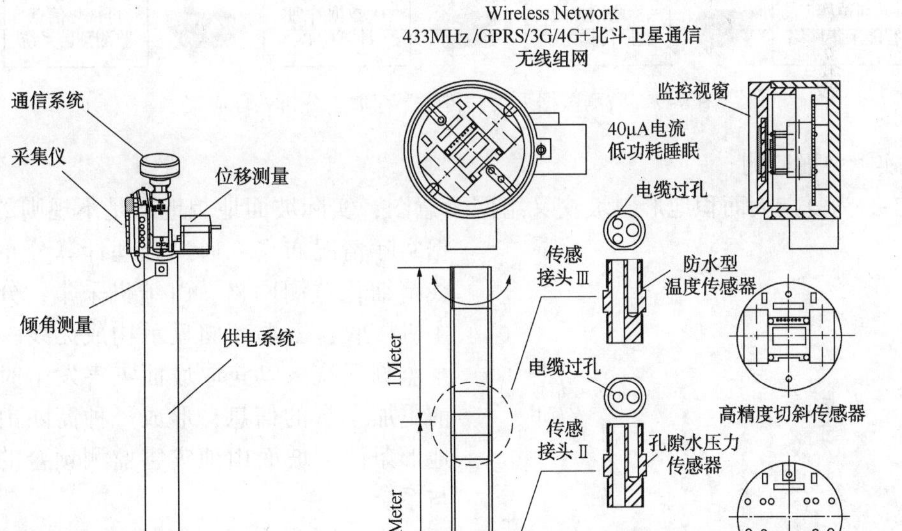

图 8-6　坡面监测传感装置(简单棒)结构图

3）监测工作流程

由“简单棒”智能采集网络采集的数据信息，通过物联网无线数据传输系统，传至大数据管理计算中心，再由可视化信息监测预警系统进行分析处理和成果输出，如图 8-7 所示。

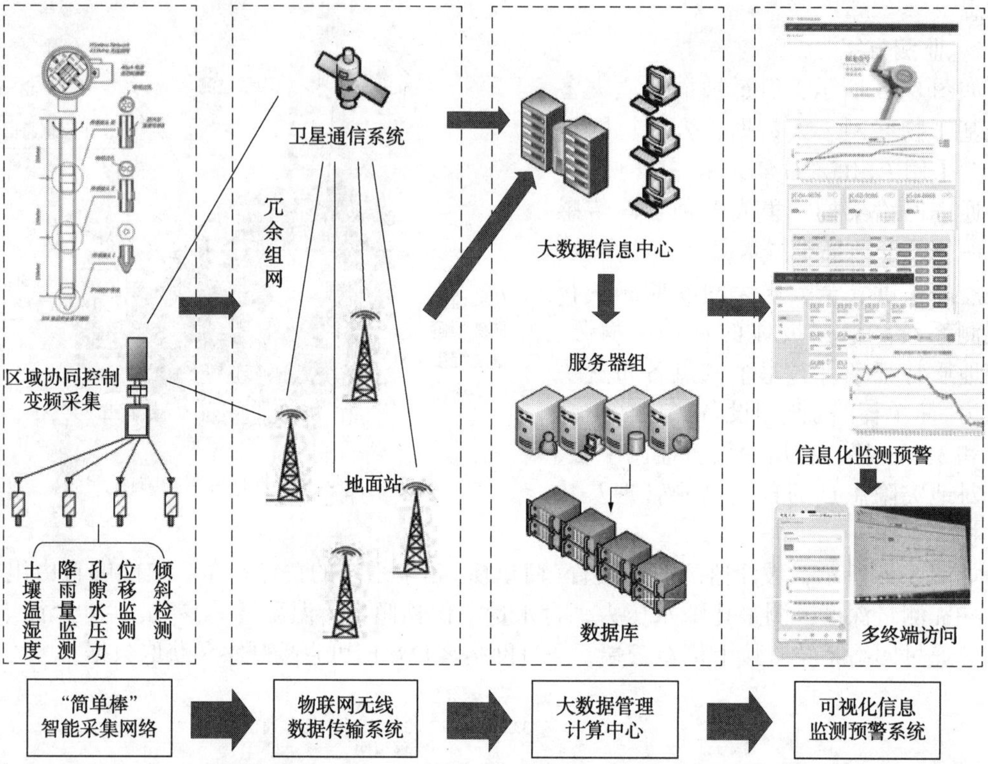

图 8-7　监测数据采集、传输、存取、分析处理流程

4）实际坡面监测

图 8-8 为复杂大面积地形斜坡交叉组网示意图，实际坡面地貌地形是不规则的，要根据实际情况布设，通过合理计算分布组成无线精细化监测网格，由子机采集，分布式多主机接收，云端存储显示构成无线多参数四维监测系统，以获取坡面灾害发生时或发生前更加丰富的信息，形成一种高陡山区复杂地形条件下坡面山地灾害监测预警的新技术与系统。

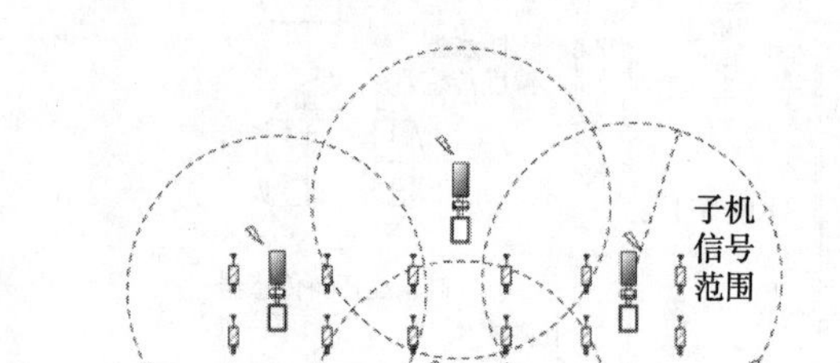

图 8-8　复杂大面积地形斜坡交叉组网示意图

为兼顾多参数、低成本、大范围覆盖、低功耗、长时间稳定工作等多项功能要求，系统采用 433MHz/GPRS/3G/4G/NB-IoT 等多频段、多中继冗余交叉组网技术，以确保大数据量的长时间稳定工作。通过布设“简单棒”监测装置，实现对坡体的精细化三维空间监测，结合自适应智能控制监测方法，最终形成坡面三维空间随时间变化的四维信息量，

形成位移、倾斜、含水量、孔隙水压力、湿度等云图信息。以坡面四维成像技术为基础，以大量样本库为输入，形成精细化的智能预警平台，挑选 3 处坡面山地灾害作为应用试点，进行坡面山地灾害监测预警的系统研究、技术集成与应用示范，形成坡面山地灾害监测预警的成套技术，研究在管道铺设的坡面实施全面监测的可行性。

5）监测预警系统软件平台

软件结构框架如图 8-9 所示，软件平台可以实现现场监测数据的集成、存储和查询等操作，并根据实时监测数据与数据库进行决策分析，计算现有情况下的工程现场危险信息，并与数据库中的数据进行比对，达到预警条件时发布预警信息。对不同分组的坡面进行实时整体观测，可获取坡面所有简单棒最新实时数据，查看土壤水分、孔隙水压力、温度、倾角、位移、降雨量、电池电量、信号强度、已监控时间等参数。根据所需观测的时间范围，自动绘制勾选参数曲线，得到直观变化趋势，如图 8-10 所示。

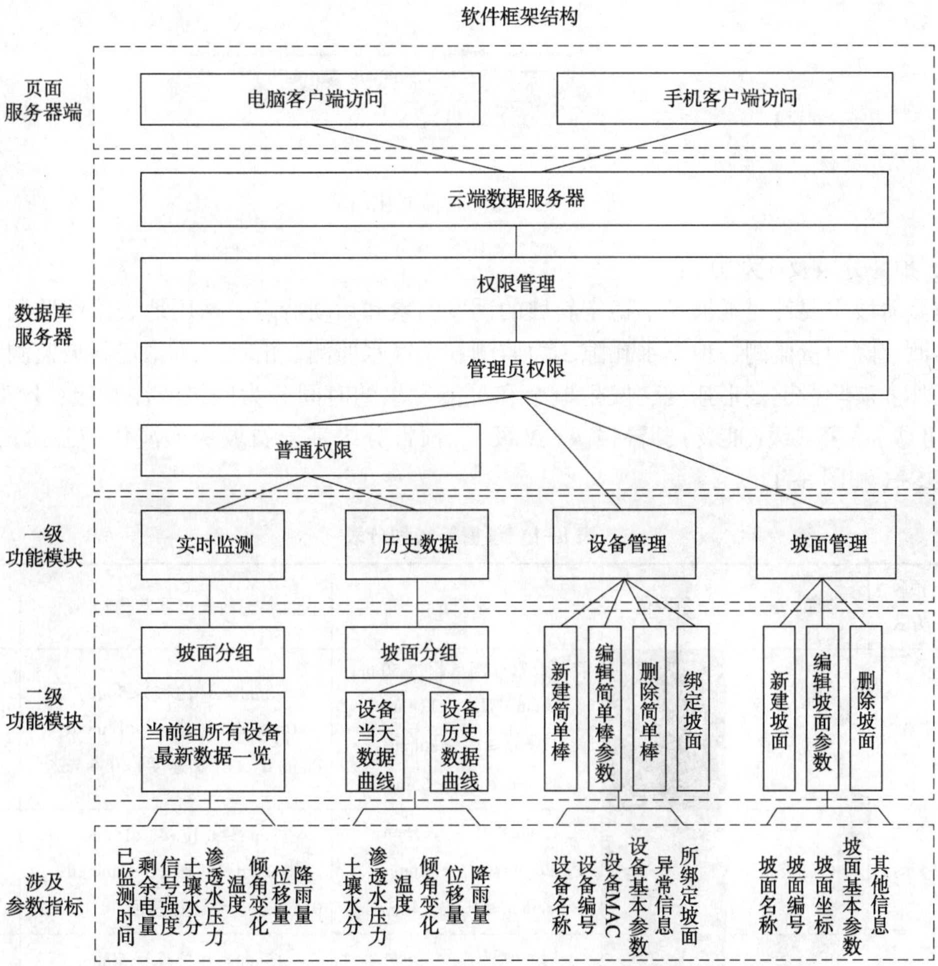

图 8-9　软件结构框架图

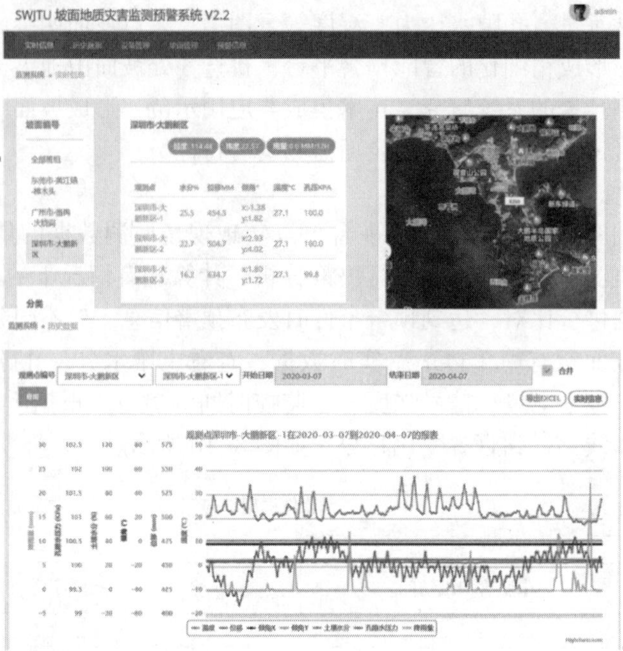

图 8-10　监测指标变化趋势

6）预警分级及应对方案

监测阶段主要针对滑坡、不稳定斜坡的诱发因素和运动特点，采用地表位移监测、深部倾斜监测、降雨量监测、地下水孔隙压力监测和土壤水监测。滑坡、不稳定斜坡监测预警按变形破坏发展阶段、变形速度、发生概率和可能发生的时间分为四级：注意级（Ⅰ级）、警示级（Ⅱ级）、警戒级（Ⅲ级）、警报级（Ⅳ级）。预警分级基于斜坡变形演化的三阶段理论，参见表 8-1 和图 8-11。

表 8-1　预警等级划分表

预警级别	预警方式	告知方式	预警色	雨　量	地表位移监测	人工巡查
Ⅰ级	注意级	技术、管理、监测人员		前 3 天累计雨量超过 50mm； $8mm \leqslant H_{1/6p} < 11mm$； $21mm \leqslant H_{1p} < 26mm$； $58mm \leqslant H_{24p} < 65mm$	$0mm \leqslant s$（位移）$< 5mm$； $0mm/d \leqslant v$（速率）$< 1mm/d$； $0mm/d^2 \leqslant a$（加速度）$< 0.5mm/d^2$	出现局部垮塌现象
Ⅱ级	警示级	告知公众		$11mm \leqslant H_{1/6p} < 13mm$； $26mm \leqslant H_{1p} < 32mm$； $65mm \leqslant H_{24p} < 74mm$	$5mm \leqslant s$（位移）$< 15mm$； $1mm/d \leqslant v$（速率）$< 5mm/d$； $0.5mm/d^2 \leqslant a$（加速度）$< 1mm/d^2$	出现滑坡现象
Ⅲ级	警戒级	采取措施		$13mm \leqslant H_{1/6p} < 15mm$； $32mm \leqslant H_{1p} < 36mm$； $74mm \leqslant H_{24p} < 80mm$	$15mm \leqslant s$（位移）$< 50mm$； $5mm/d \leqslant v$（速率）$< 10mm/d$； $1mm/d^2 \leqslant a$（加速度）$< 2mm/d^2$	出现滑坡现象
Ⅳ级	警报级	应急响应		$15mm \leqslant H_{1/6p}$； $36mm \leqslant H_{1p}$； $80 \leqslant H_{24p}$	$50mm \leqslant s$（位移）； $10mm/d \leqslant v$（速率）； $2mm/d^2 \leqslant a$（加速度）	出现滑坡现象

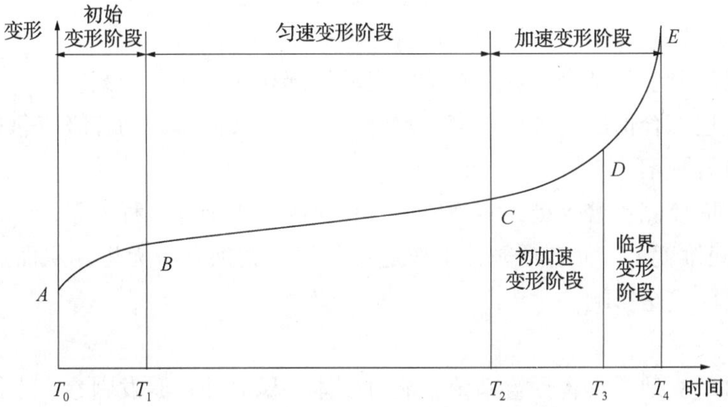

图 8-11　滑坡、不稳定斜坡变形的三阶段

注意级(Ⅰ级)：图 8-11 曲线 *AB* 段，一般处于初始变形阶段，一年内发生破坏的可能性不大。由警报雨量等指标确定。降雨量达到警报雨量阈值，同时参考地表位移、深部倾斜、孔隙水压力等参数变化情况确定。采取措施：加强巡查、观察，制定应急预案。

警示级(Ⅱ级)：图 8-11 曲线 *BC* 段，一般处于匀速变形阶段，有明显变形，在数月或一年内发生破坏的概率较大。由警报雨量、地表位移、深部倾斜、孔隙水压力等指标确定。降雨量达到警报雨量阈值，同时参考地表位移、深部倾斜、孔隙水压力等参数变化情况确定。采取措施：加密专业监测频率，启动应急预案，划定危险区和影响区，对危险区内的天然气管道进行加固保护。

警戒级(Ⅲ级)：图 8-11 曲线 *CD* 段，一般处于初加速变形阶段，有一定的宏观前兆特征，在几天内或数周内发生破坏的概率大。由警报雨量、地表位移、深部倾斜、孔隙水压力等指标确定。降雨量达到警报雨量阈值，同时参考地表位移、深部倾斜、孔隙水压力等参数变化情况确定。采取措施：组织专业监测人员进行专业加密监测。

警报级(Ⅳ级)：图 8-11 曲线 *DE* 段，临界变形阶段，短期临滑前征兆特征显著，在数小时或数周内发生破坏的概率很大。由警报雨量、地表位移、深部倾斜、孔隙水压力等指标确定。降雨量达到警报雨量阈值，同时参考地表位移、深部倾斜、孔隙水压力等参数变化情况确定。采取措施：管道减压或放空，迅速撤离危险区和影响区的所有人员，组织应急抢险队伍。

7) 监测成果及应用

本案例的地质灾害预警预报系统可以生成某监测点指定时间段的监测报告、历史和实时参数数据库、参数变化曲线等，其实际应用过程主要有：

(1) 当达到预警Ⅰ级及以上级别，系统开始通过预先设定的邮箱、手机号等发送预警信息给相关部门和人员，开启重点关注。

(2) 根据所有监测数据，进行综合分析，当达到某一预警等级值或情况时，启动相应的预警预案。

(3) 雨量作为第一要素，根据当地经验，当累积降雨量、日降雨量、小时降雨量和 10 分钟降雨量等，确定相应的预警等级。

(4) 地表大地变形监测作为第二要素，决定其预警等级，同时考虑雨水等的影响。

（5）深部倾斜监测作为第三要素，决定其预警等级。

（6）启动人工监测和防灾警报作为最后一道关口。

（7）在上述基础上，结合现场巡查情况启动内部相应的应急预案。

（8）结合上述综合情况，进行专家、政府管理人员会商，启动各级应急预案，尤其是管道运营第一级应急预案。

（9）根据坡面监测预警等级，实施或准备相应的维护维保工程方案。

（10）从时间维度上，使各项防控工作走在前面，做到有备无患，从而达到消除或减少地质灾害对管道的安全影响。

3. 小结

本案例通过建立地质灾害预警系统，能对坡体失稳的外在激发因素、土体内在因素和坡体变形表观特征进行综合详细测量，并以雨量作为第一要素、地表大地变形监测作为第二要素、深部倾斜监测作为第三要素、人工监测和防灾警报作为最后一道关口，直至最后进行专家、政府管理人员会商，启动各级应急预案，尤其是管道营运的第一级应急预案。

8.2.2 软土中的天然气管道受力变形研究案例

1. 背景

软土是淤泥和淤泥质土的总称，主要是由天然含水量大、压缩性高、抗剪强度低的淤泥沉积物及少量腐殖质所组成的土。由于其具有承载力低、不均匀变形大、变形稳定时间长等特点，给各类工程建设项目带来了极大的危害。国内道路、水利、工民建等多个行业都已开展了关于软土地基处理的研究，并且编制了相应的规范文件，如《软土地区岩土勘察规程》《公路软土地基路堤设计与施工技术规范》《水电水利工程软土地基施工监测技术规范》等。但目前国内针对软土地区油气管道的日常管理及保护措施研究并不多，而由软土所造成的油气管道事故却屡见不鲜。

大鹏公司的管线主要分布在珠江三角洲五个经济发达城市。因珠江三角洲内软土十分普遍，主要由西江、北江、东江在珠江口内海岸浪流及潮汐水动力作用逐渐淤积而成，属第四纪沉积物，土层多为含水丰富的淤泥、淤泥质黏土纪粉细砂，所以大鹏公司的管线及站场也多次出现与软土相关的工程问题。为了减小软土区域天然气管道所面临的风险，掌握其在软土中的受力变形规律，确立科学客观的管道保护原则，实施安全可行的管道日常保护措施，我们对软土中的天然气管道受力变形情况展开了研究。

本案例首先通过现场工程试验，收集和整理软土中管道的应变和位移等数据信息，掌握软土中管道受力变形的趋势和规律；然后进行数值建模计算，通过试验数据校核优化数值模型，使其计算结果和试验数据相吻合；最后综合试验数据和建模计算结果，通过 BP 神经网络元工具，开发出简单有效的管道安全评测系统。通过此系统，可以快速查明各种情况下软土中大鹏公司管道的安全覆土高度，给管道现场管理人员提供科学客观的管控依据，确保管道长期稳定的安全运行。

2. 主要内容

1）工程试验

（1）试验原理

首先沿管线路由进行踏勘，选择三处埋设于软土区的管段作为试验点。在每个选定的试验点处的天然气管道上安装振弦式应变计、位移传感器，实时测量并记录管道的应变和位移，然后通过在管道上方增加静载(沙袋)和动载(车辆行驶)，得到管道在不同荷载情况下的变形和位移数据，通过收集到的数据即可分析总结管道在软土中的变形位移规律。

(2) 试验点选取

大鹏公司的天然气管线经过了深圳、惠州、东莞、广州和佛山五个城市，其中广州和佛山境内土层多为含水丰富的淤泥、淤泥质黏土及粉细砂，为国内岩土工程中最软土层之一。因此，在广州市境内选取了三处软土中的天然气管道作为试验对象(见图 8-12)。

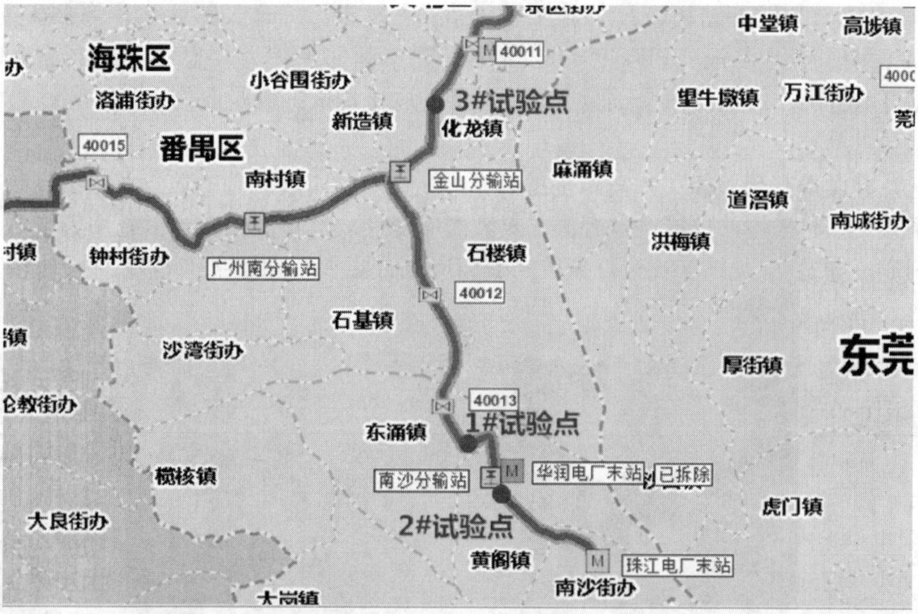

图 8-12　试验点的分布

1#试验点位于广州市南沙区附近；2#试验点位于南沙乌洲村中心公园西侧；3#试验点位于广州市黄埔大桥东侧。试验点确定之后，对每个试验点进行原状土取样，并在实验室内对土样分别进行含水率试验、密度试验、液塑限联合测定试验、直接剪切试验及快速固结试验等多种试验，得到其土样特性，如表 8-2 和表 8-3 所示。

表 8-2　土样含水率

编号 深度	1#土样	2#土样	3#土样
6m	46. 14%	19. 51%	57. 45%
7m	47. 01%	17. 21%	38. 84%
8m	70. 15%	28. 15%	46. 46%
9m	68. 36%	25. 92%	38. 26%
10m	23. 77%	26. 34%	17. 62%

表 8-3　土样直接剪切记录

编号 深度	1#土样		2#土样		3#土样	
	c/kPa	φ	c/kPa	φ	c/kPa	φ
6m	6.76	2.00			8.81	4.72
7m	4.00	3.92	9.79	50.9	4.52	4.31
8m	2.19	5.35	48.34	30.7	3.77	0.72
9m	2.00	5.90	23.3	31.59	0.79	2.96
10m	27.94	3.20	5.71	35.75	15.23	12.45

根据《公路软土地基路堤设计与施工技术规范》规定：符合天然含水量≥35%或液限、天然孔隙比≥1.0、十字板剪切强度<35kPa 等三项指标的土称为软土。从表 8-2 和表 8-3 中的数据可以看出，所选的三个试验点都是典型的软土地区，满足我们进行工程试验的前提条件。

(3) 试验设备安装

本次案例试验采用的仪器设备有振弦式表面应变计、位移传感器、信号采集仪、太阳能板、四芯屏蔽电缆等(见图 8-13)。振弦式表面应变计主要是通过振弦改变的振动频率，测出结构物表面的应变量。

(a) 振弦式表面应变计　　(b) 位移传感器

图 8-13　试验仪器

由于管壁结构在受到外加荷载时，同一截面不同位置的应力和应变数值不会相同。因此，我们在每个选定的管道截面安装三个振弦式应变计，安装位置分别为 3 点、9 点及 12 点钟方向(见图 8-14)。同时，为了反映不同截面在相同外加荷载下的应力变化，我们对部分试验点选取两个管道截面进行监测。

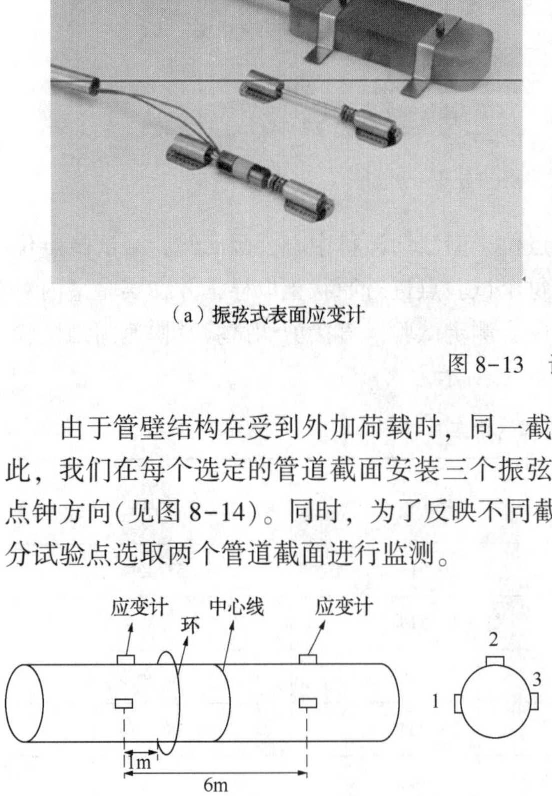

图 8-14　应变计安装示意图

由于管道位移的测量需要一个固定静止的结构作为参照物，但 1#和 2#试验点靠近路边，来往的车辆会频繁地引起地表及附近的建构筑物振动，同时试验过程中需要在管道上方不断增加荷载，也会引起地表及附近设施产生沉降。因此，现场通过水泥桩和工字钢组合成了位移基准装置(见图 8-15)。

为了能及时准确地收集到管道在各种情况下的数据变化，现场安装了自动信号采集仪、数据远传和太阳能板设备。自动信号采集仪会每隔 5min 自动收集应变计和位移计的读数，通过数据远传设备输送到远程监控中心的服务器，在服务器中监控软件将对数据进行分析和判定。太阳能板设备的安装保证了全套数据收集传送系统在没有外接电源的情况下能持续工作。具体的数据传送路径如图 8-16 所示。

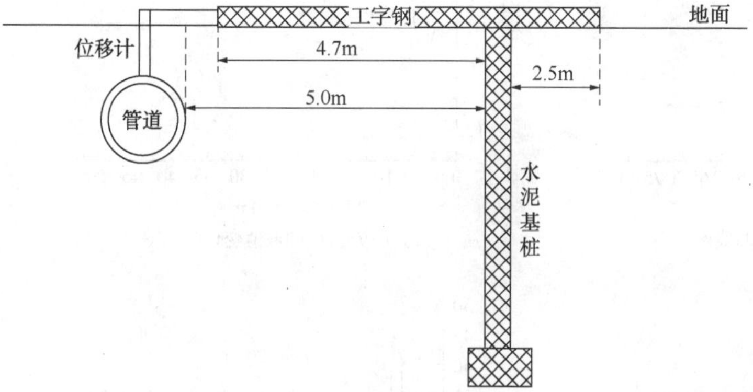

图 8-15　位移计安装示意图

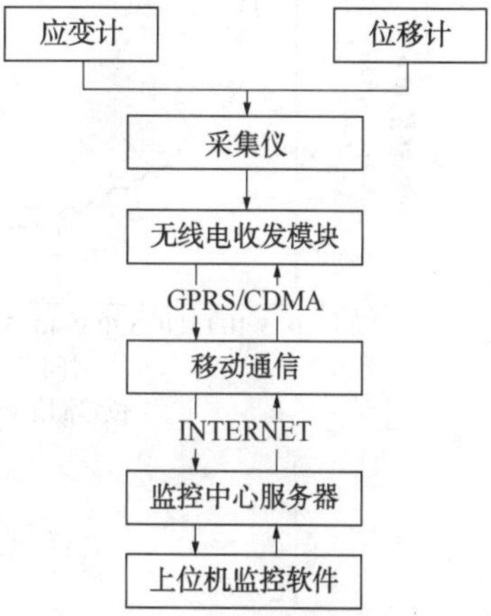

图 8-16　数据传送路径图

(4) 试验过程

此案例主要模拟了日常管道保护工作中最常见的管道上方覆土(静荷载)和过车(动荷载)两种情况(见图 8-17)。

堆土静荷载的模拟：在每个试验点的管道上方分别进行三次堆载，堆载通过人工在管道上方地面摆放沙袋实现，堆土区域面积大小约为 1.5m×1.5m，每次堆载质量大约为 2000kg，堆载时间间隔不少于两天，待管道变形和位移趋于稳定后进行下一次堆载。

车辆动荷载的模拟：采用 18t 履带式挖掘机以 0.1~0.5m/s 的速度通过管道上方，实时测量管道应力和沉降的变化。

(a) 堆土静载荷

(b) 动载模拟

图 8-17　试验载荷

(5) 试验数据

① 动载模拟

现场采用 18t 履带式挖掘机以 0. 1~0. 5m/s 的速度通过管道上方，部分试验数据摘录如图 8-18 所示。

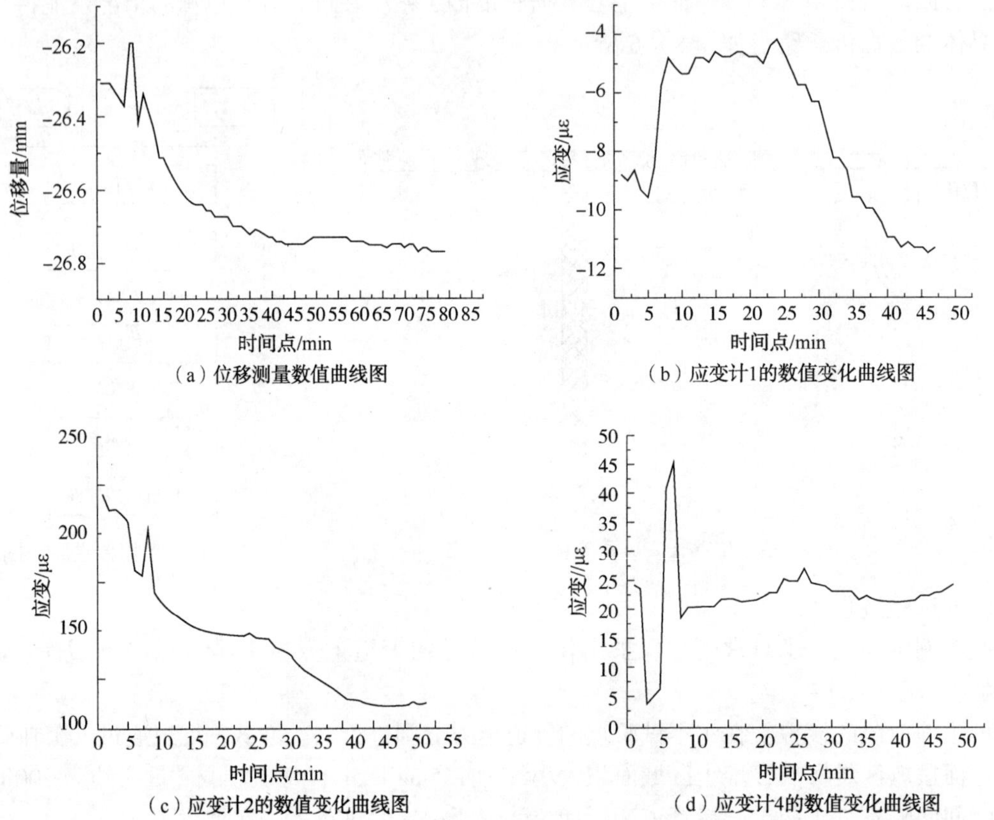

(a) 位移测量数值曲线图

(b) 应变计1的数值变化曲线图

(c) 应变计2的数值变化曲线图

(d) 应变计4的数值变化曲线图

图 8-18　试验数据

从图 8-18 中可以看出，在挖机开过管道上方过程中，天然气管道在竖向上发生了 0. 5mm 的沉降，3 个应变计中最大的应力变化为 150，根据弹性模量计算公式：

$$E=\sigma/\varepsilon \tag{8-1}$$

式中　E——材料弹性模量，206GPa；

σ——应力，MPa；

ε——应变，μm。

可算出动载模拟过程中，所测的管道最大应力变化为 30MPa。

从图 8-18 中可以看出，当挖机慢慢行驶靠近管线时，由于软基淤泥的挤压，管道略微抬起，靠近挖机一侧的管壁所受应力为压应力，远离挖机一侧的管壁所受应力为拉应力，证明管道沿挖机行驶方向发生侧向位移；当挖机行驶到管道正上方时，管道受动载影响产生向下 0. 5mm 的沉降，1、2、3 号应变计都显示管道处于受压状态，正好和管道沉降形态相吻合。从图 8-18(d)可以看出，在挖机与管线交叉时，附近的天然气管壁也发生明显的应变，但在挖机行驶过后，其应变回复到正常状态，证明动载给交叉点附近的管道带来一个振荡作用。

② 静载模拟

对三个试验点分别进行三次堆载，并持续监测。由于采集到的试验数据较多，仅将具有代表性的数据曲线摘录如图 8-19 所示。

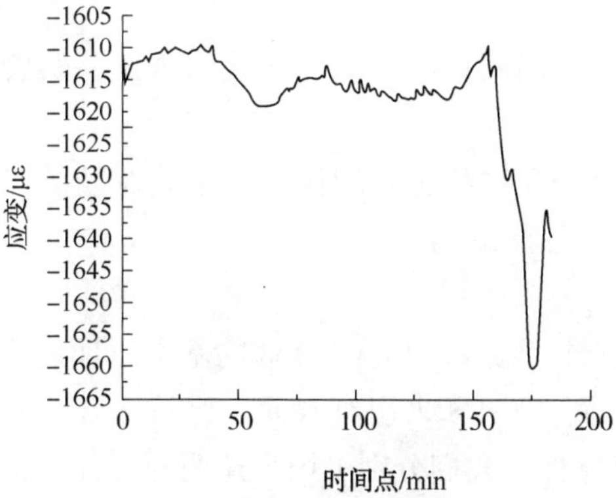

（a）1#试验点应变计3第一阶段

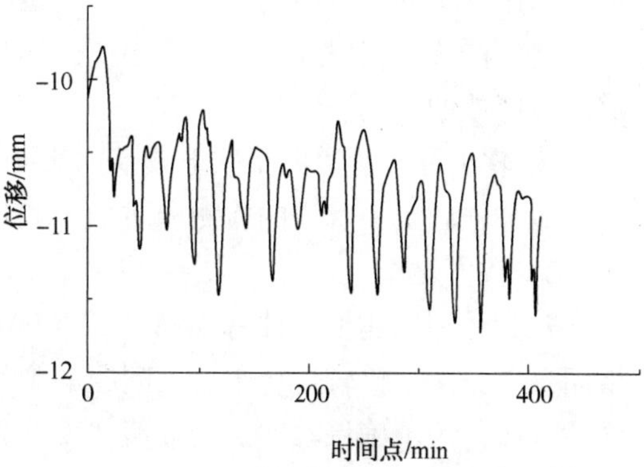

（b）2#试验点第二阶段位移曲线

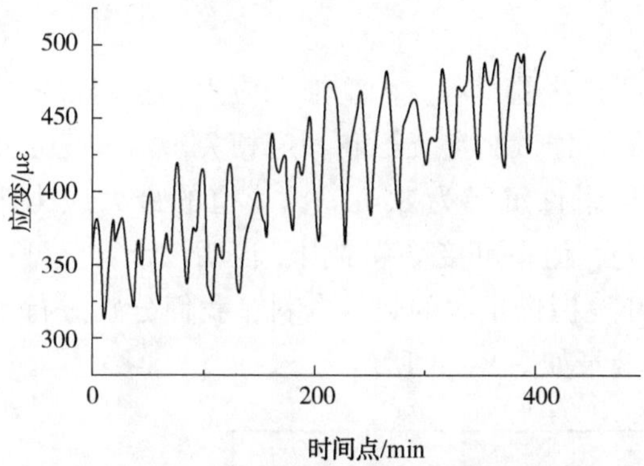

（c）2#试验点应变计2第2阶段

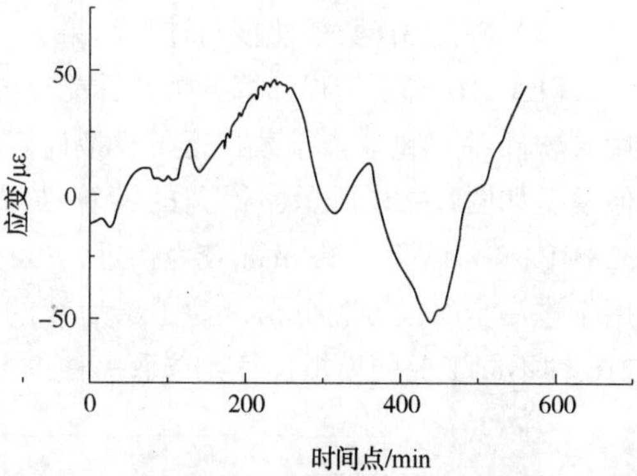

（d）3#试验点应变计第1阶段

图 8-19　试验数据

通过数据分析发现：

a. 1#、2#、3#试验点分别产生附加沉降 7mm、8mm、1mm。

b. 每个试验点中，所测管壁截面中 12 点方向上的应变变化幅度最大，1#、2#试验点都为 200，应力变化为 40MPa。

c. 一般加载后数据在 50~100min 内达到稳定状态，证明软土衰减振动状态的存在，管道会逐渐达到稳定状态，如图 8-19(a)所示。

d. 部分测试点在完成加载后，短时间内其应变和位移变化量会有 40% 的回弹量[见图 8-19(a)]。随着时间的推移，部分测点的附加应力会完成释放，管道回到加载前的初始状态，如图 8-19(d)所示。

e. 部分测点应变曲线呈反复振荡趋势，并且在振荡中不断增长，如图 8-19(b)、图 8-19(c)所示，这是在加载稳定后，地基软土产生波动，导致管道应变和位移也产生小幅波动，但整体还处于应力传递状态，所以应变总体呈增长趋势。

(6) 试验结论及建议

根据试验数据分析可知，虽然软土底面仅堆土 2m 高度，但给管道造成的附加位移已经到 8mm，接近相关规范中的报警值，明显大于交通荷载给管道带来的影响。因此，针对软土中天然气管道保护，建议：

① 当软土中的管道上方地面有重车碾压时，应在地面铺设钢板，减速缓慢通过，这样可以利用软土的衰减振动过程减少对管道的影响。

② 当在软土中的管道上方覆土或者加载时，应采取间断逐级覆土或加载的方式，给管道应力释放的时间。

③ 软土中的管道因受软土波动的影响，其自身应变和位移也长期保持着小幅波动的状态，应加强软土中管道的检测和防护，避免因长期振动引起缺陷发育。

2）数值建模

较为通用的建模软件有 ANSYS 和 FLAC3D 两种软件。其中，FLAC 软件的基本原理是拉格朗日差分法，比较适合于岩土问题的弹塑性分析。而 ANSYS 采用有限元，比较适合于线弹性分析。为了确保本次试验数值建模计算结果的可靠性，我们分别采用了这两种软件进行建模，并将计算模型与现场工程试验的数据相拟合，以优化土层和管道的其他物理参数，使建模计算结果尽量与试验数据一致。

（1）FLAC3D 数值建模与计算结果

FLAC3D 岩土工程计算分析软件能充分反映土层中管道各点的变形和应力。我们首先采用此软件对 1#试验点堆载进行了模拟计算，选取了 1#试验点土层和管道相关参数，建立几何模型如图 8-20 所示，得到的计算结果为管道附件沉降为 8.4mm，管道的最大应力为 328MPa，与试验结果 7mm 较为接近，虽存在误差，但在可接受范围内，证明该计算模型可用于进一步的预测和分析。为了给后续的软件开发提供足够的数据资料，我们分别进行了 216 种不同工况的模拟计算，选取一种工况结果摘录如图 8-21 所示。

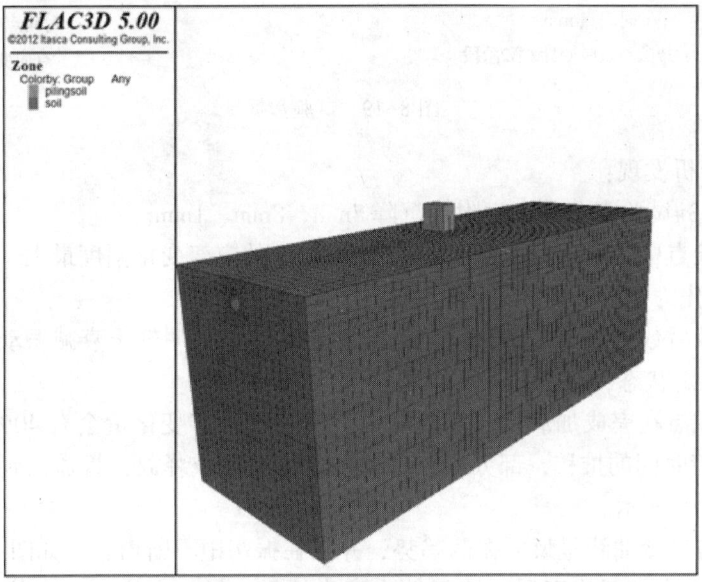

图 8-20 几何模型图

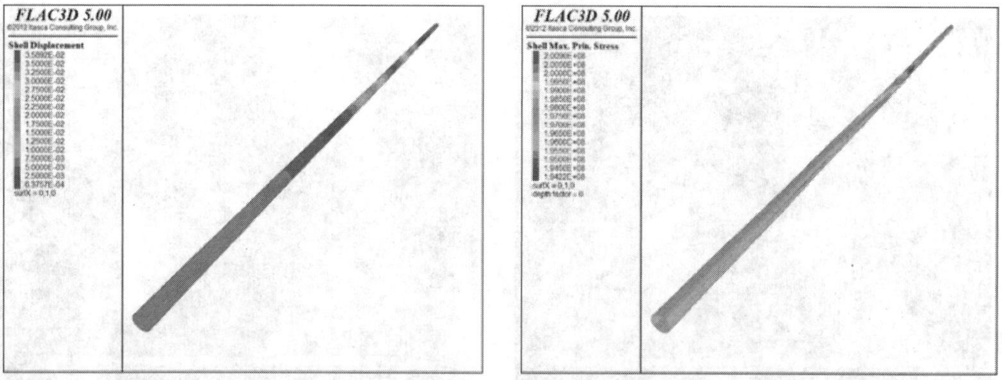

（a）沉降图　　　　　　　　（b）应力图

图 8-21　$E_{土}=8.5\text{MPa}$、堆载 8m、管径 457mm、埋深 3m、内压 9MPa

从 216 种工况的建模计算结果分析可知：

① 管道的沉降变形与周围土层的弹性模量密切相关，且近似呈现出反比例关系，在土质较差、满布堆载 8m 的情况下其附加的最大变形量可达到输气管道工程设计规范（GB 50251—2015）4.3.15 中允许值的 1/3~1/2；

② 当堆土高度较小时，管道的沉降变形与堆土高度近似呈线性关系，随着堆土高度的增大，堆土对管道变形的线性效应减弱；

③ 管道沉降变形随着管道埋深的增大而减小；

④ 管道的最大应力主要受到管道的沉降变形和管道内压的影响，且当管道埋深增大时，沉降变形对管道应力的影响减弱，当管道存在内压时，管道的最大应力主要受管道内压的影响，且近似呈现线性关系；

⑤ 数值计算结果与现场实测结果存在一定差异，但规律性一致，导致差异的原因可能在于数值计算采用了均值土层模型，而实际中土层参数离散性较大，并且数值计算中采用的堆土模型尺寸大于实际堆载测试的尺寸。

（2）ANASYS 数值建模及计算结果

采用与 FLAC3D 相同的几何模型参数及边界条件建模（见图 8-22），也进行 216 种工况的模拟计算，选取一种工况计算结果摘录如图 8-23 所示。

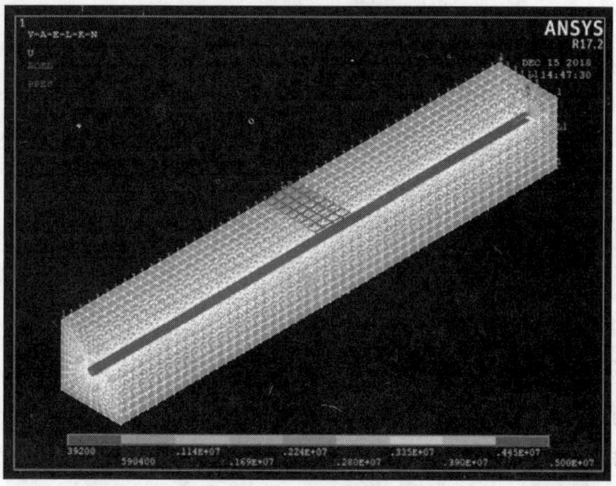

图 8-22　ANSYS 计算模型

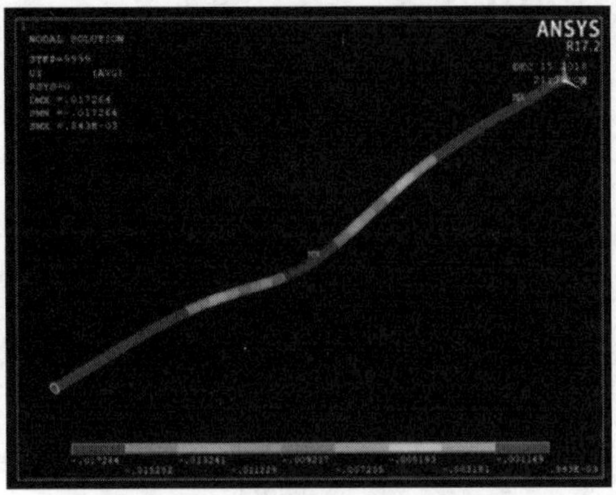

（a）沉降云图

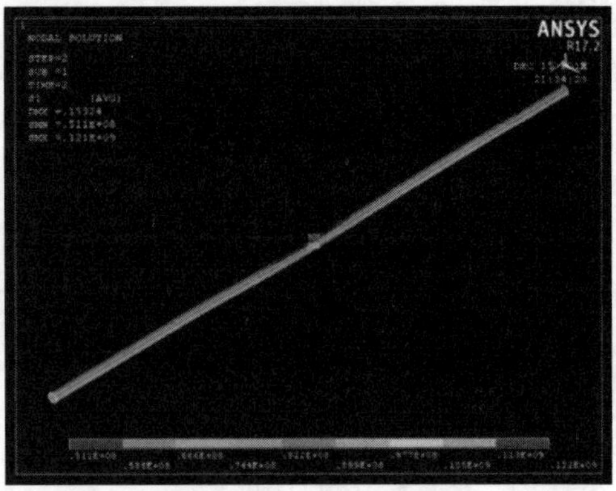

（b）最大拉应力云图

图 8-23　$E_{土}=8.5\mathrm{MPa}$、堆载 4m、管径 762mm、埋深 5m、内压 9MPa

对 ANSYS 的数值计算结果进行了初步分析，其规律性简单总结如下：

① 在保持其他计算参数不变的情况下，仅增加上部堆载，管道的最大拉应力和最大沉降均近似成线性比例增大。

② 在其他计算参数不变的情况下，土体弹性模量越大，管道最大应力和最大沉降均减小。变化不成线性比例，随着土体弹性模量的增大，管道最大应力和最大沉降减小速率变缓。

③ 在其他计算参数不变的情况下，管道内部压力增大，仅管道最大应力会随之增大，管道最大沉降不发生变化(变化小于 0.1mm)。

④ 在其他计算参数不变的情况下，管道埋深越大，管道最大应力和最大沉降均增加。变化不成线性比例，随着管道埋深的增大，管道最大应力和最大沉降增大速率变缓。

（3）与现场试验数据对比分析

采用与现场试验相近工况的数值计算结果拟合后，与现场试验记录进行对比，两者存在一定差异性，可能原因如下：

① 数值建模计算中采用的土层本构模型为弹性模型或者摩尔库伦模型，这两种模型适用于一般土体材料，但真实地层为多相介质，特别是地下水，对埋地管道变形与受力都会产生影响；

② 数值建模计算采用的物理力学参数为室内试验测得的参数，而室内试验所用是受扰动后的土体，其物理力学性质与现场场地土层存在差异；

③ 数值建模计算采用的是保守设计法，即假设管道周围土层均为淤泥，从现场试验情况可知，埋地管道的土层性质较为复杂，上覆土层不全为淤泥；

④ 由于受现场场地条件限制，现场试验所用堆载范围较小，高度较低，数值建模计算为能充分反映长输管道可能受到的高堆土的危险工况，选用大范围、高填土的地面堆载，荷载作用上与现场试验存在差异。

3）安全性评估软件开发

由于现场管道保护工作中碰到的案例千差万别，若对每一个软土中的天然气管道状态评估时都进行建模并选取各种参数，其过程太过繁琐，而且无法保证及时性；若仅通过已算工况进行主观预测，又无法保证其准确性。因此，为满足现场工作的需要，我们利用 BP 神经网络开发了一套简便直观的软土管道安全评测系统。

（1）BP 神经网络

BP 神经网络是一种按误差逆传播算法训练的多层前馈网络，是目前应用最广泛的神经网络模型之一。BP 神经网络可以理解为一种机器学习算法，它可以在没有掌握函数映射关系的情况下，通过学习和存储大量的输入和输出数据，找到输入参数和输出结果之间的映射关系，并按此映射关系进行后续的计算。神经网络由多个神经层构成，每一层又有多个神经元，第一层为输入层，最后一层为输出层，中间层为神经网络的隐含层，如图 8-24 所示。

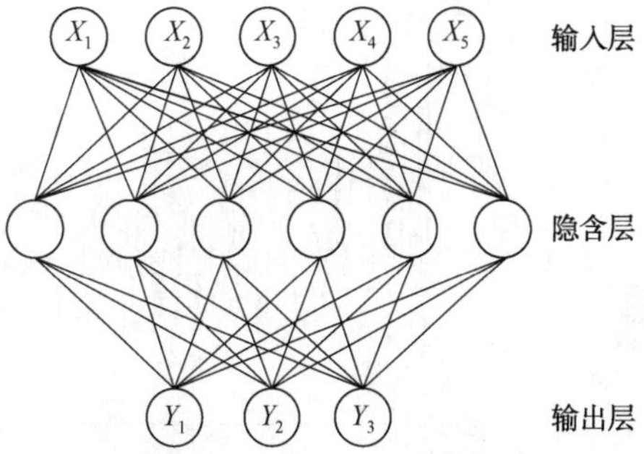

图 8-24　简单的神经网络

（2）神经网络构建

前期建模计算中，已经采用 FLAC3D 和 ANSYS 两种数值模拟软件分别进行了 216 种工况的模拟。根据前期模拟计算的结果，结合已有的研究成果，发现管道的沉降变形与土层的弹性模量、地面堆载高度和管道埋深最为相关，管道的应力与管道中的内压、管道尺寸最为相关。因此，在神经网络的构建中，采用土层弹性模量、地面堆载高度、管道埋深、管道内压、管道尺寸作为输入参数，管道的沉降位移与最大应力作为输出结果。利用前面 FLAC3D 和 ANSYS 两种软件的 206 种工况模拟计算结果建立了两个样本集，用以分别训练出两个 BP 神经网络。两个神经网络都可以在自己的映射下对管道的受力作出预测。

（3）神经网络评价

FLAC3D 样本集共有 216 组，随机选取为 200 组样本数据作为训练集和选取 16 组样本数据作为测试集。用训练好的网络预测输出，并对该神经网络进行评价。训练集的准确率为 96.5%，测试集的准确率为 100%，其结果如图 8-25 所示。

从图 8-25 可以看出，训练集预测误差基本小于 5%，部分结果大于 10%，与样本数据拟合良好。同时从图 8-26 中可以看出，16 组测试集的误差基本都在 5%以内，证明此 BP 神经网络泛化能力良好，可以满足管道应力和沉降的预测。

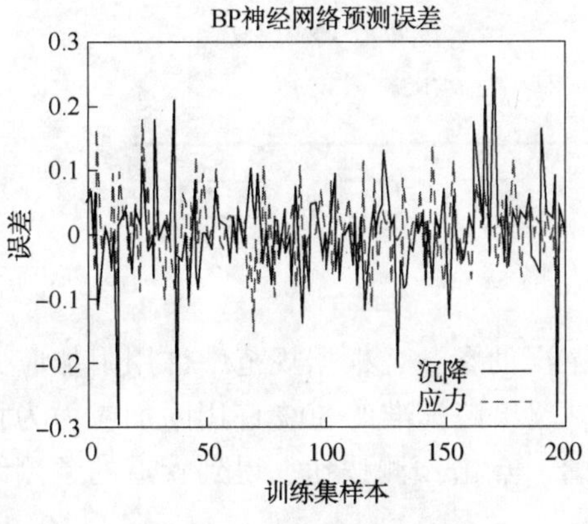

图 8-25　训练集预测误差

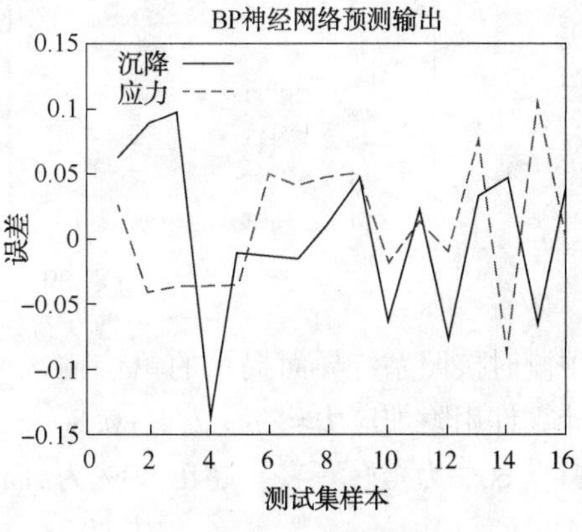

图 8-26　测试集预测误差

对 216 组 ANSYS 样本集同样选取 200 组作为训练集，剩余 16 组作为测试集。其输出结果如图 8-27、图 8-28 所示。

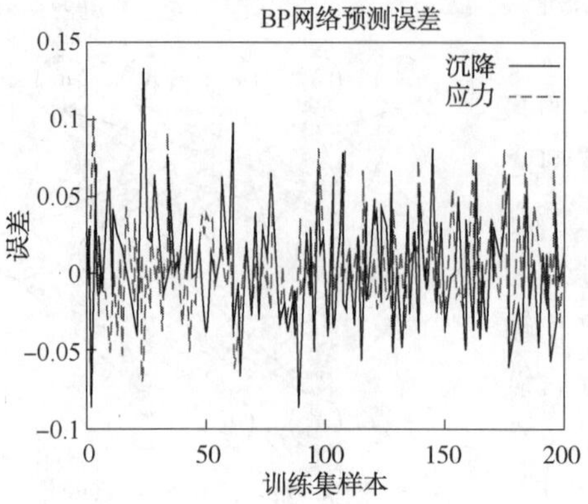

图 8-27　训练集预测误差

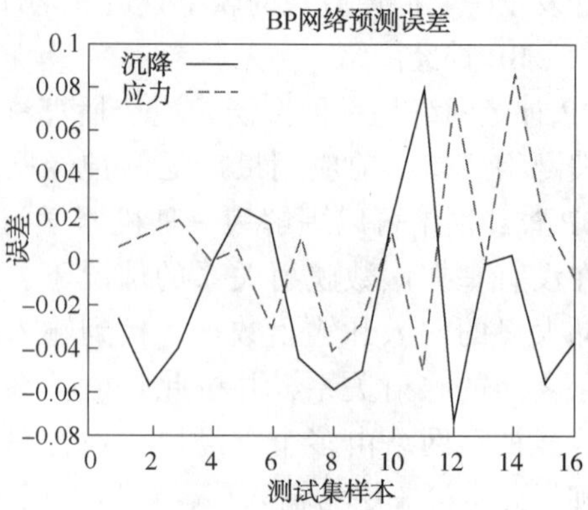

图 8-28　测试集预测误差

从图 8-27 可以看出，BP 神经网络训练集预测误差全部小于 10%。从图 8-28 可以看出，对未经网络训练的测试集数据误差基本小于 5%，所以，该 BP 神经网络泛化能力优秀，可以模拟 ANASYS 软件对管道应力和沉降的预测。

（4）管道安全评测系统

通过上述两种已训练好的神经网络，可以建立一个管道的安全评测系统(见图 8-29)。它仅需输入简单确定的参数，即可对日常工作中碰到的各种管道不利受力情况进行预测评估，同时给出安全性分级，并存储预测结果。

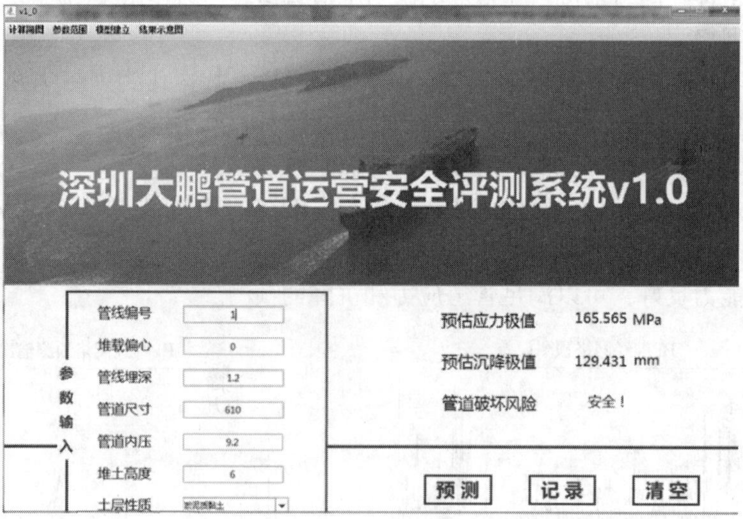

图 8-29　安全评测系统界面

预测时按照系统界面提示的单位输入待测工况的参数，根据规范中许用附加应力的概念，计算许用附加应力$=-p\cdot d/4t+0.8\cdot SMYS$。超出该标准的 30%许用附加应力为黄色预警，超出 60%为橙色预警，超出 90%为红色预警。点击预测按钮，得到管道的预测结果如图 8-29 所示。

3. 小结

首先，通过本案例可获取管道在外力荷载下的变形规律和趋势：

（1）堆土对软土中天然气管道所造成的影响，远远大于交通荷载所造成的影响；

(2) 软土中管道上方地面2m的堆土，可能造成管道6~8mm的附加沉降，引起的附加应力约为20~40MPa；

(3) 软土中存在应力衰减振动状态，一般加载后管道在50~100min内达到稳定状态；

(4) 软土上小规模加载后，天然气管道应变和位移变化后会立即有40%的回弹，随着时间的推移，附加应力有可能会完成释放，管道回到加载前的初始状态；

(5) 加载后，软土存在反复波动情况，导致天然气管道的应变和位移也随之产生反复振荡；

(6) 管道的沉降变形与土层的弹性模量、地面堆载高度和管道埋深最为相关，管道的应力与管道中的内压、管道尺寸最为相关。

其次，通过上述规律，帮助我们有针对性地制定日常软土中的管道保护措施：

(1) 软土中的管道上方存在重车经过时，应要求其减速缓慢通过，这样可以利用软土的衰减振动过程减少对管道的影响；

(2) 当必须在软土中的管道上方覆土或者加载时，应采取间断逐级覆土或加载的方式，给管道应力释放的时间；

(3) 软土中的管道因受软土波动的影响，其自身应变和位移也长期保持着小幅波动的状态，应加强软土中管道的检测和防护，避免因长期振动引起缺陷发育。

最后，通过数值建模和神经网络学习，开发了简单快速的软土管道运营安全评测系统，利用此系统，可以为日常碰到的软土加载情况进行准确的预测评估，为现场管理提供科学有效的依据。

8.2.3 第三方施工管道悬吊保护措施研究案例

1. 背景

随着国内各城市规模的不断扩大，发生在长输天然气管道周边的工程建设活动越来越频繁，天然气管道也面临这些工程活动所带来的各种风险。在这些第三方施工活动中，从天然气管道下方交叉穿越的大型明挖隧道或箱涵施工活动受到我们重点关注，因为它需要将天然气管道直接开挖暴露在空气中，并且在天然气管道下方还要进行长期复杂的建筑活动。

重力流隧道、箱涵等线性市政工程由于受其上下游高程控制，与天然气管道交叉时很难留出足够的垂直安全净距。因此，在天然气管道下方受限的空间内使用各种建筑设备、机械进行复杂的施工作业，使管道本体和防腐层都面临着被施工活动意外损坏的风险，如施工机械碰撞、防腐层擦伤、基坑垮塌及机械设备倾倒等情况。同时，在管道在开挖暴露的施工期间，各种极端天气也容易使管道受到损坏，如台风、风暴潮及雷击等。针对此类第三方施工活动，需要研究一套成熟有效、安全可行的管道保护结构体系才能满足第三方施工单位和管道产权单位的需求，即在天然气管道安全运行的前提下顺利完成市政工程的建设。

2. 主要内容

1) 冷排水箱涵穿越工程

××冷排水陆域段工程由两段明挖(隧道前和隧道后)即一段山岭隧道组成。其中，隧道后明挖段排水结构采用现浇箱涵，结构净空尺寸为5.0m×2.2m，采用围护桩支护。该段箱涵下穿我公司天然气管道，交叉角度为68°，交叉处拟建箱涵与天然气管道垂直净距为1.6m。此处天然气管道规格为ϕ914×19.1mm。由于此处箱涵穿越段采用明挖施工方式，施工时将有11m左右的管道被开挖裸露在外，而且此处施工地点位于海岸地区(见图8-30、图8-31)，地下水水位较高，基坑开挖区域主要地层为杂填土、含有机质砂即卵石砾砂。因此，此第三方施工的天然气管道保护将面临以下几个问题：

图 8-30　施工现场

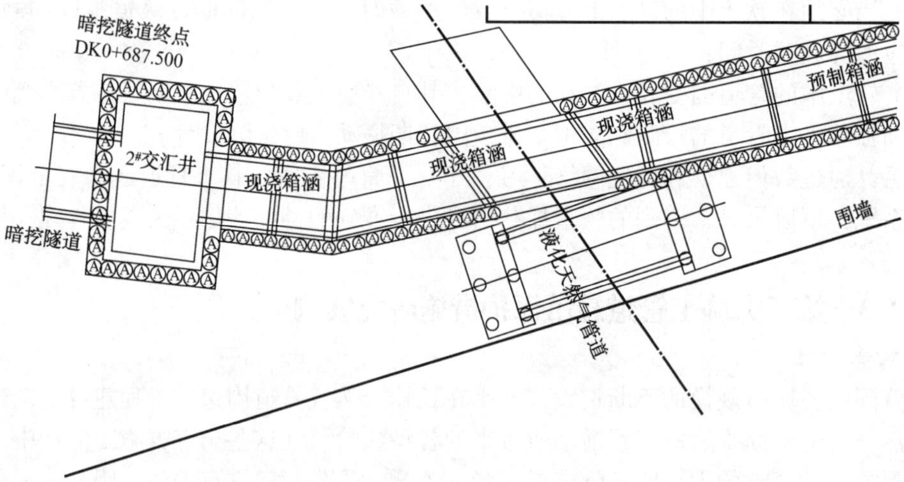

图 8-31　交叉区域平面图

(1) 管道稳定支撑　由于现场开挖将导致 11m 天然气裸露悬空，因此需避免管道开挖暴露后因自重或外部施工荷载导致其产生变形或失效。

(2) 管道位移控制调节　天然气管道从埋地到开挖悬空的过程中，管体不可避免地会发生轻微的变形或应力释放。因此，现场需使悬空的管道尽量恢复至埋地状态，以使其管材应力不发生太大变化；同时，施工现场发生意外状况时，天然气管道也需适当位移来避免或者减少被伤害。

(3) 管材和防腐层的保护　新建箱涵距天然气管道底部仅 1.6m，且采用现浇法施工。施工时的基坑开挖、钢筋绑扎、模板架设及混凝土浇筑等任何一道工序都有可能破坏到管道的防腐层甚至于管材本体；同时，施工地点距海陆分界线不足 50m，台风、潮汐或风暴潮等极端天气对管道的影响也不可忽视。

(4) 防水保护　由于施工现场靠近海陆分界线，地下水水位随潮汐不断变化。箱涵的现浇施工方式要求基坑内尽量保持干式环境。因此，在保证管道安全的前提下，基坑周围必须增加有效的防水结构，以使渗入到基坑的地下水尽可能地减少。因此，管道周边的防水结构安全施工也成为施工的难点之一。

2）天然气管道保护方案

第三方施工常见的管道保护措施很难同时解决上述提出的所有问题。为此，我们通过多次类似的第三方施工项目，确定了一套完整成熟的管道悬吊保护方案，实践证明是成功的。此方案以桩基础、贝雷梁、槽钢及旋喷桩为主要结构，包含支撑结构、悬吊结构、保护结构及防水结构，通过各结构组合形成一个完整的悬管道弹性支撑悬吊保护体系。

（1）支撑结构

为了保护天然气管道和下方基坑的安全，我们采用灌注桩和贝雷梁作为管道保护的支撑结构。灌注桩设置在天然气管道中心两侧各5m处，直径1m、长度15m，并且这四条桩与其他桩通过下凹梁、支撑梁相结合形成一个整体（见图8-32）。贝雷梁直接搁置在下凹梁上，并在下凹梁外侧浇筑1.8m×1.0m×0.3m的混凝土基础（见图8-33）。

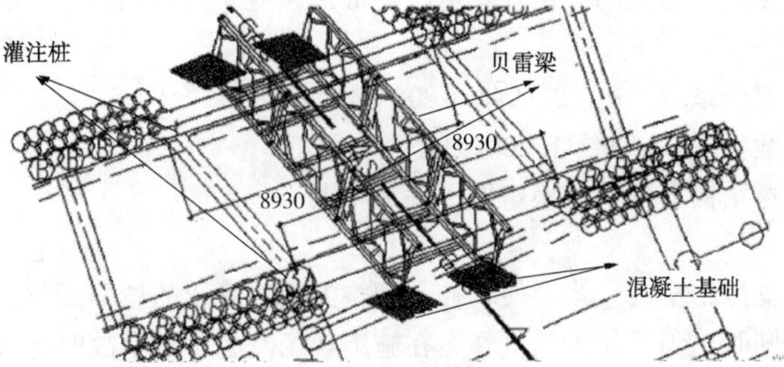

图8-32　支撑体系

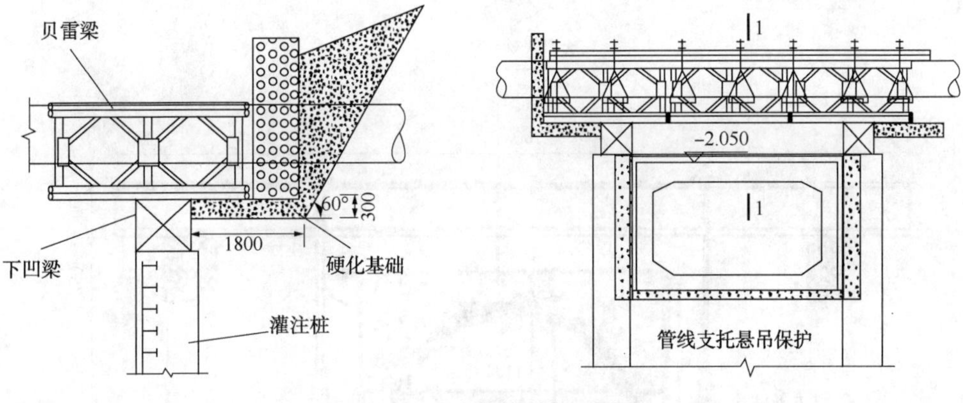

图8-33　支撑体系断面图

为了确保支撑结构的稳定性，对灌注桩和贝雷梁结构进行了结构验算，验算结果如下：

① 贝雷架自身挠度计算经验公式：$f_{max}=0.05n^2=8mm$

荷载引起的挠度公式：$f=\dfrac{5ql^4}{384EI}=1.62mm$

贝雷梁自身挠度变形满足要求。

② 贝雷梁支座沉降计算：

根据《建筑地基基础设计规范》，我们假设最不利情况下，将贝雷梁支座当作独立基础计算。计算时取地质资料参数如表8-4所示。

表 8-4 地质参数资料

序号	土层名称	厚度/m	标高/m	深度/m	重度/(kN/m^3)	模量 E_s/MPa
1	填土	0.60	-0.60	0.60	18.50	4.00
2	粉质黏土	7.00	-7.60	7.60	18.00	12.00
3	砾砂	4.00	-11.60	11.60	19.50	30.00

经计算，支座处最终的沉降量：

$$s = \psi_s \sum \Delta s'_i = 2.58\text{mm}$$

③ 基坑稳定性计算

灌注桩在满足竖向承载力要求的同时，还必须满足基坑外侧传来的侧向土压力，否则将会产生基坑侧壁滑塌，给悬空的天然气管道也会带来风险。采用瑞典分条法计算，得到以下结果：

滑裂面稳定县安全系数：$K_s = 2.904 > 1.200$(规范要求)

抗倾覆安全系数：$K_s = 4.092 > 1.200$(规范要求)

经计算，在支撑结构下的基坑稳定性也满足要求。

(2) 悬吊结构

在具备稳定的支撑结构后，为了便于控制调整天然气管道的位移变化，使其应力状态尽量与埋地时类似，同时也为了使天然气管道在施工现场发生意外事故时能有一定的位移或者变形空间，以减少受损的程度，我们采用了槽钢、方钢和花篮螺栓作为悬吊结构。为了能利用悬吊结构对管道位置进行调节，悬吊结构必须配合位移监测设备一起使用(见图 8-34、图 8-35)。

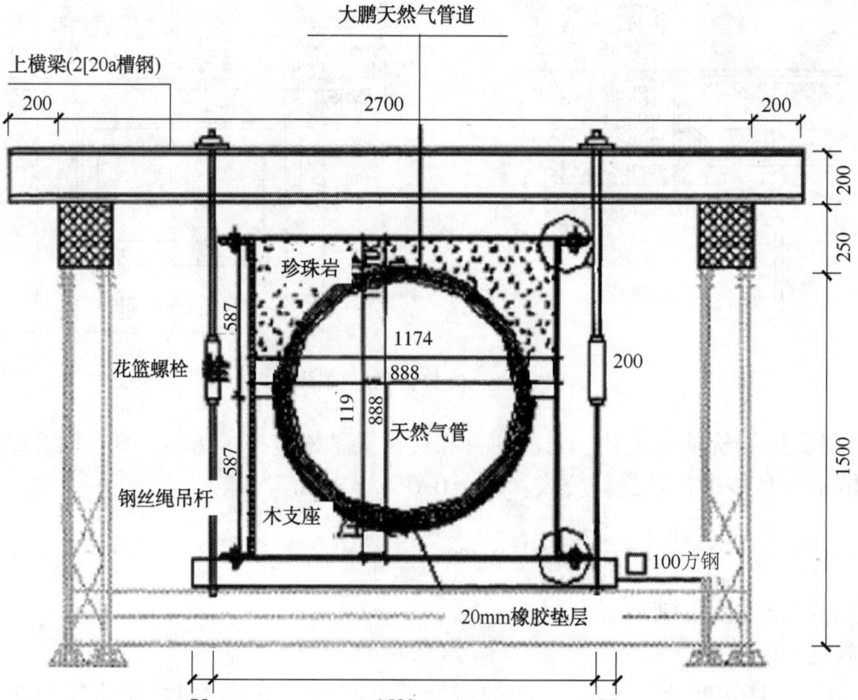

图 8-34 管道保护结构断面图

图 8-35　现场照片

采用悬吊结构控制管道的位移，最关键的问题在于管道原始数据的收集。天然气管道四周围护结构施工完成后，在进行管道周围及下方的土体开挖时，必须间隔掏挖管道周边土体。掏挖到管顶位置时应及时测量定位，确定管顶原始平面位置及标高，在整个施工过程中悬吊体系的控制都应以管道原始标高为准。在管道周边土方开挖完后或者箱涵施工期间，当管道位移发生变化时应及时调整花篮螺栓，使位置及标高恢复到原始数据。

（3）保护结构

为了能取得全方位、全过程、全气候下的管道保护效果，我们参照以往第三方施工经验和案例，在管道弹性支撑悬吊保护体系中采用了三级保护结构：

① 在天然气管道周围进行土方开挖时，及时将挖出的管道进行软胶皮加方木的形式进行包裹。软胶皮包裹既防止开挖过程中各种开挖工具对管道防腐层的破坏，又避免了光线直接照射防腐层，引起材料的老化。软胶皮之外采用方木间隔包裹，防止了各种较大型的尖锐机械、设备直接碰撞管道，减小或避免防腐层和管材本体受到直接的机械伤害。

② 在管道周边土体开挖完成后，采用钢板制作边长约 1.2m 的正方形钢板保护箱，保护箱底板直接搁置在悬吊结构的下部方钢上，使保护箱结构和管道自重都直接通过悬吊结果传递到支撑系统上。保护箱内部通过木质楔形垫块与天然气管密贴，其余空间通过膨胀珍珠岩填充。

③ 从图 8-33 可以看出，钢板箱左右两侧架设的是贝雷梁构件，上侧是采用槽钢制作的上横梁，他们既作为主要支撑和悬吊结构将管道和保护箱自重传递到桩基础上，又作为最外侧的保护层将钢板箱进行了有效的遮挡。最外侧保护层由于其材料优良的强度和刚度，加上其自重和传递的荷载，使管道能在面对各种意外状况下的挖土机伤害、桩机及运输车辆倾覆、极端天气等大型破坏时仍能稳定运行，将受损风险降到最低。

通过上述三级保护结构，管道弹性支撑悬吊保护体系可以将整个施工过程中的小、中、大等各级别各类型的风险影响降至最低，达到成为整个保护体系核心的目的。

（4）防水结构

为确保施工过程中天然气管道下方箱涵基坑渗水较少，基坑周边土体不会出现整体破坏性崩塌，弹性支撑悬吊保护体系采用旋喷桩在基坑内外进行满堂红加固地基。加固方案分为基坑内和基坑外两种不同的加固形式。

① 基坑内加固

基坑内侧为防止地下水从坑底涌出，整个基坑底部需采用旋喷桩咬合加固。由于在基坑开挖后再进行加固作业的话现场无法摆放机械设备，因此加固作业必须在基坑开挖前进行。加固前必须先进行管道挖探，探明管道位置后从管线中心线左右两侧各 2m 位置下桩，采用不小于 66°的倾斜角度来对管道下方土体进行加固（见图 8-36）。由于箱涵部分土体将被开挖，无需加固。因此地面至地下 7.45m 处为空桩，地下 7.45m 开始喷浆，旋喷深度为 4.0m，旋喷区距管道最小垂直净距 5m，可以采取常规方法进行喷浆加固。

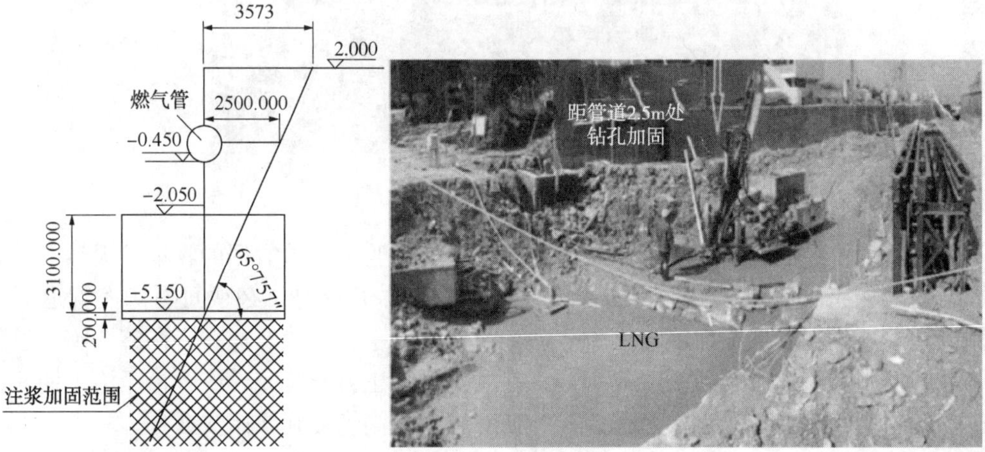

图 8-36　加固断面

② 基坑外侧加固

为防止基坑侧壁渗水，在混凝土搅拌桩外侧设置三排咬合旋喷桩进行止水帷幕施工。对基坑外沿管线两侧各 3.5m、长 7m 的区域采用旋喷桩加袖阀管进行地基加固施工（见图 8-37）。

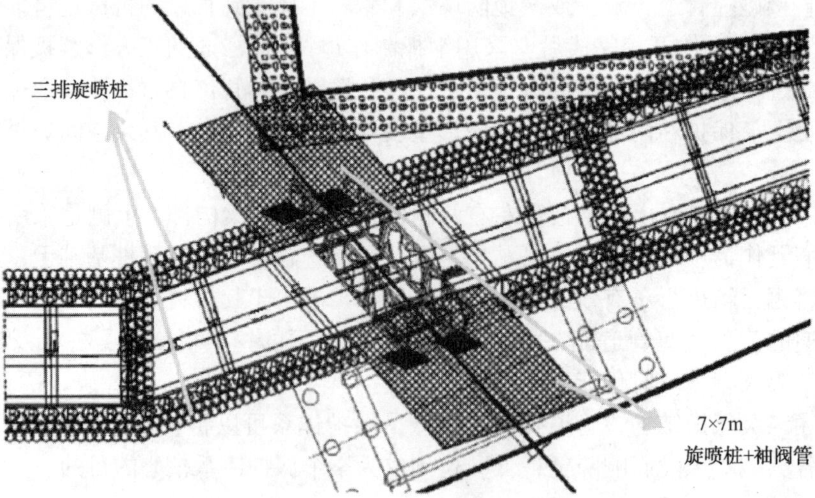

图 8-37　旋喷桩布置图

注浆施工前探明管线位置，明确管线走向并做好标记、覆盖等防碰撞、撞击措施。对天然气管道下方3m以下范围采用旋喷桩注浆，旋喷桩桩孔距管道最小净距不小于1.5m，布置角度根据桩孔与管道的距离逐步调整(见图8-38)。旋喷桩注浆压力不大于20MPa，桩体咬合尺寸不小于150mm。现场施工时由于地下水丰富，浆液还掺入了适当早强剂。对于天然气管道下方3m以内，水平距离1.5m范围内的土体，因为袖阀管钻孔和注浆压力较小，对管道影响可控，所以我们采用了袖阀管注浆。袖阀管间距0.8m，注浆半径0.8m，注浆压力为0.1~0.3MPa。

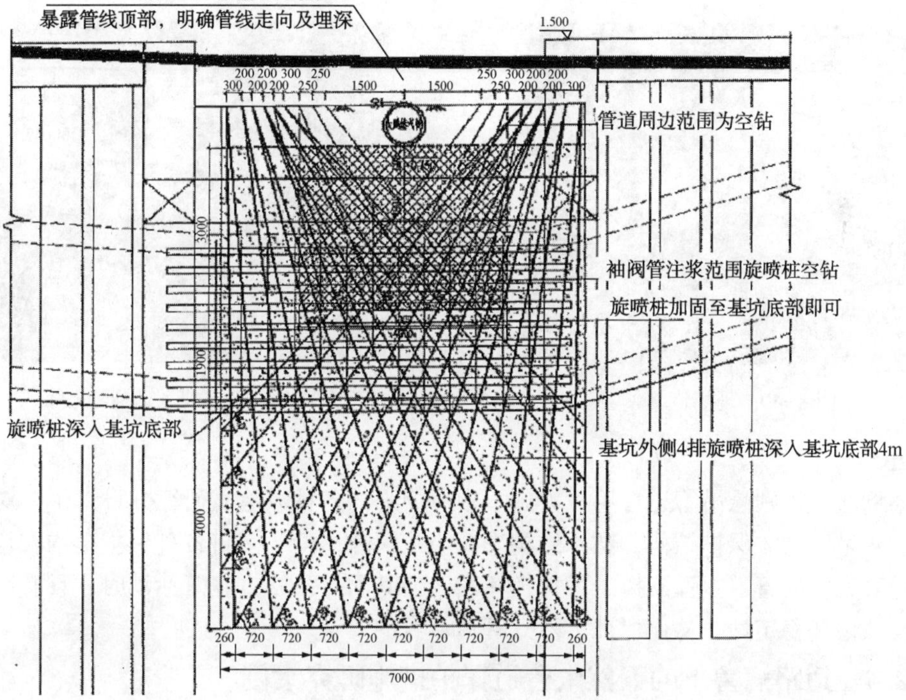

图8-38　基坑外管道下方注浆加固布置图

通过采用了上述各种不同的土体加固措施，施工时渗水情况得到了很好的控制，管道周边也没有出现水土侵蚀现象(见图8-39)；同时，整个加固过程中也没有出现损坏管道的情况。

3) 效果检验

在上述冷排水工程中，虽然面临着管道自身和外部环境各种各样的风险。但是我们采取了针对性的保护措施，并且将各种措施整合到一起，形成了一套完整的管道弹性支撑悬吊保护体系。在冷排水工程长达八个月左右的施工时间中，管道没有发生一起损伤或未遂事件。施工期间经历了三次较大的台风天气，整个保护体系也经受住了考验。目前现场已经完全恢复原状地貌(见图8-40)，并加盖格宾石笼以防止海浪冲刷。

图8-39　现场施工照片

通过这次第三方施工的检验，我们完成了天然气管道弹性支撑悬吊保护体系的研究和尝试。其后，我们又在××高压线下地通道工程(见图 8-41)及××排涝工程中，成功地运用此保护方案体系完成了管道悬空的保护工作，再次证明了此保护体系的有效性和可行性。并且在这几次施工中，此保护体系也得到了设计单位和施工单位的认可，目前在广东地区已成为燃气管道悬吊保护的主要方法。如拟将开建的××管廊项目，设计单位已采用此保护体系对多处下穿天然气管道的穿越地段进行设计；在多处地铁明挖车站或隧道的项目中，此保护体系已被用来进行城市燃气管道的保护。我们相信，在以后的管道保护工作中，此种保护体系也会得到越来越广泛的运用。

图 8-40　现场恢复

图 8-41　高压线下地通道工

3. 小结

本案例通过识别悬吊管道在第三方施工中所面临的各种风险，研究并设计了针对性的支撑结构、悬吊结构、保护结构和防水结构来减小或消除风险，并将各种保护结构融合到一起形成了一套完整的管道弹性支撑悬吊保护体系，使其面对第三方施工活动时，具有广泛的适用性、有效性和稳定性，从而保证天然气管道自身的安全。

8.2.4　道路病害下的天然气管道保护措施研究案例

1. 背景

随着我国社会经济的快速发展，天然气管线作为保障城市运行的重要基础设施，其建设规模不断扩大。在目前城市空间资源紧张的条件下，已建的或者规划中的天然气管线路由基本都依附于道路路线进行排布。这样的规划建设虽然提高了城市的土地利用率，给天然气管道周边留出了足够的安全空间，减小了管道失效后对社会的影响程度，但是又因其双方的相互影响增大了共同失效的可能性。因此，在天然气管线与道路互相依存的前提下，道路路面的病害情况与天然气管道的安全也息息相关。为了保证道路路面破损情况下的管道安全，本案例通过收集常见的道路病害种类，分析各种道路病害对天然气管道的影响，识别各种病害下天然气管道的潜在风险，最后确定天然气管道的风险消减措施，使其能在设计寿命内保持安全稳定的运行。

2. 主要内容

1）常见的道路病害

随着城市道路建设的迅猛发展，各种各样的道路病害也屡见不鲜。无论是水泥路面还是沥青路面的道路，在通车使用一段时间之后，都会陆续出现各种损坏、变形及其他缺陷，这些统称为道路病害。常见的道路病害有裂缝、坑槽、车辙、沉陷、表面破损、脱皮、麻面、唧泥、坑洞等。这些病害出现的原因包括很多方面，如设计时的交通增长量预测不准确、排水设施不完善、施工质量不达标、道路维护不力等。不管这些病害对道路的使用是否产生影响，但当它们出现在天然气管道上方时，管道的安全也成为我们所重点关注的问题。

2）道路病害分类

在道路专业中，根据不同的分类原则出现过多种道路病害分类。由于本案例重点关注的是道路病害对天然气管道安全的影响。因此，我们按照通常天然气管道与道路的空间位置关系(见图8-42)，将道路病害分为浅层病害和深层病害。

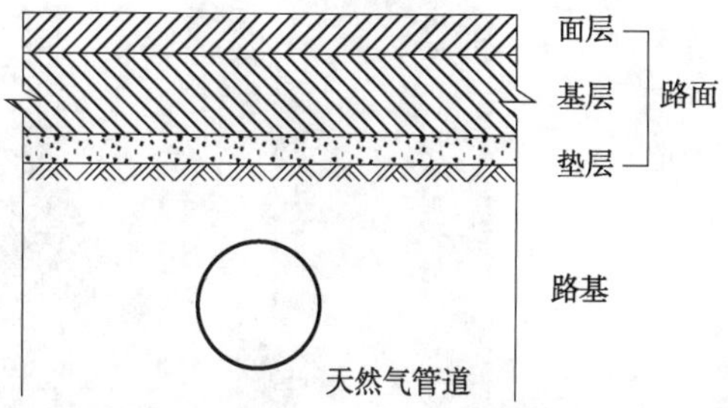

图 8-42　道路结构与管道的位置关系图

(1) 浅层病害

浅层病害是指仅发生在道路路面结构(即面层、基层和垫层)内的缺陷和变形，如车辙、脱皮、麻面、温度裂缝、反射裂缝、路面坑洞等。此类损坏发生在路面结构内，天然气管道上方还有一定厚度的路基土体保护，因此短期内对天然气管道产生的影响有限。但是长期作用下，管材的性能和使用寿命都将受到影响。在路面平整度满足设计要求的情况下，车辆行驶所产生的动荷载仅为静荷载的 1.3 倍；但因坑槽、车辙等表层病害而导致道路路面平整度较差时，车辆行驶产生的动荷载可以达到正常静载的 2 倍甚至 3 倍以上。所以，坑槽、车辙、麻面等浅层病害会导致管材反复承受大量的动荷载，使之产生应力集中和疲劳现象，从而降低钢管性能；同时，由于不平整路面造成的震动效应也会加速管材中微小缺陷的发育，进而缩短管道的使用寿命。

(2) 深层病害

若浅层损坏范围已经发育到道路路基，如塌陷、裂缝、跳台、坑槽等，或者病害仅发生在道路路基范围内，如天坑、侵蚀等，这两种情况统称为深层破坏。由于深层病害已经影响到管道周边土体，因此对天然气管道具有较强的破坏性。它不仅可以使天然气管道产生位移、变形及管材应力集中等现象，有时甚至会直接作用并破坏管道，如天坑、塌陷等。所以，本案例中我们重点研究了道路深层病害下的管道风险消减措施。

3）浅层病害的管道保护措施

由于道路浅层病害仅发生在路面结构层内，下方的天然气管道周边仍为密实的原状土，所以保护时只需将路面的病害清除，再局部重新浇筑钢筋混凝土路面(钢筋需植入周边的现状路面)或沥青路面即可。这种方法已多次运用在我公司浅层病害下的管道保护，并且取得了较好的保护效果，如××路的管道上方路面修复项目。

此处道路先于管道建设，建设时破开路面埋管，管道埋深 1.5m，施工完后对上方混凝土路面进行了修复。由于修复时管道上方路面无法进行有效碾压，导致路面基层密实度不够，同时此条道路上也存在行驶车辆超载、排水设施不完善等问题。在各种因素的综合作用下，管道正上方约 300m 路面出现了沉降、坑槽、裂缝等病害。为了减少浅层路面病害对下方天然气管材性能和寿命的影响，确保路面下方管道长期稳定的运行。对 300m 的路面病害进行了治理，治理方案为首先彻底清除病害严重区域的路面结构，然后浇筑新的钢筋混凝土路面，并将新建的路面结构通过植筋与周边现状混凝土路面结构连接，以保证新建路面在后期使用过程中不会发生整体沉降[见图 8-43(a)]。病害路段经过上述方案治理后到现状路面状况仍然良好[见图 8-43(b)]，此段管道也一直保持稳定运行。

（a）浅层病害治理　　　　　　　　　　（b）治理路面现状

图 8-43　××路修复

4）深层病害的管道保护措施

由于深层病害对管道安全的影响较大，并且通常病害的种类及严重程度无法通过现场观察来了解清除。所以，在治理前需首先查明形成病害的原因和病害发育的规模，然后再针对管道制定完整的管道保护措施。下文以××路面沉降案例来总结道路深层病害的管道保护措施。××轨道交通项目，在进行桥墩桩基础作业时，造成附近天然气管道上方的××路面出现沉降裂缝（见图 8-44），路面竖向位移达 15cm，侧向位移约 10cm，受地面沉降影响的管段约为 200m，并且现场位移沉降监控数据随着时间持续增长，首先紧急制止了该项目的继续施工。

图 8-44　××路面沉降

（1）路面病害原因

事发地段位于××路，此处管道建设时直接埋设在车行道下，埋深 2m 左右。2006 年管道埋设完成后至××路使用期间，管道上方路面并无严重病害情况产生。2018 年 1 月××轨道交通地铁工程完成了此处河内桩基础及承台的施工后，开始拔除河内围堰所用的钢板桩，随着钢板桩的拔起，××路基下方大量的淤泥流入围堰坑内，因而造成××路面产生沉降裂缝，河边的挡土墙和管道周边的土体整体向××河侧移。

通过图 8-45 我们可以看到，由于××路下方淤泥的流动，造成路面裂缝深度有可能已深达管道埋设深度，管道随着周边土体的移动已受到侧向的拉力，甚至可能已产生侧向位移。同时，后续路面上方的轨道交通施工将继续给管道施加荷载，使管道应力和位移进一步增加。因此，在此处路面病害导致的管道风险有以下五种：①管材应力集中；②管道变形及位移；③第三方施工风险；④焊缝缺陷；⑤防腐层破损。

（2）管道保护措施

① 管材应力集中

为了明确掌握地面沉降对管道所造成的影响及危害，以及因此而造成管道发生位移弯曲后焊缝部位的应力变化情况，对路面沉降段管道焊接区域采用残余应力超声无损检测技术进行检测。该技术根据应力对超声波速度的影响，来检测被测工件内的应力状态。当焊缝区域存在压应力时，超声波的传播速度加快；当存在拉应力时，超声波的传播速度减慢。因此，

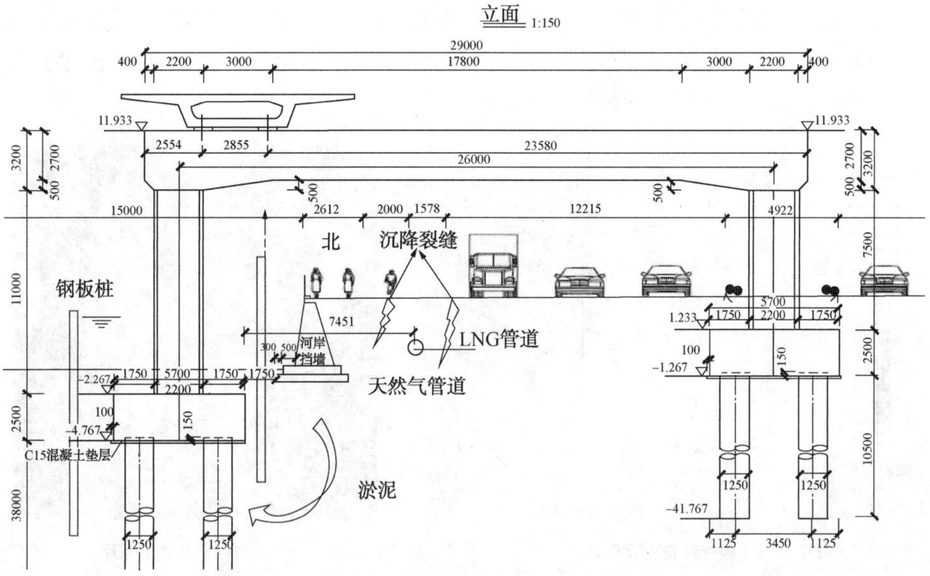

图 8-45　地面沉降裂缝原因

已知零应力 σ_0 的材料内超声传播时间 T_0，就可以根据时间差求出被检测材料中的残余应力 σ，数学关系式如下：

$$\sigma-\sigma_0=K(T-T_0) \tag{8-2}$$

针对地面沉降最严重区域的三条环焊缝进行了检测，每条环焊缝检测 40 个点位，共计 120 个点位，检测位置如图 8-46 所示。经过检测，所有测点中最大应力值为 128.68MPa，扣除介质工作压力(8.48MPa)产生的轴向荷载应力 58.55MPa 后，实际的残余应力均小于 70MPa。当检测的残余应力值小于材料的 1/3 屈服强度时，为安全状态。

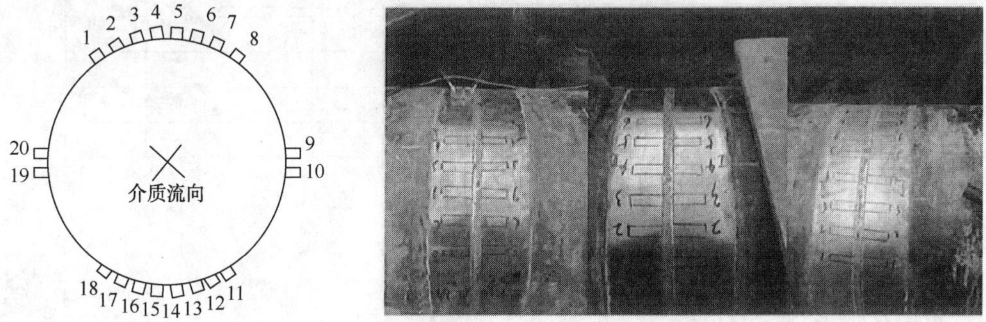

（a）测点布置图　　（b）现场布置图

图 8-46　焊缝残余应力检测

因此，受地面沉降影响最严重的管段焊缝的服役应力数值均小于管材的屈服强度，且承受的拉伸应力大小分布相对均匀。由此可见，管道实际下沉的弯曲变形不大，应力集中现象并未发生，管道处于安全状态。

② 管道位移

为了准确掌握沉降路面下的管道安全状态，采用了管道变形计地质灾害监测系统对管道变形进行监测。此监测系统主要利用振弦式传感器的监测原理，采用带温度的振弦应变计作为主要监测传感器，将应变片固定在管道上，通过测定频率的大小反映应变的大小，从而进行管道的变形监测；同时利用单轴测斜仪作为辅助监测传感器，进行管道周边土壤扰动的监测。针对 200m 的受影响管段，设置了两个测点。其中每个测点需要 5 支应变计安装在管道本体上，安装位置如图 8-47 所示。

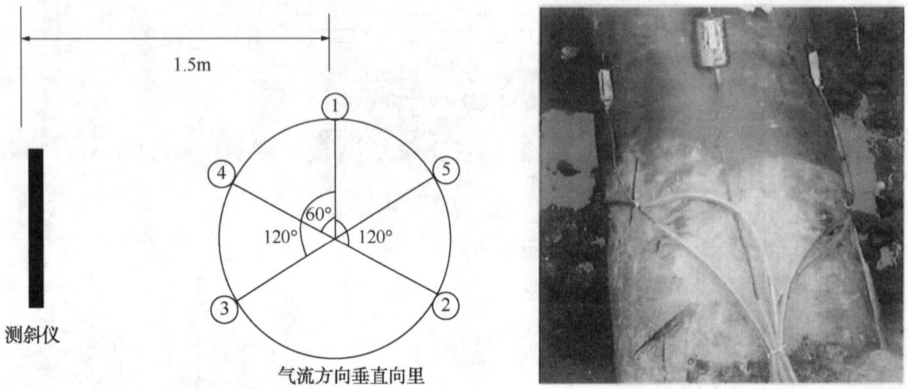

（a）应变计安装示意图　　（b）现场安装照片

图 8-47　管道变形监测

2 个监测点安装完成后，从数值变化较大的 1 监测点 10 月 12 日～11 月 1 日的数据结果来看(见图 8-48)。图中应变计 1 的微应变量最大，为－14～22$\mu\varepsilon$；测斜仪数据变化为 0.99°～1.14°；管道附加应力变化量为－4.21～5.69MPa。由以上数据可以看出，10 月 13～31 日期间，管道型变量及其微小，主要由管道温度变化引起。因此，沉降路面的管段位置很稳定，路面沉降后并未继续发生变形或位移。

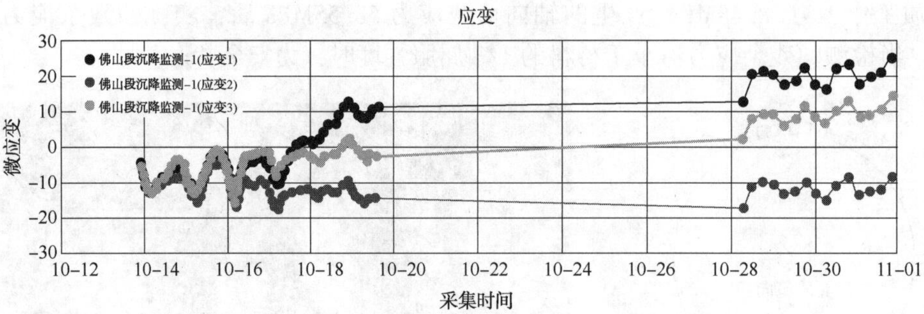

图 8-48　应变监测数据

③ 第三方施工风险

为了避免管道周边土体的进一步流失，同时保护管道在后续的轨道交通施工过程中不受施工荷载和施工机械振动的影响。对管道采取了盖板涵加咬合搅拌桩的保护措施(见图 8-49)，此保护结构不仅避免管道承受额外的施工荷载，同时加固稳定了××路基下的淤泥质土体，防止淤泥质土继续向××河流动，保证了管道及道路的整体稳定性。

④ 焊缝缺陷

当路面下的管道采取盖板涵保护措施后，通常情况下已经再无可能对管道进行日常的检修维护。因此为了尽量减少管道后期破路维修的概率，在盖板涵铺设盖板前需对盖板涵内的管道焊缝进行全面检测(见图 8-50)。建议采用的检测方法有渗透法检测、磁粉检测、超声波检测及相控阵检测。其中，渗透法和磁粉法主要针对焊缝表面缺陷检测，超声波和相控阵检测用于焊缝内部缺陷检测。

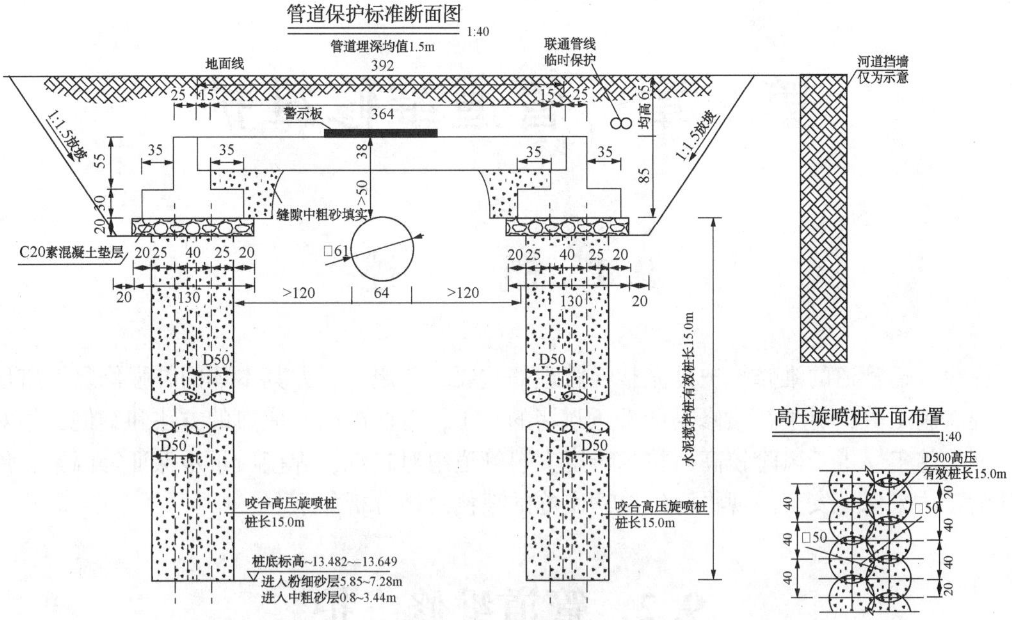

图 8-49　管道保护结构

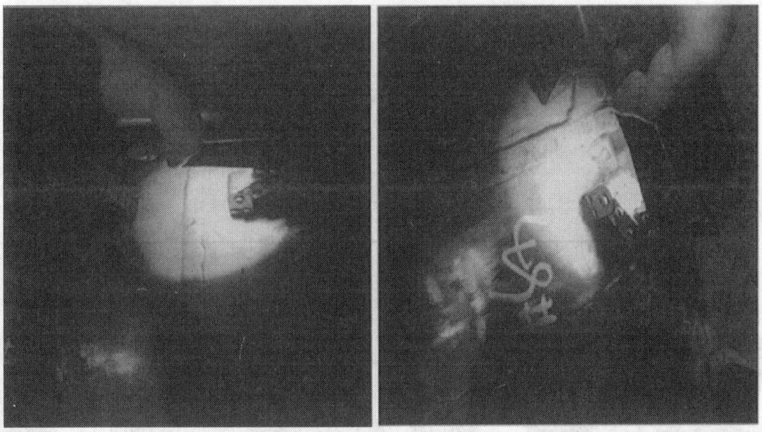

图 8-50　焊缝检测照片

⑤ 防腐层

同焊缝检测一样，当路面下的管道被盖板涵保护后，防腐层破损点也无法进行日常修复。因此，在盖板涵铺设盖板前也需要进行管道防腐层破损点检测，建议利用 ACVG 技术进行防腐层破损点检测。

通过上述措施的实施，××路面沉降段变化逐渐趋于稳定，路面下的天然气管道也处于安全状态。

3. 小结

针对各类道路病害对天然气管道的影响，需采取有针对性的管道保护措施来减小或消除风险，并通过一系列管道检测和保护措施，来保证天然气管道自身的安全性。缓和管道企业、周边道路管理单位及政府部门之间的矛盾，消除周边道路市政设施与管道建设之间的相互影响，为长输管道安全运营与社会和谐发展并存创造条件。

第 9 章　管道维修维护

9.1　概　　述

在役长输管道的维修维护是完整性管理的重要环节之一，尤其本体的补强修复、带压封堵、连头施工等，对于补强修复和带压封堵的施工，行业内已有成熟的方法和案例，但对于动火连头施工，由于风险较高、技术难度大、管道组对较难、焊接质量难保证等因素，需要特殊的工法来保证安全。现将已经成功实施的案例总结分析如下。

9.2　管道维修维护

9.2.1　在役长输管道动火连头施工技术与应用案例

1. 背景

由于天然气具有易燃易爆等特点，在役天然气长输管道的动火连头施工技术难度大，易发生事故，属于高风险作业，尤其是连头位置位于植被茂盛且常年积水的山区林地。如图 9-1 所示，管道设计压力为 9.2MPa，管径为 *DN*450，管壁厚 12.7mm。在该条运营的高压管线上切断后通过一个三通与外部管道相连，产生三道金口，并且管道与管件相连，施工技术要求高，管道组对难，焊接质量难保证。

图 9-1　××支线走向

本案例结合连头项目施工特点、作业环境、承包商施工技术现状、设计和相关标准要求，深入系统研究在役长输管道动火连头施工技术，应用过程风险管理方法，对动火连头施工全过程进行风险识别、评估和控制，确定动火连头施工中的重点和难点，最大限度降低每个过程作业的剩余风险等级，确保动火连头施工安全、高质量、按期成功完工。

2. 主要内容及方法

1）动火连头施工的安全管理技术

在国内外长输管道施工中，对于在役管线的动火连头被视为安全风险最高的作业之一。动火连头作业一般发生在改、扩建项目中，因为管内介质成分复杂，易燃易爆，不易吹扫干净，极易发生爆炸，造成人员伤亡和财产损失事故。对此，在施工技术上，宜选取安全系数较高的天然气泄压氮气吹扫置换工艺，管线打开方式是在置换检测合格的前提下采用冷切割探孔检测合格再火焰切割管道的方式，动火现场平面布置如图 9-2 所示。

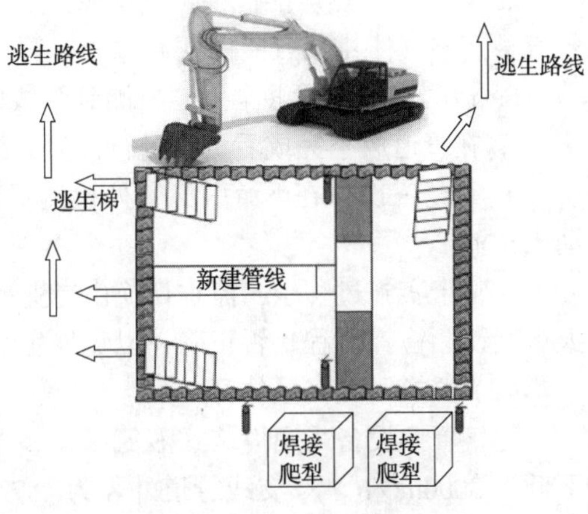

图 9-2　动火现场平面布置图

天然气泄压氮气吹扫置换工艺的设计和氮气量按照下述方法估算。

(1) 制定合适的氮气吹扫置换工艺

在不影响其他支干线管道的正常输气下，把此条管道放空，对该段的天然气进行氮气置换，具体见图 9-3。主要包括天然气的放空和氮气置换两个工艺。

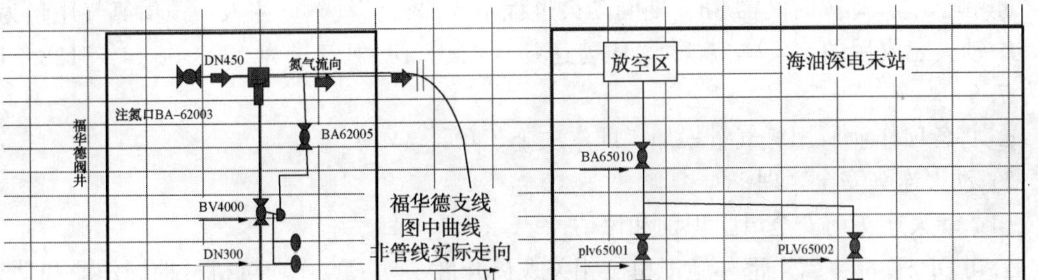

图 9-3　氮气吹扫置换工艺流程

① 管内天然气放空工艺设计：

a. 流程切换前关闭站内全部放空、排污阀门；

b. 关闭上、下游阀门，切断支线供气；

c. 进行天然气放空，放空完成后，安装压力表，检测阀门是否有内漏现象；

d. 放空期间，为保证放空无死角，被放空区域内的阀门、旁通保持半开，避免有残留气体存在。

② 氮气置换工艺设计：

a. 氮气进气点应能保证氮气能够达到管线的各个部分，置换整个动火段内管道内的天然气，有害气体排放点能保证通过放空管线排出原工艺区的管线；

b. 检测点保证能够全面地检测到管线内可燃气体点；

c. 在管道放空完成后，再进行注氮，当管道压力达到 0.4MPa 时打开阀门释放压力；

d. 重复三次并在下游引压管处检测可燃气体含量，确保检测合格后，才能进行连头处动火作业。

在整个实施过程中，流程切换由专业操作人员进行操作，业主、监理单位和施工单位派人员确认，检查流程是否正确，以免发生危险。

(2) 置换用氮气量估算

氮气置换设备采用撬装式液氮泵车，泵车自带汽化器在工作压力 35MPa 的情况下流量不低于 $3000m^3/h$。××支线管道外径为 457mm，氮气置换管道长度约为 7.8km，气化器出口温度要求达到 1℃以上，根据管道实际长度可以算出所需氮气量，具体计算过程如下：

a. 管道容积为 $3.14\times0.2285\times0.2285\times7820=1282.06m^3$；

b. 按行业经验，置换用气量按管道体积的 3 倍计算，即 $3\times1282.06=3846.18m^3$；

c. 按管道充压至 0.4MPa(绝对压力)，用气量为 $4\times3846.18=15384.74m^3$；

d. 动火前置换总用气量为 $15384.74m^3$，约 22t(具体以实际用量为准)；

e. 预计估算动火时间需 8h，期间动火过程中要保持氮气微量注入，预估氮气用量为 5t；

f. 动火完成后的空气排空(氮气压力达到 0.4MPa)，氮气量为 $1282.06\times4=5128.24m^3$，约为 7.5t；

g. 将各项作业所用氮气量累加，即本次施工预计 34.5t。

2) 动火连头安全管理

(1) 动火连头前安全风险识别和评估

公司 QHSE 部、营运部、施工单位相关人员开展了动火点作业坑机械挖掘作业和动火连头风险作业风险评估。根据评估结果，××支线动火连头施工有如下的较大风险点，并制定相应对策：

① 天然气内漏风险　能源隔离不彻底，阀门内漏导致天然气进入到管内，在动火期间存在发生火灾爆炸的风险。选择合适的隔离流程，原则是不留死角；在合适的位置注氮气封；参与隔离的阀门注脂维护，提高密封性能；动火前在连头处机械打探测孔；施工过程中连续检测，发现超标及时终止施工。

② 操作坑坍塌风险　动火连头作业坑坍塌，造成施工人员或管线的伤害，根据土质情况，开挖时采用阶梯式放坡，使用沙袋及彩条布加强护坡，防止坍塌。作业坑顶周围 1.5m 的范围内严禁堆放土方和材料、设备等深度 2m 以上，如需人员进入作业，需办理受限空间作业许可，并设置好逃生通道恶劣天气下，严禁人员坑内作业。

③ 开挖风险　动火连头开挖区域地下管线及其他设施不清楚，损坏公司管线或第三方设施，开挖作业坑区域需探测和标明有无地下管道和设施。

④ 无损检测风险　设置隔离区和警示标识，50m 内严禁无关人员进入，专人监护。

(2) 动火连头期间的安全管理要点

① 注氮置换完成，经检查置换合格，可燃气体爆炸下限10%以下，含氧量低于2%，并确认已关闭动火管道前后的截断阀门，切断流程，方可以进行动火施工。

② 动火连头前需对管道内可燃气体浓度进行确认，确认工作由站场运行人员、监理单位代表、施工单位代表共同签字确认。进场动火施工前严格检测动火区可燃气体浓度及空气含氧量，由运行方、施工方各持2台可燃气体检测仪进行检测，两台设备检测结果均达到可燃气体浓度低于其与空气混合爆炸下限值的10%(LEL)，即低于0.5%(体积)，并经运行方、监理方、施工方共同确认，方可动火施工。

③ 下游气体检测合格后，动火切割作业先进行冷切割探孔检查。防爆磁力钻在管线上钻孔，用可燃气体检测仪通过探孔检查管内气体，采取2个检测仪器，确保准确，当气体浓度检测合格时进行管线切割动火。

④ 动火连头施工过程中(管道切割、管口组对、管道焊接)，每道工序施工前，必须由施工单位、监理单位、大鹏公司现场安全员同时检查气体浓度，检测合格，方能进行施工作业。全程做到共同监护，随时监测，动火期间不间断向管道内注入氮气。

⑤ 动火施工期间禁止带火种进场，场内严禁吸烟。进场的机动车辆要在排气管上戴上防火罩。严禁携带手机、摄像机等非防爆设备进入场区。

⑥ 防静电接地发电设备、电焊设备应保证良好的接地。电焊机等电气设备必须有良好的接地装置。

⑦ 作业人员没有穿戴好合格的劳保用品不允许动火；动火执行人不了解动火现场周围情况，不能盲目动火；动火时要保持消防道路畅通，避免物料、机具及无关人员占据消防通道。

⑧ 动火作业处配有4kg级手提式干粉灭火器4个。

⑨ 夜间施工要有足够的照明，工具材料摆放要整齐划一。

⑩ 现场如遇突发事件，立即停止施工，并立即启动批准的应急预案；

⑪ 由于停气窗口确定，动火期间时刻关注天气变化，提前做好防风防雨措施，为防止恶劣天气，现场配备防风防雨棚，同时根据现场实际情况确认是否采用脚手架搭制防雨棚。

3) 连头处原材料质量控制的重点

该处施工用料为挡条三通和直缝埋弧焊钢管。根据《油气长输管道工程施工及验收规范》(GB 50369—2014)中15.0.1条款规定：管道连头所用钢管、弯管等材料的材质、壁厚应符合设计要求。不参与试压的连头管段安装前应进行试压要求，因此在安装前，需对三通和钢管进行强度试压，如图9-4所示。

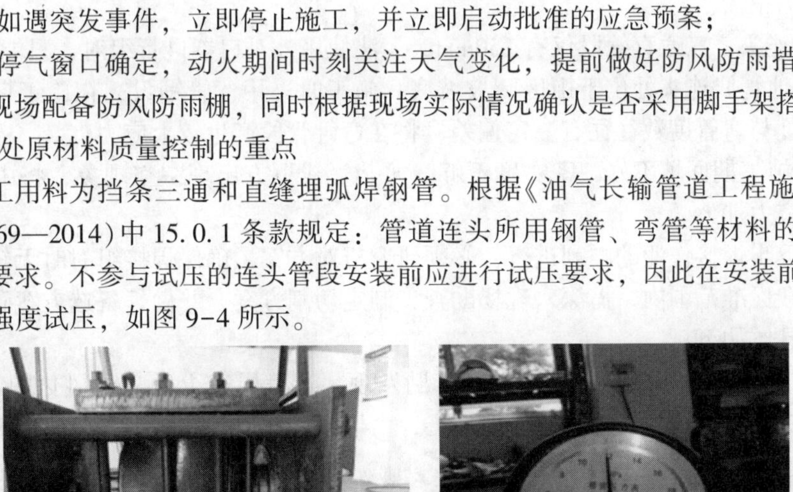

(a) 三通水压试验　　(b) 三通水压试验数值

图9-4　三通强度试验

4）动火连头管口组对应力的控制方法

目前，在国内动火连头的施工工艺中对错口量控制的重视程度不够，这有一定的客观原因，如工期紧、受限空间、难度高及解决费用大，施工单位往往把精力主要放在连头安全的管理上。处理方法往往是采用强力组对焊口、打斜口等方式。这不仅严重违反了国家施工标准规范的要求，也给运营单位埋下了较大的安全隐患，从近年来国内长输管线发生安全事故的调查原因来看，这也是其中重要因素之一。鉴于此，对该处连头，在正式开挖前，与参建单位做了详细深入的研究和分析，必须对该处连头的组对应力给予足够重视，组织施工单位、监理单位研究规范，评估危害，具体如下：

① GB 50369—2014《油气长输管道工程施工及验收规范》中 15. 0. 5 条款明确要求，连头时应采用外对口器，不应强力组对。主要是防止由于强力造成焊接处开裂。

② 连头处存在较高的焊接残余应力，由于管内介质温度和外界环境温度的变化而产生温度应力，将使焊道的疲劳强度降低。

③ 对焊缝耐腐蚀性的影响，焊接残余应力易导致应力腐蚀开裂。

根据竣工资料、现场连头处探坑开挖情况和长输管道施工经验，该处连头处的管道应力应该较大，割管前需采取一定的措施，保证焊接组对质量。具体调查内容如下：

① 查阅建设期的竣工资料和公司数字化管道信息系统资料，确认管顶埋深 2m 左右有一弯头。

② 根据设计图纸要求，现场进行了探坑开挖，发现该动火连头的位置位于弯管的直管段上，该部分直管段长度为 3. 5m。经验判断在山区施工，管沟开挖的坡度往往与煨制弯管的角度存在一定的偏差，管道应力一般较大。

根据该处管线所处的地理位置和开挖特点，分析连头管口组对面临的风险，该处应力将比平原段埋设的管段更大，原管线割开后可能发生管口错位，现场组对势必发生强力组对，导致焊接应力很大：

① 三通连头，三通直管段仅有 150mm，无法使用外对口器进行组对，只能人工组对。

② 该埋地管线连头处位于山区陡坡坡底，施工时采用弯管铺设，在施工期间，开挖的爬坡管沟坡度与弯管度数往往有一定偏差，将在弯管管段产生较大应力。

③ 如果施工期回填不好，密实度不够，尤其管线下方出现中空现象，将由于运营期管线沉降导致应力加大。

为保证下步焊接作业的顺利进行，必须研究应对方案，确保焊接组对时无较大应力并且错边量控制在标准范围内。需深入现场勘查，制定切割方案，并做好备选方案和应急的相关准备措施，具体如下：

① 对施工现场地质情况进行了详细踏勘发现：管段周边土质为全风化的花岗岩岩土，比较密实；探坑中埋地管线外管壁的回填土，由于投入运营有数年之久，回填土已是非常密实的黄土，连头处的上游处管顶埋深 2m 多，下游处管顶埋深 5m 多，可考虑充分利用密实的黄土对管线产生的拘束力来减少管线切割管线的内部应力，从而大大减少组对管口的错口量。因此，在不影响连头施工作业面的情况下，尽可能放大连头两端放坡系数，尽量缩小开挖的管段长度；同时禁止扰动连头两端的原土，并采取安全措施防止塌方。

② 由于停气窗口时间短，动火连头施工作业时间紧，优先选用人工开挖小操作坑作业法。为预防动火点管道下料切割后出现过大应力导致管道错口，将动火点位置运行管线裸露 3. 5m 左右(即在保证操作空间的情况下尽量减少运行管道裸露长度，尽量避免管道下料切

割后应力过大)，下料后根据现场情况，若管道错口很小，直接修整运行管道坡口角度，进行三通焊口组对工作。满足要求视为成功，否则立即启动备用应急方案。检查依据为 GB 50369—2014《油气长输管道工程施工及验收规范》中 10. 2. 4 要求(即对错边和错边校正的要求)。

③ 备用应急方案为采用扩大操作坑加管段纠偏法。动火点管道切割后，如果管道周边土质约束力小于钢管内部应力，出现管端错口严重，不能通过加工坡口角度进行修正三通焊口组对工作时，应根据现场实际情况加大××支线管道裸露长度来释放管道应力进行焊口组对，同时也可在动火点上游方向加一短节，通过对短节(短节长度视现场情况定)加工斜口坡度进行焊口组对，如图 9-5 所示。

④ 按安全风险评估要求，在对操作坑安全检查确认合格后，采用防爆磁力钻在管线打探孔，检测气体浓度，控制在 10%为合格，采取 2 个检定合格的可燃气体检测仪，确保检测结果准确。

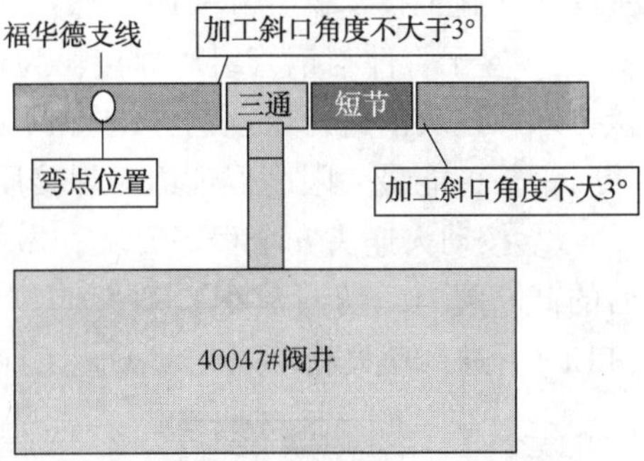

图 9-5　备用应急方案示意图

⑤ 采用火焰半自动切割机进行切割，对管端错口测量，最大错口值为 12cm。

⑥ 为防止连头口组对过程中对阀室内阀门法兰产生应力，需对与阀室伸出的直管段找平并固定，以保证阀室法兰不受外力。然后现场拟组对三通，检查组对的错边量和对接角度偏差值。分别为对接角度最大偏差为 2. 1°(标准要求小于 3°)，最大错边量为 1. 2mm(标准要求小于 1. 6mm)，错边基本沿管周长均匀分布。

⑦ 三通焊口在无外力情况下组对质量合格。这说明管周边的黄土对管线的拘束力大于管道内应力，对管道进行了有效控制，达到了较好效果。

⑧ 对切割后的管道用角向砂轮机人工打磨坡口，坡口形式 V 型，坡口角度为 60°(根据 WPS 要求)。

5) 连头焊接

在长输管线的动火连头中，焊接作业是最为关键的工作，决定了连头作业的成功与否，连头工作不仅有质量要求，而且有施工时间的紧迫要求，在输气管线上的作业窗口期涉及营运方、电厂用气方、施工方甚至政府及居民等各方利益。因此，对动火连头焊接作业，宜需给予高度重视，认真做好焊接过程控制工作。

××连头的焊接，主要采用 GB 50369—2014《油气长输管道工程施工及验收规范》与 GB 50236—2011《现场设备、工艺管道焊接工程施工规范》标准，该连头位置焊接工作难点主要有：

① 该处焊口为黄金焊口，进气前不能进行水压试验，对管道焊接提出了更严格的要求，为保证焊接质量，即在标准中明确要求：裂纹缺陷不允许返修，其他缺陷只允许返修 1 次。

② 该处焊接工艺采用氩电联焊工艺，即氩弧焊打底，手工电弧焊填充盖面，旨在保证营运管道内部清洁，防止在焊接中产生的焊渣药皮留在管内，对阀门和仪表带来危害。氩弧焊接对管口组对和坡口质量要求较高，在连头施工中满足要求有一定难度。

③ 本处是三通连头，为连头施工中难度最大的一类。金口数量多，一处连头三道金口，对组对工序质量提出了非常高的要求；三通直管段长度太短，外对口器无法使用，只能采用

人工加吊装设备组对，困难大。

④ 需制定合理的金口焊接顺序，避免强应力组对。

⑤ 管道由于做过内检测，管体上有磁性，影响焊接。

⑥ 保证阀室管道与三通连头间的管道必须水平，不能有任何应力，否则在运营后，由于管道应力导致阀室内法兰处的泄漏。

⑦ 为保证施工安全，管内要求有微量正压的氮气，同时在山区施工，焊接环境复杂，给焊接带来较大影响。

针对上述情况，在施焊前，需做充分的预案，在实施过程中，需进行严密的风险管控，方能取得较好的结果，在规定的窗口期内，较高质量完成该处的连头焊接作业，本次动火连头焊接的施工技术研究和实施步骤：

① 鉴于管件与钢管组对焊接，为保证焊接质量，与阀室连头的焊口与一段管段先行焊接，即在连头前进行了预制，RT 和 PT 检测合格。这样，在与阀室预留管段焊接时，是钢管对钢管，能最大限度保证组对焊接质量，提升该口焊接合格率。

② 按动火连头安全程序要求，做好安全保证。在动火施工前，确定已关闭动火管道前后的截断阀门，切断流程；动火部位可燃气体浓度低于其与空气混合爆炸下限值的 10%(LEL)后进行动火施工。在动火施工期间连续监测，动火期间不间断向管道内注入氮气。

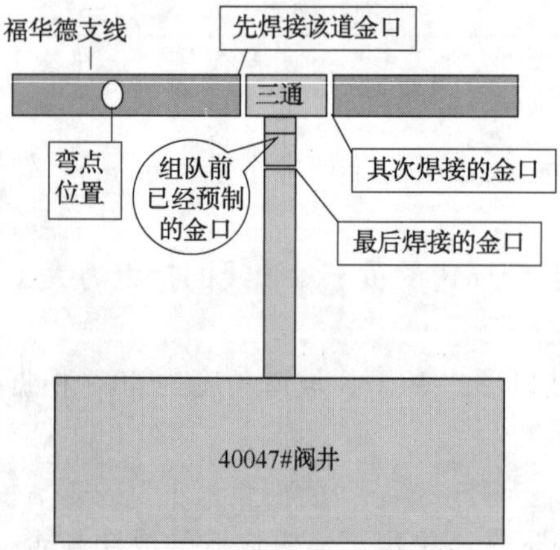

图 9-6　金口焊接顺序图

③ 考虑到金焊口组对和焊接质量，以及最大程度减少焊接残余应力，需确定金口焊接顺序。具体焊接顺序见图 9-6。需特别注意的是，由于施工时间的限制，在焊接最后一道口时，根据现场情况不可能等到管内气体完全排放干净，最后的根焊封口应选在焊道 12 点钟位置，以确保管内气体对根焊的影响减少到最低。

④ 按照 WPS 要求，检查确认管道和三通坡口的坡度，坡口表面焊接前保持干净，禁止有油污等。检查坡口表面是否有裂纹、分层缺陷；是否有油污、锈、水分等杂物，清除干净。对此工序，经现场业主专业人员和监理检查确认合格，方可动焊。

⑤ 焊前需要对管道焊接处进行消磁处理，采取消磁仪器处理。

⑥ 根据现场条件，采取人工和吊机协助进行组对，由于三个管端在自然状态下仍存在一定的斜度，必须进行预组对，以把斜度偏差进行均配，确保每道金口的组对斜度均在标准要求的范围内，否则易导致斜度偏差累计在一道焊口而超标，或者发生强力组对的现象。现场挑选经验丰富的管工和起重工进行组对施工作业，经现场业主专业人员和监理联合检查确认组对合格。

⑦ 采取定位焊固定，按批准的焊接工艺要求进行，定位焊点质量的好坏，直接影响到整个焊缝的焊接质量，务必重视。在现场，由监理全程旁站。要求焊工对定位焊必须焊透，焊点内不能出现未熔合、气孔、夹渣、裂纹等缺陷；定位焊的长度不宜过长和过高，焊缝金属高度不超过管壁厚度的 2/3，长度控制在 20~25mm，间隔 250mm 左右；点固顺序采取对称定位。

⑧ 一般情况是管件(三通)与管线组对内径相同，壁厚不同。三通壁厚为 18.5mm，钢

管壁厚为 ϕ457mm×12.7mm。选取外削边处理，达到 12.7mm，坡口为 60°。根据业主要求该工作在三通生产厂家已经处理完毕。对三通选择焊接工艺：GTAW+SMAW，具体要求如图 9-7 所示。

接头形式:对接　　　　坡口形式:V型　　　　间隙(b):2.0 ~3.5mm

坡口角度(α)：60° ± 5°　　单层焊道厚度：2.0 ~3.0mm　　衬垫:无

钝边(p)：1.0 ~2.0mn　　错　边：应不大于2.0mm，且应不大于钢管壁厚的1/8

余高(h)：0 ~2.0mm，连续50mm长的局部区域不大于3mm

盖面焊缝宽(w)：比坡口每侧增宽0.5~2.0mm

焊接位置	预热/层间温度
焊接位置：2G/5G/6G 焊接方向：上向(根焊)、填充、盖面(下向) 对口方式：外对口器或定位焊;*DN*500mm以上的管子和管件采用外对口器或专用工装	预热温度：80 ~ 150℃ 层间温度：80 ~ 150℃ 预热方法：中频、电加热或火焰加热 预热宽度：两侧各75mm 测温要求：距管口25mm 处的圆周上均匀测量
焊后热处理	气体
焊后热处理：不要求	保护气体：Ar(根焊时),纯度≥99.99% 背面保护：不要求

图 9-7　焊接工艺要求

由于连头焊接质量要求高，特对焊接作业采取明确的技术措施和施工措施，进一步保证焊接质量。具体如下：

（1）技术措施：

① 焊前清理，管内外表面坡口两侧 25mm 范围内，应清理至呈现金属光泽；

② 焊工数量，每层 2 名焊工焊接；

③ 根焊结束与填充焊开始的时间间隔小于 10min；

④ 采取单丝填充，单道焊/多道焊填充，盖面排焊，2 道为一层，盖面焊缝的后续焊道至少覆盖前一焊道 1/3 宽；

⑤ 严禁在坡口以外的管道上起弧，相邻焊道的起弧或收弧处应错开 30mm 以上。

（2）施工措施：

① 焊道清理工具采取钢丝刷或动力角向砂轮机；

② 清理干净焊道表面后，进行下一层焊道的焊接，需用动力角向砂轮机打磨焊接接头；

③ 焊接完成后，应清除表面熔渣、飞溅和其他污物；

④ 焊缝预告超标时，应打磨，打磨后应与母材圆滑过渡，但不得伤及母材；

⑤ 吊具应在根焊全部完成后方可撤离，避免应力导致裂纹；

⑥ 根焊到达定位焊缝时，将定位焊缝去除；

⑦ 严格遵守施焊环境中温度、湿度和风速的要求。

（3）焊接焊口的特殊措施

① 进行根部焊接时，采取特殊措施，焊工在根部焊接过程中，用手电随时观察底层焊道与管道内壁熔合情况。一旦发现异常立即处理，处理后由双方技术质量负责人进行确认，缺陷消除后方可继续焊接；根焊完毕，可进行 PT 检查根焊质量，发现问题及时处理。

② 每一填充层焊接完毕，焊工和监理检查该层焊接质量，合格后，再焊接下一层。

③ 盖面焊完成后，焊工和监理及时进行外观检验，用焊检尺和 5 倍放大镜，每侧增宽

应小于2mm；表面不得有表面裂纹、表面气孔、表面夹渣和咬边等缺陷；与母材圆滑过渡。

④ 因为连头处位于山区，为防止山风的影响，保证焊接质量，现场搭建一个密闭的防风棚，焊接工作在防风棚进行。

⑤ 金口焊接检测，根据标准 GB 50369—2014《油气长输管道工程施工及验收规范》15.0.6条款要求，连头处的管道焊接应严格执行连头焊接工艺规程，应在焊接完成后进行100%超声检测和100%射线检测。根据 NDT 检测标准 SY/T 4109—2013《石油天然气钢质管道无损检测》，对现场3道金口进行 RT 和 PT 双百检测，结果为2道合格，有1道不合格。

（4）金口返修处理：

① 该不合格焊口的主要问题是根焊气孔超标。经深入分析，根焊焊接工艺是氩弧焊，该焊接特点是对环境风速的影响极为敏感，根焊过程中受到了“风”的影响，导致产生了气孔缺陷。焊接工作在密闭的防风棚中进行，周围环境的风不会对焊接产生影响，那就必然是管内的“风”，经现场调查，管道在氮气吹扫完毕后立即进行动火连头作业，管内气体不稳定，在根焊时，明显有气流从管口组对的间隙中流出，从而影响了根焊质量。

② 返修前，对焊工做进一步的返修工艺和注意事项的交底，确保一次返修合格，否则将面临割口处理。

③ 要求检测单位评片人员到现场，根据底片反映出的缺陷与该焊道焊工一起确定缺陷位置，确保缺陷气孔完全清除干净。

④ 根部焊道缺陷的清理，用动力角向砂轮机将缺陷清理干净。

⑤ 在动火安全保证的前提下，现场氮气置换团队从流程工艺上保证管内气体尽量稳定，把管内氮气对根焊的影响降到最低，以手的感觉没有气体时才开焊。

⑥ 按返修 WPS 规定对焊口整体进行预热，特别注意返修焊道的起点和终点不应与原始焊道的起点与终点相重叠。

⑦ 根焊返修完毕，做 PT 和 RT 检测，合格后，再进行填充盖面。

⑧ 焊接时间避免在气温较高的中午进行。

（5）连头焊口防腐：

对于金口焊接检测完毕，管内进行氮气置换。当含氧量≤1%时，关闭排气点，继续注氮至0.1MPa压力，并且水露点检测低于-20℃，等待投产回填。在投产进气逐步升压过程中，再进一步检查确认金口和连头处质量。埋地管道外防腐及现场补伤、补口，采用无溶剂液态环氧防腐涂料+外缠聚丙烯增强纤维冷缠胶带防腐结构。严格按照站场工艺安装施工总说明的要求对管道防腐表面进行预处理和防腐施工。采用电火花检漏仪检测有无漏点，是否合格。

6）管沟回填和地貌恢复

按标准和设计要求进行管沟回填和地貌恢复，注意回填土应平整密实，管道回填区域周围应进行细土回填，不得有较大的石头和其他有机物质。回填区域两侧填料要均匀，每层不超过200mm，逐层夯实，回填料应按最佳含水率夯实，回填土压实系数达到设计要求。

根据近几年管道施工经验，管沟回填土宜高出地面0.3m以上，覆土与管沟中心一致，宽度为管沟上口宽度，做成有规则的外形。管沟回填土自然沉降密实后，对管道防腐层进行地面检漏，且应符合设计规定。

3. 小结

针对本案例的动火连头施工，宜充分结合参建各方丰富的现场施工经验，深入系统研究了在役长输管道动火连头施工技术，在动火安全、三通组对、金口焊接等方面从施工现场实际和施工标准要求出发，全程安全施工，基本避免了管道带应力组对焊接，焊接中严格控制了焊接过程质量，焊接底片检测单位、监理单位评定后，再邀请第三方专家参与复评，“四方评审”确保了底片评定质量。

9.2.2 带压开孔中可视磁力打捞装置的研发应用案例

1. 背景

在管道不停输开孔作业过程中，筒刀切削开孔会产生一块鞍形板，此鞍形板通常都是随着开孔作业的完成，由筒刀中心钻带出。但在一些极端条件下仍存在着鞍形板掉入运行管线的风险，且在实际的工程中也出现过这种情况，这种情况将会给后续的管线清管及内检测带来极大的麻烦。如果采用常规停输放空管线的办法取出鞍形板，将会给管线运营带来巨大的经济损失，并严重影响着下游用户的生产和生活。

为了打破停输放空取鞍形板的做法，同时保证管道在改造过程中的安全生产运行，减少经济损失，研发了一种经济适用的鞍形板打捞装置。该装置可以在开孔作业发生鞍形板落入管道中时，利用作业时的开孔封堵设备，附加探测和打捞装置即可以完成鞍形板的在役带压打捞工作，避免采用停输放空管线和不停输封堵工艺等手段，有效降低了损失和风险。

2. 主要内容

1）装备参数

根据公司管线参数，设计四种型号，分别适用于 ϕ273mm～ϕ325mm 管道、ϕ355mm～ϕ508mm 管道、ϕ559mm～ϕ711mm 管道、ϕ762mm～ϕ1016mm 管道。电气设备在 4 种型号设备通用：

① 电源适配器：输入电压 220VAC，输出电压 24VDC；

② 摄像机：分辨率 720P，输入电压 24VDC，功率 3W，广角镜头；

③ LED 照明灯：输入电压 24VDC，功率 30W。

2）可视内窥探测装置

可视内窥探测装置主要作用为真实地表现落入管道内鞍形板的状态和偏移距离，并通过电缆传输至显示器，为打捞提供依据。目前探测装置主要有两种型式。

如图 9-8 所示的摄像内窥探测装置由四个筒体构成，中间直径较大的筒体内安装摄像装置，周围均布的三个小圆筒内设置有强光射灯，用于在管线中提供照明，下方设置为标尺杆，用以辅助计算鞍形板的偏移距离和方位。探测装置上端接口与封堵器连接。

如图 9-9 所示的可视化实时内窥探测装置是在摄像内窥探测装置的基础上进行升级和改造，采用拉线式摄像头，可以实时传输管道内实况信息。该装置的特点是体积小，灯和摄像机一体，不可光学变焦。摄像头通过有线传输至管线外显示器，对管道内进行适时探测。摄像头采用定焦

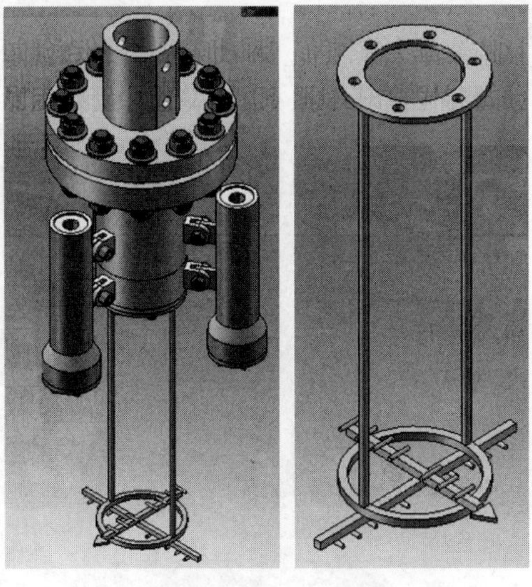

图 9-8 摄像内窥探测装置示意图

镜头，随开孔机或封堵器主轴送入到管道内并接近鞍形板，完成探测。摄像头采用具有防爆、抗压性能的摄像头，能够满足在-30~80℃、10MPa以下油气环境中工作。可视内窥探测装置工作需与开孔封堵设备配套使用，装置安装、连接及工作示意图如图9-10所示。

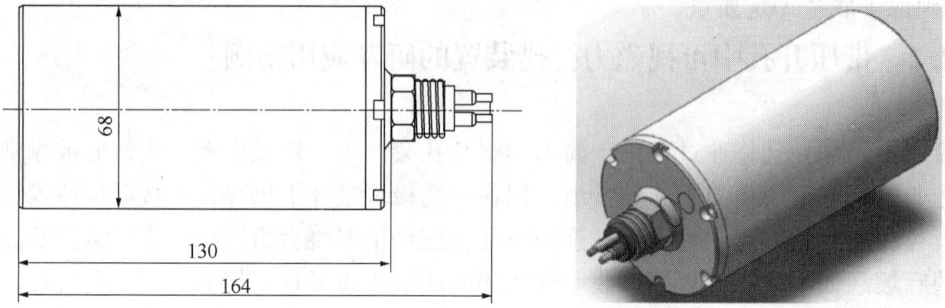

图9-9　可视探测防爆摄像头

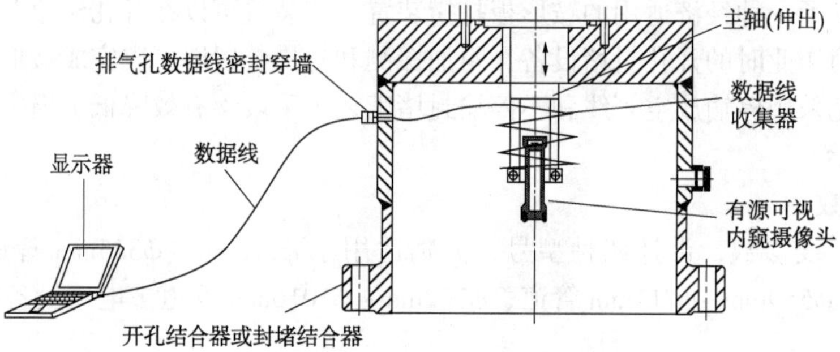

图9-10　可视内窥探测装置工作示意图

3）磁力鞍形板打捞装置

在实际带压开孔过程中，当鞍形板掉入管线中时，由于管线中介质流速动，鞍形板下落会发生偏移，不在开孔位置正下方。因此打捞装置要求能够灵活调整磁铁的空间位置。打捞装置采用多连杆机构，由磁铁和连杆机构组成。磁铁用来吸附管线中的鞍形板，连杆机构用来调节磁铁的空间位置状态，使之能够吸附住鞍形板(见图9-11)。打捞装置需与开孔封堵设备良好配合，装置与设备连接可靠，无松动。磁力装置吸力需能承受相应管径鞍形板的极限重量。

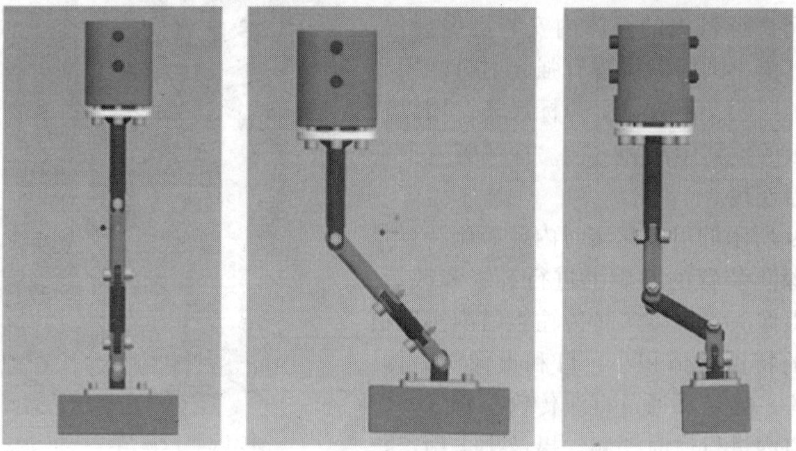

图9-11　磁铁空间位置调节示意图

4）技术操作特点

针对实际开孔过程中鞍形板掉落至管线内的情况，可采用可视磁力打捞装置在不停输的工况下进行鞍形板打捞作业，具体操作流程如图 9-12 所示：

（1）首先确定管线运行参数，包括运行管线的口径、压力、鞍形板的尺寸和重量、管线内的介质、温度参数。

（2）然后确定鞍形板的位置和形态，根据管线运行参数选取探测方法，并进行鞍形板位置的判定。对于天然气等干净透明的介质，利用开孔封堵设备采用数字信号传输摄像探测方法进行鞍形板位置判定，对原油等不透明的介质则采用 X 射线或超声波探测来判定位置。

（3）最后根据探测到的结果，利用开孔封堵设备和打捞装置进行打捞。

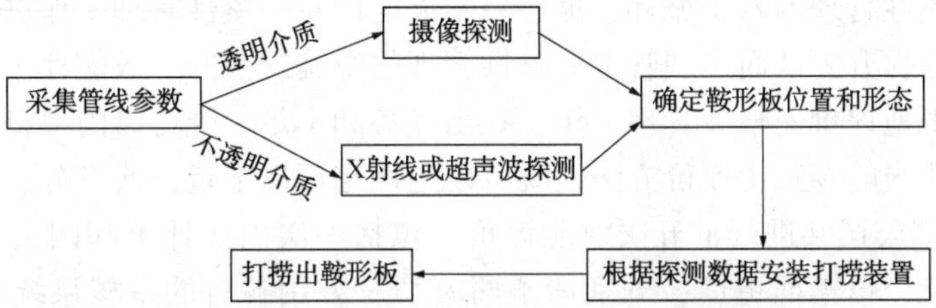

图 9-12　探测打捞装置流程示意图

可视内窥探测装置是需要强光射灯装置提供摄像光源，摄像装置组随主轴下降到指定位置后，摄像装置拍摄管线内情况，判定鞍形板的偏移距离和状态。而打捞操作是采用磁体打捞装置，该打捞装置安装在开孔机或封堵器主轴上，随着开孔机或封堵器主轴的下降，打捞装置的磁铁慢慢下降直到吸附住鞍形板，打捞装置通过两个自由度的调整，使磁铁的位置正对鞍形板中心位置，之后开始提升主轴，鞍形板被提起，鞍形板的重力将使打捞装置恢复到一条直线状态，此时鞍形板被重新拉回到开孔中心位置，使之能够顺利提出。

5）技术标准

耐压能力：摄像装置及视频数据线与设备接口处耐压能力不低于 8MPa。

打捞重量：打捞装置捞起重量不低于相应规格管线弧板重量的 1.2 倍。

打捞范围：管线弧板在三通正下方可见其任意范围均有打捞能力。

3. 小结

可视磁力打捞装置的成功研发、制造对于管道带压开孔作业过程中鞍形板掉落的情况提供了解决方案，能够安全、环保、经济、快捷地完成打捞工作。为了验证装置的可靠性，对装置进行了全面的验收工作，包括设备耐压试验、打捞重量范围试验，该装置性能满足技术标准要求，为管道进行带压开孔作业提供了技术支持。

第 10 章　管道完整性管理效能评价

10.1　概　　述

根据管道完整性管理的六步循环，最后一步需定期对完整性管理工作进行效能评价，查漏补缺，逐步完善提升，从而实现管道完整性管理的螺旋式上升。效能评价有多种形式，只要可以科学、客观地评价完整性管理工作，找出优势和不足。既可以内部自评，也可以委托第三方，或请行业内的专家；评价方法，既可以定性也可以定量，或打分。

15 年来，大鹏公司共进行了五次效能评价，包括一次内部评价和四次外部评价。为使评价更加公平公正，覆盖面更广，分别请了两家第三方用各自的审核系统进行量化打分评价，均以国内外最佳实践为基准线，取长补短，识别优势，找出不足，其中同一家用同样的评价指标分别于 2011 年、2014 年和 2017 年先后评价了三次，得分分别为 60. 59、70 和 75，2020 年第五次评价得分为 90. 72 分，在横向比较的同时可以纵向比较，聘请不同的第三方进行评价，可以在不同评价指标和体系中，互相弥补，更好地查漏补缺，更加有利于不断完善和提升。五次效能评价得分详见图 10-1。

图 10-1　五次效能评价得分总图

下面以大鹏公司 2015 年内部效能评价为例来阐述。

10.2　完整性管理效能评价案例

1. 评价内容

2015 年，完整性管理中心牵头组织公司内部相关部门组成效能评价小组，对负责管道完整性管理的五部门的完整性管理情况进行了内部评价。

管道完整性管理的效能评价是对管道完整性管理各个方面的综合性审查，评价依据完整性管理体系文件《管道完整性管理效能评价流程》和《管道完整性管理半定量效能评价方法》。《管道完整性管理效能评价流程》是对这项工作的总体概述，明确管道效能评价的内容、组织架构、工作步骤。《管道完整性管理半定量效能评价方法》明确评价的目的、原则、方法和评价要素。这两个体系文件主要依据 ASME B31. 8S—2001《输气管道系统完整性管理》，对完整性管理的各个要素实施情况进行量化描述。完整性管理审核出发点为“是否确保了管道的本质安全”，在确保安全的情况下，对管道完整性管理的要素实施情况从实施计划和投入、解决问题的技术路线、进度、实施和质量四个方面进行评价，涉及 13 个元素，如图 10-2 所示。

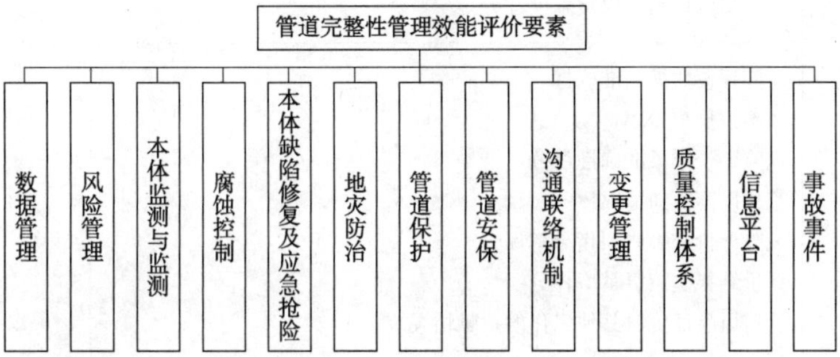

图 10-2　管道完整性管理效能评价要素

2. 管道完整性管理效能评价原则

管道完整性管理的效能评价应依据以下四个原则：

(1) 从公司管道完整性管理的实际情况出发，以管道的安全运行为主要目的。

(2) 评价重点一方面是管道完整性管理的核心工作“风险识别-完整性评价-措施削减”的实施情况，另一方面考量企业标准、体系文件的完备性及实际工作与其符合性。

(3) 以打分方法为评价基础，设置不合格、合格、中等、良好、优秀五个档次。

(4) 简单易行，能够开展单项评价和整体评价。

3. 评价小组和实施计划

为做好公司管道完整性管理内部的第一次效能评价，公司成立了以总工程师为组长、相关部门总经理为副组长的评价小组，三个月内完成效能评价报告。

4. 管道完整性管理效能评价流程、评价要素权重及分级

1) 评价实施流程

实施流程分为六步，如图 10-3 所示。

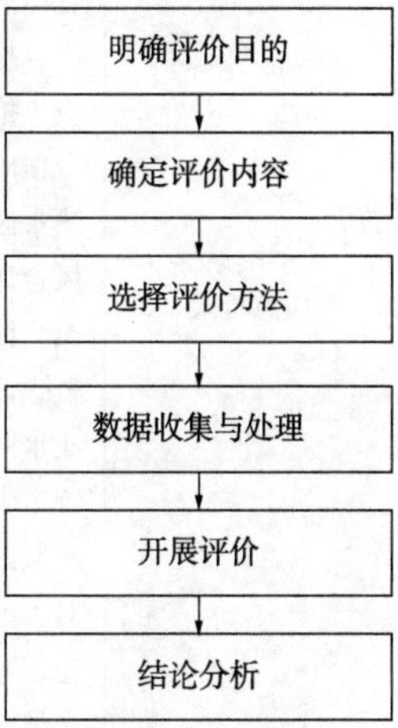

图 10-3　评价实施流程

2) 管道完整性管理的评价要素及权重分配

根据公司工作的实际情况，管道保护、管道安保以及沟通联络机制等三要素属于第三方损坏预防，本体检测与监测是指内检测、超声导波检测以及管道应变监测。公司管道的超声导波检测针对于樟洋电厂支线与南山电厂支线。

管道完整性管理效能评价要素包括 13 大项，构成了管道完整性管理效能评价的基础数据库。

具体评价内容及权重分配如表 10-1 所示。

表 10-1 效能评价内容及权重

完整性管理要素	评价内容(100分)	权重	得分
数据管理	数据完整性 数据准确性 应用效果	10%	10分
风险管理	高后果区数据的准确性 高后果区识别覆盖率 高后果区识别结果准确性评分 高后果区识别结果贡献度评分	2%	2分
	风险评价数据的准确性 风险评价覆盖率 风险评价结果准确性评分 管道风险认知情况评分 风险评价结果立项指导率评分 评价结果决策贡献率评分 管道风险评价对其他工作的贡献情况	8%	8分
本体检测与监测	内检测 超声导波检测 管道应变监测	11%	11分
腐蚀控制	日常检测 日常维修 杂散电流干扰与排流效果评价 第三方检测 外腐蚀缺陷评价	15%	15分
本体缺陷修复及应急抢险	缺陷修复及时率 管体修复工程质量一次验收合格率 主动维护占总维护数的比例 管体泄漏率 应急抢险数据 应急抢维修的实施 专项应急方案是否完整 浅水区域风险评价模型 风险评价模型考虑浅水区埋深影响 风险评价模型考虑浅水区船只活动 风险评价模型考虑浅水区考虑港口及养殖户的工程施工 浅水区淹没管道的风险评价频率，每年、半年等 管道水域区域风险评价模型应用于指导抢维修 水域区域抢维修应急预案 对水区准备相应机具、设备 管道漂浮或泄漏监测手段 人员巡检策略	6%	6分

续表

完整性管理要素	评价内容(100 分)	权重	得分
地灾防治	水工保护数据 地质灾害识别覆盖率 自然与地质灾害、水工保护等风险排查完成率 自然与地质灾害、水工保护等风险治理完成率 地灾防治风险消减情况	10%	10 分
管道保护	第三方施工管控率 管道保护宣传工作完成率 地面标识整治计划完成率 公众警示程序建立 第三方技术方案审核及时率准确率 新增管线占压和管线侵权 消除管线占压和侵权率 地方政府管道保护主管部门沟通完成率	8%	8 分
管道安保	安保危险因素识别覆盖率 安防措施到位完成率 安保危害因素识别率 蓄意破坏导致管道事故数 管道通行带标识完好率 管道线路第三方施工损伤、打孔盗气和泄漏的管道事件数 管道巡护第三方施工发现率 日常巡线数据 巡线覆盖率 第三方施工监护率 安全监管率	8%	8 分
沟通与联络机制	外部联络	4%	4 分
变更管理	变更的管理程序 系统变更后修改完整性管理程序 变更过程性质分析 变更审查程序 变更记录 系统变更后对人员培训情况 变化公告，写入程序 变更通知 重要变更再评价 新技术、新成果使用形成文件	4%	4 分
质量控制体系	领导重视和承诺 组织机构设置 完整性管理计划制定 完整性管理内审员 完整性管理体系制定 完整性管理培训 具备完整性管理核心技术的数量 组织并经常参加国际管道技术交流和培训 完整性管理体系文件的要点	4%	4 分

续表

完整性管理要素	评价内容(100 分)	权重	得分
信息平台	管道数据信息化管理应用效果 地理信息平台的建设 地理信息平台的使用 地理信息平台的功能 数据模型、接口等 数据库 完整性管理工作中的数据库应用 完整性管理网站情况 完整性管理平台的流程 完整性管理平台的速度	5%	5 分
事故事件	管道风险识别情况 管道风险削减情况 年度管道泄漏率 年度管道事件率 累计管道事件率 累计管道泄漏率 年度单位里程管道泄漏量	5%	5 分

3）管道完整性管理效能分级

完整性管理的效能评价结果通过打分的形式给出，按照得分多少确定分级，初次的分级可能是不科学的，但随着效能评价的开展次数增加和深入，同时根据打分的情况，可进一步调整完整性管理效能评价的等级。初步的分级如表 10-2 所示。

表 10-2　初步分级

级别	得分	分级说明
不合格	0~59	
合格	60(含)~69	
中等	70(含)~79	
良好	80(含)~90	
优秀	90(含)~100	

5. 单项评价

13 个要素的各项分值及权重如表 10-3 所示。

表 10-3　单项分值及权重

项　目	权重	分数	得分
数据管理	10%		
风险管理	10%		
本体检测与监测	11%		
腐蚀控制	15%		
本体缺陷修复及应急抢险	6%		
地灾防治	10%		

续表

项　目	权重	分数	得分
管道保护	8%		
管道安保	8%		
沟通与联络机制	4%		
变更管理	4%		
质量控制体系	4%		
信息平台	5%		
事故事件	5%		
以上总计得分	100%		

然后根据各要素进行具体评价，并指出各要素的具体表现，如突出表现、不足之处和改进建议，如表 10-4 所示。数据管理量巨大，需要甄别。主要存在数据收集的完整性和准确性问题。

表 10-4　单项分值及权重

数据管理：总评分 68 分，满分 100 分	
突出表现	1~3 年为周期，及时更新管道两侧各 400m 范围内的全部影像图
	能够为相关业务提供准确的空间信息
	结合两轮内检测的缺陷开挖验证可以进一步证明，管道中线及对应空间数据准确
	管道中心线空间位置、高程数据准确
	可以利用公共资源自主更新影像图
	可以利用高精度 GPS 采集现场坐标并开展简单的测绘工作
不足之处	大型穿跨越高程埋深等个别信息可能存在偏差
	未收集地震带和水文带信息
	高后果区识别、风险评价、地灾治理等仅能将系统结果录入系统展示，但无法从系统中读取数据自动评价
	因地表形态变化较快，部分地区埋深数据处在不断变化中，较难收集
	现有空间数据的坐标系单一，有时不能提供地方政府的要求的坐标系格式
改进建议	对于较难收集数据的区域，日常加强保护
	实时关注地表形态变化较大的区域，必要时及时采集现场信息并在系统中更新
	与有资质的单位签订长期或框架合同，以便及时进行坐标转换

6. 评价结论和建议

针对 13 个要素，每个要素逐一给出总的评价结论和建议。

在下一步的工作中，应针对不足和改进建议制定相应的措施和行动事项，也是未来一年、三年、五年的工作重点，从完整性管理的角度，开启下一轮工作周期和模式，从而实现管理的螺旋式上升。

第 11 章　管道完整性管理技术展望

大鹏公司的管道经过了 15 年完整性管理的发展历程，已形成一套技术体系、一套标准体系、一套管理体系、一套系统支持平台，覆盖全线 444 公里管道、站场和阀室，但还存在一些问题和挑战，从 15 年的发展来看，管道完整性管理未来的发展趋势，是基于全生命周期智慧管网的完整性风险管控，也是我国管道完整性管理未来的发展目标。我国油气管道已成为国家能源的“命脉”，管道干线数量总和已达到 13.6 万公里，随着我国在役管道进入老龄期及新建管道规模加大，为预防事故并尽可能降低事故发生率，以完整性为目标并持续改进的系统管理体系，逐渐贯穿管道运行的整个全生命周期。技术发展涵盖智能化感知、认知和行动的智能化数据采集、风险精准识别、系统自适应反馈、高精度的完整性检测评价、智能型数据底座等，实现数据流、管理流的双闭环，将是我国管道完整性技术发展的新方向。

11.1　存在的问题

11.1.1　法律法规方面

随着城乡建设发展，尤其在粤港澳大湾区、长三角、京津冀等经济较发达地区，管道周边人口密度不断增大，人民群众财产生命财产安全受到了挑战。《中华人民共和国石油天然气管道保护法》自颁布以来，城乡建设和管道建设同时处于大发展时期，各种矛盾尖锐复杂，给法律的实施带来诸多困难与挑战。截至 2017 年底，据统计，全国高后果区平均每 10 公里就有 1 处，而大鹏公司的管道 82%为高后果区。地铁、高铁、高压输电线路、并行的其他油气水输送管道等社会公共基础设施的建设，在路由用地紧张的情况下，无法满足相关法律、法规和安全规范的要求，增大了管道安全与公共安全风险。为此，应该在法律层面对管道规划、设计、建设等环节提出更为严格的要求，推行管道完整性管理，切实保证管道工程质量及其本质安全，同时在管道周边设定公共安全保护带与应急响应区，以便在处置突发事件时有缓冲地带和缓冲时间。需要完善管理机制，管道安全与保护是一个有机的整体。当管道通过农村集体土地及他人取得使用权的国有土地而影响土地使用时，管道企业应当给予补偿，并通过建立管道地役权制度落实这一规定，以保障管道企业的用地权力及土地权利人的合法利益，化解矛盾冲突，改善企民关系。

地铁、高铁、高压输电线路向大地排放的杂散电流，对地下包括钢质管道在内的所有金属构筑物造成的腐蚀问题，将成为危及社会公共安全的重大隐患，就像污水排放如果得不到治理和管控，污染土壤和环境一样，电污染必须从源头加强管控，减少向大地的无序排放，跨行业的法规或技术规范亟待出台。

11.1.2　技术难题

（1）在役老旧管道建设期的资料、信息不全、不准问题，如环焊缝底片缺失、中线数据不准。

（2）在役老旧管道环焊缝及裂纹检测技术问题。目前的高清内检测技术难以识别并有效量化焊缝的缺陷、裂纹型缺陷、针孔状腐蚀缺陷，受到诸多条件限制，环焊缝裂纹检测问题成为制约管道安全的世界性难题。

（3）管道大数据深度挖掘问题。管道系统大数据的形成处于起步阶段，仅限于风险评价、内外检测数据综合分析、效能评价等方面的应用。如何提升具有自学习功能模型的适用性与针对性，使之能有效应用于管道运行管理与评价，并将各环节产生的数据、信息等集成于一体，有待攻关。

（4）地铁、高铁、高压输电线路产生的杂散电流对管道造成的腐蚀问题，仅靠管道方被动排流采取措施，针对严重的混合干扰，很难彻底解决问题，如何从源头减少杂散电流的排放，是跨行业的技术难题和挑战。

（5）地区等级升级后风险评价与管控问题。有些在管道建设期人口稀少的地区，现已变成人口稠密的市区中心地带。比如随着粤港澳大湾区城市化建设的快速发展，原来的偏远地区现已变成繁华闹市。越来越多的管道地区升级情况对在役管道的安全管理带来了更大的挑战，必须采取合理的风险控制措施以应对由此产生的一系列问题。我国目前缺乏地区等级升级的风险评价标准和管控措施，政府、企业对地区升级管控均有顾虑，一旦标准出台，对企业风险管控目标的落实是一个挑战。

（6）智慧化管道系统建立问题智慧化管道的突出特点是管道数据深度挖掘与智能化决策支持。目前智慧化管道建设大多处于数字化阶段，部分数据信息可做到智能化感知，但认知和智能化分析刚刚起步，基于大数据的决策支持平台尚未建立，不能满足应用需求。

11.2 展望与挑战

未来，大鹏公司及国内管网等其他公司的管道完整性管理必将以管道本质安全及公共安全风险控制为中心，安全可靠地保障能源供给，建立基于全生命周期的智慧化管道的风险管控机制，全面实现系统智能化数据采集、风险因素精准识别、高精度的完整性检测评价、具有自学习、自适应反馈的评价分析模型和智能化执行控制系统等，最大限度降低失效概率，减少事故发生。提出以下建议：

（1）在管道安全立法方面，解决与油气管道安全管理相关的法律之间的矛盾问题，及时发现并纠正现行法律法规中随着社会发展产生的与管道安全管理实际情况不相匹配的问题。

（2）加快制定杂散电流的排放标准，从源头控制电污染，缓解对地下金属构筑物的腐蚀问题，从而降低危及社会公共安全的风险。

（3）加强建设期的管道完整性管理工作，从设计、采购、施工到试运行，全面落实执行完整性管理的理念和做法，确保建设期的施工质量和竣工资料等数据信息的准确完整并实现数字化。

（4）加大力度研发可检测并量化环焊缝缺陷和裂纹的复合检测器，尽快试用并解决环焊缝检测的难题。

（5）基于多源数据的综合分析技术，尽快建立管道大数据中心，在海量数据中获取有用的知识并为管道生产运营提供决策支持。

（6）针对地铁、高铁和高压输电线路的杂散电流，需要探索新的技术和设计思路，从源头减少弥散电流或感应电流的产生，同时，考虑更优的排流和腐蚀控制方案，研发配套杂散电流检测和防御关键装置，形成高压输电感应和直接干扰及动态交直流干扰的综合防御技术。

（7）关于地区等级升级，建议在建设期设计时，尽可能考虑城市未来的规划和发展战略，提前优化设计；运营期需加强风险管控和检测，最大限度地保障管道的本质安全，同时尽快出台相关的标准和规定。

（8）加快推进智慧化管道平台的建设，打通数据流和管理流，实现双闭环，通过智慧化平台的一套数据底座，打破部门墙，实现数据的有序流动和共享，未来实现智能化感知、认知和行动，将数据的自动采集以及具有自学习功能的自动分析和决策模型融为一体，向智慧化管道的理想目标不断迈进。

参 考 文 献

[1] GB 50251—2015　输气管道工程设计规范[S].

[2] SY/T 6828—2017　油气管道地质灾害风险管理技术规范[S].

[3] ASME B31. 8S　输气管道系统完整性管理[S].

[4] ASME B31G　腐蚀管道剩余强度测定标准[S].

[5] PRCI：管道修复手册[S].

[6] GB 32167　油气管道系统完整性管理规范[S].

[7] Q/SY 1592—2013　油气管道管体修复技术规范[S].

[8] SY/T 6996—2014　钢质油气管道凹陷评价方法[S].

[9] 严大凡，翁水基. 董绍华. 油气长输管道风险评价与完整性[M]. 北京：化学工业出版社，2005.

[10] 董绍华. 管道完整性技术与管理[M]. 北京：中国石化出版社，2015.

[11] M. Mohitpour，路民旭，陈少松，张雷 . 管道完整性保障—实践途径[M]. 北京：石油工业出版社，2014.

[12] 董绍华. 管道完整性管理体系与实践[M]. 北京：中国石化出版社，2009.

[13] 冯庆善，李保吉，钱昆，等. 基于完整性管理方案的管道完整性效能评价方法[J]. 油气储运，2013，32(4)：360-364.

[14] 郑洪龙，许立伟，谷雨雷，等. 管道完整性管理效能评价指标体系[J]. 油气储运，2012，31(1)：8-45，19.

[15] 帅义，帅健，郭兵. 管道完整性管理效能审核方法[J]. 油气储运，2014(12)：1287-1291.

[16] 林广元. 厦门市地下管线信息化管理构想与实现[J]. 测绘学院学报，2004，21(2)：148.

[17] 张铁，胡北，甘荣成. 基于 APDM 的西南油气田天然气管道数据模型的设计与实现[J]. 测绘学，2011，34(2)：54.

[18] 郝强 . GIS 在油田信息化中的作用[J]. 石油石化管线与技术，2013，2(1)：1.

[19] 宋家友. 新冠肺炎疫情下油气长输管道巡护管理的优化与实践[J]. 化工管理，2020(29)：140-141.

[20] 于航，李强，梁菁嫣，刘新凌. 在役长输管道腐蚀数据综合分析方法及应用[J]. 管道技术与设备，2018(6)：10-14+60.

[21] 宋家友. 水封隧道穿越段油气长输管道运维作业安全管控要点[J]. 化工管理，2019(33)：76-77.

[22] 王珏. 直流杂散电流干扰下的阴极保护效果评价[J]. 石油和化工设备，2018，21(8)：89-91.

[23] 杨贺，刘新凌，李强，等. 油气管道多轮内检测数据对齐算法研究及应用[J]. 管道技术与设备，2020(1)：21-24+28.

[24] 宋家友. 管道第三方破坏风险预警方法探索与实践[J]. 化工管理，2018(7)：115-117.

[25] 宋家友. 油气长输管道运维作业行为安全管理探究与应用[J]. 化工管理，2018(3)：34-35.

[26] 宋宾. 油气管道第三方施工损伤风险控制方法讨论[J]. 科技创新与应用，2018(1)：96-97.

[27] 宋家友. 管道安防数据可视化研究与应用[J]. 科技创新与应用，2017(14)：115-116.

[28] 李强，王良军，刘新凌，王东坡. 焊接拘束条件下油气管道焊接接头的断裂韧性[J]. 油气储运，2017，36(4)：398-402.

[29] 宋家友，田枧平. 便携式无线视频监控系统在长输管道安防上的应用[J]. 科技创新与应用，2017(1)：299-300.

[30] 王良军，李强，王东坡，董绍华. 利用拘束度耦合模型计算管道焊接残余应力[J]. 天然气工业，2016，36(11)：89-95.

[31] 李强，王春雨，陈钒. 在役油气管道防腐层破损点检测数量差异分析及对策[J]. 中国特种设备安全，2016，32(10)：34-36.

[32] 李强，王良军，刘新凌，等. 天然气管道拘束焊缝复合加载条件下的抗裂性研究[J]. 科学技术与工

程，2016，16(24)：292-296.
[33] 曾伟. 超低温防腐蚀涂层体系的选择与应用[J]. 涂料工业，2016，46(4)：58-60+65.
[34] 张微微. 天然气长输管道安全运行的必要性及风险因素略述[J]. 化工管理，2015(16)：126-127.
[35] 赵中华. 天然气长输管道完整性管理策略[J]. 化工管理，2015(16)：212.
[36] 邓显军. 浅谈天然气管道法兰及螺栓包裹防腐施工管理[J]. 化学工程与装备，2015(4)：148-150.
[37] 王良军，李强，梁菁嬿. 长输管道内检测数据比对国内外现状及发展趋势[J]. 油气储运，2015，34(3)：233-236.
[38] 李强，陈德利，屈洋. 爆破对输气管道本体影响的监测[J]. 油气储运，2015，34(2)：190-194.
[39] 李强，王良军，夏旭，刘新凌. 在役长输天然气管道几何凹坑缺陷管理策略[J]. 油气储运，2013，32(7)：721-726.
[40] 邢明亮，梁菁嬿，王良军. 已埋地长输管道中线坐标获取[J]. 油气田地面工程，2013，32(5)：120.
[41] 徐小兵，黄文尧，陈红. 在役管道不停输封堵的仿真试验[J]. 天然气工业，2010，30(9)：72-77+127.
[42] 杨森. 混凝土盖板涵在等级公路跨越高压天然气管道时的应用[J]. 科技风，2010(3)：185.
[43] 马建军，黄运明，高建忠，李云龙. 大直径厚壁直缝埋弧焊管质量影响因素及控制方法[J]. 焊管，2007(5)：19-22+105.
[44] 张静. 长输油气管道安全隐患及管理措施的探讨[J]. 炼油与化工，2019，30(4)：47-48.
[45] 魏然然，杨玉锋，张强，等. 油气管道完整性管理的考核指标[J]. 石油工业技术监督，2019，35(7)：27-31.
[46] 魏星. 浅谈天然气管道完整性管理[J]. 上海煤气，2018(5)：30-33.
[47] 罗自治，鹿栋梁，杨啸，等. 国外油气管道完整性管理流程及实施效果探析[J]. 中国石油和化工标准与质量，2018，38(9)：51-53+55.
[48] 王志强. 天然气管道风险评价与完整性管理探讨[J]. 石化技术，2018，25(4)：329.
[49] 刘玉杰，马雨廷，李明. 完整性管理在长输管道中的应用研究[J]. 石油工业技术监督，2018，34(4)：37-39.
[50] 武佳奇. 埋地管道腐蚀防护系统完整性评价方法[J]. 化工设计通讯，2017，43(8)：40.
[51] 欧新伟，周利剑，李洋. 可视化技术在油气管道完整性管理中的应用[J]. 现代化工，2017，37(8)：214-216.
[52] 王宏君，陈玉宝，郭艳伟，凌沛文. 输气管道半定量风险评估标准的比较和应用[J]. 中国特种设备安全，2016，32(8)：47-51+58.
[53] 周利剑，李振宇. 管道完整性数据技术发展现状与展望[J]. 油气储运，2016，35(7)：691-697.
[54] 姜晓红，洪险峰，刘争，等. 管道内检测数据对比对完整性评价的影响[J]. 油气储运，2016，35(1)：28-31.
[55] 李方圆. 含腐蚀缺陷管道的剩余强度评价方法[J]. 化工设备与管道，2015，52(5)：74-76.
[56] 李明，王晓霖，乔国春，等. 天然气长输管道外腐蚀直接评价的实践[J]. 材料保护，2015，48(8)：70-73+76+9.
[57] 冯庆善. 管道完整性管理实践与思考[J]. 油气储运，2014，33(3)：229-232.
[58] 冯其栋，范列朋，钟奇. 杭州市埋地燃气钢管腐蚀与防护完整性管理[J]. 煤气与热力，2014，34(10)：41-45.
[59] 姚安林，赵忠刚，张锦伟. 油气管道风险评估质量评价技术[J]. 天然气工业，2013，33(12)：111-116.
[60] 么惠全，毛建，吴志平，等. 西气东输管道完整性管理实践及效能分析[J]. 天然气工业，2013，33(12)：124-130.
[61] 王毅辉，李勇，蒋蓉，傅江. 中国石油西南油气田公司管道完整性管理研究与实践[J]. 天然气工业，2013，33(3)：78-83.

[62] 全佳，谭泉玲，岳良武，等. 埋地油气管道外防腐层检测及修复技术[J]. 天然气与石油，2013，31(1)：75-77+1.
[63] 杨春风，解帅，孙吉书. 基于路面不平整度的车辆动荷载系数分析[J]. 重庆交通大学学报(自然科学版)，2015，34(4)：77-80+90.
[64] 赵敏. 土体沉陷时埋地管线力学性状的有限元分析[D]. 中国石油大学(北京)，2016.
[65] 王联伟，张雷，董绍华. 管土接触作用下管道沉陷复杂应力分析[J]. 油气储运，2013，32(11)：1179-1182.
[66] C. Edwards and S. B. Palaer. The prod magnetization method of magnetic particle inspection，25，p305，British NDT，1983.
[67] Anon. Intelligent inspection and assessment：Life extension for offshore pipeline [J]. Oil Gas European Magazine，2002，28(2)：5615 - 5622.
[68] Ong J K，Kerr D，Bouazza-Marouf K. Design of a semi-autonomous modular robot vehicle of gas Pipeline inspection. Proceedings of the Instiuttion of Mechanical Engineers Part I-Journal of Systems and Control Engineering，2003，217(12)：109-122.
[69] Caleyo F，Hallen J M，Gonzalez J L. Pipeline inspection-1-reliability-based method assesses corroding pipelines[J]. oil & Gas Journal，2003，101(1)：54-58.
[70] Anon. Pipeline inspection failure blamed for oil spill[J]. pipeline &Gas pipeline，2002，229(9)：2-5.
[71] 张新宇，陈大庆，赵晓利，等. 清管器两种工作机制对清管效果的影响[J]. 管道技术与设备，2013(1)：44-46.
[72] 刘刚，陈雷，张国忠 . 管道清管器技术发展现状[J]. 油气储运，2011(9)：646-653.
[73] 郭斌，潘东民 . 海底管线清管作业风险分析与对策研究[J]. 油气储运，2010(2)：578-581.
[74] 陈光进，孙长宇，马庆兰 . 气体水合物科学与技术[M]. 北京：化学工业出版社，2008：233-234.
[75] 李长俊 . 天然气管道输送[M]. 北京：石油工业出版社，2008：112-115.
[76] 税碧垣 . 管道天然气水合物的防治技术[J]. 油气储运，2001，20(5)：9-13.
[77] 毕曼，贾增强，吴红钦，等 . 天然气水合物抑制剂研究与应用进展[J]. 天然气工业，2009，29(12)：75-78.
[78] Albert B Cox，Wilmington. Calif Calipier：US，395947[P]. 1929-09-28.
[79] Yasushi Yonemura，Kiichi Suyama，Ryuji Sakasai. Method and instrument for measuring inside diameter of conduit：US，6895681B2[P]. 2005-05-24.
[80] Jeffrey S，Kevin W. Pipeline caliper PIG：US，5088336[P]. 1991-09-04.
[81] Jeffrey S，Kevin W. Pipeline caliper PIG：US，4953412[P]. 1992-02-18.
[82] Dennis R Smith. Bend detector PIG：US，4930223[P]. 1990-06-05.
[83] Dwane O Laymon，James M Berry. Bend detector for a pipeline PIG：US，4628613[P]. 1986-12-16.
[84] Dennis R Smith. Bend detector PIG：US，4780962[P]. 1988-11-01.
[85] Larry D Payne. Pipeline PIG having improved means of sensing changes in the internal configuration of a pipeline：US，4457073[P]. 1984-07-03.
[86] 代莉莎，张仕民，朱霄霄，等 . 油气管道通径检测器技术研究进展[J]. 油气储运，2012，31(11)：808-813+887-888.
[87] Janson HJM，Feston MM. Intelligent pigging developments for metal loss and crack detection. Insight，1995，37[6]：421-425.
[88] 梁玉红. 伪彩色技术在超声无损检测中的应用[J]. 锅炉制造，2006，5(2)：70-71.
[89] 李振 . 惯性导航定位系统数据处理技术的研究[D]. 沈阳：沈阳工业大学，2007：1-14.
[90] 韩升华. 新一代漏磁通内检测器地面标记系统设计[D]. 天津，天津大学，2009(5)：9-11.
[91] 曹丽娜. 管道漏磁检测数据分析专家系统的研究[D]. 天津，天津大学，2007：24-25.

[92] 石油商报. 国内研发电磁超声裂纹检测器通过试验 . 2014-01-26.

[93] Kothari M., Tappert S., Strohmeier U., Larios J., Ronsky N.. "Validation Of EMAT In-Line Inspection Technology For SCC Management". In Proceedings of International Pipeline Conference (IPC) 2004, Paper No: IPC2004-00078, 2004, Calgary.

[94] Yemoans M., Ashworth B., Strohmeier U, Hugger A, Wolf T. "Development of 36"EmatScan® Crack Detection (CD). In Proceedings of International Pipeline Conference (IPC) 2002, Paper No: IPC2002-27056, 2002, Calgary.

[95] Tappert S., Allen D., Mann A., Balzer M., Boven G.. "Inline Inspection for Cracks in Gas Pipelines - Enhancements Derived from 5 years Experience". In Proceedings of International Pipeline Conference (IPC) 2008, Paper No: IPC2008-64087, 2008, Calgary.

[96] Marr, J., San Juan Riverol, E., Weislogel, J., Tappert, S., Mann, A., Sun, J. "Validation Of EMAT In-Line Inspection Technology For SCC Management". In Proceedings of International Pipeline Conference (IPC) 2010, Paper No: IPC2010-31091, 2010, Calgary.

[97] Marr, J. E, Sanjuna, E., Rosca, G., Sutherland, J., Mann, A.. "Validation of the latest generation EMAT ILI technology for SCC management". Pipeline Pigging and Integrity Management Conference, Marriot Westchase Hotel, Houston, USA, 16-17 February 2011.

[98] Tappert, S., Allen, D., Mann, A., Balzer, M., Boven, G. . "Third generation EMAT tool enhanced for finding SCC and disbanded coating in dry gas pipelines". Pipeline and Gas Journal, Vol. 236 No. 6, June 2009.

[99] 陈文华, 赵云, 刘岩. "二次收球"方法在管道内检测中的应用[J]. 油气储运, 2012, 31(3): 219-220.

[100] API 1163, In-Line Inspection Systems Qualification Standards, August, 2005.

[101] Qiang Li, Xinling Liu, Liangjun Wang, et al. Studies on ablation failure on pipeline related to lightning strikes [J]. Engineering Failure Analysis, 2020(111): 1-9.